中国石油科技进展丛书（2006—2015年）

提高采收率

主　编：马德胜
副主编：王　强　王正波　张忠义

石油工业出版社

内 容 提 要

本书系统介绍了"十一五"至"十二五"期间中国石油提高采收率技术的发展和创新成果，对国内外同类型油气藏开发及现代化生产和管理具有重要指导意义和实用价值。本书重点总结近十年来聚合物驱、化学复合驱、SAGD、火驱、二氧化碳驱、微生物驱以及其他相关提高采收率新技术推广与应用等方面取得的成绩和形成的特色技术，提炼采油工程技术发展中形成的新理念和新思路，并展望采油工程技术未来的发展趋势。

图书在版编目（CIP）数据

提高采收率 / 马德胜主编 .—北京：石油工业出版社，2019.1

（中国石油科技进展丛书.2006—2015年）

ISBN 978-7-5183-3006-5

Ⅰ.①提… Ⅱ.①马… Ⅲ.①提高采收率 Ⅳ.① TE357

中国版本图书馆CIP数据核字（2018）第282612号

出版发行：石油工业出版社
　　　　　（北京安定门外安华里2区1号　100011）
　　　　　网　址：www.petropub.com
　　　　　编辑部：（010）64523541　图书营销中心：（010）64523633
经　　销：全国新华书店
印　　刷：北京中石油彩色印刷有限责任公司

2019年1月第1版　2019年1月第1次印刷
787×1092毫米　开本：1/16　印张：17.75
字数：430千字

定价：140.00元
（如出现印装质量问题，我社图书营销中心负责调换）
版权所有，翻印必究

《中国石油科技进展丛书（2006—2015年）》编委会

主　任：王宜林

副主任：焦方正　喻宝才　孙龙德

主　编：孙龙德

副主编：匡立春　袁士义　隋　军　何盛宝　张卫国

编　委：（按姓氏笔画排序）

于建宁　马德胜　王　峰　王卫国　王立昕　王红庄
王雪松　王渝明　石　林　伍贤柱　刘　合　闫伦江
汤　林　汤天知　李　峰　李忠兴　李建忠　李雪辉
吴向红　邹才能　闵希华　宋少光　宋新民　张　玮
张　研　张　镇　张子鹏　张光亚　张志伟　陈和平
陈健峰　范子菲　范向红　罗　凯　金　鼎　周灿灿
周英操　周家尧　郑俊章　赵文智　钟太贤　姚根顺
贾爱林　钱锦华　徐英俊　凌心强　黄维和　章卫兵
程杰成　傅国友　温声明　谢正凯　雷　群　蔺爱国
撒利明　潘校华　穆龙新

专　家　组

成　员：刘振武　童晓光　高瑞祺　沈平平　苏义脑　孙　宁
　　　　高德利　王贤清　傅诚德　徐春明　黄新生　陆大卫
　　　　钱荣钧　邱中建　胡见义　吴　奇　顾家裕　孟纯绪
　　　　罗治斌　钟树德　接铭训

《提高采收率》编写组

主　　编：马德胜

副 主 编：王　强　王正波　张忠义

编写人员：

张善严	桑国强	邹存友	张　群	张　帆	周朝辉
蔡红岩	田茂章	刘皖露	罗文利	高　明	刘朝霞
邹新源	张忠义	李秀峦	关文龙	席长丰	周　游
郭二鹏	吕文峰	杨永智	周体尧	俞　理	马原栋
魏小芳	修建龙	宋文枫	许　颖	樊　剑	周新宇

序

　　习近平总书记指出，创新是引领发展的第一动力，是建设现代化经济体系的战略支撑，要瞄准世界科技前沿，拓展实施国家重大科技项目，突出关键共性技术、前沿引领技术、现代工程技术、颠覆性技术创新，建立以企业为主体、市场为导向、产学研深度融合的技术创新体系，加快建设创新型国家。

　　中国石油认真学习贯彻习近平总书记关于科技创新的一系列重要论述，把创新作为高质量发展的第一驱动力，围绕建设世界一流综合性国际能源公司的战略目标，坚持国家"自主创新、重点跨越、支撑发展、引领未来"的科技工作指导方针，贯彻公司"业务主导、自主创新、强化激励、开放共享"的科技发展理念，全力实施"优势领域持续保持领先、赶超领域跨越式提升、储备领域占领技术制高点"的科技创新三大工程。

　　"十一五"以来，尤其是"十二五"期间，中国石油坚持"主营业务战略驱动、发展目标导向、顶层设计"的科技工作思路，以国家科技重大专项为龙头、公司重大科技专项为抓手，取得一大批标志性成果，一批新技术实现规模化应用，一批超前储备技术获重要进展，创新能力大幅提升。为了全面系统总结这一时期中国石油在国家和公司层面形成的重大科研创新成果，强化成果的传承、宣传和推广，我们组织编写了《中国石油科技进展丛书（2006—2015年）》(以下简称《丛书》)。

　　《丛书》是中国石油重大科技成果的集中展示。近些年来，世界能源市场特别是油气市场供需格局发生了深刻变革，企业间围绕资源、市场、技术的竞争日趋激烈。油气资源勘探开发领域不断向低渗透、深层、海洋、非常规扩展，炼油加工资源劣质化、多元化趋势明显，化工新材料、新产品需求持续增长。国际社会更加关注气候变化，各国对生态环境保护、节能减排等方面的监管日益严格，对能源生产和消费的绿色清洁要求不断提高。面对新形势新挑战，能源企业必须将科技创新作为发展战略支点，持续提升自主创新能力，加快构筑竞争新优势。"十一五"以来，中国石油突破了一批制约主营业务发展的关键技术，多项重要技术与产品填补空白，多项重大装备与软件满足国内外生产急需。截至2015年底，共获得国家科技奖励30项、获得授权专利17813项。《丛书》全面系统地梳理了中国石油"十一五""十二五"期间各专业领域基础研究、技术开发、技术应用中取得的主要创新性成果，总结了中国石油科技创新的成功经验。

《丛书》是中国石油科技发展辉煌历史的高度凝练。中国石油的发展史，就是一部创业创新的历史。建国初期，我国石油工业基础十分薄弱，20世纪50年代以来，随着陆相生油理论和勘探技术的突破，成功发现和开发建设了大庆油田，使我国一举甩掉贫油的帽子；此后随着海相碳酸盐岩、岩性地层理论的创新发展和开发技术的进步，又陆续发现和建成了一批大中型油气田。在炼油化工方面，"五朵金花"炼化技术的开发成功打破了国外技术封锁，相继建成了一个又一个炼化企业，实现了炼化业务的不断发展壮大。重组改制后特别是"十二五"以来，我们将"创新"纳入公司总体发展战略，着力强化创新引领，这是中国石油在深入贯彻落实中央精神、系统总结"十二五"发展经验基础上、根据形势变化和公司发展需要作出的重要战略决策，意义重大而深远。《丛书》从石油地质、物探、测井、钻完井、采油、油气藏工程、提高采收率、地面工程、井下作业、油气储运、石油炼制、石油化工、安全环保、海外油气勘探开发和非常规油气勘探开发等15个方面，记述了中国石油艰难曲折的理论创新、科技进步、推广应用的历史。它的出版真实反映了一个时期中国石油科技工作者百折不挠、顽强拼搏、敢于创新的科学精神，弘扬了中国石油科技人员秉承"我为祖国献石油"的核心价值观和"三老四严"的工作作风。

《丛书》是广大科技工作者的交流平台。创新驱动的实质是人才驱动，人才是创新的第一资源。中国石油拥有21名院士、3万多名科研人员和1.6万名信息技术人员，星光璀璨，人文荟萃、成果斐然。这是我们宝贵的人才资源。我们始终致力于抓好人才培养、引进、使用三个关键环节，打造一支数量充足、结构合理、素质优良的创新型人才队伍。《丛书》的出版搭建了一个展示交流的有形化平台，丰富了中国石油科技知识共享体系，对于科技管理人员系统掌握科技发展情况，做出科学规划和决策具有重要参考价值。同时，便于科研工作者全面把握本领域技术进展现状,准确了解学科前沿技术,明确学科发展方向,更好地指导生产与科研工作,对于提高中国石油科技创新的整体水平,加强科技成果宣传和推广,也具有十分重要的意义。

掩卷沉思,深感创新艰难、良作难得。《丛书》的编写出版是一项规模宏大的科技创新历史编纂工程,参与编写的单位有60多家,参加编写的科技人员有1000多人,参加审稿的专家学者有200多人次。自编写工作启动以来,中国石油党组对这项浩大的出版工程始终非常重视和关注。我高兴地看到,两年来,在各编写单位的精心组织下,在广大科研人员的辛勤付出下,《丛书》得以高质量出版。在此,我真诚地感谢所有参与《丛书》组织、研究、编写、出版工作的广大科技工作者和参编人员,真切地希望这套《丛书》能成为广大科技管理人员和科研工作者的案头必备图书,为中国石油整体科技创新水平的提升发挥应有的作用。我们要以习近平新时代中国特色社会主义思想为指引,认真贯彻落实党中央、国务院的决策部署,坚定信心、改革攻坚,以奋发有为的精神状态、卓有成效的创新成果,不断开创中国石油稳健发展新局面,高质量建设世界一流综合性国际能源公司,为国家推动能源革命和全面建成小康社会作出新贡献。

2018年12月

丛书前言

石油工业的发展史，就是一部科技创新史。"十一五"以来尤其是"十二五"期间，中国石油进一步加大理论创新和各类新技术、新材料的研发与应用，科技贡献率进一步提高，引领和推动了可持续跨越发展。

十余年来，中国石油以国家科技发展规划为统领，坚持国家"自主创新、重点跨越、支撑发展、引领未来"的科技工作指导方针，贯彻公司"主营业务战略驱动、发展目标导向、顶层设计"的科技工作思路，实施"优势领域持续保持领先、赶超领域跨越式提升、储备领域占领技术制高点"科技创新三大工程；以国家重大专项为龙头，以公司重大科技专项为核心，以重大现场试验为抓手，按照"超前储备、技术攻关、试验配套与推广"三个层次，紧紧围绕建设世界一流综合性国际能源公司目标，组织开展了50个重大科技项目，取得一批重大成果和重要突破。

形成40项标志性成果。（1）勘探开发领域：创新发展了深层古老碳酸盐岩、冲断带深层天然气、高原咸化湖盆等地质理论与勘探配套技术，特高含水油田提高采收率技术，低渗透/特低渗透油气田勘探开发理论与配套技术，稠油/超稠油蒸汽驱开采等核心技术，全球资源评价、被动裂谷盆地石油地质理论及勘探、大型碳酸盐岩油气田开发等核心技术。（2）炼油化工领域：创新发展了清洁汽柴油生产、劣质重油加工和环烷基稠油深加工、炼化主体系列催化剂、高附加值聚烯烃和橡胶新产品等技术，千万吨级炼厂、百万吨级乙烯、大氮肥等成套技术。（3）油气储运领域：研发了高钢级大口径天然气管道建设和管网集中调控运行技术、大功率电驱和燃驱压缩机组等16大类国产化管道装备，大型天然气液化工艺和20万立方米低温储罐建设技术。（4）工程技术与装备领域：研发了G3i大型地震仪等核心装备，"两宽一高"地震勘探技术，快速与成像测井装备、大型复杂储层测井处理解释一体化软件等，8000米超深井钻机及9000米四单根立柱钻机等重大装备。（5）安全环保与节能节水领域：

研发了 CO_2 驱油与埋存、钻井液不落地、炼化能量系统优化、烟气脱硫脱硝、挥发性有机物综合管控等核心技术。(6) 非常规油气与新能源领域：创新发展了致密油气成藏地质理论，致密气田规模效益开发模式，中低煤阶煤层气勘探理论和开采技术，页岩气勘探开发关键工艺与工具等。

取得 15 项重要进展。(1) 上游领域：连续型油气聚集理论和含油气盆地全过程模拟技术创新发展，非常规资源评价与有效动用配套技术初步成型，纳米智能驱油二氧化硅载体制备方法研发形成，稠油火驱技术攻关和试验获得重大突破，井下油水分离同井注采技术系统可靠性、稳定性进一步提高；(2) 下游领域：自主研发的新一代炼化催化材料及绿色制备技术、苯甲醇烷基化和甲醇制烯烃芳烃等碳一化工新技术等。

这些创新成果，有力支撑了中国石油的生产经营和各项业务快速发展。为了全面系统反映中国石油 2006—2015 年科技发展和创新成果，总结成功经验，提高整体水平，加强科技成果宣传推广、传承和传播，中国石油决定组织编写《中国石油科技进展丛书(2006—2015 年)》(以下简称《丛书》)。

《丛书》编写工作在编委会统一组织下实施。中国石油集团董事长王宜林担任编委会主任。参与编写的单位有 60 多家，参加编写的科技人员 1000 多人，参加审稿的专家学者 200 多人次。《丛书》各分册编写由相关行政单位牵头，集合学术带头人、知名专家和有学术影响的技术人员组成编写团队。《丛书》编写始终坚持：一是突出站位高度，从石油工业战略发展出发，体现中国石油的最新成果；二是突出组织领导，各单位高度重视，每个分册成立编写组，确保组织架构落实有效；三是突出编写水平，集中一大批高水平专家，基本代表各个专业领域的最高水平；四是突出《丛书》质量，各分册完成初稿后，由编写单位和科技管理部共同推荐审稿专家对稿件审查把关，确保书稿质量。

《丛书》全面系统反映中国石油 2006—2015 年取得的标志性重大科技创新成果，重点突出"十二五"，兼顾"十一五"，以科技计划为基础，以重大研究项目和攻关项目为重点内容。丛书各分册既有重点成果，又形成相对完整的知识体系，具有以下显著特点：一是继承性。《丛书》是《中国石油"十五"科技进展丛书》的延续和发展，凸显中国石油一以贯之的科技发展脉络。二是完整性。《丛书》涵盖中国石油所有科技领域进展，全面反映科技创新成果。三是标志性。《丛书》在综合记述各领域科技发展成果基础上，突出中国石油领先、高端、前沿的标志性重大科技成果，是核心竞争力的集中展示。四是创新性。《丛书》全面梳理中国石油自主创新科技成果，总结成功经验，有助于提高科技创新整体水平。五是前瞻性。《丛书》设置专门章节对世界石油科技中长期发展做出基本预测，有助于石油工业管理者和科技工作者全面了解产业前沿、把握发展机遇。

《丛书》将中国石油技术体系按15个领域进行成果梳理、凝练提升、系统总结，以领域进展和重点专著两个层次的组合模式组织出版，形成专有技术集成和知识共享体系。其中，领域进展图书，综述各领域的科技进展与展望，对技术领域进行全覆盖，包括石油地质、物探、测井、钻完井、采油、油气藏工程、提高采收率、地面工程、井下作业、油气储运、石油炼制、石油化工、安全环保节能、海外油气勘探开发和非常规油气勘探开发等15个领域。31部重点专著图书反映了各领域的重大标志性成果，突出专业深度和学术水平。

《丛书》的组织编写和出版工作任务量浩大，自2016年启动以来，得到了中国石油天然气集团公司党组的高度重视。王宜林董事长对《丛书》出版做了重要批示。在两年多的时间里，编委会组织各分册编写人员，在科研和生产任务十分紧张的情况下，高质量高标准完成了《丛书》的编写工作。在集团公司科技管理部的统一安排下，各分册编写组在完成分册稿件的编写后，进行了多轮次的内部和外部专家审稿，最终达到出版要求。石油工业出版社组织一流的编辑出版力量，将《丛书》打造成精品图书。值此《丛书》出版之际，对所有参与这项工作的院士、专家、科研人员、科技管理人员及出版工作者的辛勤工作表示衷心感谢。

人类总是在不断地创新、总结和进步。这套丛书是对中国石油2006—2015年主要科技创新活动的集中总结和凝练。也由于时间、人力和能力等方面原因，还有许多进展和成果不可能充分全面地吸收到《丛书》中来。我们期盼有更多的科技创新成果不断地出版发行，期望《丛书》对石油行业的同行们起到借鉴学习作用，希望广大科技工作者多提宝贵意见，使中国石油今后的科技创新工作得到更好的总结提升。

孙龙德

2018年12月

前　言

经过多年的理论研究和现场试验，特别是"十一五"和"十二五"科技攻关，中国石油天然气集团有限公司（以下简称中国石油）在提高采收率技术创新和工业化应用方面取得了显著成效，形成了针对中高渗透高（特高）含水、低（特低）渗透、特（超）稠油等不同类型油藏的提高采收率主体技术系列。总体上，中国石油精细水驱和化学驱提高采收率技术处于世界领先水平，中深层特（超）稠油提高采收率技术实现了工业化，低（特低）渗透油田注气提高采收率取得重大突破，有力支撑了中国石油原油产量持续保持 1×10^8 t 以上。

按照《中国石油科技进展丛书（2006—2015年）》编委会的统一部署，丛书分册《提高采收率》于2018年5月底完成初稿，此后根据审稿专家的意见进行了多次修改，最后由本书主编马德胜负责完成统稿。

本书由中国石油勘探开发研究院（以下简称研究院）负责编写，技术资料主要取自研究院和中国石油所属油田的科技成果及公开发表的著作和文献。本书汇集了中国石油在提高采收率技术方面的主要进展，重点介绍了"十一五"和"十二五"期间在提高采收率技术领域取得的重大科技成果，其中包括精细水驱、化学复合驱、聚合物驱、稠油热采、注气、微生物驱等提高采收率技术，并概况总结了中国石油提高采收率技术面临的重大挑战和标志性成果，展望了提高采收率技术未来的发展趋势。

本书由八章构成，第一章由马德胜、王正波、王强编写；第二章由张善严、桑国强、邹存友等编写；第三章由张群、张帆、周朝辉、蔡红岩、田茂章、刘皖露等编写；第四章由罗文利、高明、刘朝霞、邹新源等编写；第五章由张忠义、李秀峦、关文龙、席长丰、周游、郭二鹏等编写；第六章由吕文峰、杨永智、周体尧等编写；第七章由俞理、马原栋、魏小芳、修建龙、宋文枫、许颖等编写；第八章由马德胜、王强、樊剑、周新宇等编写。

在本书编写过程中，研究院多位专家参与了资料整理和编写工作，中国石油股份有限公司廖广志、罗凯、王连刚，中国石油大庆油田有限责任公司韩培慧，研究院罗治斌、刘卫东、李辉，中国石油大学（北京）李宜强等教授和专家对有关章节进行了仔细审阅，提出了宝贵的修改意见。在此，向所有参与本书编写和审阅工作的专家表示真诚的谢意！

本书是一项综合性的专项技术成果总结，由于编者水平有限，书中难免存在不妥之处，敬请读者批评指正。

目 录

第一章　绪论 ·· 1

第二章　高（特高）含水油田精细水驱提高采收率技术 ······································ 8

　　第一节　概述 ··· 8

　　第二节　技术理念与内涵 ··· 9

　　第三节　关键技术与应用配套 ·· 14

　　第四节　矿场实例 ·· 34

　　参考文献 ··· 45

第三章　化学复合驱提高采收率技术 ·· 47

　　第一节　概述 ··· 47

　　第二节　化学复合驱驱油机理新认识 ·· 49

　　第三节　表面活性剂研制与工业生产技术 ··· 55

　　第四节　化学复合驱数值模拟及方案优化设计技术 ································ 73

　　第五节　化学复合驱工业应用配套技术 ·· 86

　　第六节　矿场实例 ·· 93

　　参考文献 ··· 101

第四章　聚合物驱提高采收率技术 ··· 103

　　第一节　概述 ··· 103

　　第二节　聚合物驱驱油机理新认识 ··· 106

　　第三节　聚合物驱新型驱油用聚合物 ·· 110

　　第四节　聚合物驱数值模拟及方案优化设计技术 ··································· 112

　　第五节　工业应用配套技术 ··· 122

　　第六节　矿场实例 ·· 125

　　参考文献 ··· 133

第五章　稠油热采提高采收率技术 ··· 135

　　第一节　概述 ··· 135

第二节	蒸汽驱技术	136
第三节	蒸汽辅助重力泄油（SAGD）技术	144
第四节	火驱技术	154
第五节	工业应用配套技术	166
第六节	矿场实例	172
参考文献		182

第六章　注气提高采收率技术 …………………………………………………………… 184

第一节	概述	184
第二节	气驱驱油机理及潜力评价	187
第三节	气驱油藏工程方案设计与调控技术	195
第四节	工业应用配套技术	202
第五节	矿场实例	214
参考文献		225

第七章　微生物提高采收率技术 ………………………………………………………… 226

第一节	概述	226
第二节	微生物驱驱油机理新认识	228
第三节	油藏微生物研究	232
第四节	油藏微生物激活技术研究	237
第五节	数值模拟及方案优化设计技术	239
第六节	矿场实例	244
参考文献		257

第八章　展望 ………………………………………………………………………………… 259

第一章 绪 论

提高采收率是油田开发永恒的主题，2006年以来，中国石油天然气集团公司（以下简称中国石油）稳步推进和全面实施提高采收率技术，瞄准制约中国石油油田开发的重大技术瓶颈和挑战，按照"以基础研究为引领、技术研发为核心、现场试验为抓手"的一体化组织攻关模式，依托国家973、国家863、国家科技重大专项等重大科技攻关项目及提高石油采收率国家重点实验室建设，配套"大庆油田原油4000×10^4t持续稳产关键技术研究""长庆油田油气当量上产5000×10^4t关键技术研究""新疆和吐哈油田油气持续上产勘探开发关键技术研究""塔里木油田勘探开发关键技术研究"以及"辽河油田原油千万吨持续稳产关键技术研究"等重大科技专项攻关，重点针对高（特高）含水油田精细水驱、化学驱提高采收率、低（特低）渗透油藏有效开发、特（超）稠油高效开发和微生物驱提高采收率等领域开展了理论技术攻关和现场试验，实现了不同类型油藏的可持续规模高效开发，推动了中国石油提高采收率主体技术的研发换代和有序接替。

通过"十一五"和"十二五"科技攻关，中国石油提高采收率技术取得了一批重大创新成果，大力提升了中国石油主体核心技术在国内外的竞争实力，实现了提高采收率等优势领域保持国际领先地位的目标。高（特高）含水老油田精细水驱技术、化学复合驱技术和聚合物驱技术继续保持国际领先地位，中深层特（超）稠油油藏开发技术达到国际领先水平，低（特低）渗透油藏注气提高采收率技术达到国际先进水平[1-7]。形成了聚合物驱、三元复合驱、浅层超重油蒸汽辅助重力泄油（以下简称SAGD）开采、CO_2驱油及埋存、超低渗透油田开发等配套技术7项，新一代油藏数值模拟软件1项，稠油火驱、低渗透气驱物理模拟等实验装置4台套。申请专利6389件，其中发明专利1818件；获得国家科技进步奖一等奖4项，国家科技进步奖二等奖7项；集团公司科技进步奖42项；形成集团公司技术利器6项；形成核心重大配套技术6项；形成重大软件产品3项。截至2015年，中国石油提高采收率技术年产油量已达2500×10^4t以上，占中国石油年产油量的22%以上，为中国石油连续十年保持1×10^8t稳产提供了重要技术支撑[8]。

为全面反映中国石油"十一五"和"十二五"期间提高采收率技术进展和创新成果，中国石油天然气集团有限公司科技管理部组织编写了《中国石油科技进展丛书（2006—2015年）》分册《提高采收率》。通过系统总结，以期形成中国石油提高采收率技术的专有集成，形成中国石油具有共享性质的专项知识体系，从而构成企业有载体的无形资产和企业文化的重要组成部分。本书以科技规划为基础，以提高采收率技术领域重大研究项目或攻关项目为重点，突出中国石油在本技术领域获得的国家及省部级以上奖项成果，兼顾本领域的全覆盖和专业深度，着重阐述2006—2015年间中国石油在高（特高）含水油田精细水驱、化学驱、特（超）稠油油藏热力采油、低（特低）渗透油藏注气开发以及微生物采油等提高采收率技术的重要进展和标志性成果，并展望了未来中国石油提高采收率技术的发展趋势。本章简要概述了中国石油提高采收率技术面临的挑战和取得的主要成果。

一、面临挑战

21世纪初，面对新增探明储量的资源品质下降、油田开发难度不断加大的现实，通过集成创新提高采收率技术，稳步提高油田开发水平，中国石油原油产量实现了持续稳定增长，但也面临着可持续发展的艰巨任务和挑战，具体包括以下几个方面：

（1）注水开发油田整体进入"双高"阶段，依靠现有技术进一步提高水驱采收率的难度加大。中国石油80%的原油产量来自水驱，注水开发仍是油田的主体开发技术[9]。2006年年底，中国石油油田综合含水84.9%，可采储量采出程度75.6%，高含水、特高含水期剩余油分布高度分散又相对富集，在高含水后期采用强注强采措施导致注入水无效、低效循环加重，技术经济效益变差，加之油田地面工程存在设备腐蚀、老化、能耗高等问题，高含水、特高含水期油田效益开采难度增大，亟须攻关以储层精细描述、剩余油分布定量预测、多油层层系细分与井网优化重组、注采结构立体调控以及油藏深部调驱为主要特征的精细水驱开发技术。

（2）化学驱开采对象变差，挖潜难度增大，技术配套体系仍需完善。化学驱开采对象正由一类油藏向二类、三类油藏转变，从以砂岩油藏为主向砾岩、复杂断块、高温高盐等其他类型油藏转变[10,11]。大庆油田较早开展的聚合物驱区块多数进入含水回升和后续水驱开发阶段，油藏内部剩余油分布更为零散，长期高强度注采加剧了油藏非均质性，原油产量迅速递减，开发层系组合、井网密度、注采参数问题尚未解决；二类油藏聚合物驱和砾岩油藏聚合物驱还处于试验阶段，聚合物驱后进一步提高采收率技术方向不明确；化学复合驱油技术尚处于研究和开发阶段，廉价、高效化学复合驱驱油主剂的工业化生产技术尚不完善，驱油过程中高碱体系造成的乳化、结垢问题仍待系统攻关，低碱、无碱驱油体系驱油技术尚未成熟。

（3）以蒸汽吞吐为主的稠油热采产量快速递减，经济效果变差，亟须转变开发方式；新发现的大规模的超稠油油藏，亟须能够实现经济有效开发的提高采收率技术。稠油油藏开发方式以蒸汽吞吐为主，通过小井距、密井网实现了年均2%～3%高速开发和千万吨的稠油生产规模，采收程度达到20%～30%[12]。2006年以来，稠油开发进入蒸汽吞吐的中后期（平均吞吐周期达12轮次以上），地层压力低、高含水、汽窜等问题已严重影响了蒸汽吞吐开发生产，油汽比由初期1.2降至不足0.15，30%～40%吞吐周期内的油汽比低于0.1，大部分区块的经济效益难以覆盖开发成本。蒸汽驱技术作为蒸汽吞吐后的主要接替技术，在浅层稠油和中深层稠油的开发试验刚刚起步，井网调整、分层注汽及配套工艺对国内强非均质性普通稠油油藏的适应性还处于探索阶段。蒸汽辅助重力泄油（SAGD）在辽河曙一区超稠油和新疆浅层超稠油开发中还处于前期论证阶段，开发机理、技术有效性及配套工艺等还需要进一步验证和攻关。国内历次火驱试验都未能取得预期效果，火驱技术已经废弃多年，火驱作为稠油吞吐后期除蒸汽驱外的另一项接替技术，面临着燃烧机理、井网调整、点火和控制工艺等更多的技术挑战和不确定性问题[7]。

（4）低渗透油藏开发规模逐年加大，新井单井产量不断下降。2006年来，新探明储量品质变差，新探明的低渗透及特低渗透储量占当年总探明储量的70%以上，低渗透动用储量和年产量比例不断上升，2015年已分别达到60.6%和37.8%。与此同时，低渗透油藏自然产能低，导致单井产量低（平均2.5t/d），需压裂投产，但压裂后油层非均质严重，导致采收率低（小于20%）。多数油田进入中高含水期，年自然递减率高（大于10%），稳产难度增大。低渗透油田注气混相和非混相驱技术还处于试验阶段，尚未形成工业化应用能力[13-15]。油层保护、水平井和小井眼钻采技术与国际先进水平相比还有一定差距。超低渗透油藏开发技术还有较大的发展空间。

（5）微生物驱技术因其"成本低廉、环境友好、工艺简便、适应广泛"等特点，在常规水驱后油藏和枯竭油藏强化采油方面具有广阔的应用前景。2006年以来，在新疆、华北、长庆等油田不同类型油藏开展了规模不等的微生物驱现场试验，取得了良好的增产效果，提高采收率3%～5%[16-18]。但由于现场试验规模小且不规范，驱油效果及潜力未得到充分显现，尚未形成规模化的生产能力。微生物驱的影响因素众多，技术复杂性和难度较大，采油功能菌的区分提取及筛选改造、油藏微生物的地下激活与功能调控、驱油机理的深化认识与量化表征、数值模拟与预测、动态跟踪与调整等关键技术问题需要进一步研究和优化。亟须加强多学科联合攻关，持续推进矿场试验，使之成为油田可持续开发的战略储备与接替技术。

二、取得的主要成果

通过十余年的不断探索和实践，中国石油已研发形成了较为系统的、适合自身油藏地质特点的提高采收率技术理论，针对高（特高）含水油田精细水驱及化学驱、特（超）稠油油藏热力采油、低（特低）渗透油藏注气以及微生物驱等提高采收率技术领域取得了一系列的创新成果[19]，具体包括以下几点。

（1）高（特高）含水油田精细水驱提高采收率关键技术不断创新，支撑老油田焕发青春。

创新形成了高（特高）含水油田单砂体识别与构型表征技术、储层内部非均质性描述方法及剩余油富集模式，利用生产测试资料和地震、测井等综合信息建立了水流优势通道的识别与预测方法，发展了以精细油藏描述和注采结构调控为核心的水驱精细挖潜、薄差层有效开发等关键技术。针对大斜度井形成了大斜度井分注技术，在冀东、吉林等油田现场应用，提高了复杂井况条件下分注技术的适应性，实现了注水工艺快速升级换代。大力推广深部液流转向技术，研发不同级次水流通道调驱化学配方体系，在大港油田现场试验取得显著效果，可提高水驱采收率超过5%，应用推广可覆盖地质储量 $30 \times 10^8 t$ 以上。研发的新一代地质建模及数值模拟软件系统 HiSim 达到或优于国内外同类软件的水平，为国内复杂油藏有效开发、老油田深度开发的方案设计提供了有力技术支持。这些成果为进一步提升高含水老油田水驱开发效果提供了重要的理论基础和技术手段。高含水老油田精细水驱技术曾荣获2010年国家科技技术进步特等奖、2010年中国石油天然气集团公司科技进步特等奖、2013年中国石油天然气集团公司科技进步一等奖、2015年中国石油天然气集团公司科技进步特等奖。2010年，"二三结合"水驱挖潜技术被选列入中国石油十大科技进展。

（2）持续创新化学驱提高采收率理论与技术，支撑三次采油产量突破 $1400 \times 10^4 t$。

聚合物驱理论和技术持续创新，应用领域不断拓展，形成了大庆油田二类油层聚合物驱、新疆油田砾岩聚合物驱为代表的成熟工业化技术。突破聚合物分子尺度表征技术，实现了二类油层参数定量优化设计的个性化、定量化和标准化，创新多段塞交替注入方式、聚合物驱分注高效测调、低黏损聚合物配注等核心工艺，聚合物驱油开发水平不断提升，吨聚增油由37t提高到54t，提高采收率12个百分点以上，"十二五"期间累计产油$5200×10^4$t以上，有力支撑聚合物驱油产量千万吨以上持续稳产。聚合物驱油技术曾荣获2006年和2008年国家科技技术进步二等奖、2010年中国石油天然气集团公司科技进步特等奖、2014年中国石油天然气集团公司科技进步一等奖、2015年中国石油天然气集团公司科技进步二等奖。2010年，二类油藏聚合物驱油技术被选列入中国石油十大科技进展。

化学复合驱关键技术获重大突破，推动化学驱技术由聚合物驱向复合驱升级换代，并持续保持国际领先水平。三元复合驱工业化试验全面实施，三元复合驱用烷基苯磺酸盐和石油磺酸盐表面活性剂的年生产能力能够满足油田现场试验需要，矿场试验提高采收率20%以上，2014年产油量突破$200×10^4$t。三元复合驱技术荣获2014年中国石油天然气集团公司科学技术进步特等奖和2017年国家科技进步二等奖，并于2009年和2014年被选列入中国石油十大科技进展。三元复合驱技术的成功对中国石油高/特高含水油田的可持续发展具有重大战略意义。二元复合驱用甜菜碱表面活性剂驱油体系完成中试，现场试验取得显著效果，辽河和新疆油田二元驱预计最终提高采收率18%以上，其中辽河油田二元复合驱提高采收率技术荣获2014年中国石油天然气集团公司科技进步一等奖。"高效、低成本、绿色"的二元复合驱技术已经全面启动工业化推广进程，是化学驱技术的主要发展方向，具有广阔的应用前景。

（3）稠油热采提高采收率技术研究取得重大突破，有力支持了公司稠油千万吨稳产。

蒸汽驱、SAGD及火驱是我国稠油油藏提高采收率开发的三大主体技术，2006年以来已经取得重大突破，实现了稠油热采开发方式转换，引领稠油开发向可持续、有效益方向发展。一是配套完善蒸汽驱技术，蒸汽驱工业化取得显著效果。新疆浅层蒸汽驱工业化成功地建设了百万吨的生产规模，实现了吞吐后新疆油田的稠油稳产和上产。蒸汽驱高峰期产量达到$95×10^4$t，油汽比0.23，经济效益显著。辽河油田的蒸汽驱工业化应用也取得显著效果，齐40块转规模蒸汽驱开发10年，日产油1237t，油汽比0.15，采油速度1.2%，阶段采出程度15.5%，总采出程度达到47.1%。辽河油田中深层齐40块蒸汽驱开发调整方案获2008年中国石油天然气集团公司科技进步一等奖，辽河油田中深层稠油大幅度提高采收率技术获2010年国家科技进步二等奖。水平井蒸汽驱技术获2017年中国石油天然气集团公司科技进步二等奖。二是攻关发展了SAGD技术，实现超稠油的高效上产和稳产。建成SAGD物模模拟平台，完善了SAGD油藏工程理论和设计方法，攻关了SAGD配套工艺，SAGD现场试验和工业化应用获得有效支持。新疆油田采用双水平井SAGD技术实现超稠油资源有效动用，初步形成浅层超稠油双水平井钻完井、循环预热、高曲率大排量举升等开发配套技术，编制$200×10^4$t的SAGD产能规划方案，工业化扩大全面展开，已经初步达到年产超稠油百万吨以上。辽河油田在世界上首次对直井与水平井组合（注汽直井位于水平生产井斜上方）SAGD进行了技术攻关，对驱-泄复合的采油机理和SAGD生产控制方法取得新的认识，成功培育出10多口日产油量达到百吨的高产井，经济效益显著，并成功进行了工业化推广应用，SAGD技术年产油已达到百万吨。SAGD技术在2006年和2013年被选列入中国石油十大科技进展。以SAGD技术为主体的新疆油田于2013年获集团公司科技进步一等奖。三是稠油火驱理论和先导试验取得重大进展，工业化扩大全面展开。建立了火烧驱油实验模拟系列方法，揭示了火烧前沿驱油机理和受控因素，为火驱方案设计奠定了理论基础；初步形成高效点火、火线监测与控制等火烧驱油配套技术。火驱技术被中国石油天然气集团公司列为注蒸汽稠油老区大幅提高采收率的战略性接替技术之一，在辽河、新疆火驱先导试验取得成功，工业化扩大试验也已全面展开，目前产量规模达到 50×10^4t，应用前景广阔。2015 年，直井火驱技术被选列入中国石油十大科技进展。2017 年，火驱技术获中国石油天然气集团公司科技进步二等奖。

（4）低（特低）渗透油藏开发配套关键技术获得突破，注气技术支撑低渗透油藏产量快速增长。

低渗透油藏有效开发技术开展了注空气、氮气有效开发低（特低）渗透油藏的应用基础研究，掌握了低（特低）渗透油藏空气驱开采的主要机理。注空气可补充地层能量、改善波及系数，空气与地层原油发生低温氧化反应，使地层温度升高，原油黏度降低，同时产生少量 CO_2，三者对驱油效率的贡献约分别为 72.9%、22.5% 和 4.6%。

创立了我国陆相油藏 CO_2 驱油理论，完善配套了 CO_2 驱油技术，并已成为低渗透油田开发战略性接替技术。创建了 CO_2 驱油与埋存基础研究平台和实验方法，原油与 CO_2 相态传质机理、混相和增溶机理研究取得了重大进展，建立了我国陆相沉积低渗透油藏 CO_2 驱油与埋存理论；形成了 CO_2 驱油油藏工程设计、注采工艺等 8 项配套技术。支持吉林油田建成国内首个具有国际先进水平的 CCUS 工业示范基地。吉林油田单井产量较水驱提高 2.3 倍，提高采收率 10% 以上，提高了单井产量、动用率，提升了低渗透油藏开发的经济效益和社会效益，为低渗透油藏持续有效开发开辟了新的技术途径。2008 年，CO_2 驱油技术被选列入中国石油十大科技进展。

在低渗透油藏注水有效新方法研究方面，研发了注"超级水"化学剂配方体系，形成了"超级水"化学剂自发渗吸提高采收率系列评价方法，初步建立了低渗透储层注水水质标准。发展了离子匹配精细水驱新方法，与常规水驱相比，可提高采收率 5%～8.5%。

（5）微生物驱提高采收率技术体系逐步完善，现场试验初见成效。

建立完善了油藏微生物群落系列研究方法，系统掌握了不同类型油藏微生物群落结构与特征；证实了乳化分散、产气在微生物驱油过程中的作用，深化了微生物驱油机理认识；油井增油效果与假单胞菌、芽孢杆菌和不动杆菌等功能菌浓度正相关的研究分析结果充分证明现场增油降水效果是微生物的作用，解决了困扰微生物采油几十年的目标核心菌种区分和筛选关键问题，为驱油体系构建与优化指明了方向；形成了系列适合不同油藏条件的系列微生物体系激活技术，采油功能菌数量提高 10 万倍以上；编制了充分体现微生物驱油特点的数值模拟软件，实现了微生物驱油效果的模拟与预测；现场试验取得良好的增油效果。新疆油田七中区克上组油藏 4 注 11 采先导试验，在注入量仅为 0.1PV（油藏孔隙体积倍数）营养剂的条件下，累计增油 1.74×10^4t；华北二连油田微生物驱油现场试验已形成一定规模，实现了采出液的循环利用，为油田年产油量 25×10^4t 稳产 3 年、综合含水稳定控制在 85% 以内提供了技术保障；大庆在南二东聚合物驱后油藏开展了 1 注 4 采现场试验，在注入 0.08PV 营养剂的条件下，累计增油 6243t，提高采收率 3.93%，显示了聚合物驱后微生物驱的应用潜力。

2015 年，我国原油对外依存度已经突破 60%，原油供需矛盾日益加大。与此同时，中国石油处于高（特高）含水、高采出程度阶段的老油田年产油量占全年总产量的近 50%，处于"双高"阶段的油藏剩余可采储量占总剩余可采储量的 40%，难采储量已近

$40×10^8$t，其中已开发低效难采储量和未动用低品位难采储量约各占一半。中国石油原油资源总体呈现品质变差的非常规化趋势，原油产能重心逐年向老油田低效储量和新油田低品位储量转移[20]，提高采收率技术对于中国石油原油 $1×10^8$t 稳产具有非常重要的战略意义。同时，提高采收率主体技术的形成和配套是一个长期的过程。2006—2015年间，中国石油持续投入、高度重视和精心组织，实现了提高采收率主体技术的升级换代，并注重加强颠覆性技术（如纳米智能驱、原位改质、同井注采等）的基础理论方法研究。新技术的研发思路由"被动适应油藏"到"主动改造油藏"转变，多学科集成化、多功能化、大数据、纳米、智能技术将在油田提高采收率领域得到更为广泛的应用，从而进一步大幅度提高油田开发效果和效益[1]。中国油田开发的实践历程充分证明，提高采收率技术的不断进步是实现老油田可持续开发、复杂难采油田有效动用的根本动力和攻坚利器。展望未来，我国油田进一步大幅度提高采收率将面临资源品质变差、储层和流体特征更为复杂以及新领域（深层、非常规等）、高难度（高温高矿化度、化学驱后四次采油、超低渗透油藏三次采油等）的更大挑战，唯有通过提高采收率技术的不断创新，才能大幅度降低开采成本，提高原油资源的综合利用率，实现油田开发的可持续发展。

参 考 文 献

[1] 袁士义，王强. 中国油田开发主体技术新进展与展望[J]. 石油勘探与开发，2018，45（4）：657-668.

[2] 袁士义. 化学驱和微生物驱提高石油采收率的基础研究[M]. 北京：石油工业出版社，2010：1-16.

[3] 沈平平. 提高采收率技术进展[M]//周吉平. 中国石油"十五"科技进展丛书. 北京：石油工业出版社，2006：1-10.

[4] 胡文瑞，魏漪，鲍敬伟，等. 中国低渗透油气藏开发理论与技术进展[J]. 石油勘探与开发，2018，45（4）：646-656.

[5] 孙龙德，伍晓林，周万富，等. 大庆油田化学驱提高采收率技术[J]. 石油勘探与开发，2018，45（4）：636-645.

[6] 何江川，廖广志，王正茂，等. 油田开发战略与接替技术[J]. 石油学报，2012，33（3）：519-525.

[7] 王元基，何江川，廖广志，等. 国内火驱技术发展历程与应用前景[J]. 石油学报，2012，33（5）：909-914.

[8] 廖广志，马德胜，王正茂，等. 油田开发重大试验实践与认识[M]. 北京：石油工业出版社，2018：328，4-10.

[9] 金毓荪，林志芳，甄鹏，等. 陆相油藏分层开发理论与实践[M]. 北京：石油工业出版社，2016：10-17.

[10] 刘玉章. 聚合物驱提高采收率技术[M]. 北京：石油工业出版社，2006：1-24.

[11] Shen P P, Wang J L, Yuan S Y, et al. Study of Enhanced-Oil-Recovery Mechanism of Alkali/Surfactant/Polymer Flooding in Porous Media From Experiments[J]. SPE Journal, 2009, 14（2）：237-244.

[12] 张义堂. 热力采油提高采收率技术[M]. 北京：石油工业出版社，2006：1-6.

[13] 沈平平. 二氧化碳地质埋存与提高石油采收率技术[M]. 北京：石油工业出版社，2006：3-16.

[14] 秦积舜，韩海水，刘晓蕾，等. 美国CO_2驱油技术应用及启示[J]. 石油勘探与开发，2015，42（2）：

209-216.
[15] Ma D S, Zhang K. Flow Properties of CO_2/Crude Oil in Miscible Phase Flooding[J]. Petroleum Science and Technology, 2010, 28(14): 1427-1433.
[16] 李红, 邓泳, 孟亚玲, 等. 新疆油田高含水油藏本源微生物驱矿场试验研究[J]. 南开大学学报: 自然科学版, 2013(1): 108-111
[17] 冯庆贤, 张淑琴, 梁建春, 等. 大港油田本源微生物驱配套技术研究与应用[J]. 石油钻采工艺, 2009, 31(A01): 124-129
[18] 张廷山. 石油微生物采油技术[M]. 北京: 化学工业出版社, 2009: 2-8.
[19] 石油科技. 中国石油十大科技进展[EB/OL]. 中国石油信息资源网, 2006~2015, http://info.cnpc/xxzyw/kjsdjz/sykj_column.shtml.
[20] 王强. 以技术革命迎接油田开发非常规时代[EB/OL]. 中国石油新闻中心, 2014, http://news.cnpc.com.cn/system/2014/10/21/001511927.shtml.

第二章 高（特高）含水油田精细水驱提高采收率技术

第一节 概 述

  2006年，中国石油立足于高（特高）含水老油田精细水驱开发的客观现实需求，适时提出了高/特高含水老油田二次开发工程（以下简称二次开发）。通过多年关键技术攻关与油田实践，系统研究了老油田二次开发的界定条件、目标设置、技术路线、主要措施及经济效益预测等关键节点，在"三重"理念的基础上不断丰富完善二次开发内涵，创建了"整体控制、层系细分、平面重组、立体优化、深部调驱、二三结合"的具体可实施的技术路线，形成了完整的高（特高）含水老油田持续有效开发的二次开发模式，二次开发理念和配套技术已基本形成。并且，在此基础上制订了《中国石油"二次开发"规划》大纲，并通过审定。中国石油勘探开发研究院编制了《新二次采油工作设想》，从理论、技术和国内外实例全面论述了二次开发的可行性、实践性[1]。

  溯源中国石油二次开发，1992年大庆油田实施的规模宏大的"稳油控水"工程，接近二次开发的基本性质。1995年大庆油田实施油田"三次加密"工程，据王乃举教授讲，当时曾提出过"二次开发"一词。1996年韩大匡院士在全国油田开发工作会议的发言中，也曾阐述过"深度开发"这一概念，而且有比较系统的论述。2003年玉门油田曾明确提出老油田实施"二次开发"的可能性。老君庙油田发现于1939年，已有近70年的开发历史，累计采油2146.6×10^4t，可采储量采出程度已达89%，标定采收率45.9%，综合含水77%左右，33年基本变化不大，连续36年平均递减仅1.2%，2007年原油产量18.8×10^4t，预计在现有井网和技术条件下采收率可以达到50%以上。遗憾的是，玉门油田具有二次开发性质的做法，当时未能引起人们足够的重视。2004年中国石油勘探与生产分公司实施的"重大开发试验"，其性质是重大科技攻关，目的是解决老油田在"双高"条件下如何提高采收率，未动用难采储量如何有效开发，致密砂岩油气田如何有效开发，稠油高轮次吞吐后如何继续开发等问题。其内涵有"二次开发"的意图，也有"深度开发"的思路，但还是不明确、不系统，未上升到老油田二次开发的高度。2005年辽河油田加快实施了重大开发试验并见到了效果，原油产量由降而升，结束了原油产量连续10年递减的历史。2007年生产原油1206.1×10^4t，比2006年增产4.6×10^4t，储量替换率1.38，储采平衡系数1.02，一举扭转了自"九五"以来每年递减$(30 \sim 40) \times 10^4$t的被动局面。其次，辽河盆地陆上勘探进入高度成熟期，新发现储量逐年减少，而且品位低下，储采平衡系数低于1，二是稠油蒸汽吞吐开采方式下产量递减快，基本没有稳产的基础，采收率仅24.4%；三是老油田油水井套管损坏严重，井网极不完善，地面设施老化，效率低，安全隐患多，正常生产难以维持；四是随着蒸汽驱、SAGD等重大开发试验的实施、水平井技术的推广，其效果逐渐显现。这些做法为老油田提高采收率创造了条件，在当时也体现了老油田二次开发的基本思路。2006年辽河油田在工作总结汇报中，明确提出辽河油田"二次开发"和"再造一个新辽河"的设想,而且有一套较完整的设想实施方案,其思想认识的基础是源于蒸汽驱、SAGD 重大开发试验在辽河油田取得的成功。2006年中国石油勘探开发研究院开展讨论会,着重研究老油田如何提高采收率问题,有些专家提到了"二次开发",也提出了"新二次采油技术"的概念。2008 年在中国石油开发例会上,大庆油田提出聚合物驱后实施二次开发,并认为是对油田开发认识论和方法论的创新。2008 年大庆油田有 14 个聚合物驱区块进入后续水驱开发阶段,综合含水 96.3%,采出程度 52.8%,针对该类"双高"区块,挖掘聚合物驱后潜力是大庆油田真正意义上的二次开发。

截至 2016 年年底,中国石油在大庆、辽河、新疆、大港等 12 个油区 117 个区块实施了二次开发工程,实施石油地质储量 15.8×10^8t,新建产能 1203×10^4t/a,年产油规模突破 1000×10^4t;累计钻井 16057 口(水平井 865 口),其中采油井 11078 口,注水井 4979 口,累计钻井进尺 1718×10^4m,建产能 1203×10^4t/a;二次开发区块采油井总数达到 21855 口,开井数 15937 口,年产油达到 1042×10^4t,注水井总数 9935 口,开井 7612 口;二次开发区块平均综合含水 91.45%,地质储量采出程度 30%,采油速度 0.52%。二次开发阶段累计生产原油 9761×10^4t/a,阶段提高采出程度 6.1 个百分点,预计可新增可采储量 12381.5×10^4t/a,提高采收率 7.8 个百分点。2015 年,二次开发原油产量构成中,大庆、辽河、新疆、吉林的年产油量占 86% 以上,已成长为初具规模的工业化推广实践区域,为中国石油老油田的稳定开发做出了巨大贡献[2]。

第二节 技术理念与内涵

一、定义

针对开发 20 年以上、可采储量采出程度 70% 以上、综合含水 80% 以上的老油田,面对注采井网老化、无效水循环严重等导致开发储量控制和动用程度变差、储采失衡矛盾加剧的严峻局面,为不断提高老油田采收率和开发水平,中国石油决定实施二次开发工程。

二次开发是指具有较大资源潜力的老油田,在现有开发条件下已处于低速低效开采阶段或已接近废弃时,通过采用全新的理念和重构地下认识体系、重建井网结构、重组地面工艺流程的"三重"技术路线,立足当前最新技术,重新构建新的开发体系,大幅度提高油田最终采收率,实现安全、环保、节能、高效开发的战略性系统工程[3]。

二次开发的指导思想是:坚持以效益为中心,以"整体部署、分步实施、试点先行"为原则,以稳定并提高单井日产量和大幅度提高采收率为目标。坚持"三重"技术路线,不断扩展二次开发的内涵,拓展二次开发的技术和经济效益空间。通过二次开发工程的实施,实现老油田的可持续开发。

二、技术路线

通过二次开发工程实施 8 年来的探索和实践,二次开发的技术路线不断完善,技术内涵不断扩展,形成了如下的总体技术思路:即以"认识储层非均质并解决储层非均质"这个开发永恒的主题为切入点，为实现对地下开发单元的精细控制，将开发单元细化到以"单砂体及内部构型"为二次开发的基本单元，表征"单砂体及内部构型"的剩余油分布；通过层系井网优化，真正实现对单砂体最大限度的水驱控制；对水流优势通道等难以用层系井网解决的矛盾，利用深部调驱技术改善水驱，实现更好的水驱波及；在水驱采收率最大化后，采用进一步提高采收率的三次采油等手段，实现高含水老油田的持续有效开发。

二次开发的技术路线核心是"三重"，即重构地下认识体系、重建井网结构、重组地面工艺流程。在此基础上提出了"整体控制、层系（内）细分、平面重组、立体优化、深部调驱、二三结合"的24字指导方针（图2-1）。整体控制的含义是指用井网整体控制地下储层的非均质性或者井网一定要控制住单砂体及构型所导致的非均质性和剩余油的分布，特别重要的是在单砂体内部一定要建立起注采关系，通过注采调控使得以单砂体为单元的波及体积最大化；层系细分是指长期水驱开发导致层间和层内矛盾加剧，细分层系或层内，进一步提高层间的动用和层内的波及程度，细分后充分利用精细分注技术或长胶筒封堵技术真正实现特高含水阶段油层的有效动用和最大化波及程度；平面重组是在细分层系后，以地下单砂体为单元，重新组合注采关系，利用老井加上补充新井，也可以利用现有的井以单砂体及构型为单元重新调整注采关系。实际上做到这一步很难，需要有深厚的储层认识的功底，更需要有扎实的动态分析调整的阅历，毕竟是开发后期进入更深层次开发和最理想的境界；立体优化指从油藏整体进行层系井网的优化，包括经济效益评价；深部调驱是针对层内韵律引起的非均质差异，特别是水流优势通道发育导致无效水循环严重，需要深部调整驱替方向，是层系细分、井网调整和精细分注等其他措施均无法解决的重大开发矛盾；二三结合主要是指持续有效水驱和后续三次采油的密切结合，突出三次采油中聚合物驱和复合驱之后的化学驱接替技术，热采特色技术和注气大幅度提高采收率技术。

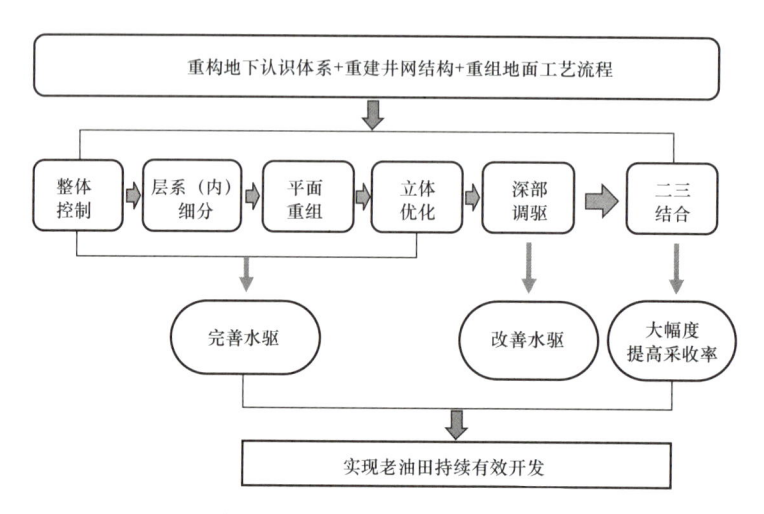

图2-1 二次开发工程的技术路线

该技术路线高度概括了老油田完善水驱、改善水驱、转换驱替介质三个不同阶段的主体技术，其中完善水驱阶段主要是前16字，即"整体控制、层系（内）细分、平面重组、立体优化",改善水驱主要是"深部调驱"技术系列,转换驱替介质主要是"二三结合"技术系列。从而形成了老油田不同阶段改善开发效果、提高采收率的有机结合的完整技术路线。

在传统老油田调整的基础上,二次开发更加突出了以下几点。(1)精细性:将地质认识单元细化到单砂体,明确单砂体及内部构型是二次开发重构地下认识体系的基本单元,二次开发的层系细分井网重组是基于以单砂体为单元的细分重组;(2)整体性:二次开发核心技术路线是"三重",从油藏、井网、地面整体考虑,目标是使老油田采收率大幅提高5%以上;(3)可持续性:二次开发立足于当前最先进实用技术,使老油田技术全面升级换代,将完善水驱、改善水驱、转换驱替介质有机结合,实现不同阶段老油田的持续有效开发。二次开发强调了与三次采油地有机结合(二三结合),因此二次开发的层系井网重组考虑了后续三次采油的需要,这样为更大幅度地提高老油田最终采收率和经济效益预留了空间。

三、理论基础

二次开发的对象主要是指经历多年开发的高含水老油田,无论储层表征、油藏描述,还是水驱特征、加密调整等方面,都已形成相对成熟的基本认识和集成配套的技术,实现了水驱采收率不断提高。但是,二次开发的根本目的是为了大幅度提高采收率,所以有其独特的基本认识和理论基础。

(1)认识储层的非均质性并解决储层的非均质性是二次开发工程的指导思想。

实践证明,油田开发工作一直是围绕着储层非均质而展开的。我国多发育陆相油藏,非均质性很强,长期以来储层表征和油藏描述工作都是不断认识非均质性,精细分层注水和加密调整工作更是为了有效地解决非均质性。因此,由于对非均质性认识不断深入,现井网控制的开发单元不断精细,使得采收率不断提高(图2-2)。也就是说,一个油田开发水平的高低取决于对非均质单元控制的精细程度。二次开发控制的基本单元比过去的小层还要精细,一方面是油田开发达到这一阶段,更加精细的非均质单元控制着地下油水运动规律和剩余油的分布,另一方面只有在二次开发阶段,比较高的井网控制程度下,才具备对非均质单元深入认识的程度。无论怎样,认识并解决储层的非均质是二次开发的指导思想,也是最基本的出发点[4]。

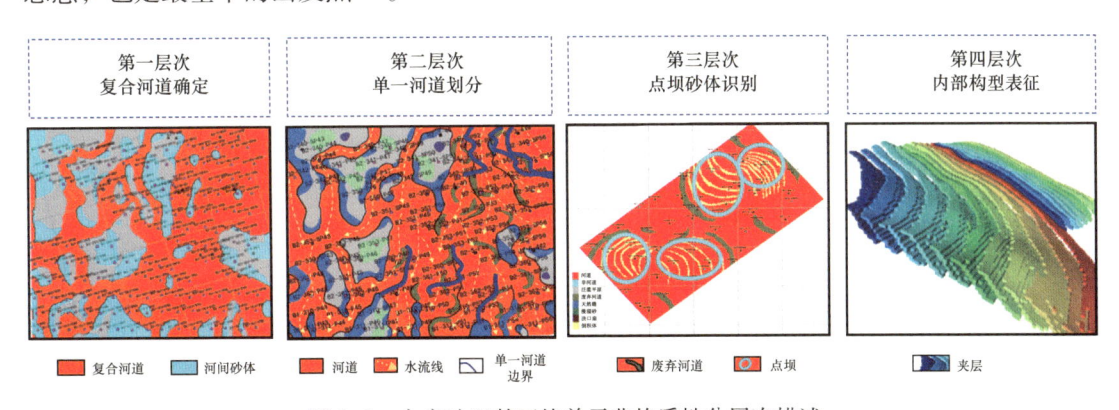

图2-2 大庆油田某区块单元非均质性分层次描述

（2）单砂体及构型控制油水运动规律和剩余油分布，是二次开发控制的基本开发单元。

过去开发控制的基本单元是小层，一个小层通常由两个或更多的单期河道砂体复合而成，即使是由一个单期河道砂体组成，正韵律顶部与以下的韵律段存在着强非均质性，每个单期河道砂体对油水运动规律和剩余油的分布有着明显的控制作用。所以，二次开发阶段井网控制的基本单元是单砂体及其内部构型。显然，二次开发阶段控制的开发单元与常规的小层作为开发单元有着显著区别（图2-3）。这就是说，二次开发的切入点或者说二次开发的基础是立足于单砂体及构型，与常规的水驱加密调整相比，对小层的控制更加精细和深入。既然明确地把二次开发阶段井网控制的基本单元定为单砂体及其构型，也就是说，在单砂体内的注采有敏感的动态反应。

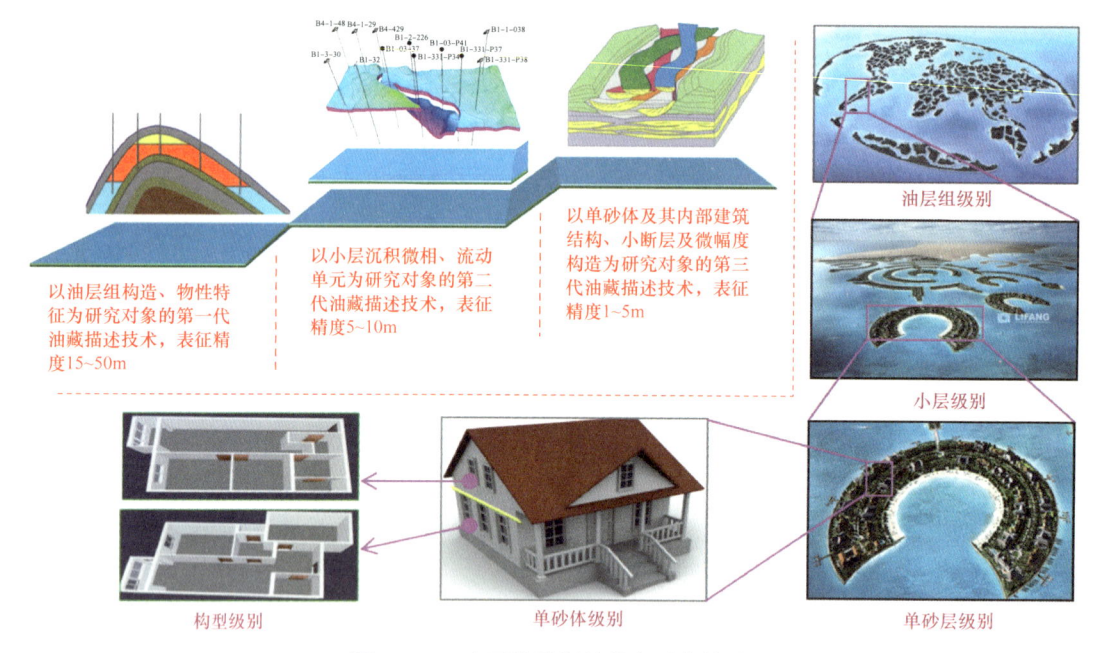

图2-3 二次开发控制的基本开发单元

（3）陆相油藏的水驱规律支持进一步提高水驱采收率。

我国陆相油藏的原油属于石蜡质原油，具有黏度高的特征。在注水开发过程中，中低含水阶段含水上升快，进入高含水开发阶段后，含水上升减缓，进入特高含水阶段，含水上升变得更加缓慢。高含水阶段后可采出相当多的可采储量，这样的水驱特征与一般的轻质油藏的水驱特征完全不一样（图2-4）。正是由于多数陆相油藏进入高含水阶段，理论上讲，采取精细的动态调控，含水上升率在不断减小，仍然可以增加可采储量，这充分支持二次开发阶段的水驱有进一步提高采收率的理论基础。

（4）层系井网优化重组是水驱优化调整的核心。

我国陆相油藏的主要特点是常常发育多层砂岩油藏，无论层间还是层内非均质性都特别强。从开发初期就考虑多套层系开发，的确也取得很好效果。但是进入高含水阶段后，长期的注水开发加剧了层间和层内的非均质性，尤其在特高含水阶段单砂体及其构型控制着水流优势通道和剩余油的分布。这时一方面需要用井网对单砂体及其构型引起的非均质性进行总体控制；另一方面，也需要对纵向上多油层进行细分，然后在综合新的层系井网对纵横向非均质总体控制的基础上，实施优化重组，实现对更加精细开发单元的优化控制并动用（图2-5）。

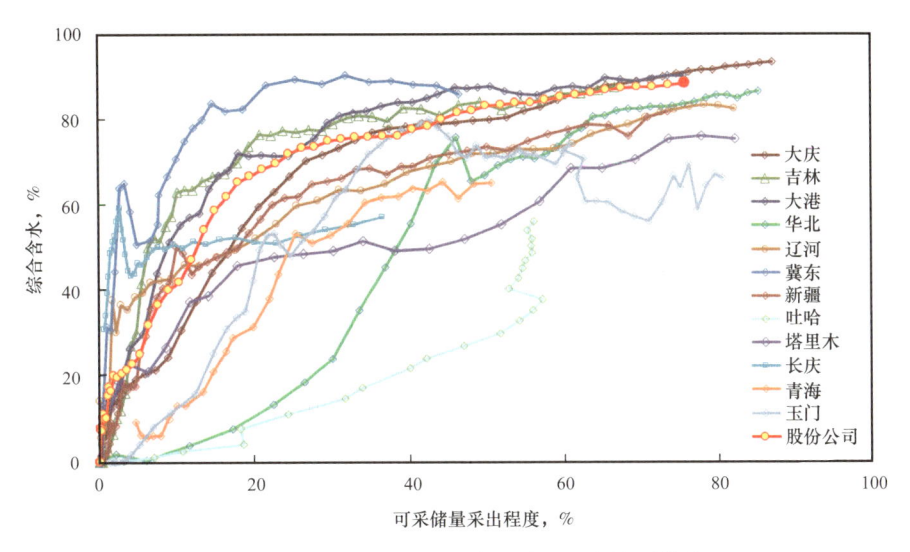

图2-4 陆相油田含水率—采出程度关系曲线

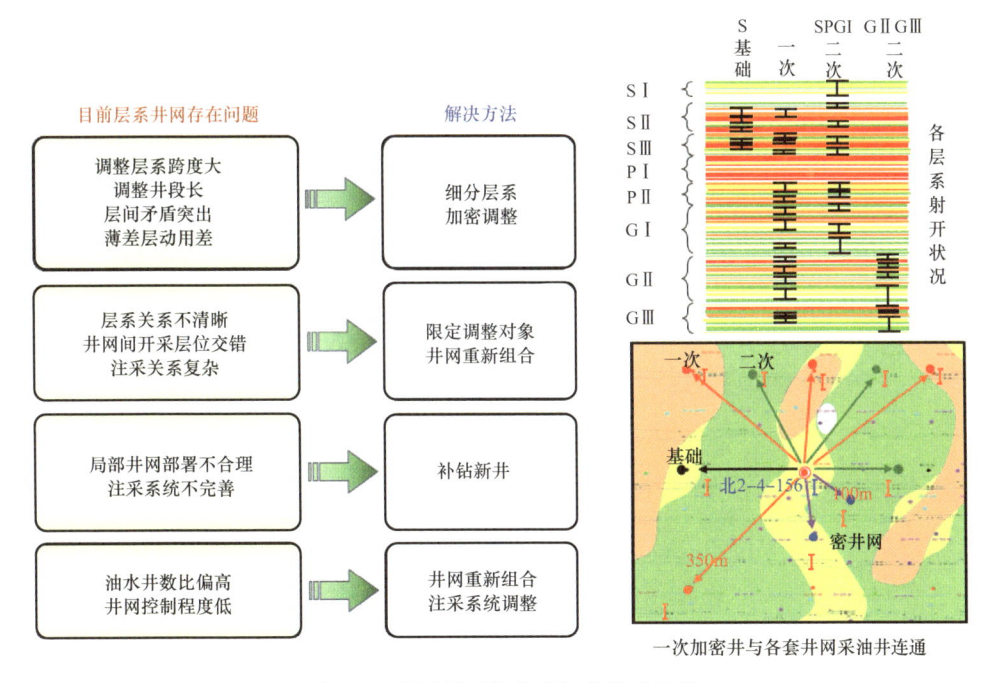

图2-5 井网层系优化重组的技术思路

（5）"二三结合"的开发模式确保二次开发工程能够大幅度提高采收率。

二次开发的对象毕竟是特高含水期开发的油田，通过二次开发实施进一步提高水驱采收率的空间有限，一般来说可以提高5%～10%，视油田开采状况而定。但是为了确保二次开发总体采收率达到较高水平，把水驱的层系井网优化重组与后续的三次采油的层系井网统筹兼顾，既能保证水驱阶段的层系井网对地下非均质最大限度地控制和动用，又能满足三次采油阶段通过化学驱、气驱等开发方式的转换，最终大幅度提高采收率，这将会成为今后老油田最佳的开发模式（图2-6）。

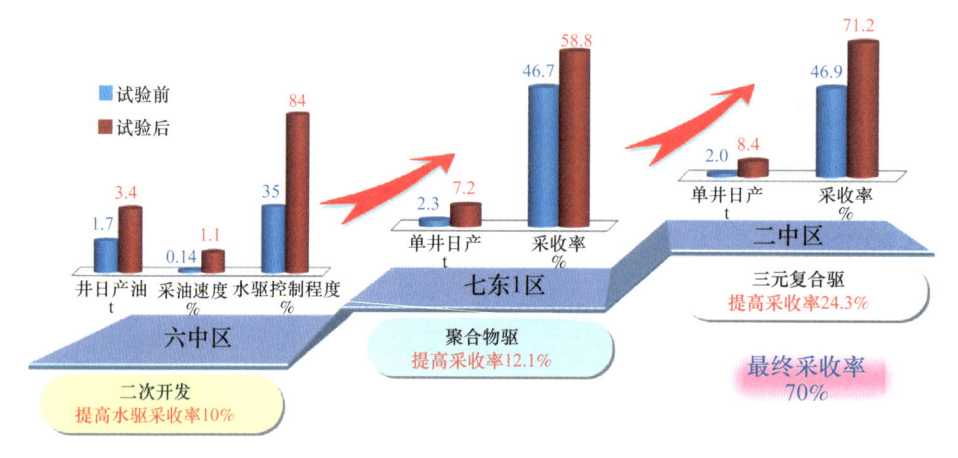

图2-6 "二三结合"开发模式大幅度提高采收率

上述5个方面的基本认识已经构成二次开发的理论基础，从二次开发的出发点或者切入点、地下控制的基本单元，到井网结构和水驱规律及"二三结合"开发模式，构成了二次开发的基本理论点。

第三节 关键技术与应用配套

二次开发以"认识储层非均质性并解决储层非均质性"这个开发永恒的主题为指导思想，以"单砂体及内部构型"为基本开发单元，"重构地下认识体系、重建井网结构和重组地面工艺流程"。发展了单砂体及内部构型表征技术、水流优势通道识别表征技术、不同驱替介质复合驱油技术、层系井网重组技术、二三结合提高采收率技术、二次开发配套工程技术、地面工艺流程重组技术等，取得了巨大的进展，有力地推进了二次开发工程的进程。

一、重构地下认识体系技术

老油田二次开发的对象是高含水期高度分散的剩余油，因此准确认识剩余油的主控因素，认识剩余油的赋存状态及分布规律，是重构地下认识体系的关键，是二次开发的基础。

1. 陆相油藏不同沉积体系单砂体构型表征技术

二次开发发展了可供油田应用的单砂体及其构型模式表征技术，提出了不同沉积类型的剩余油分布模式，提出了基于单砂体构型的三维建模方法，描述精度由5级界面逐渐过渡到4级或3级界面，形成了二次开发单砂体构型表征核心技术。

（1）创建了河流、三角洲、冲积扇等陆相沉积的构型级别体系，确立了不同级次构型界面成因识别特征和构型层次划分方法。建立了基于剖面量化识别、平面构型单砂体成因模式，以及构型模式地质模型拟合的构型单砂体三维地质模型，形成了二次开发单砂体构型表征技术（图2-7）。

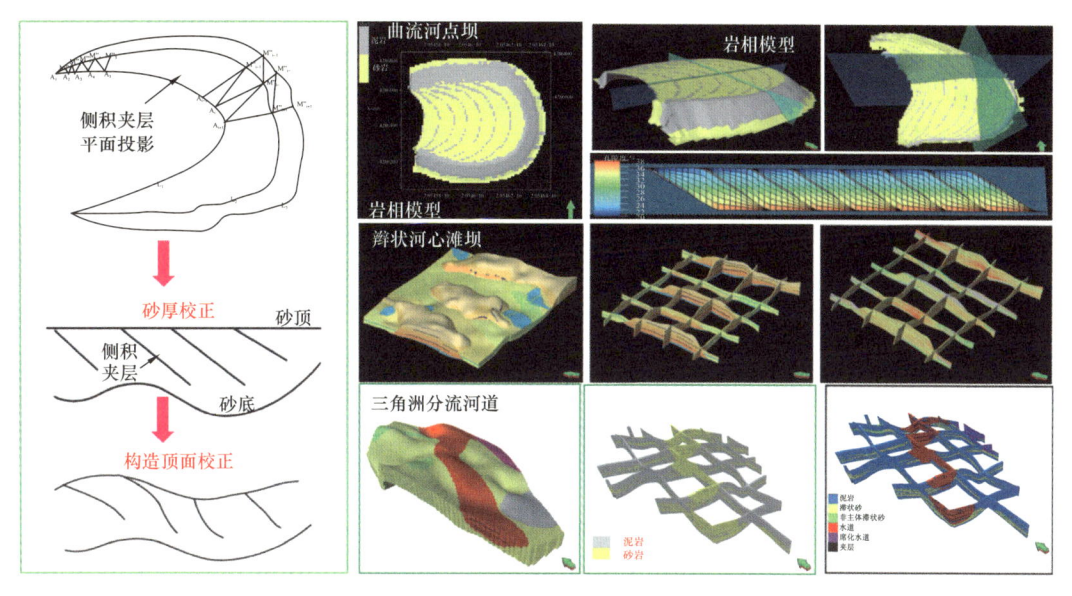

图2-7 基于构型的确定性建模技术

（2）提出基于构型模式的多点地质统计学建模方法，以构型模式为训练图像，初步实现了相对稀井网条件下夹层构型空间分布的三维随机建模（图2-8）[14]。开发了基于构型单砂体的三维建模方法和软件，实现了概念模型与密井网油区地下实体模型的三维建模，描述精度由以往的5级界面逐渐过渡到3级或4级界面，描述精度居世界领先水平。

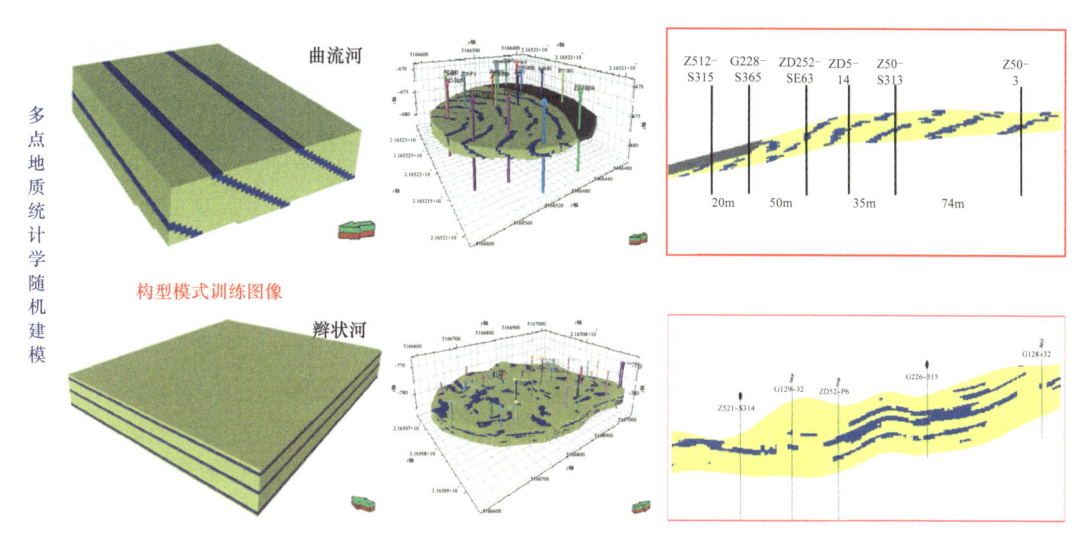

图2-8 基于构型的随机建模技术

（3）建立了陆相油藏主要沉积体系单砂体构型模式[5]。基于不同构型单砂体及控制剩余油分布的研究需求，二次开发发展了单砂体及内部构型研究技术，建立了曲流河、辫状河、三角洲、冲积扇沉积体系单砂体构型模式，丰富了基础地质知识库（图2-9）。

① 曲流河单砂体构型模式，由点坝模式、废弃河道模式、侧积夹层模式构成。三种点坝模式：串沟取直型（C型）、曲颈取直型（O型）和决口改道型（S型）；两种废弃河道模式："突弃型"和"渐弃型"；"半贯通""全贯通"及"无侧积"3种侧积夹层模式。

② 辫状河单砂体构型模式，由"宽坝窄河道"模式、基本充填模式、心滩坝内部夹层分布模式构成。"宽坝窄河道"模式包括量化泥质充填、泥质半充填、砾质充填三种基本充填模式；连片分布落淤层、局部分布落淤层、泥质沟槽充填3种心滩坝内部夹层分布模式[10]。

③ 三角洲单砂体构型模式，由5种砂体叠置模式、6种单砂体组合模式构成。剖面上有下切式、侧切式、孤立式、河道—席状砂、席状砂间5种砂体叠置模式；平面上有复合型分流河道（平原）、连片复合分流河道带（前缘）、交叉窄条带型分流河道、条带型席状砂等6种单砂体组合模式。

④ 冲积扇单砂体构型模式，以沉积水流模式描述单砂体构型，将传统主槽细分为砂砾坝和流沟，以构型模式为约束的砾岩储层的多种单砂体对比模式。

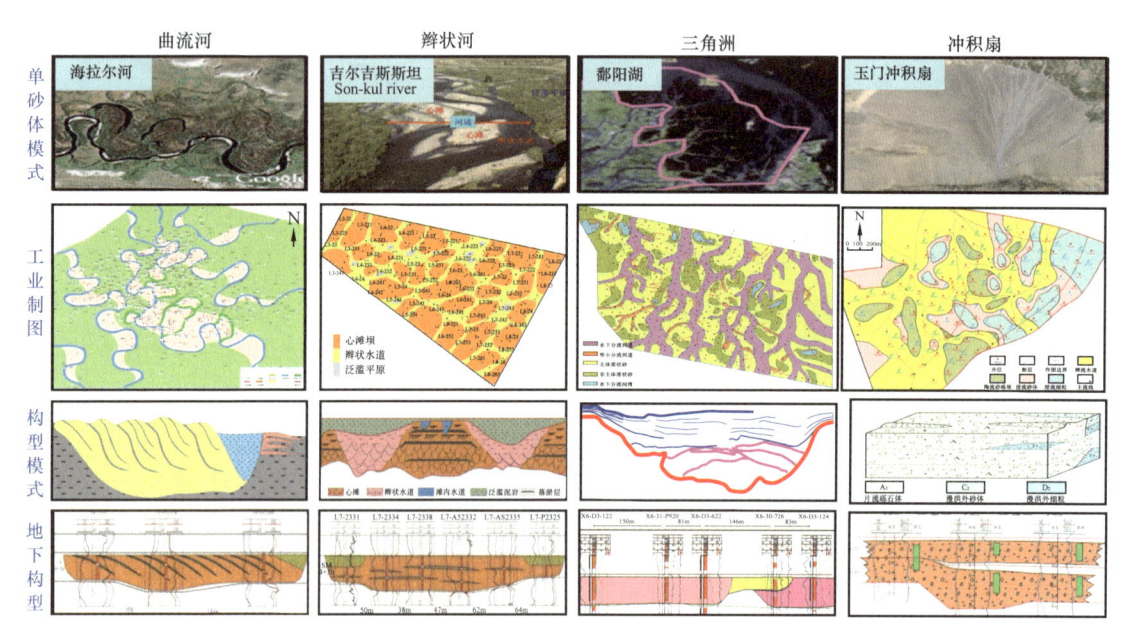

图2-9 不同沉积类型单砂体及构型模式

（4）不同沉积类型剩余油分布模式。

根据不同成因"单砂体边界分割控油模式""内部构型控油模式"，二次开发研究发现单砂体剩余油呈富集状分布，而非传统观念中高度分散的状态，对剩余油的认识也由"层间"进入"层内"，形成不同沉积体系单砂体及其构型对应规律的剩余油分布模式（图2-10）。

① 曲流河成因单砂体剩余油分布模式[11]。点坝侧积泥岩隔挡剩余油、薄层剩余油、孤立剩余油和夹层垂向隔挡剩余油等4种典型剩余油分布模式，剩余油主要集中在点坝砂体上部。

② 辫状河成因单砂体剩余油分布模式。河道单元在高采液强度下会发育渗流通道，下部水淹强度大，剩余油分布在中上部；心滩单元物性均匀，水淹程度高，仅在局部夹层

带形成薄层剩余油富集段；砂席单元物性差、厚度薄，剩余油局部富集。

③ 三角洲成因单砂体剩余油分布模式。多个正韵律组成的水下分流河道，属垂向加积产物，呈多段下部水淹特点，各上部韵律层剩余油富集，总水淹厚度较大，注入水沿砂体几何形态方向和渗透率方向推进，驱油效率较均匀；不同时期废弃河道充填砂体单元间受侧向连通性影响的是独立的油水运动单元，是剩余油较富集的砂体；水退型三角洲河口坝内部结构为正韵律、两侧呈复合韵律，中心砂层厚、周边砂层分叉变薄，砂体轴部驱油效率高，两侧剩余油富集；前缘席状砂内前缘带状砂体如单独开发，注水慢速均匀推进，驱替程度高[8]。

④ 冲积扇成因单砂体剩余油分布模式。冲积扇成因单砂体内部的不连续夹层、不同岩相控制着剩余油的分布。

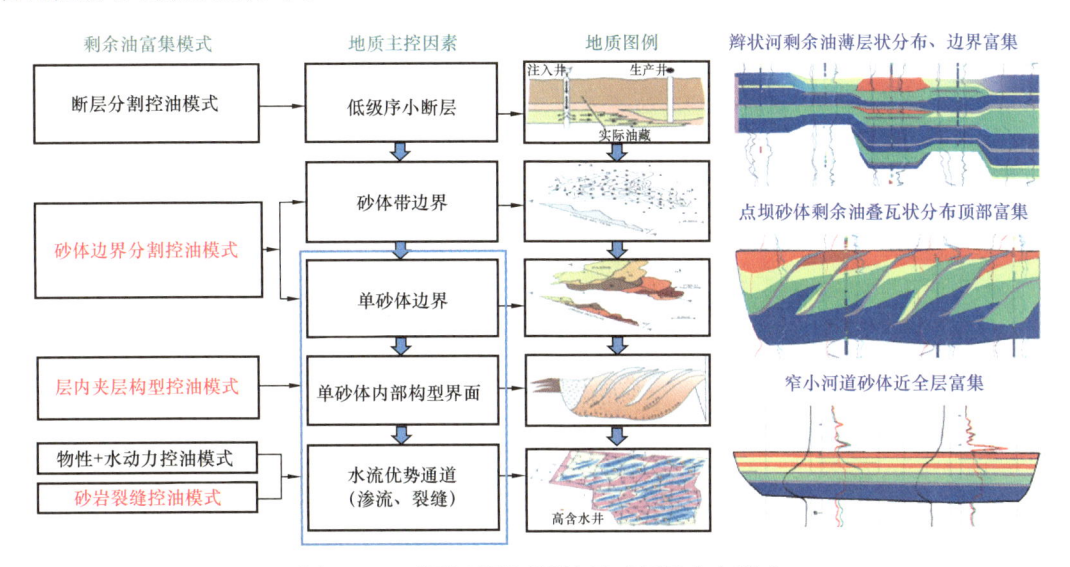

图 2-10 不同沉积类型剩余油成因及分布模式

2. 基于单砂体构型的建模数模一体化剩余油预测技术

创新发展了基于单砂体构型及监测资料约束的精细数值模拟应用技术，储层和剩余油表征精度达到三级构型级别（图 2-11）。应用单砂体及其构型描述成果、水流优势通道描述成果建立了基于单砂体及其构型的三维地质模型，以剩余油分布模式为指导，结合岩心、水淹层测井、CT 扫描等成果数据约束模拟研究预测剩余油赋存状态及分布规律，明确了基于构型单砂体级层系井网调整的方向。

（1）单砂体及其构型的三维地质建模技术；
（2）检查井强水洗层段驱油效率约束的数模历史拟合方法；
（3）水淹测井解释和测试资料约束的油藏数模方法；
（4）CT 扫描剩余油饱和度可视化测量技术；
（5）多尺度网格、窗口、并行、流线、分层提高历史拟合精度技术。

二、多油层层系细分与井网重组技术

通过单砂体构型及内部剩余油的研究，发现由于层间层内非均质、单砂体配置关系、

— 17 —

砂体内部构型等的影响，多层合注合采层间矛盾十分突出。二次开发层系井网重组是在单砂体构型刻画、渗流优势通道、渗流特征、剩余油分布规律研究的基础上进行的，平面上注重单砂体边界的分隔作用，剖面上注重构型界面及沉积韵律引起的渗流差异，层系井网重组实现对基本开发单元的优化控制，最大限度地提高单砂体的水驱和动用程度，而且重组后的层系井网考虑了后续三次采油的需要[6]。

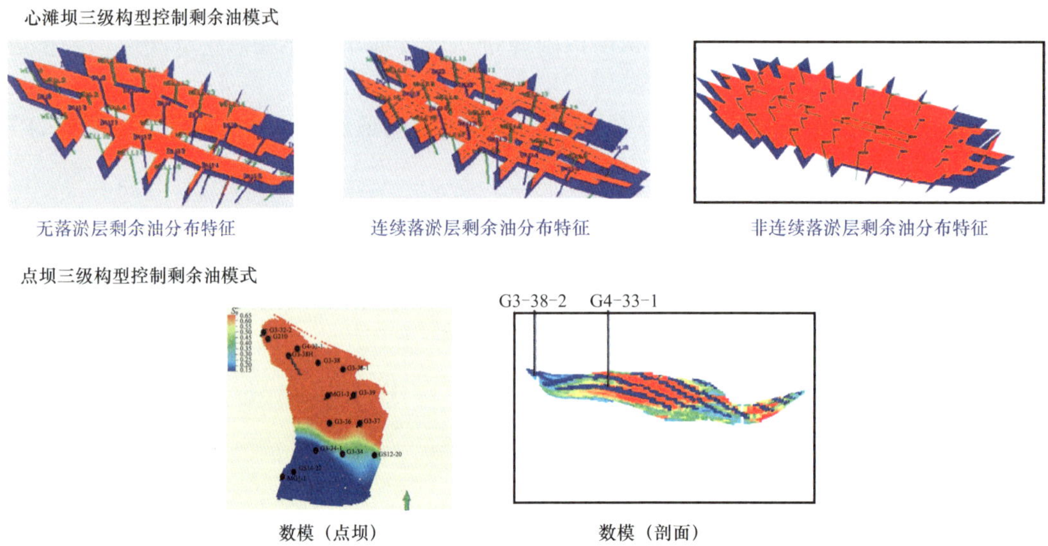

图 2-11 不同沉积类型的剩余油表征精度

1. 建立以单砂体构型为开发单元的层系细分、井网重组技术

二次开发层系细分技术是将单砂体平面区域发育相近、砂体性质基本类似、具有经济的单控可采储量的单砂体，按渗流差异、连通状况、最优化动用程度的厚度、层数进行优化组合。井网重组是立足同一层系内各单砂体的发育规律，立体优化井网井型（直井和水平井等），实现井网控制程度的最优化，尽可能实现渗流能力均匀或相近的井网部署，并能满足三次采油转换开发方式的需求。

二次开发研究以单砂层剩余可动油储量为目标函数，建立了不同井型的层系井位优选模型，提出了基于单砂体级的层系细分、井网重组技术方法，可减少渗透率级差和层间矛盾，调整单砂体平面注采关系，提高水驱储量控制程度。

基于单砂体和剩余油分布特征的井网加密方法研究，主要进展有：井位优选影响因素分析、加密井位优选模型的建立、注水井井位优选与注采井网优化配置方法研究、复杂断块油田层系重组井网优化软件初步研制。

1）建立层系井网重组技术指标体系（四类）

由于层间层内非均质、单砂体配置关系、砂体内部构型等的影响，多层合注合采层间矛盾十分突出，需合理细分重组开发层系，弱化层间矛盾。

（1）不同类型加密井极限初始产量、累计产量与极限单井控制可采储量关系。

$$\left(\sum Q_\text{o}\right)_\text{lim} = \frac{I_\text{D}(1+R_\text{inj})(1+R_\text{DM})+C_\text{wo}t}{(C_\text{oil}-C_\text{c}-C_\text{tax})R_\text{sp}} \qquad (2-1)$$

$$\Sigma Q_\text{o} = AN_\text{or}\left(\frac{S_\text{oi}}{S_\text{oi}(1-R_\text{f})-S_\text{or}}\right)(R_\text{max}-R_\text{f}) \tag{2-2}$$

式中 $(\Sigma Q_\text{o})_\text{lim}$——单井极限累计产量，$m^3$；
　　I_D——钻井投资，元；
　　R_inj——注采井数比；
　　R_DM——地面建设投资与钻井投资之比；
　　C_wo——油水井作业费，元/a；
　　t——预测生产时间，a；
　　C_oil——油价，元/m^3；
　　C_c——操作费，元/m^3；
　　C_tax——税收与管理费，元/m^3；
　　R_sp——原油商品率；
　　A——含油面积，m^2；
　　N_or——剩余地质储量，10^4t；
　　S_oi——初始含油饱和度；
　　S_or——残余油饱和度；
　　R_f——目前井网条件下注采井数比；
　　R_max——加密极限后注采井数比。

（2）层系细分界限：包括剩余可动油储量丰度界限、剩余可采储量丰度界限、独立开发层系极限有效厚度。

（3）多油层合层开采极限加密井网密度。

（4）老井停产的界限指标。

2）确定层系细分技术的政策界限

层系细分技术政策界限包括三类：层段内合理渗透率级差、组合厚度界限、不同渗透率油层合理井距。以港西油田为例。

（1）层段内合理渗透率级差：从图2-12中可知，当渗透率级差超过3以后，最终采收率开始出现较大幅度的下降。

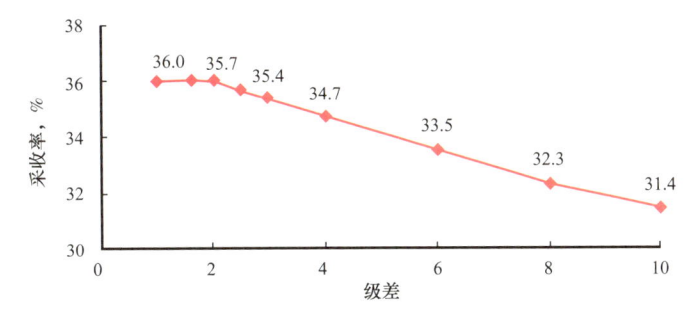

图2-12 渗透率级差与采收率关系曲线

（2）组合厚度界限：根据不同内部收益率下利用老井情况，计算单井极限产量。从表

2-1中可知,二类油层折算有效下限在4.89m,三类油层折算有效下限为6.22m。

（3）不同渗透率油层合理井距：从图2-13中可知,当渗透率小于100mD时,井距小于等于150m；从当渗透率大于等于200mD时,井距小于等于250m。

表2-1 不同内部收益率条件下老井单井极限产量数据表

油价,美元/bbl	内部收益率为0%时老井单井极限产量,t	内部收益率为8%时老井单井极限产量,t	内部收益率为12%时老井单井极限产量,t
30	2961	3604	3706
35	2644	3200	3479
40	2457	2915	3110
45	2258	2735	2879
55	1953	2344	2484

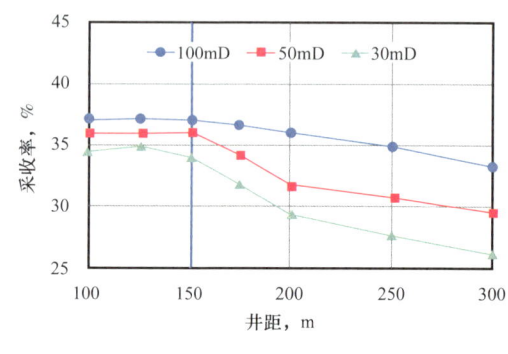

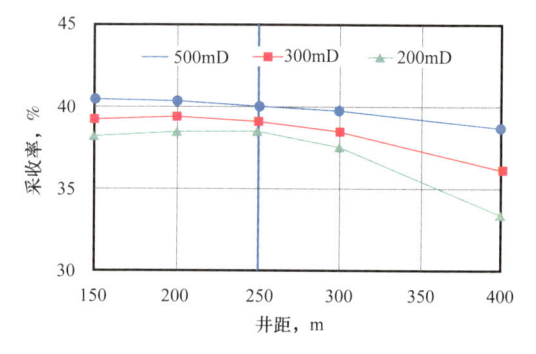

图2-13 不同渗透率油层注采井距与采收率关系曲线

3）建立复杂断块油田井网重组（井网重构）井位优选算法

针对不同类型单砂体的注采关系及极限采收率,优选井网重构的单井控制面积即控制剩余可采储量：

$$\begin{cases} \text{Max}_k \sum_{z=1}^{\text{Layer}} \sum_{\Omega_k} \left[E_r - \frac{S_{oi}(x,y,z) - S_o(x,y,z)}{S_{oi}(x,y,z)} \right] \rho_o S_{oi}(x,y,z) \phi_i h A_{ij} \\ (x_a - x_i)^2 + (y_b - y_i)^2 \geqslant r^2 \end{cases} \quad (2\text{-}3)$$

式中 E_r——采收率；

$S_{oi}(x,y,z)$——可控网格（x,y,z）处的初始含油油饱和度；

$S_o(x,y,z)$——可控网格（x,y,z）处的剩余油饱和度；

ρ_o——原油密度,kg/m³；

ϕ——孔隙度；

h——油层厚度,m；

A_{ij}——网格（i,j）面积,m²；

x_i——重构井网井的横坐标,m；

x_a——已有井网井的横坐标,m；

y_i——重构井网井的纵坐标,m；

y_b——已有井网井的纵坐标，m；

r——极限半径，m。

该算法要求井网重构井与已有井之间的距离大于极限井距，因此在多个油层组成条件下，单井的剩余可采储量是该井所穿过的层位上控制面积的剩余油可采储量之和。

斜井井位优选：以优选的直井为基础将井型改为斜井，根据斜井的斜度确定其穿越不同油层的井位，计算其对不同油层的有效控制面积范围和单井控制的剩余可采储量。通过比较不同倾斜角斜井控制的剩余可采储量，优化斜井井位。

水平井井位优选：水平井加密是在优选确定适合部署水平井的油层的基础上，以该层控制剩余可采储量较多的直井为基础，通过优化水平井的角度和长度，优化水平井井位和参数。计算其控制面积的剩余油储量。

4）研发井网重构井位优选软件

依据井网重构井位优选算法，按照图 2-14 所示技术流程，编制完成不均匀井网条件下的井网重构研究方法与辅助软件，可实现以主力砂体为单元的层系重组评价和加密井位优化。

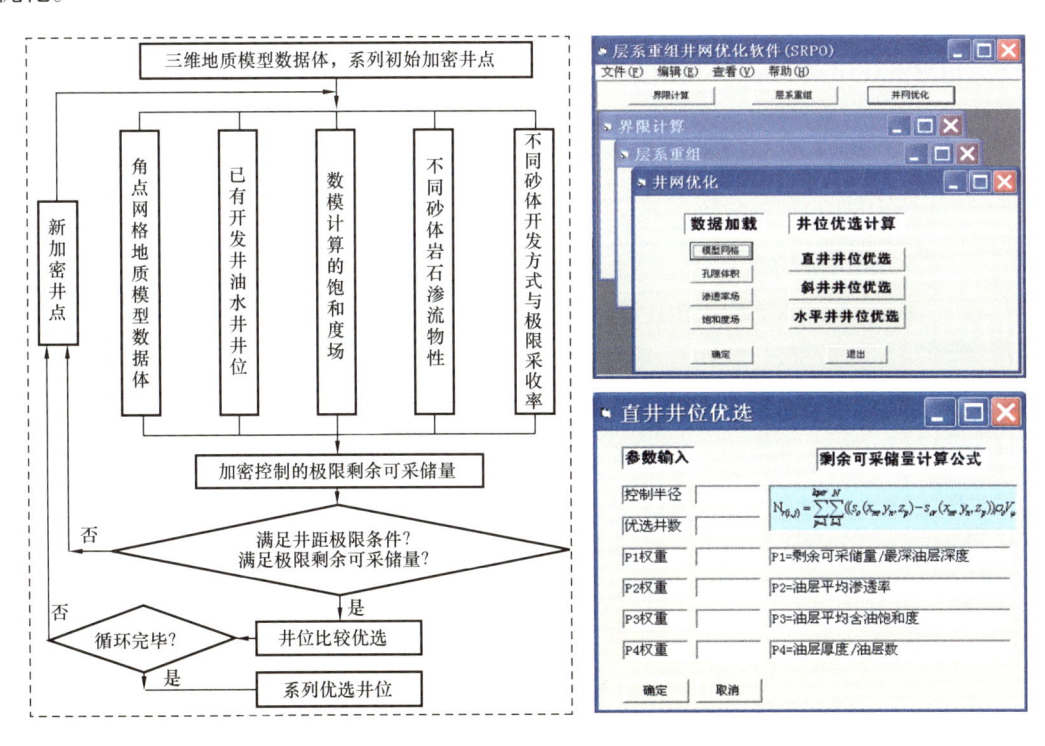

图 2-14 井网重构井位优选软件流程图及界面

该软件的结构功能包括以下 4 部分：

（1）通过 Eclipse 中的前期数据建立起三维模型的数据体，包括剩余油饱和度参数场、不同单砂体的极限采出程度、岩石渗流物性；

（2）按一定间距部署加密井，满足井距大于极限井距的条件；

（3）计算满足条件的加密井控制的极限剩余可采储量；

（4）比较满足极限可采储量的加密井控制的剩余可采储量，优选最优井位，重复多次。

2. 制订了高含水后期层系细分重组技术流程

结合油藏地质开发特点及潜力，按"二三结合"提高采收率技术重组层系井网，先期完善、提高水驱，水驱接近极限时转换驱替介质转入三次采油或多种驱替采油方式。利用弱碱复合驱、中低相对分子质量二元驱、气驱和聚合物驱后等主体技术大幅度提高采收率。

特高含水油田层系井网重组技术经济界限研究，主要定量指标为：井网加密技术经济界限指标计算、层系细分独立层系剩余可动油储量丰度界限指标计算、层系细分独立层系剩余可采储量丰度界限指标计算、老井停产的界限指标计算。依据高含水期层系井网重组的技术经济指标极限，建立高含水后期层系细分重组技术流程：（1）通过分析研究区块产量递减规律及水驱规律，计算水驱层系井网重组技术经济界限指标；（2）开展单砂体完善注采井网极限采收率研究，制订重点区块层系细分重组的可行性。

二次开发试点工程形成了"喇萨杏模式""砾岩油藏模式""断块油藏模式"等层系细分井网重组开发模式。

（1）喇萨杏模式[15,16]：形成了"层系细分、井网独立、井距优化、注采完善、利于调整"层系井网重组模式，统筹考虑水驱与三次采油，统筹考虑近期及中远期规划，以油层分类为指导细化层系，以单砂体有效控制为指导缩小井距，以剩余油分布特征为依据优选井型。

具体做法：二类、三类油层细分开采，多套井网协同优化（图2-15）。主要做法包括二类油层"二三结合"调整、薄差层三次加密以及表外独立开发。

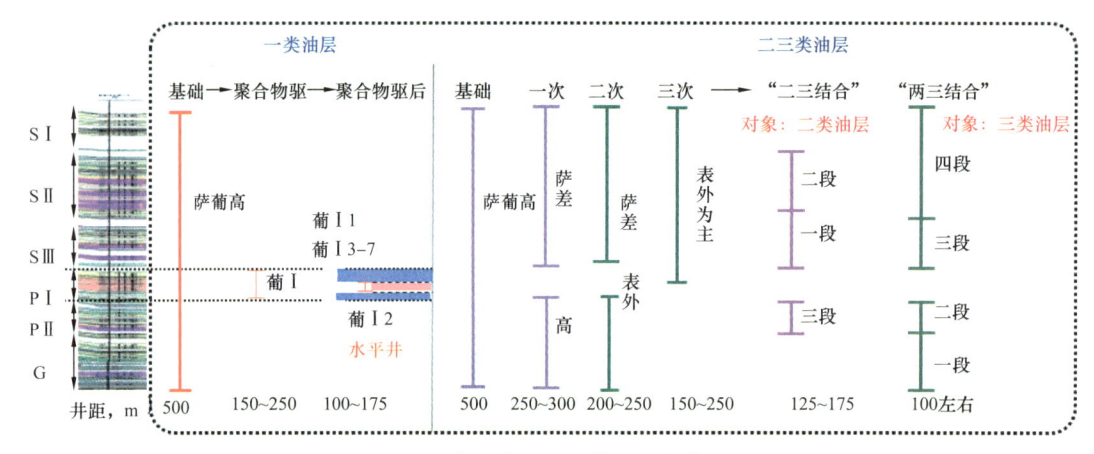

图2-15 喇萨杏井网重组模式（大庆长垣）

（2）断块油藏模式：① 通过补钻加密井、补孔、转注等，完善单砂体注采井网增加可采储量，并通过措施优化使可采储量增量最大化；② 优选低动用油层；③ 优选低效无效循环层。

具体做法：北大港明、馆分层系开发，直—平（斜）井组合，中低水淹单砂体完善水驱注采井网；后续主力砂体三次采油（图2-16）[6]。

（3）砾岩油藏模式：克下一套井网、由下而上分层系开发接替；反七点均匀加密缩小井距，由250~350m缩小到125~175m，水驱+调驱（图2-17）[7]。

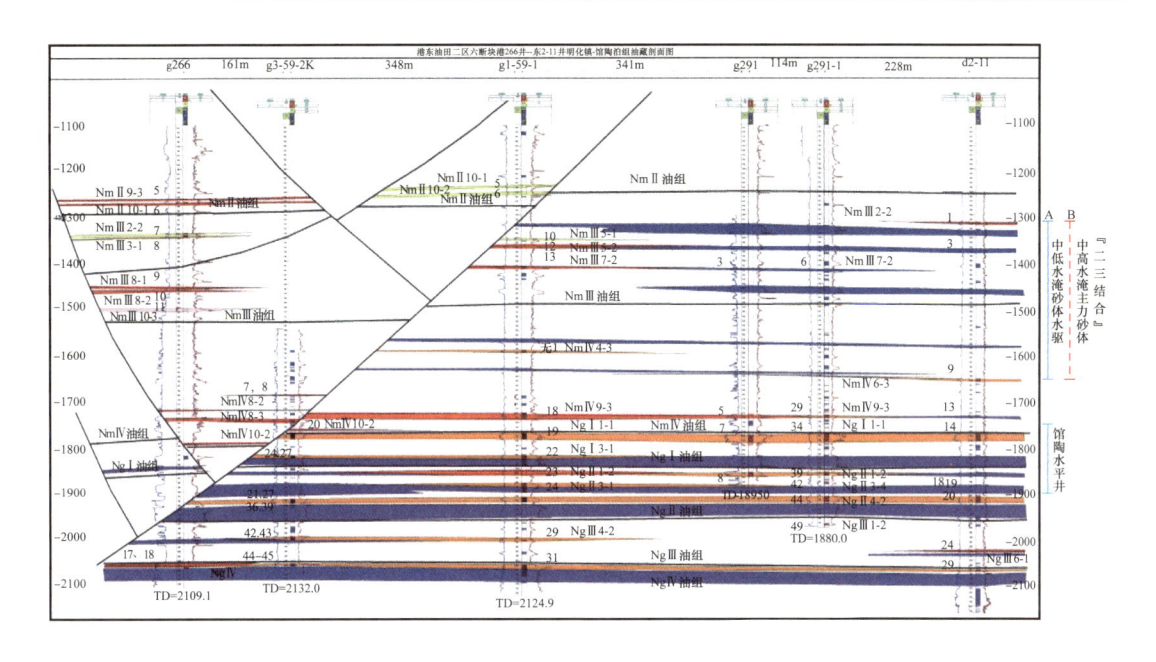

图 2-16　断块油藏层系井网重组模式（港东—港西）

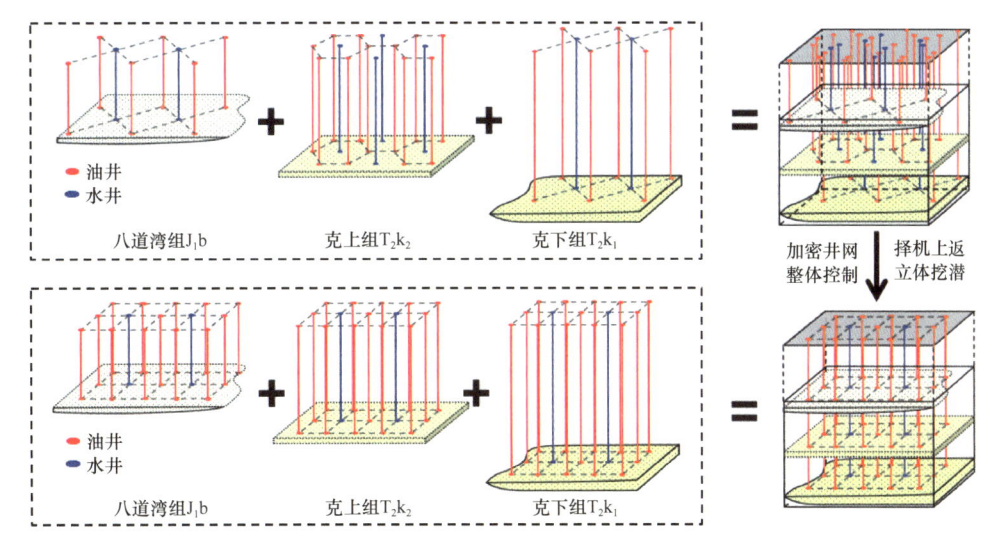

图 2-17　砾岩油藏层系井网重组模式（新疆西北缘）

三、注采结构立体调控技术

在层系细分、井网重组后，密井网对注水反应敏感的问题会突显出来，因此稳油控水的精细注采调控技术是二次开发后，保持较长时期水驱稳产的关键。

注采结构立体调控技术，是根据单砂体内部结构和剩余油认识，对不同类型储层注采结构进行立体优化，通过调整层内产吸层段，协同优化井网、井型及分注层段组合，同时针对油水井况开展措施挖潜，改善水驱开发效果。

（1）深化细分注水提高采收率机理，明确了不同类型储层细分注水政策界限。

① 深化了一项认识：细分层段注水不仅能提高油层动用程度，而且能改善产吸均衡

程度。层段内层数越多、渗透率级差（变异系数）越大，动用程度越小（图2—18）。

②建立了评价方法：建立精细分层注水吸水均衡程度效果评价方法。分注级别由3~4级升级到6级以上，可提高采收率0.8个百分点（图2—19）。

（2）研发多井型井位优选和措施优化方法，编制形成精细注采结构优化调控软件。

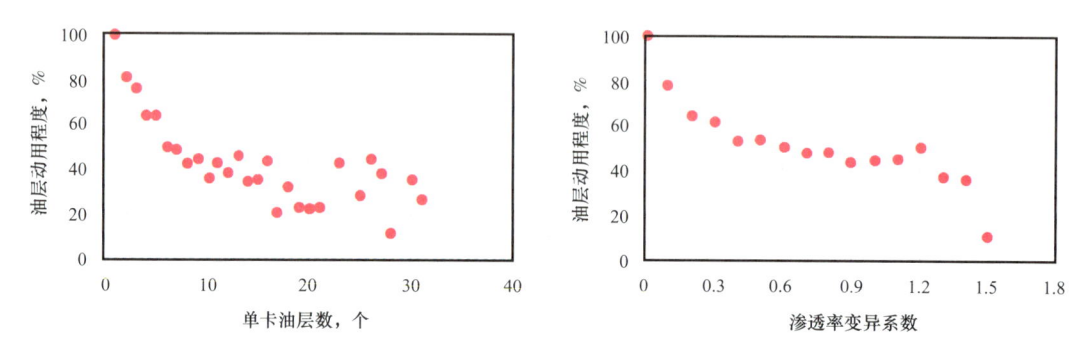

图2—18 细分层段数对层段内渗透率级差、采收率影响

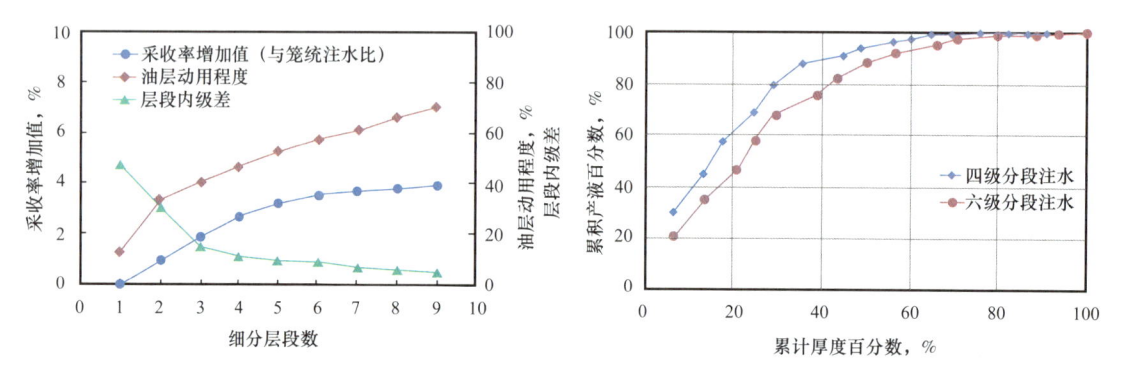

图2—19 精细分层注水吸水均衡程度效果评价

原理：①通过补钻加密井、补孔、转注等，完善单砂体注采井网增加可采储量，并通过措施优化使可采储量增量最大化[式（2—4）]；②优选低动用油层压裂改造[式（2—5）]；③优选低效无效循环层控水治理[式（2—6）]。

① 新井井位优选和老井补孔层位优选模型：

$$\begin{cases} \mathrm{Max}_k \sum_{z=1}^{\mathrm{Layer}} \sum_{\Omega_k} \left[E_\mathrm{r} - \dfrac{S_\mathrm{oi}(x,y,z) - S_\mathrm{o}(x,y,z)}{S_\mathrm{oi}(x,y,z)} \right] \rho_\mathrm{o} S_\mathrm{oi}(x,y,z) \phi_i h A_{ij} \\ (x_\mathrm{wadd} - x_i)^2 + (y_\mathrm{wadd} - y_i)^2 \geqslant d^2 \text{（极限井距）} \\ \sum_k N_\mathrm{orec}(\Omega, k) \geqslant N_\mathrm{omin} \text{（新井增加可采储量界限）} \\ \sum_k N_\mathrm{obrec}(\Omega, k) \geqslant N_\mathrm{obmin} \text{（措施增加可采储量界限）} \\ \dfrac{N_\mathrm{winj}}{N_\mathrm{wpro}} \geqslant \beta \text{（注采井数比界限）} \end{cases} \quad (2-4)$$

② 油井压裂层优选模型：

$$\begin{cases} \dfrac{N_{\text{wiZero}}}{N_{\text{wiTest}}} \geqslant \alpha \text{（不吸水井次、井数比例高）} \\ N_{\text{wiZero}} \geqslant \beta N_{\text{winj}} \end{cases} \quad (2-5)$$

③ 注采井组低效无效层优选模型：

$$\begin{cases} \text{水井}: \dfrac{Q_{\text{wiLayer}}}{\sum Q_{\text{wiLayer}}} \geqslant \gamma \text{（单层吸水比例高、产液比例高、含水高）} \\ \text{油井}: \dfrac{Q_{\text{lpLayer}}}{\sum Q_{\text{lpLayer}}} \geqslant \eta \end{cases} \quad (2-6)$$

式中　E_r——采收率；

$S_o(x, y, z)$——可控网格（x, y, z）处的剩余油饱和度；

$S_{oi}(x, y, z)$——可控网格（x, y, z）处的原始含油饱和度；

x_{wadd}——加密井平面 x 坐标；

y_{wadd}——加密井平面 y 坐标；

d——极限井距，m；

N_{orec}——新井增加可采储量，10^4t；

N_{omin}——新井增加可采储量界限，10^4t；

N_{obrec}——措施增加可采储量，10^4t；

N_{obmin}——措施增加可采储量界限，10^4t；

N_{winj}——注入井数；

N_{wpro}——生产井数；

β——注采井数比界限；

N_{wZero}——不吸水井数；

N_{wTest}——开展产吸水试验井数；

Q_{wLayer}——单层吸水量，m³；

γ——单层吸水比例；

Q_{lpLayer}——单层产液量，m³；

η——单层产液比例；

ρ_o——原油密度，kg/m³；

ϕ——孔隙度；

h——油层厚度，m；

A_{ij}——网格（i, j）面积，m²。

针对不同类型油藏，为尽可能多地提高储量控制程度和动用程度，保证较高的最终采收率，需要制订不同的注采调控对策。

① 整装油藏：均匀加密，优化单砂体注采关系和油水井措施。

② 断块油田：以数值模型及单砂体注采关系为依据，优化加密井位、井别及油水井措施。

以此为基础，研制复杂断块不均匀井网加密方法研究与辅助软件模块，充分考虑单砂体现有井网、井位、井别和边界属性，以穿越多个单砂体有利区增大水驱控制储量为目标，优化井型。利用此软件，对吉林油田扶余区块实际应用，取得较好效果[13]。

（3）精细注水方案调整，强化细分层系注水，分类分策实施措施挖潜。

在油田实际生产过程中，常规水驱开发采收率低于40%，储层仍分布相当规模的剩余油。通过细分层系及井网重组，提高储层动用程度，开展精细注水方案调整，强化细分层系注水，确保有效注入，实现油田"注上水、注够水、注好水"。针对不同类型单砂体及构型控制的剩余油类型，明确强化油水井措施挖潜对策，改善开发效果（图2-20、表2-2）。完善相关配套挖潜工艺，推动"双高"老油田由局部调整向规模调整转变。

以大庆长垣为例，通过精细刻画单砂体及内部构型，增强了厚油层内部细分注采控水挖潜的针对性和有效性，推动了层内细分开采技术进步。通过层内细分措施，含水得到有效控制，产油量明显上升（表2-3）。

四、深部调驱液流转向技术

深部调驱技术是在细分二次开发层系、完善井网的基础上，通过深部调驱改善水驱开发效果、进一步较大幅度提高采收率的主体配套技术，主要解决的是层内、平面的优势渗流差异等层系井网难以解决的矛盾。深部调驱有效封堵优势渗流通道，纵向上提高单砂体层的动用程度，平面扩大了水驱波及范围，形成了水流优势通道识别与量化表征技术、分级物性调整多剂多段塞深部调驱技术，研发出多种具有独立知识产权的工业化产品和相应检测技术。

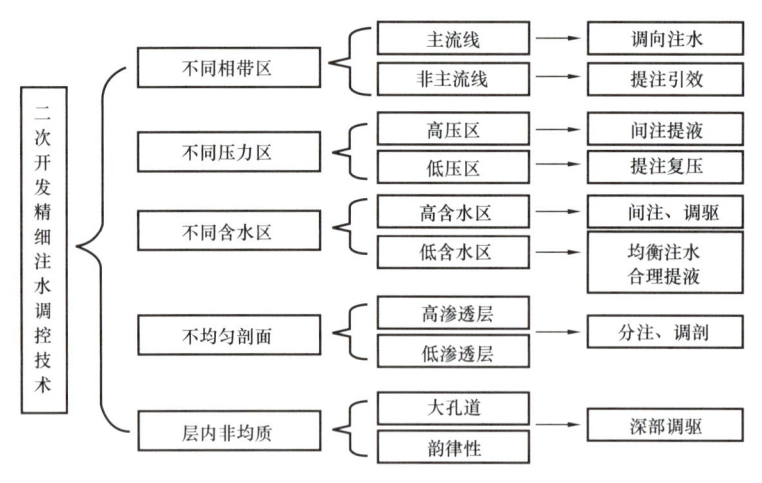

图2-20 二次开发精细注水调控技术路线

表2-2 剩余油类型及油水井挖潜措施对策

剩余油类型	注水井对策		采油井对策	挖潜目的
层间干扰型	加强	细分+压裂 细分+酸化	选择性压裂 定位平衡压裂 薄隔层压裂	实现水量向薄差层转移 产液量向低含水层转移
	控制	细分+调剖 细分+周期注水	堵水	

续表

剩余油类型	注水井对策	采油井对策	挖潜目的
物性差型	细分+压裂 细分+酸化	多裂缝压裂 细分控制压裂 重复限流压裂	提高薄差油层 吸水、产液能力
注采不完善型	补孔	转注 补孔	完善单砂体注采关系
层内夹层型	层内细分注水	长胶筒定位压裂	加强低渗透部位注水 提高低渗透部位产液能力
		长胶筒封堵	控制高渗透部位吸水 控制高渗透部位产液
		水力割缝补孔	完善厚油层顶部注采关系
正韵律顶部型	调剖	多裂缝压裂	实现水量向动用差部位转移 产液量向低含水部位转移
分散薄片型	周期注水	选择性压裂	使厚层内油水重新分布 提高低渗透部位产液能力

表2-3 喇北北块一区2010年厚油层控水挖潜措施实施效果表

措施 分类	井数 口	措施前	措施初期			差值		
		含水 %	产液 t/d	产油 t/d	含水 %	产液 t/d	产油 t/d	含水 %
层内细分压裂	15	97.22	64	6.9	89.07	43	6.3	-8.15
层内选择补孔	13	97.26	55	7.4	86.48	29	6.7	-10.78
层内精细堵水	15	98.62	57	3.5	93.96	-25	2.4	-4.66

1. 动静结合创新形成水流优势通道识别与量化表征技术

水流优势通道是造成低效无效水循环的主要因素。1999年至2008年中国石油注水量从 $6.45 \times 10^8 m^3$ 增至 $8.30 \times 10^8 m^3$，增加近 $2 \times 10^8 m^3$，而产油量从 $1.05 \times 10^8 t$ 至 $1.077 \times 10^8 t$，基本未变，说明大量的注入水没有起到驱替原油的作用。针对这种严峻的形势，二次开发通过研究水流优势通道的形成机理、渗流特征，形成了水流优势通道识别与量化表征技术。

（1）深化不同构型单元岩相的微观孔隙结构、渗流特征及驱油效率的差异性研究，采用基于目标的建模技术，量化形成了孔喉与水流优势通道的三维地质模型（图2-21）。

通过动态资料、含水采出程度及产液能力界限、水流优势通道测井响应特征、水流优势通道形成机理、水流优势通道与单砂体构型关系、取心分析等多项研究[12]，定量刻画水流优势通道。曲流河点坝中水流优势通道分布呈两种方式，与废弃河道趋势平行或垂直。三角洲前缘储层中水流优势通道大多分布于水下分流河道内部，且与水下分流河道延伸方向一致。

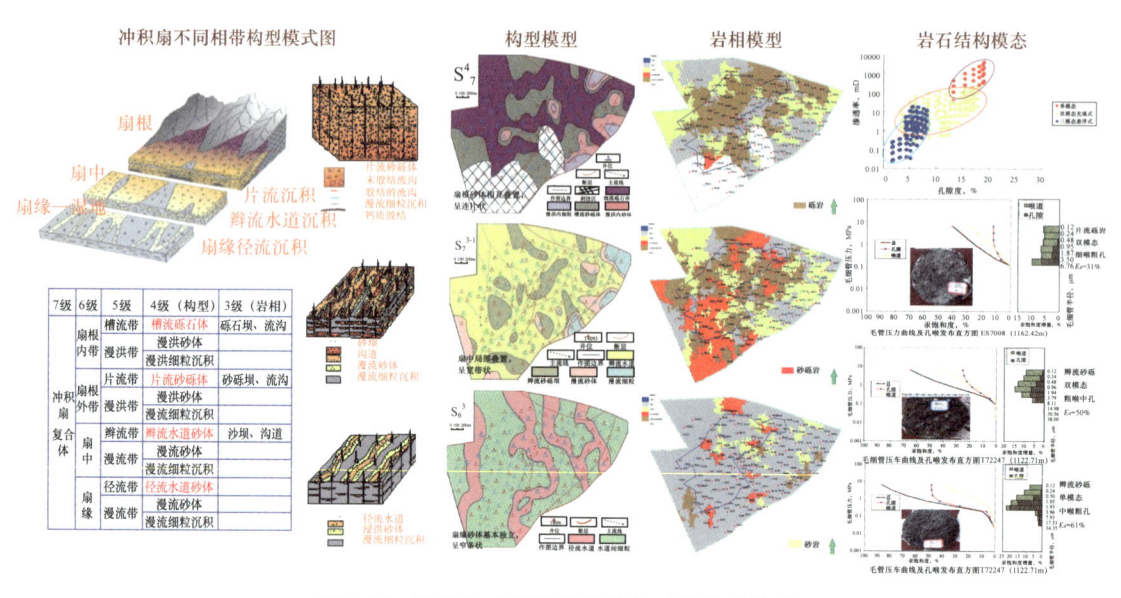

图 2-21 孔喉与水流优势通道的三维地质模型

（2）研究了不同构型单元岩相的微观孔隙结构、渗流特征及驱油效率的差异性，建立了分岩相表征储层孔喉半径均值（R_m）、最大孔喉半径（R_t）与储层质量参数（RQI）的关系，实现了孔喉与水流优势通道三维地质建模（图 2-22）。

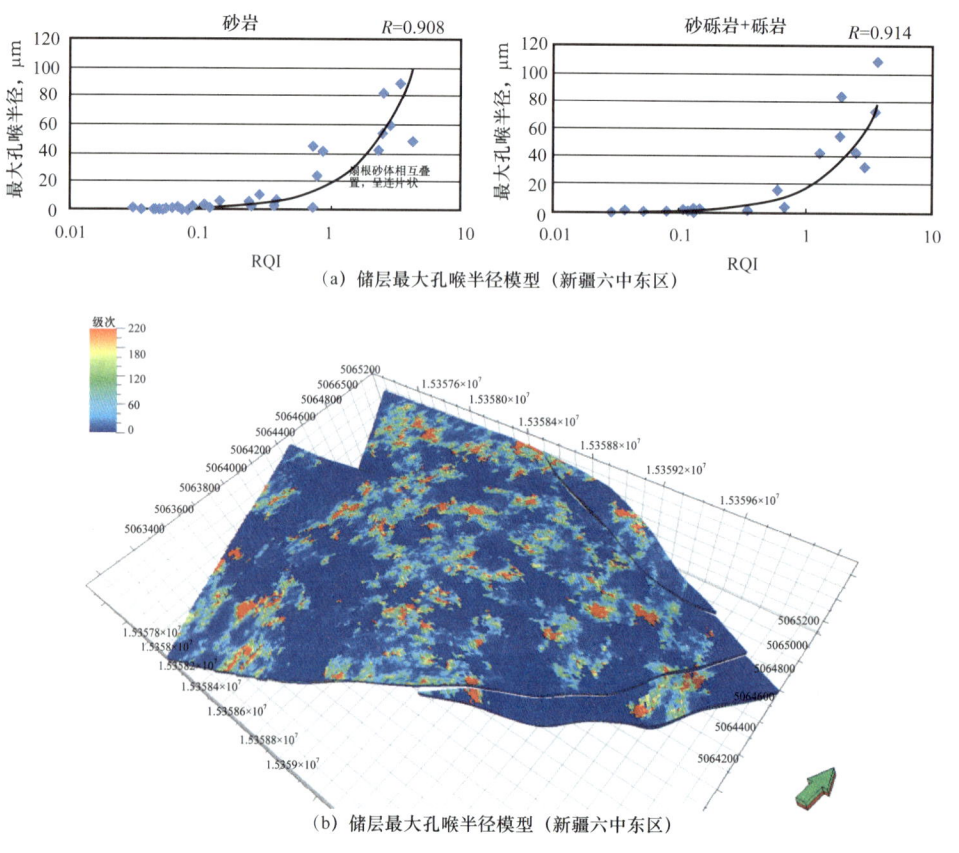

(a) 储层最大孔喉半径模型（新疆六中东区）

(b) 储层最大孔喉半径模型（新疆六中东区）

图 2-22 三维油藏孔喉参数地质建模

（3）确定了水流优势通道的分类界限标准，建立了水流优势通道的动态、岩心、测试井等响应模型，提出了自适应栅状流动模拟注水无效循环判别方法、CM模型定量表征分布预测方法，量化了动态水流优势通道级序、规模及分布规律。

栅状流动透视模拟算法公式：

$$u_j = -K \frac{K_{ij}}{\mu_j R_j}(\nabla p_j - \rho_j g \nabla D - Dp) \quad (2\text{-}7)$$

$$x = \frac{W(t)}{\phi A} f_w' \quad (2\text{-}8)$$

式中　u_j——油或水相渗流速度，m^3/s；

　　　K——岩石绝对渗透率，mD；

　　　K_{ij}——油水相的相对渗透率；

　　　μ_j——油或水相的黏度，mPa·s；

　　　ρ_j——油或水相的密度，kg/m^3；

　　　R_j——油或水相的体积系数；

　　　∇p_j——压差，MPa；

　　　∇D——深度差，m；

　　　D——深度，m；

　　　g——重力加速度，m/s^2；

　　　x——流线上某点的流动速度，m/s；

　　　ϕ——孔隙度；

　　　$W(t)$——累计产水量，m^3；

　　　A——含油面积，m^2；

　　　f_w'——含水上升率。

依据该算法，结合动静态判别指标，绘制试验区流场分布图（图2-23）。可以看出，流线越密集，该区域优势通道越发达，含油饱和度越低。

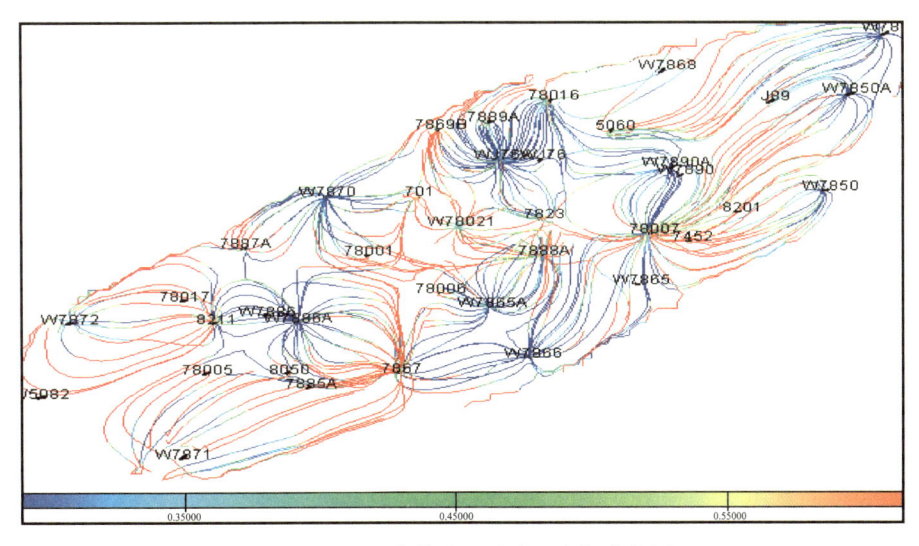

图2-23　国内某油田试验区流场分布图

（4）建立示踪剂等水流优势通道分类界限（图2-24），动静结合量化表征水流优势通道，建立不同级次水流优势通道模型（图2-25），为分级优选确定调驱体系提供定量依据。

2. 形成分级物性调整的多剂多段塞优化组合模式和效果预测技术

（1）首次采用光刻仿真模型、核磁共振定量研究了复杂模态孔隙结构、高含水期水流优势通道封堵和调驱微观驱油机理及规律（表2-4），进一步细化明确孔隙结构内部组合模式调驱目标。

（2）创新提出了不同级序水流优势通道调驱组合模式，研发形成4种分级物性组合调整模式和配方（表2-5），现场最大降水幅度达到25个百分点，是常规方法的2~4倍[17]。

（3）研发了栅状流动模拟的调驱方案设计技术，建立化学组分调驱数值模拟数学模型，配套编制了多剂多段塞组合模式个性化设计软件（图2-26），分类别计算确定封窜、分流、洗油的化学剂注入量，优化调驱注入方案技术参数，并预测含水率、产油量等开发指标，符合率达到90%以上。

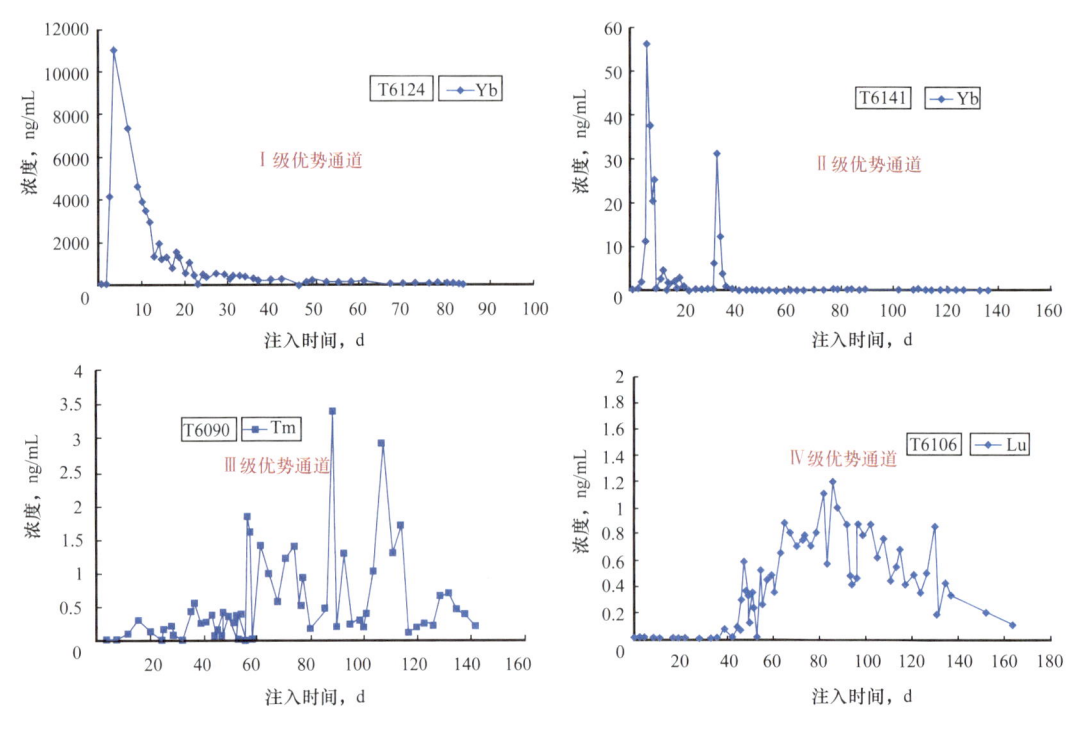

图2-24　依据示踪剂动态反应建立优势通道分类界限

表2-4　不同亲水模型水驱后剩余油分布特征

模型类型	束缚水状态	剩余油状态	剩余油分布特征
亲水模型			① 大孔道及孔喉交会处的油滴 ② 小孔道及盲孔中油柱

续表

模型类型	束缚水状态	剩余油状态	剩余油分布特征
亲油模型			① 大孔道表面油膜 ② 孔喉交会处油斑 ③ 小孔道及盲孔中油柱

表 2-5　适合不同级次水流通道的五段塞注入调整与控制方式

时间段	调驱剂类型	性能指标	封堵地层类型
第一阶段	高强缓膨颗粒	膨胀倍数 12～15 倍；膨胀时间 3～5d	超深部大孔道
第二阶段	常规体膨颗粒	膨胀倍数 15～30 倍；膨胀时间 20～20min	深部大孔道
第三阶段	弱凝胶	黏度（1～2）×10⁴mPa·s；成胶时间大于 10h	次级孔道
第四阶段	弱凝胶	黏度（0.6～2）×10⁴mPa·s；成胶时间大于 10h	次级孔道
第五阶段	强凝胶	黏度（2～5）×10⁴mPa·s；成胶时间大于 6h	次级孔道

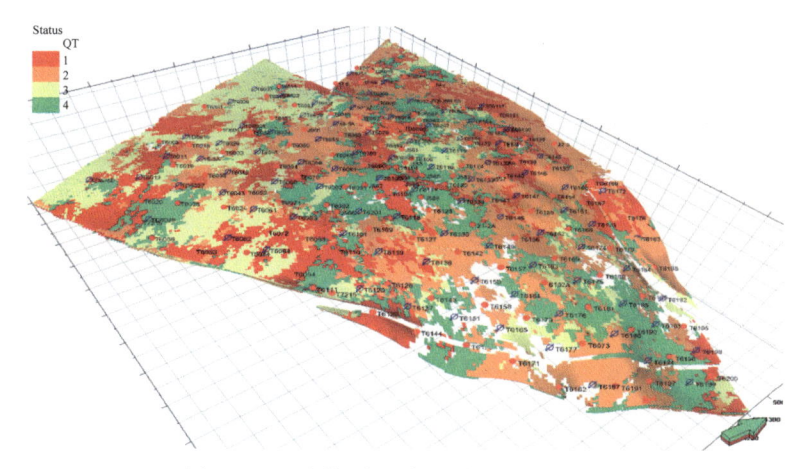

图 2-25　不同级次油水通道模型（1~4 级）

化学组分调驱数值模拟数学模型包括：

① 微分方程组：

$$\nabla K \sum_\alpha \frac{K_{r\alpha} \rho_\alpha}{\mu_\alpha} C_\alpha^i \left(\nabla p_\alpha - \rho_\alpha g \nabla h \right) + \nabla \phi \sum_\alpha \rho_\alpha S_\alpha D_\alpha^i \nabla C_\alpha^i + \phi \sum_\alpha S_\alpha R_\alpha^i + q_i = \frac{\partial}{\partial t} \left(\phi \tilde{m}_i \right) \quad (2-9)$$

② 反应方程组：

$$\frac{\partial m_i}{\partial t} = \sum_\alpha \rho_\alpha S_\alpha \frac{\partial C_\alpha^i}{\partial t} + f_\alpha \frac{\rho_R}{\phi} \frac{\partial \Gamma_{i,\alpha}}{\partial t} \quad (2-10)$$

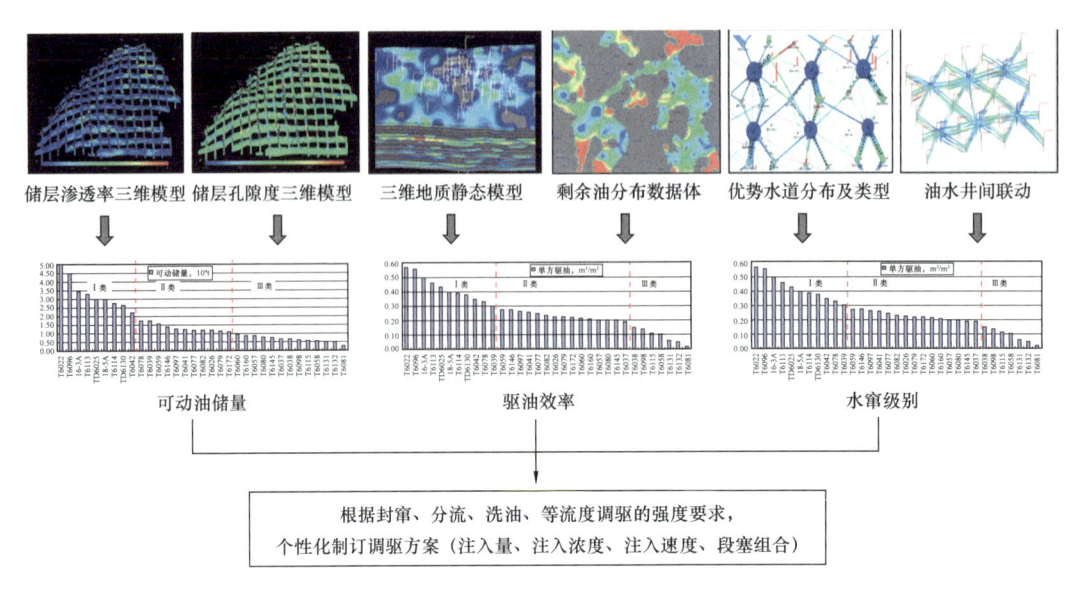

图 2-26 栅状流动模拟的调驱方案设计技术流程

$$\frac{\partial C_\alpha^i}{\partial t} = a_0 \left(C_\alpha^i\right)^{a_i} \cdots \left(C_\alpha^j\right)^{a_j} \cdots \left(C_\alpha^N\right)^{a_N} \exp(-a_{N+1}/T) \quad (2-11)$$

式中　K——岩石绝对渗透率，mD；

$K_{r\alpha}$——油或水相的相对渗透率；

μ_α——油或水相的黏度，mPa·s；

ρ_α——油或水相的密度，kg/m³；

S_α——油或水相的饱和度；

D_α^i——第 i 项流体的扩散系数，mg/(L·m)；

∇——汉密尔顿算子；

R_α^i——第 i 项流体的残余阻力系数；

C_α^i——第 i 项液体的压缩系数，MPa^{-1}；

q_i——源汇相，m³/s；

h——某一基准面算起的深度，m；

g——重力加速度，m/s²；

T——温度，℃；

t——时间，s；

ϕ——孔隙度；

a_i，a_j，a_N、exp（$-a_{N+1}/T$）——可动微凝胶驱相对渗透率方程系数和指数；

i，j，N——流体的种类，共有 $N+1$ 项流体。

3. 研发了缓膨颗粒、聚合物凝胶、聚合物微球 SMG 三种新型深部液流转向与调驱的化学体系

如图 2-27 所示，高强弹性缓膨颗粒实现了从速膨到缓膨，可满足深部放置，强度大幅提高；插层聚合物凝胶与常规凝胶相比，提高了凝胶强度，成本下降 10%～15%；表面活性聚合物调驱剂解决了色谱分离效应，界面张力小于 1～10mN/m[18]。

(a) 缓膨颗粒　　　　　　　　(b) 聚合物凝胶　　　　　　　(c) 聚合物微球 SMG

图 2-27　三种新型深部液流转向与调驱化学体系

五、工程配套技术

二次开发工程针对高含水老油田的需求，开展技术攻关，形成了套损预防技术、膨胀管套管补贴技术和封堵弃置技术、精细分层注水和智能测试调控技术、暂堵转向与水平井压裂技术，研发了 5 种新型化学材料、3 种新型装置，发布了 3 项行业技术标准、申请了 14 项技术专利，为二次开发重建井网层系，建立有效的层系控制与注采驱替系统，最大限度提高采收率提供了有力的配套工程技术支持。

1. 套损机理与预防技术

（1）通过试点区块套损机理的研究，提出力学机理是套损发生的关键环节，地质、开发、工程因素是套损发生的内外因和"催化剂"，建立套损研究技术方法和套损力学模型。

① 套损形态直观反应套损的力学特性，如缩径是挤毁损坏、错断是剪切损坏、弯曲是屈曲损坏等。

② 地质因素、开发因素、工程因素决定套损的层位、时机及损坏程度。地质因素是套损发生的内因，套损均发生在特定地质层位。开发因素是套损发生的外因，如注水压力、含水等。工程缺陷是套损的重要因素，如固井质量差注入水进入泥岩段导致套损，钻井"狗腿"处容易套损等，工程缺陷是套损的"催化剂"。

③ 中国石油超过 95% 的套损是力学机制造成的，因此套损的力学性质是套损研究中的重要环节，要查明套损的力学原因，找到套损的力学条件，最终提出套损的预防对策。

④ 套损研究中易犯的错误是得出"多因素引起"的结论，如罗列十几种套损原因根本无法防治，关键要找出主控因素和次要因素，才能提出行之有效的套损预防技术。

（2）提出了适合泥岩水化成因、出砂成因、水泥返高以上套损的预防技术。

2. 膨胀管套管补贴技术和封堵弃置技术

1）膨胀管套管补贴技术

（1）不同型号、尺寸系列化的发射器及长寿命膨胀锥技术。

长寿命膨胀锥可连续膨胀 500m，满足长段套损井修复需求；自适应膨胀锥可根据膨胀参数的变化改变锥体外径，自适应井筒工况。

（2）多种高膨胀率、高强度国产膨胀管材技术，多种套管型号的套管补贴膨胀管柱及工具。

（3）膨胀螺纹连接密封技术、干固体润滑膜减摩技术。

（4）基于金属密封和组合密封的耐高温膨胀套管技术，用于深井、稠油热采井套损井修复。

（5）适用于斜井、水平井套损井修复的减阻膨胀工具，可用于堵水、层系封堵的大通径薄壁膨胀管套管修复技术。

2）强造壁高强度复合封堵弃置技术

通过天然直链纤维和合成直链纤维两级纤维交织，堵剂能够迅速在近井地带形成高强度致密网状结构，提高封堵体系的造壁性；通过三元（三种组分）颗粒充填，降低了封堵材料孔隙度，提高了封堵材料强度；配合多种施工技术，可满足不同封堵目的、不同井况封堵需求，尤其适合严重亏空、漏失、大孔道窜流地层封堵和套管破漏、管外窜流井的封堵作业。

3. 重组地面工艺配套技术

在二次开发地面流程重组过程中，充分依托原有的地面设施，优化总体布局、合理确定建设规模、简化工艺流程、优化工艺方案，选用高效节能设备，集成新技术、理顺管理流程，实现地面建设科学合理、简约高效，确保油田长期安全、环保、和谐发展。

（1）简化计量技术。取消计量站，阀组间内不再设单井计量装置，采用目前较为先进的"井口软件计量为主，井口活动计量为补充方式"的计量方式。

（2）优化单管集油技术。通过应用新型管材、加药降凝降黏、采用单井串接、枝状或环状工艺流程等技术措施，灵活选用简化的双管掺水流程或单管环状掺水流程（大环流程与小环流程），或单管通球不加热集油工艺，实现油井单管不加热集油，并满足不同生产条件油井的集输需要。该技术简化了单井集油工艺，取消了现有的双管和三管流程。

（3）油气处理技术。油气处理系统推广采用工艺简单、流程短、设备少、投资低、管理方便"一压到底"的热化学压力沉降脱水工艺，采用高效合一设备，实现一段脱水。优选原油稳定和伴生气处理工艺，降低油气损耗，回收轻烃资源，提高综合效益。

（4）污水处理系统。大力推广水质净化与稳定技术、高效除油技术、水力旋流技术和高效过滤技术等。目前，横向流聚结除油技术已在大庆油田广泛应用，平均除油效率达90%；水力旋流技术也在吐哈、塔里木油田得到应用。另外，大庆喇嘛甸油田通过在8个注入站应用污水混配抗盐聚合物技术，实现了油田产出污水的全部回注，取得了较好的经济效益与社会效益；辽河油田通过推广应用稠油污水深度处理回用热注锅炉技术，其规模已达到$2.7 \times 10^4 m^3/d$，有效缓解了污水外排的压力。

第四节 矿场实例

一、新疆西北缘砾岩油藏二次开发实践

1. 基本概况

砾岩油藏是新疆油田的主要油藏类型之一，最典型的是克拉玛依油田，储层沉积以冲积扇和河流相为主，主要分布在三叠—侏罗系，属中低孔、低渗透储层。砾岩储层结构复杂，具有"复模态"结构特征，非均质性极强。砾岩油藏早在20世纪50年代末即投入开发，是我国最早投入开发的油田之一。经过半个多世纪的持续开发，砾岩油藏已整体进入高含水与高采出程度的"双高"阶段。

新疆克拉玛依砾岩油田六、七区克下组为断块遮挡油藏，被克—乌断裂分为上盘及下盘两个断块，地质储量 4269×10^4 t。该区上盘是典型的Ⅲ类砾岩油藏，下盘是典型的Ⅰ类油藏。沉积类型为典型冲积扇沉积储层，砂体规模较大。孔隙结构以粒间孔为主，胶结类型以孔隙式为主，胶结中等—疏松。上盘油层孔隙度为20.5%，渗透率为446mD；下盘油层孔隙度为16.3%，渗透率为124mD。

该油藏于1958年投产，为不规则井网、注采井距350～500m，1960年注水开发，2007年二次开发方案实施前含水84.2%，采出程度31.8%，采油速度0.27%，地层压力保持程度为74.2%。油藏开发面临井点损失严重（套损井比例达到56%）、井网井距适应性差、对储量控制程度低、注采系统不完善等突出矛盾，油藏处于低速低效开发状态。

2. 主要做法

2007年，股份公司将六、七区克下组油藏定为克拉玛依油田二次开发试点工程区，以暴露矛盾、储备配套技术并推广示范。六、七区克下组为典型的强非均质冲积扇砾岩油藏，具有储层非均质强、油层多、跨度大、剩余油富集厚层砾岩顶部的特点。通过攻关研究，形成了以"细分层系、完善井网、提高储量控制程度"为原则，"经济有效"为前提，"提高水驱采收率"为目标，形成了"平面分区、纵向分层、多种井型相结合"的砾岩油藏二次开发模式。

（1）全方位重构地下认识体系，为二次开发部署提供依据。

① 冲积扇相带及内部构型分析。

应用10口取心井资料和1547口井的测井资料，对扇三角洲沉积体系进行了相带划分，将单一扇体划分为扇根、扇中和扇缘三个亚相，其中扇根又进一步划分为内带和外带。根据冲积扇的露头、岩心、现代沉积等沉积学分析，建立了克拉玛依砾岩冲积扇"七级"构型体系（图2-28）。在构型模式指导下，通过地层对比和单砂体分析，刻画了构型单元空间展布。

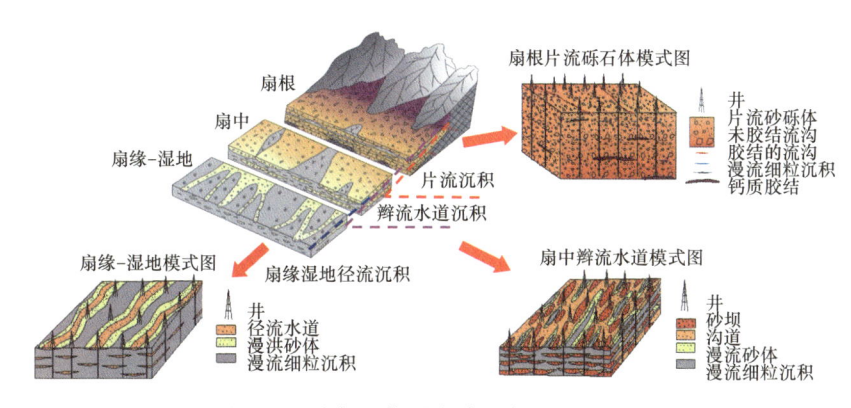

图2-28 克拉玛依砾岩冲积扇七级构型模式

② 砾岩油藏水淹定量解释。

为描述剩余油，建立了砾岩油藏物性及饱和度解释模型和砂砾岩原始含油饱和度计算公式，结合电阻率与水淹特征参数确定了砾岩油藏水淹层定量评价标准，建立了砾岩油藏水淹模式：片流砂砾岩体厚层底部水淹，水淹程度较强，底部以中强水淹为主；多期辫流水道叠加沉积层间水淹，水淹程度较弱，以弱水淹为主。

③积极开展微观驱替实验,为砾岩油藏进一步提高采收率提供理论支撑。

通过岩心照片、铸体照片、压汞曲线、扫描电镜等手段开展物理模拟实验与分析,从岩石类型、沉积特征、流体性质、驱替速度、层间干扰等多个方面,研究影响砾岩油藏驱油效率和采收率的因素。试验和分析结果证实,砾岩油藏具备提高驱油效率和采收率的基础,研究结果为砾岩油藏二次开发提供了理论支持。

④建立砾岩油藏剩余油分布模式。

二次开发阶段以单砂体及内部构型精细油藏描述为基础,根据小井距系统密闭取心和水淹层解释成果,建立了高含水期砾岩油藏剩余油分布模式。主要为厚油层上部剩余油、注采不对应形成的井间剩余油、井网控制不住的透镜状砂体剩余油、隔夹层和构型界面附近的剩余油4种类型。

(2)立体井网重构与精细注采调控、深部调驱和"二三结合"结合,大幅提高采收率。

一是重构井网提高储量控制程度。初期350~500m注采井距偏大,储量控制程度偏低。水驱试验区采用125m井距,主力砂体控制程度可提高到90%,非主力砂体控制程度为70%。

二是细分层系提高剖面动用程度。试点工程区冲积扇储层纵向分为11个单层,6个主力油层,储层物性和非均质性差异大,层间矛盾突出导致剖面动用不均,二次开发采用细分层系以提高剖面动用程度。要求在一套开发层系中主力油层为2~3个,层间渗透率级差小于3,层系跨度小于50m。在以上原则下,确定六中区克下组油藏采用先开发动用$S_7^3+S_7^4$层,择机整体上返开采S_7^2以上层。

三是采用"直平"立体井网提高储量动用程度。根据不同井网形式的对比,在油藏条件适合的区域灵活采用水平井与直井联合部署的井网形式开发效果较好,该井网形式有利于直井与水平井替换,在实施水平井前先实施直井(图2-29),有利于评价砂体分布、认识水淹规律,降低水平井实施风险,最大限度地提高储量动用程度。

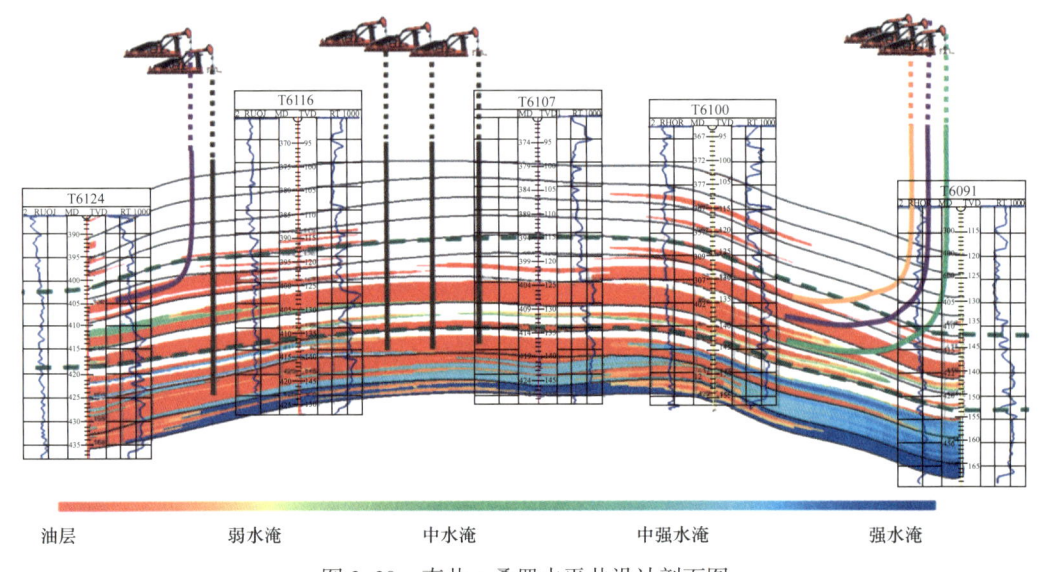

图2-29 直井+叠置水平井设计剖面图

四是采用五点井网缓解注采矛盾。试点工程区初期的井网形式由不规则、行列井网及反七点井网组成，该类低注采井数比的井网方式导致油藏含水上升速度快，砾岩油藏高含水期吸水、采液能力变化表明适合采用反七点或五点法井网形式。通过优化六中区克下组油藏采用125~165m井距五点井网、七中东区扇中储层采用200m井距五点井网进行调整。

五是通过精细注采调控，保持二次开发稳产。建立"点弱面强、分区调控、多级分注、均衡注水、合理提液"的优化注水政策，实施精细注水：一是精细注采调控，缓解平面非均质性；二是多级分注，缓解层间矛盾；三是间注调控，合理调整压力场，控水稳油。

六是通过深部调驱试验，进一步改善水驱效果。2010年以来，在六中区克下、七中区克下和七中区八道湾组油藏开辟的深部调驱试验区喜获成功，起到了明显降水增油效果，预计利用该项技术可实现采收率提高5个百分点左右。

七是攻关"二三结合"配套技术，探索砾岩油藏持续有效开发的开发模式。在七东1区克下组开展的Ⅰ类砾岩油藏聚合物驱工业化试验取得成功，具备推广应用条件。聚合物先导试验区累计产油14.3×10^4t，阶段采出程度7.4%，方案预测提高采收率9%；中心井区累计产油5.3×10^4t，阶段采出程度11.4%，方案预测提高采收率12.1%。在七中区克下组油藏开展的Ⅱ类砾岩油藏二元驱工业化试验取得初步效果，阶段累计产油5.4×10^4t，阶段采出程度4.5%。

（3）地面工艺流程优化简化，节能降耗。

一是创立了老区稀油集输模式，实现地面建设简约化、模块化、橇装化，减低投资。

二是应用两相流计量、容积式计量、功图法计量技术、称重式计量器、恒流配水计量技术，实现单井计量简约化。

三是实施油区分压注水，完善注水泵控制系统，实现供、注系统各参数动态平衡，降低注水单耗5%~10%，提高注水系统效率，节能降耗的目的。

四是采用系统网络优化技术，优化地面系统布局，降低系统工程投资。

3. 效果

新疆砾岩油藏通过二次开发，全面改善老油田稳产基础，含水保持稳定，递减减缓，二次开发项目实施后效果显著：新井累计产油411.7×10^4t，水驱控制程度由61.7%提高到81.1%，含水由83.0%下降至68.0%，自然递减由12.9%降至2.7%。平均单井产油由2.1t/d提高到最高3.8t/d。新疆克拉玛依砾岩二次开发实施区块的最终采收率由26.6%提高到34.6%，提高采收率8个百分点，新增可采储量2261×10^4t（图2-30）。二次开发成为新疆油田原油生产持续稳定的重要保证之一。

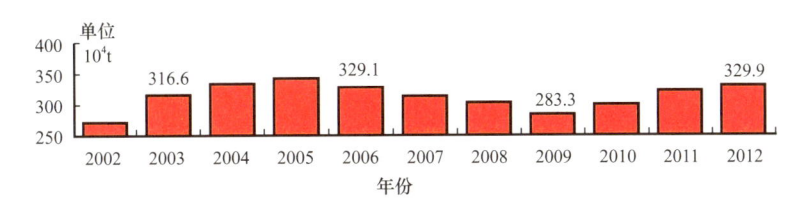

图2-30 新疆砾岩油藏历年产量柱状图

二、吉林扶余中低渗透砂岩油藏二次开发实践

1. 基本概况

扶余油田区域构造上位于松辽盆地南部中央坳陷区扶新隆起带，发育泉四段扶余油层和泉三段杨大城子油层两套含油层系，油层埋深300~550m，扶余油层划分为4个砂组13个小层，含油井段约100m，杨大城子油层划分为6个砂组17个小层，含油井段约50m。扶余油田平均有效厚度10.1m，孔隙度25%，含油饱和度73%，空气渗透率110~180mD。

扶余油田1970年开始正式投入开发，1973年全面转入注水开发，其开发历程先后经历溶解气驱、注水开发、一次调整、二次调整阶段。进入20世纪90年代，由于井况逐年变差（不正常井占比47.3%）、地面系统老化严重、注采井网不适应，严重制约着油田的发展。同时，含水上升致使原油产量逐年递减。到2003年，年产原油下降到$60×10^4$t，采出程度18.9%，综合含水88.8%，预测废弃时采收率仅26.5%。针对扶余油田"井况差、分注状况差、井网不适应和地面系统老化落后严重"四大问题，系统实施了二次开发工程，见到很好的实施效果，原油产量重上$100×10^4$t。

2. 主要做法

扶余油田二次开发以中国石油天然气集团公司二次开发理念和"24字"技术路线为引领，攻克断层、隔夹层、裂缝识别难关，准确刻画单砂体及其控制的剩余油分布，明确了地下流体的分布规律，全面重新构建扶余油田的地下认识体系；通过成功应用浅层定向井、大斜度井和水平井等多元井网形式，重新构建了扶余油田的层系井网模式；通过配套工艺和简化地面流程，进一步保证了扶余油田二次开发实施效果。

（1）全方位重构地下认识体系，为二次开发部署提供依据。

① 应用浅层三维地震技术准确刻画构造及储层。

针对目的层开展$258km^2$三维地震勘探技术攻关，在构造、储层等方面取得深入认识。首先完整刻画了扶余地区构造形态和断裂系统，落实780条断层位置和产状，新增断层446条。同时对杨大城子储层砂体进行横向预测，为滚动勘探开发提供了依据。结合油藏评价落实了资源潜力，新增探明储量$6211×10^4$t。

② 精细刻画单砂体，明确精细水驱井网重组潜力。

以等时地层格架为前提，在沉积时间单元划分的基础上，结合单期河道砂体的空间接触关系及指导模式，依据单期河道垂向和平面识别标志，在复合河道内部识别单期河道砂体。

通过单砂体的精细刻画，把原扶余油层13个小层细化为20多个单砂体，认识上由原来的河道砂体连片分布细化为多个频繁摆动的单砂体叠置而成，砂体宽度由520m减小为180m。原先认为单一河道砂体连片发育，非均质性弱，井网控制程度高；而通过单砂体研究发现多期河道砂体叠置，单一河道规模小，井网控制程度低。原200m水井距的行列式注采井网对砂体控制程度低，油井见效方向单一，注水易形成单方向突进；同时单砂体个数增加，砂体间物性差异大，现有分注工艺不能满足以单砂体为对象的精细分注。因此，需要通过补打注水井，完善平面注采井网，开展纵向细分注水，实现注水波及体系的提高。

③加强裂缝研究，为制订二次开发措施提供保障。

利用历年来31口密闭取心井资料和动态资料分析了裂缝发育特征及其对开发效果的影响。结果显示，平面上裂缝多以东西向发育，注水极易沿东西向突进，形成平面窜流优势通道。纵向上，裂缝多以高角度裂缝为主，且人工压裂进一步导致天然裂缝开启，加剧层间、层内非均质性，形成层间层内窜流；同时裂缝多发育于底部钙质砂岩，导致底部水淹严重。

根据裂缝发育特征认识，开展不压裂投产技术的应用。针对层内水淹程度不均，常规压裂动用弱水淹部位容易造成水窜，推广应用复合射孔避射强水淹层技术，水淹不均层剩余油实现了有效动用，取得了较好效果。

④对流体性质再认识，明确了原油黏度变化和平面分布规律。

通过高压物性资料分析，随着油田开发，地层压力下降，地层出现脱气现象，导致原油黏度逐渐增大。在分析黏度变化原因基础上，利用经验公式计算，明确了平面原油黏度分布规律，东部、边部原油黏度大，内部原油黏度随注水开发也有明显上升的规律。油藏条件下［30℃含气（气油比为12）］原油黏度大于50mPa·s作为参考条件，结合储层、井网完善状况及开发动态，将扶余油田划分为三类开发地质单元，并确定针对的技术对策（图2-31）。

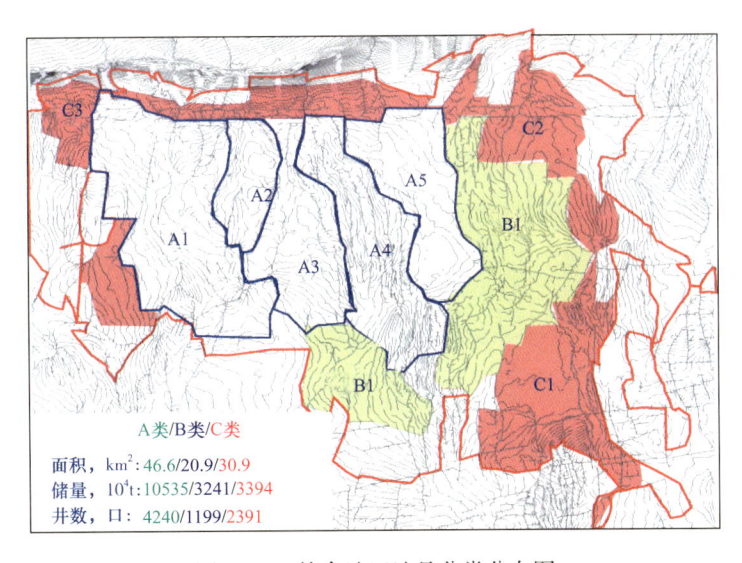

图2-31 扶余油田油品分类分布图

⑤实现隔夹层的精细刻画，为细分精细注水提供指导。

通过岩心观察，扶余油田层内存在大量厚度在10～20cm的薄夹层，夹层两侧水淹水洗和剩余油富集程度差别较大。这些薄夹层的存在对目前注水开发存在较大的影响，但是因为规模较小，常规测井资料识别难度大，在以往的注水开发中没有引起足够的重视。

扶余油田二次开发以来，首次在测井系列上引入高分辨侧向电阻率测井，建立了薄夹层识别技术标准规范，实现了层间隔层和层内夹层的有效识别。利用取心井试采成果验证了薄夹层对水淹水洗和剩余油分布规律的控制作用，认识到薄夹层分隔的层内剩余油富集部位是精细水驱挖潜的重点。

⑥ 多种方式分析单砂体剩余油分布特征，为调整挖潜提供依据。

利用取心井资料、测井资料、地震资料、测试资料以及生产动态资料，综合油藏描述、数值模拟等多学科知识，开展剩余油研究，深化了对剩余油分布规律的认识，为油田调整挖潜提供了依据。剩余油分析结果表明，扶余油田单砂体内部平面剩余油主要分布于由相变造成井网不完善区域内。在河道或点坝上多向受效的生产井，液量波动大，水窜严重，采油效果不好。单砂体内部纵向剩余油主要受渗透率影响，剩余油主要分布于上部。

（2）突破传统井网调整方式，建立多元化井网方式重组模式。

① 以先导试验和平面分区为基础，确定层系井网组合方式。

扶余油田二次开发层系井网重构按照"整体部署、分步实施、试点先行"的原则，开辟先导试验区，为提高开发效果奠定基础。首先开展西1队2夹4井网试验，区块面积0.45km²，地质储量132×10⁴t，在扶余油田东西向裂缝研究基础上，把原井网最终调整为线状注水方式，油井井距100m，水井井距200m，排距85~87m（图2-32）。调整试验取得了很好的效果，地层能量得到有效恢复，含水上升得到控制，采收率提高5.7%。通过研究以及现场试验的结果，确定扶余油田井网方式优化以调整为线性井网最佳。

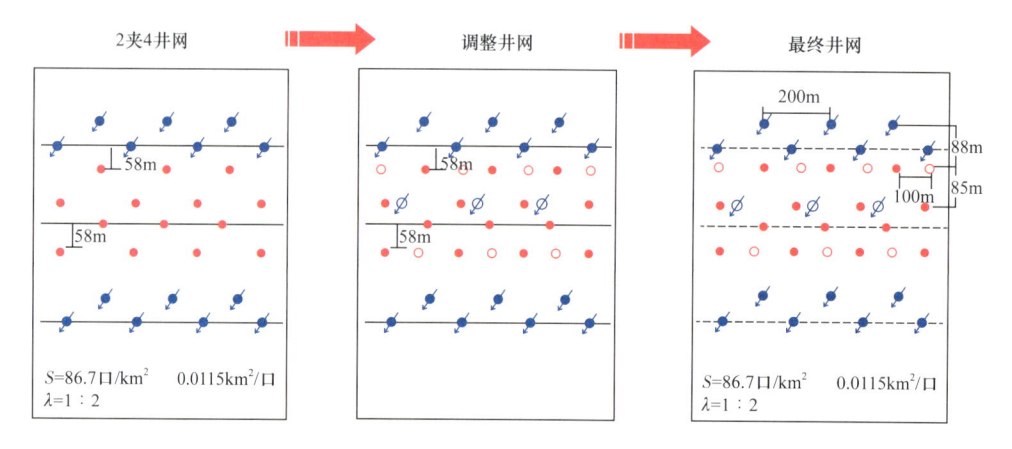

图2-32 扶余油田西1队二夹四井网调整方式示意图

根据储层与井网配置关系，确定纵向分层的多元化井网重组方式。

同时创新确定了大规模压覆区井网的调整方式。城区平台12通过精细油藏工程设计，采取水平井和定向井相结合的大平台开发方式，井网后期通过水平井转注形成线性注采井网，部署完钻32口井，其中水平井23口，定向井9口，这种多井型组合实现了压覆区资源的有效动用。

② 开展定向井水平井钻井技术攻关，实现压覆资源储量的有效动用。

扶余油田压覆区面积21.5km²，压覆区多位于构造高部位，资源品质好，由于安全环保等原因，区块井网不完善，区块采油速度低、采收率低，开发效果差。

通过多井型组合平台技术，实现了压覆资源动用。到2013年年底累计调整压覆区面积17.3km²。针对储层变化快、纵向发育多层、高含水后期剩余油分布复杂、压覆区能量补充等油藏设计技术难题形成大平台多井型油藏设计技术。针对浅层钻井、城市中心区安全环保要求高、废弃老井网密度大、油藏设计多井型多剖面等难点和问题，形成轨迹精确控制及防碰绕障、平台整体钻井设计技术，以及多种剖面类型的浅层水平井钻井完井技术。后期针对浅层水平井提高产能、水平井能量补充、城市安全环保生产等难题,形成水平井分段压裂改造、水平井举升、水平井分段注水等一系列配套工艺。

(3)探索类稠油开发新技术,转换开发方式实现资源动用和高效开发。

根据潜力筛选,类稠油区面积30.56km^2。针对类稠油资源水驱开发效果差、采收率低的问题,2006年以来以热采方式投产728口井,2010年高峰年产油达24.5×10^{4}t,实现了该类油藏的动用问题。但吞吐轮次增加,开发效果逐渐变差,目前年产油7.8×10^{4}t,年产能力减少16.7×10^{4}t,递减达到了68%。

2006年扶余油田开始针对性的部署先导试验,探索稠油开发技术。探51区块以直井注水平采的方式通过化学降黏降低界面张力,取得了较好的增油效果和经济效益,明确了"类稠油"区主体的开发方式。

(4)通过工程配套技术进步和重组地面工艺流程,扩大二次开发成果。

一是钻井工程方面,形成了提高调整井固井质量技术、浅层定向井和水平井钻井技术等两项技术。通过这两项技术的应用,对于提高固井质量和提高单井产能起到了积极的作用。

二是在油层改造方面,形成了水平井压裂改造工艺。应用水平井开发压覆油藏和薄差层,同时对投产水平段进行压裂改造优化,充分发挥了难采储量的采油能力。

三是重组地面工艺流程方面:形成了油井不加热常温集油技术。该项技术的应用,使调整改造后的扶余油田成为全国陆上第一家将冷输流程作为主导集油流程的油田。

3. 效果

扶余油田通过深入推进二次开发工作,使有着40多年开发史的老油田重新焕发了青春,已调整区四大矛盾得到根本解决,油田再次具备了年产百万吨的生产能力,连续4年实现了油田持续稳产,取得了显著的经济效益。

(1)油田综合含水明显下降,地层压力稳步回升。调整前油田综合含水高达90.5%,经过调整,综合含水明显下降,最低下降到84.9%,下降了5.7%。

(2)经过二次开发综合调整,扶余油田储量动用程度和采收率得到明显提高。油田地质储量由调整前2002年的13347×10^{4}t增加到2013年的17138×10^{4}t;可采储量由调整前2002年的3861×10^{4}t增加到2013年的5547.4×10^{4}t。扶余油田采收率由调整前2002年的26.4%提高到2013年的32.4%,提高了6个百分点。

(3)预测结果表明,若不实施二次开发,扶余油田到2013年原油产量将下降到21.6×10^{4}t。通过实施二次开发,扶余油田产量重上百万吨,调整后累计多产原油543×10^{4}t(图2-33)。

(4)经济评价结果显示,2009—2013年扶余油田二次开发实现税后内部收益率21.75%,税后财务净现值50485万元,投资回收期6.4年,达到了预期的开发及经济效果。

三、大港港西复杂断块油藏二次开发实践

1. 基本情况

大港港西油田位于黄骅凹陷中部、北大港构造带西段,主力层位为新近系明化镇组和馆陶组,油藏埋深600~1450m,含油面积35.85km^2。本区断层发育,构造复杂,断

块面积 0.1～0.6km²。明化镇组储层为曲流河沉积，馆陶组储层为辫状河沉积。明化镇组、馆陶组共分为 30 个小层、76 个单砂层。储层物性以高孔隙度、高渗透率为主，明化镇组平均孔隙度 32.5%，平均渗透率 2777mD；馆陶组平均孔隙度 25.6%，平均渗透率 859mD。明化镇组原油性质中等，地层原油黏度 10～20mPa·s，馆陶组地层原油黏度高，在 100mPa·s 以上。

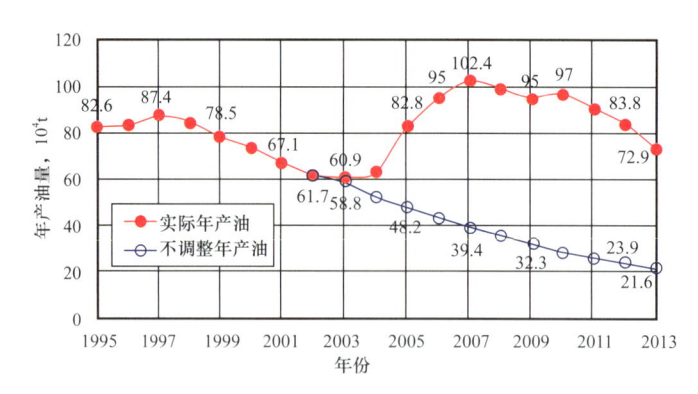

图 2-33 扶余油田自营区年产量对比变化图

该油藏 1965 年投入开发，经历了弹性能量试采、初期注水、加密调整、整体调整完善等开发阶段，到 2008 年 10 月，采油速度 0.75%，采出程度 28.86%，综合含水 91.08%。

港西油田二次开发前存在的主要问题是：平面矛盾突出，单层注采对应差，注水单向受益井达 51.5%，多向受益井仅占 15.4%；层间动用差异大，层间矛盾突出，有的层采出程度大于 30%，有的小于 15%；出砂严重，套变、套损井比例高达 49.4%；自然递减率持续加大，已到 17% 以上。剩余油研究表明，油藏提高采收率空间仍然较大，具备二次开发的物质基础。

2. 主要做法

港西油田二次开发运用"三重"技术思路，进行重构地下认识体系研究，以提高对油藏构造、储层分布及剩余油的认识程度；进行重建井网结构研究，部署新井和老井综合利用相结合来改善注采对应关系；进行地面系统的简化优化研究，重组地面工艺流程。

1）重构地下认识体系

以精细油藏描述为基础，充分应用高分辨率三维地震资料，通过井震结合、动静结合等手段，综合运用构造精细解释、储层精细刻画和剩余油定量描述等技术，精细研究构造、刻画单砂体及其内部结构、量化剩余油分布和单砂体潜力。

（1）强化三维地震资料应用，提高构造解释精度。

通过加强叠前保幅去噪、精细静校正、子波整形、精细速度分析 4 个关键环节，对地震资料进行重新处理，整体反射能量得到改观，港西频宽由 10～42Hz 拓宽到 10～59Hz，主频变化由 30Hz 到 40Hz。重新处理后断面波清楚，易于识别；层间反射信息丰富，地震反射同相轴连续性较好。应用三维地震资料和动态监测资料，多种方法相互验证，重新解释构造，解释密度 25m×25m，断层长度小于 300m、识别断距小于 10m，在此基础上开展单砂体顶界精度为 2m 的微构造研究。

（2）精细单砂体内部结构刻画，提高油藏模型准确性。

在沉积微相研究基础上，动静结合，深化油藏认识，精细刻画单砂体分布。曲流河点坝内部侧积泥岩的精细刻画为注采井网部署提供了重要参考依据[9]。

① 通过高程差、沉积特征及地震属性分析，识别单一辫流带边界和心滩坝边界，再在密井网条件下识别落淤层。结果显示，复合辫流带在工区连片分布，单一辫流带之间发育泛滥平原和溢岸沉积。"宽坝窄河道"特征明显，心滩坝内部发育有落淤层和沟道。

② 根据取心井岩性、电性、沉积等特征，识别废弃河道界面和点坝边界；在点坝内部识别韵律层夹层，进一步识别侧积层间距和倾角。

③ 根据单砂体精细刻画结果，建立精细油藏模型，解决原地质认识中油水分布矛盾。

④ 在三维地震构造解释的基础上，应用测井约束反演，进行砂体追踪，确定油砂体边界，根据单砂体刻画结果，重建油藏模型，实现了曲流河沉积储层反应点坝与废弃河道配置关系及流体分布的油砂体分布工业化制图。

（3）深化剩余油分布定量研究，提高潜力认识可靠程度。

港西油田二次开发首先从油藏和井网两个角度分析剩余油潜力影响因素。

油藏角度主要受3个因素影响：① 断层控制作用：复杂断块油田断层发育，断层将储层切割为多个独立单元，断层附近是剩余油的有利区域；② 单砂体边界的控制作用：由多个单砂体拼接或叠合而成连片分布的河流相砂体，单砂体之间彼此相对独立，单砂体边界控制剩余油分布；③ 单砂体内部构型的控制作用：单砂体内侧积层增加层内非均质性。曲流河点坝内部的侧积泥岩，与点坝顶部斜交，控制点坝顶部$2/3$的区域，砂体顶部是剩余油富集区。

井网角度受4个因素影响：① 注采井网不完善：由井况等原因导致的井控程度较低的区域，剩余油相对富集；② 非主流线井间：处于非主流线区域的正向微构造井区存在着剩余油富集区；③ 层间矛盾：由于层间矛盾，导致合采合注井的非主力层存在着剩余油富集区；④ 底水锥进：开采过程中由于底水锥进，导致井间、油层顶部存在着剩余油。

其次，综合应用密闭取心、数值模拟、动态监测和油藏工程等方法定量研究油层动用和剩余油潜力分布状况（图2-34）。分析结果表明，NmⅡ、NmⅢ、NgⅠ和NgⅡ油组采出程度相对较高，剩余油主要分布在NmⅡ、NmⅢ和NgⅠ油组。

2）重建井网结构

（1）不同井型相结合挖掘剩余油潜力。

① 利用定向侧钻技术挖掘剩余油。

复杂断块油藏由于断层运动沟通地下水通道，造成泥岩膨胀、挤坏套管。同时由于地层出砂和频繁的修井作业，套变报废井较多，个别断块的套变报废井占到了总井数的一半以上，造成地质储量的损失。通过研究和实践认为，可以利用钻侧钻水平井技术来实现挖掘这部分剩余油的目的。利用侧钻井技术挖掘剩余油，一般分为以下几种类型：a.通过向油藏高部位钻侧钻井，可以挖掘构造高部位或正韵律油层顶部未波及的剩余油；b.通过钻侧钻井，挖掘断层夹角、砂体边部等注水波及不到的死油区；c.利用停产井眼，跨断层定向钻侧钻井，挖掘多处断层附近、构造高部位的剩余油。

同时，应用定向侧钻技术有两点好处：a.费用低于垂直井和常规水平井，但却可以起到相同或更好的效果；b.可以使一批因含水过高等原因关闭的井重新生产，盘活资产。

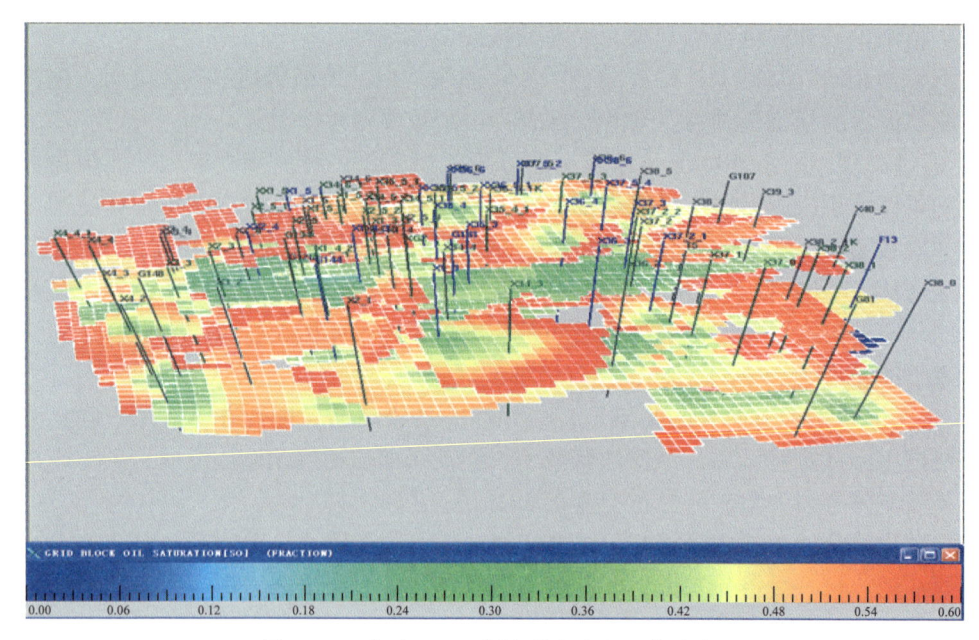

图 2-34　港西五区二断块剩余油饱和度分布图

②水平井挖掘断层根部和厚油层顶部、点坝顶部剩余油。

在油藏的断层根部和油层顶部以及点坝顶部均存在一定量的条带状剩余油，适合水平井挖潜。选取砂层厚度大，能量充足，剩余可采储量大于 2×10^4t 的单一砂体，部署水平井。

③沿断层钻定向井。

根据油藏分布特点以及剩余油分布形式：断层根部是剩余油较富集的区域。针对复杂断块，沿断层钻定向井能够提高油层钻遇率，提高油层井网控制程度。

（2）层系井网重组。

港西二次开发以单砂体描述成果和剩余油分布特征为基础，依据单砂体的形态、剩余油富集区部署井网，最大限度地扩大水驱波及体积。具体做法：

一是建立二次开发层系重组注采井网与剩余可采储量丰度的关系。直井开采注采井数比 1∶1.2～1∶1.5 井网，独立层系极限剩余可动油储量丰度为（18.5～20.32）$\times 10^4$t/km^2，水平井独立层系极限剩余可动油储量丰度为 16.3×10^4t/km^2。

二是根据油藏剩余油分布特点，精细设计井型与井轨迹，提高油层钻遇率，有效提高油水井利用率，最大限度地提高注采对应率与水驱控制储量。

三是井网与层系多向组合、优化注水与采油井段、分井错层精细开发、降低层间差异，大幅度提高油层动用程度。

3）重组地面工艺流程

（1）配套技术攻关，实现地面系统优化简化。

大港油田因地制宜，结合实际，开展了地面系统优化简化配套技术研究与攻关，主要包括 3 项关键技术：油井在线监测与计量技术、油井单管常温输送技术和注水井远传在线计量控制技术，4 项配套技术：油水井参数远程传输技术、油水井工艺流程配套技术、油井计量校准技术和油井控制柜一体化技术。

（2）转变工艺模式，重组地面工艺流程。

通过采用新型油水井远程在线计量及单管常温输送等技术的应用，撤销了计量站，取消了掺水系统，缩短了工艺流程，解决了地面系统规模庞大，维护成本、能耗高，产能配套投资高等问题。

（3）持续改进、不断完善，实现简化技术的不断升级。

由于港西油田的注水计量系统采用井口恒流阀控制流量，采用的工作方式都是在井口人工现场采集、人工调控。造成现场注水井注水量误差大，不能准确反映注水量，结合港西油田生产实际，对现有注水井进行远传在线计量和远程控制技术升级改造，实现了注水井生产数据的远传在线计量和自动控制。

针对油井安装的压力和载荷传感器都是有线数据传输，井场有线信号线易受损；信号线长期使用造成线路老化，容易引起功图漂移，影响计量结果。开展港西油田油井有线传感器（压力、载荷）更换成无线传感器的先导试验并取得成功，目前已在新投产油井推广应用。

3. 效果

港西油田二次开发提高了区块单井日产量，降低了含水与自然递减，大幅度提高了采收率，全面提升了油田开发水平（图2-35）。

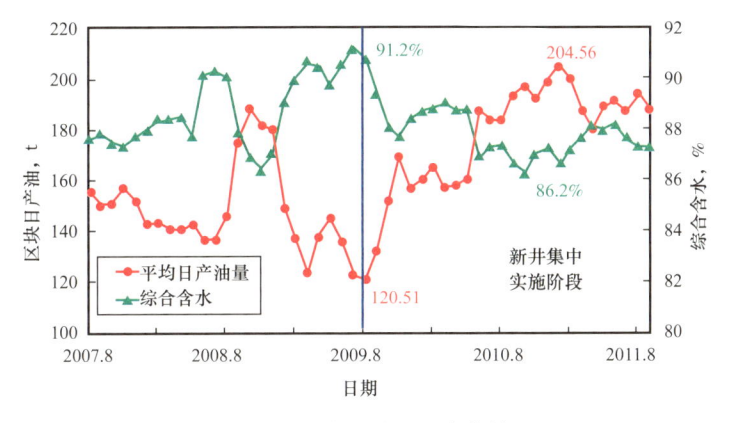

图2-35 港西油田生产曲线

（1）平均单井日产油由2.81t提高到3.75t，实施区块日产水平由实施前的120.51t上升并稳定到204.56t。

（2）综合含水下降4～8个百分点，自然递减由二次开发前的21.3%下降到2013年的10.8%，综合递减由16.1%下降到5.5%。

（3）港西一区二、四断块阶段开发指标已经向好的方向发展，水驱开发效果已得到明显改善，初步预测提高采收率6%～7%。

参 考 文 献

[1] 胡文瑞. 论老油田实施二次开发工程的必要性与可行性[J]. 石油勘探与开发，2008，35（1）：1-4.

[2] 何江川. 二次开发理论和技术实践[M]. 北京：石油工业出版社，2014.

[3] 胡文瑞. 老油田实施二次开发工程的必要性与可行性[J]. 石油勘探与开发，2008，35（1）：1-4.

[4] 宋新民.油气开发储层研究新进展[M].北京：石油工业出版社，2014.

[5] 陶自强，王丽荣，钱迎春，等.大港复杂断块油田二次开发重构地下认识体系[J].石油钻采工艺，2009，31（1）：15-20.

[6] 陶自强.港西油田重建井网结构研究与应用[M]//大港油田断块油藏开发技术研究论文集.北京：石油工业出版社，2008.

[7] 许长福.冲积扇砾岩储层构型与水驱油规律——依克拉玛依油田六中区为例[M].北京：石油工业出版社，2012.

[8] 王延杰，许长福，谭锋奇.新疆砾岩油藏水淹层评价技术[M].北京：石油工业出版社，2013.

[9] 王友净，宋新民，何鲁平，等.高尚堡深层低阻油层的地质成因[J].石油学报，2010，31（3）：426-431.

[10] 李顺明，沈平平，严耀祖.沾化凹陷桩西油田古近系东营组重力流水道的沉积特征及形成条件[J].沉积学报，2010，28（1）：83-90.

[11] 周新茂，胡永乐，高兴军，等.曲流河单砂体精细刻画在老油田二次开发中的应用[J].新疆石油地质，2010，31（3）：284-287.

[12] 高兴军，宋新民，李淑贞，等.高含水油田密闭取心检查井水淹状况及主控因素研究：以扶余油田泉四段油层为例[J].地学前缘，2012，19（2）：162-169.

[13] 吴伟，华树常，高海龙，等.扶余油田二次开发探索与实践[J].特种油气藏，2009，16（5）：67-70.

[14] 邹拓，左毅，孟立新，等.地质建模技术在复杂断块老油田二次开发中的应用[J].石油与天然气地质，2014，35（1）：143-147.

[15] 鹿立卿，左松林.大庆喇萨杏油田三类油层开发方式探讨[J].佳木斯大学学报：自然科学版，2009，27（6）：888-892.

[16] 齐春艳.喇萨杏油田薄差油层及表外储层调整方式[J].大庆石油地质与开发，2010，29（2）：262-268.

[17] 刘家林，周雅萍，藤倩，等.深部调驱剂SMG封堵效果实验研究[J].精细石油化工进展，2012，13（4）：9-11.

[18] 陈健斌，马自俊，刘大锰，等.油田深部调驱采出液中柔性可动凝胶微球的检测[J].西安石油大学学报：自然科学版，2011，26（1）：58-60.

第三章 化学复合驱提高采收率技术

随着提高采收率技术在我国的飞速发展，迄今已经形成了以聚合物驱为主导技术，化学复合驱为主体接替技术的化学方法驱油技术路线，相比于聚合物驱，化学复合驱综合含水下降幅度更大，低含水稳定期更长，采油速度更快，大庆油田三元复合驱工业性试验提高采收率可达 20 个百分点以上，是聚合物驱的 2 倍左右，中国石油化学复合驱产油量 2016 年达 439×10^4t，累计产油 2000×10^4t 以上[1]。复合驱通常比单一组分化学驱的采收率幅度更高，主要是由于其中碱、表面活性剂和聚合物之间存在协同效应[2,3]。本章汇集了中国石油在化学复合驱油方面的主要技术进展，重点介绍了"十二五"期间的重大科技成果，其中包括化学复合驱发展历程及应用现状、驱油机理新认识、表面活性剂设计及合成、油藏数值模拟及方案优化设计、地面注入和采油工艺、跟踪调整及综合评价等主体技术的进展。

第一节 概　　述

化学复合驱技术指由碱、表面活性剂、聚合物等两种或者两种以上的化学剂作为驱油主剂注入油层中，以改变驱替流体的物理化学性质以及驱替流体与岩石矿物之间的界面性质，从而进一步大幅度提高高（特高）含水油田原油采收率的一种强化采油方法。近 10 年来，碱—表面活性剂—聚合物三元复合驱和表面活性剂—聚合物二元复合驱是中国石油主要推广应用的化学复合驱技术。

一、碱—表面活性剂—聚合物三元复合驱

三元复合驱是由碱、表面活性剂和聚合物组成的复合体系驱油方法，它是在碱驱、表面活性剂驱和聚合物驱的基础上发展起来的一项大幅度提高原油采收率的新技术。该技术综合了碱驱和表面活性剂—聚合物驱的优点，不仅能扩大波及体积、提高驱油效率，而且又能较大幅度地降低表面活性剂的用量，使其具有较好的技术经济可行性。

国外对三元复合驱的研究始于 20 世纪 80 年代，但许多应用是分先后顺序分别注入碱、活性剂、聚合物溶液段塞。Dome 等石油公司最早开发了低活性剂浓度的 ASP 复合驱技术，在浓度低于 0.5%（质量分数）的活性剂溶液中加入适当的碱剂，配以适当的聚合物以保持体系足够的黏度，该体系几乎能得到高浓度胶束/聚合物驱相同的采收率幅度，而化学剂的用量却降低至原来的 1/10 甚至几十分之一。80 年代后开始研究低浓度的 ASP 三元复合驱，ASP 驱每桶油化学剂花费为 0.95~2.42 美元。美国 Tanner 油田、Cambridge 油田、West Kiehl 油田进行了 ASP 三元复合驱试验，虽然技术上取得了成功，但经济效益较差。近年来，随着原油价格的上涨，印度尼西亚、沙特阿拉伯、马来西亚等多个国家也开展了化学复合驱研究和试验。这些区块为高温高盐油藏，复合驱技术应用难度大，主要瓶颈是耐高温抗盐聚合物和表面活性剂的开发，随着耐温抗盐驱油剂和新配方的不断研

发，化学复合驱将会得到更大的发展和应用。

我国三元复合驱技术发展历程大体可以分为三个阶段。第一阶段为20世纪80年代室内探索研究阶段，在表面活性剂微乳液—聚合物驱和碱—聚合物驱基础上，研究碱—表面活性剂—聚合物三元体系，主要基于化学剂之间的协同作用，通过碱与表面活性剂的协同作用，使体系油水界面张力达到超低；同时，依靠聚合物体系增加体系黏度，室内研究表明三元复合驱提高采收率幅度比其他化学驱效果要好。第二阶段为20世纪90年代，开展复合驱先导性试验阶段，也是复合驱技术发展最快的阶段。大庆油田从1994年开始，先后在中区西部/杏五区等试验区开展复合驱先导性试验场，均取得了比水驱提高采收率20%左右的良好效果；克拉玛依油田在二中区北部采用弱碱三元复合驱进行了砾岩油藏复合驱先导性矿场试验，也取得提高采收率20%以上的良好效果。第三阶段为21世纪，开展复合驱扩大试验和工业化试验阶段。通过研制国产高效表面活性剂，于2001年开始进行复合驱工业化试验。在复合驱试验过程中逐步形成了系列配套工艺技术，包括三元配注工艺、防垢举升工艺和采出液处理工艺技术等。油藏类型由一类向二类油藏扩大应用。为了降低强碱的负面影响，检验弱碱复合驱效果，2005年大庆油田利用自主研发的国产石油磺酸盐表面活性剂，开展了弱碱三元复合驱扩大矿场试验，效果良好。

二、表面活性剂—聚合物二元复合驱

聚合物—表面活性剂复合驱既具有聚合物驱提高波及体积的功能，又具有三元复合驱提高驱油效率的作用，预计提高采收率15%左右，介于聚合物驱和三元复合驱之间，是一种对油藏伤害小、投入产出前景好、具有发展潜力的三次采油方法，具有良好应用前景。近年来，聚合物—表面活性剂复合驱的快速发展得益于表面活性剂产品性能的改进以及新型表面活性剂产品的出现。20世纪80年代，受表面活性剂与原油界面张力不能达到超低的限制，在复合驱的研究以及矿场试验中为了提高体系的驱油效率，在体系中加入碱，形成了目前应用的三元复合驱技术。表面活性剂性能的改进，在不加入碱的条件下聚合物—表面活性剂复合驱体系与原油的界面张力仍然能够达到超低，为化学驱的发展开辟了一条新的思路，即聚合物—表面活性剂复合驱[4]。

自2008年开始，中国石油加快了聚合物—表面活性剂复合驱重大开发试验的步伐，部署了5个区块的试验，即辽河油田锦16块、新疆油田七中区、吉林油田红113块、长庆油田马岭北三区、大港油田港西三区，这些试验区先后开展了井网层系、配方优化、注采方案、钻采工程、地面工程等有关工作。目前各区块都已经进入主段塞的注入阶段，取得了明显的降水增油效果。

辽河油田锦16块聚合物—表面活性剂复合驱工业化试验自2006年12月启动以来，先后完成了方案编制、地面工程建设、注采工艺配套、空白水驱等工作。2011年4月正式转驱，同年12月开始注入主段塞。通过不断的跟踪调整，试验区日产油由转驱前的63t上升到2013年8月的300t左右，到2014年12月仍然稳定在289t，综合含水由96.7%下降到83.1%，阶段产油34×10^4t，累计产油超万吨井16口，预计最终采收率可提高18%左右。

新疆油田七中区克下组油藏聚合物—表面活性剂复合驱工业化试验自2007年立项以来开展了大量实验研究及试验调整工作，因该区块存在物性较差、渗透率较低、非均质性严重等问题，试验初期注入的聚合物相对分子质量和浓度偏高，造成油井产液能力下降幅度大、剂窜严重。经过多次配方调整，2015年7月试验整体达到见效高峰，呈"化学驱见效"特征。见效后产液量保持平稳，产油由14.7t/d上升至42.0t/d，上升率185.7%，含水由86.6%下降至63.8%，降幅近23个百分点，与前缘水驱末对比，含水降幅超过30个百分点。试验阶段采出程度17.3%，其中聚合物—表面活性剂复合驱阶段采出程度9.3%，预计最终采收率可提高15.3%。

总体而言，化学复合驱种类多，各自具有不同的特点，可以根据不同油藏条件选择与之相适应的驱油体系。目前，化学复合驱的总的发展趋势是复合体系由强碱三元复合驱向弱碱三元、无碱SP二元复合驱体系转变。国外化学复合驱现场先导性试验也取得了一定进展，开展复合驱试验的国家增多，国外油藏应用对象大部分为高温高盐油藏、碳酸盐岩油藏，耐温抗盐驱油剂的研制力度有待加强。

第二节 化学复合驱驱油机理新认识

驱油机理研究对驱油剂设计合成、体系配方的优化、注入方式的设计、矿场的跟踪调整都具有十分重要的指导意义。通过系统攻关研究，明确了低酸值原油与三元复合体系形成超低界面张力的主控因素，量化了三元复合体系界面性能和驱油效率的关系，揭示了甜菜碱超低界面张力机理；阐明了乳化性能与驱油效率的关系；明确了润湿性对水驱和复合驱驱油效率的影响规律，为保证复合驱效果提供了理论依据。

一、超低界面张力机理

1. 低酸值原油组分对界面张力影响

超低界面张力是复合驱提高采收率重要机理之一。以往研究大多针对高酸值原油，研究重点主要是无机盐与表面活性剂之间的相互作用及对界面张力的影响机理。国外学者给出三元复合驱适用原油酸值界限为不小于0.2mg（KOH）/g。大庆原油酸值低仅为0.01mg（KOH）/g左右，按照传统理论并不适合三元复合驱。

针对大庆油田低酸值原油，评价了百余种表面活性剂，发现有3种磺酸盐类产品能够与大庆低酸值原油在很窄碱浓度范围形成超低界面张力，说明酸值并不是形成超低界面张力的唯一条件。大庆低酸值原油中还存在其他组分，如胶质、沥青质、酚酯类和含氮杂环类化合物等组分，也可通过协同效应进一步降低油水界面张力。系统开展了低酸值原油族组成和杂环化合物对界面张力影响研究，实验结果如图3-1所示。

研究明确了原油族组成对降低界面张力的贡献为胶质＞沥青质＞芳烃＞饱和烃，杂环化合物（来源于胶质和沥青质）降低界面张力的作用与酸性组分相当。揭示了低酸值原油与三元复合体系形成超低界面张力的主控因素，为保证复合驱效果提供了理论依据。

2. 界面张力与驱油效率的量化关系

三元复合体系涉及碱、表面活性剂、聚合物等多种组分，作用机理复杂、影响因素众多。通过研究三元复合体系平衡界面张力和动态界面张力，给出了超低界面张力作用指数，建立了三元复合体系界面张力性能与驱油效率的量化关系。

原油族组成对界面张力影响　　　　　杂环化合物活性组分对界面张力影响

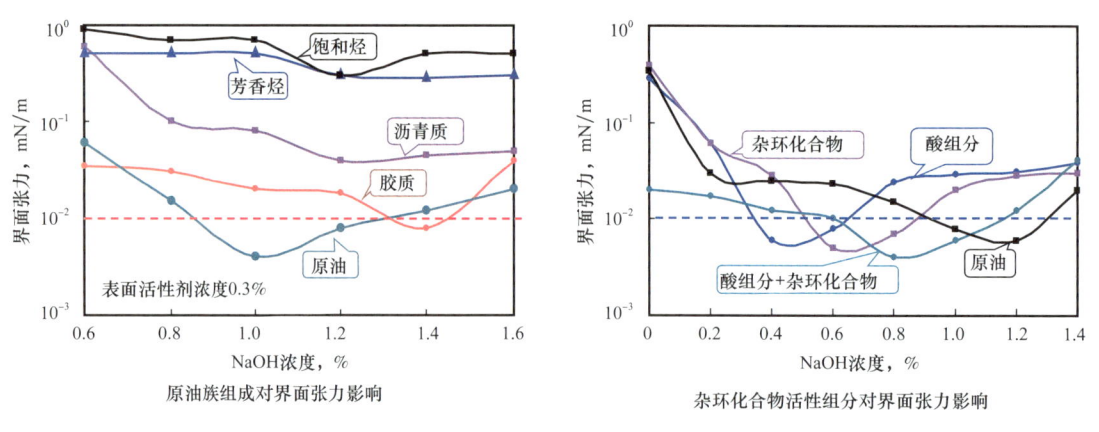

图 3-1　原油族组成和杂环化合物对界面张力影响

筛选了四种代表性三元复合体系，界面张力平衡值数量级不同，四种体系三元复合驱驱油效率均值分别为 14.62%，20.68%，24.45% 和 26.27%（表 3-1）。对比分析可以看出，平衡界面张力数量级越低，三元复合驱采收率提高幅度越大，但当平衡界面张力值降低至一定程度后，三元复合驱驱油效率增幅变小。

表 3-1　界面张力平衡值为不同数量级三元复合体系物理模拟实验结果

体系编号	界面张力平衡值 mN/m	三元复合驱驱油效率均值 %	三元复合驱驱油效率增幅 %
1	1.03×10^{-1}	14.62	—
2	1.08×10^{-2}	20.68	6.06
3	1.01×10^{-3}	24.45	3.77
4	2.43×10^{-4}	26.27	1.82

三元复合体系油水动态界面张力往往存在最低值。物理模拟实验数据表明，三元复合体系平衡界面张力值近似条件下，动态界面张力最低值越低，三元复合驱驱油效率增加幅度越大（表 3-2）。

表 3-2　界面张力平衡值近似最低值不同三元复合体系物理模拟实验结果

体系编号	界面张力最低值 mN/m	超低界面张力作用时间 min	界面张力平衡值 mN/m	三元复合驱驱油效率平均值 %
1	2.58×10^{-3}	45	2.87×10^{-2}	22.85
2	2.69×10^{-4}	120	1.21×10^{-2}	25.27

考虑界面张力最低值、界面张力平衡值及超低界面张力作用时间等界面张力因素对驱油效率的影响，建立了评价三元复合体系界面张力的综合指标，即超低界面张力作用指数（S）：

$$S = \Delta IFT^{-1} \times \Delta t = (IFT_{最低}^{-1} - IFT_{超低}^{-1}) \times \Delta t \tag{3-1}$$

式中　ΔIFT——三元复合体系界面张力最低值与超低值（0.01）差值，mN/m；
　　　Δt——超低界面张力作用时间差值，min；
　　　$IFT_{最低}$——界面张力最低值，mN/m；
　　　$IFT_{超低}$——超低界面张力值，mN/m。

通过超低界面张力作用指数及相对应驱油效率数据拟合，得到了算式：

$$E = 0.9772\ln S + 13.241 \tag{3-2}$$

式中　E——三元复合体系驱油效率值，%；
　　　S——超低界面张力作用指数。

由式（3-2）可见，E 与 S 的对数呈线性关系。S 值越大，E 值越高。三元复合驱驱油效率值为 20%，S 值需大于 1000。

3. 甜菜碱超低界面张力机理

对甜菜碱超低界面张力机理进行了系统研究，所用甜菜碱模型化合物结构简式如图 3-2 所示，相关参数在表 3-3 中列出。ASB 和 BSB 的临界胶束浓度（CMC）分别是 4.95×10^{-6} mol/L 和 2.16×10^{-6} mol/L，相应的界面张力是 3.9mN/m 和 3.6mN/m。ASB 和 BSB 类似的 CMC 和 IFT_{CMC} 值表明具有相似的界面活性。BSB 的分子最小占有面积大于 ASB，这是由于在 BSB 分子苯环具有空间位阻效应。

图 3-2　甜菜碱模型化合物结构简式

表 3-3　ASB 和 BSB 临界胶束浓度头基面积

Abrr.	CMC，mol/L	IFT_{CMC}，mN/m	A_{min}，nm²
BSB	4.95×10^{-6}	3.9	1.03
ASB	2.16×10^{-6}	3.6	0.81

通过对不同碳链长度与不同酸含量对平衡界面张力的影响研究，发现合适的链长和酸性物含量是达到超低界面张力的关键。这可以用图 3-3 的界面排布示意图得到很好的解释，产生这种现象的关键是由甜菜碱界面排布的结构、甜菜碱与酸性物界面相互作用以及酸性物在界面上的竞争吸附决定的。

通过实验和计算两方面，对排布进行了验证。

$$S_Z = \frac{3}{2}\cos^2\theta - \frac{1}{2} \tag{3-3}$$

式中，S_Z 为界面取向参数；θ 是分子中任意两个原子之间的连线与垂直界面方向的夹角。若 $S_Z=1$，则表示连线与垂直界面方向的夹角为 0°；若 $S_Z=-1/2$，则表示连线与垂直界面方向的夹角为 90°。因此，其值越大，分子在界面上越直立。图 3-4 是分子模拟计算结果。

发现 S_Z 在 –0.5 附近，亲水基采用近似平躺构型在界面上排列。阴阳离子头之间连接基团中的羟基亲水、丙基疏水，导致亲水基团平铺在界面上。

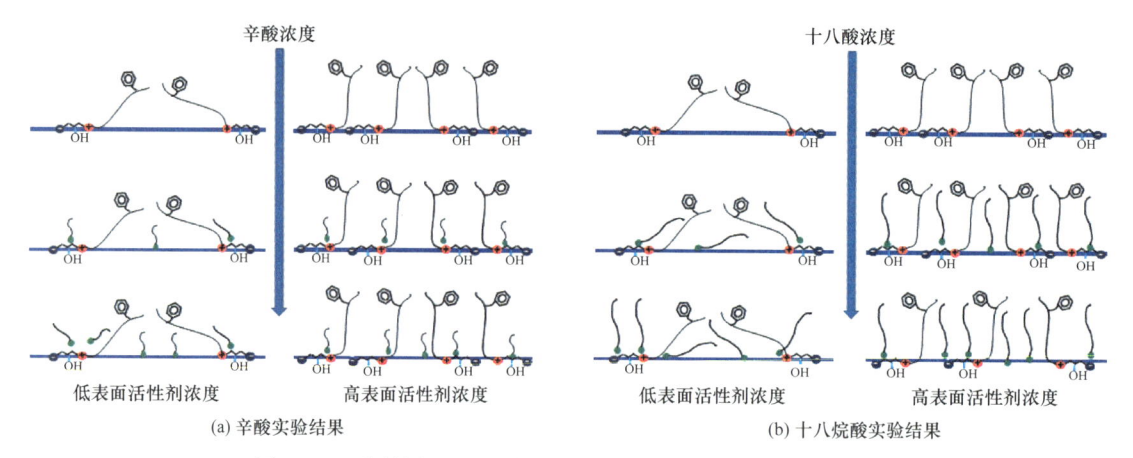

图 3-3 不同链长及用量脂肪酸与甜菜碱界面的竞争吸附简图

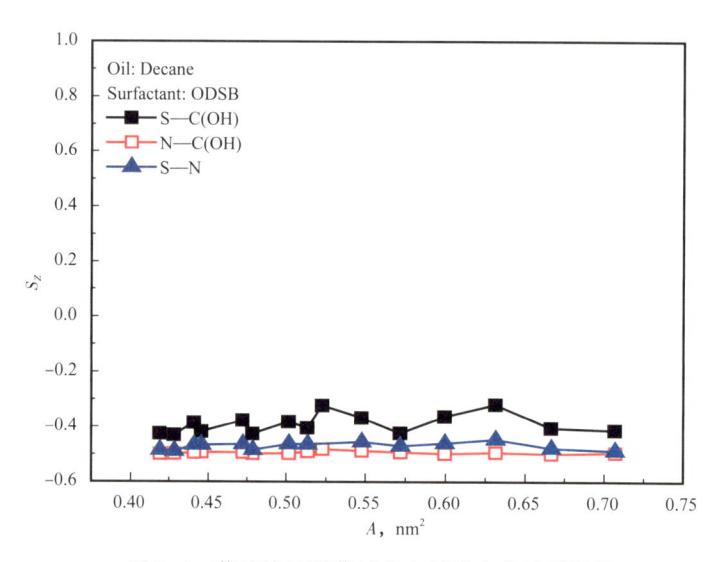

图 3-4 芳基烷基甜菜碱亲水基键方位计算结果

二、乳化驱油机理

1. 三元复合驱乳化驱油机理

乳化性能对复合驱效果至关重要。复合体系与原油作用后形成两种类型乳状液：油包水型和水包油型，可分别用水相含油率、油相含水率来表征。通过多元回归实验数据，定量研究了复合体系乳化性能。将复合驱油体系与原油按所需比例加入具塞比色管中，采用均质器混合匀化，把装有匀化后乳状液的具塞比色管垂直静置于恒温烘箱中，分别在不同时间记录乳状液总体积、上相体积、中相体积和下相体积，直至上下相的体积不再变化。通过冷冻、萃取、标定标准曲线及测定吸光度值等实验，实现水相含油率、油相含水率的数值化表征。开展了不同乳化性能三元复合体系物理模拟实验，研究乳化性能对三元复合驱驱油效率的影响（表 3-4）。

表 3-4 三元复合体系乳化性能指标及驱油效率

样品编号	水相含油率，%	水相含油率增幅，%	油相含水率，%	油相含水率增幅，%	三元复合驱驱油效率均值，%	三元复合驱驱油效率均值增幅，%
1	0.0714	—	11.16	—	19.65	—
2	0.1560	0.0846	14.50	3.34	21.35	1.70
3	0.1843	0.1129	20.00	8.84	23.30	3.65
4	0.3256	0.2542	27.11	15.95	25.51	5.86
5	0.4224	0.3510	35.06	23.90	27.85	8.20

总结归纳三元复合体系驱油效率增幅、水相含油率增幅及油相含水率增幅数据，通过多元回归方法拟合实验数据，确定三元复合体系乳化性能与驱油效率量化算式为：

$$\Delta E=1.09\Delta X^{0.69}+0.252\Delta Y^{1.0} \tag{3-4}$$

式中 ΔE——三元复合驱驱油效率增幅，%；

ΔX——乳状液水相含油率，%；

ΔY——乳状液油相含水率，%。

根据油相含水率、水相含油率与采收率增幅的关系，进一步建立了乳化贡献程度 D_E：

$$D_E=\frac{\Delta E}{(\Delta E+E)}\times 100\%=\frac{1.09\Delta X^{0.69}+0.252\Delta Y^{1.0}}{(1.09\Delta X^{0.69}+0.252\Delta Y^{1.0}+E)}\times 100\% \tag{3-5}$$

式中 D_E——乳化贡献程度，%。

结合 FRENCH 提出的乳化性能分类，乳化性能弱及较弱体系对驱油效率贡献程度小于 10%，乳化性能较强及强体系对驱油效率贡献程度大于 20%（表 3-5）。

表 3-5 不同乳化性能三元复合体系对驱油效率贡献程度

实验编号	驱油效率平均值，%	驱油效率增幅，%	贡献程度，%
1	19.65	—	—
2	21.35	1.70	7.96
3	23.30	3.65	15.67
4	25.51	5.85	22.94
5	27.85	8.20	29.15

但在不同储层条件下，乳化会对渗流能力产生不同影响，所以三元复合体系存在最佳乳化程度。物理模拟实验结果表明，均质岩心条件下，渗透率越高，与之相匹配的乳化程度越强。非均质岩心同样存在最佳乳化程度，渗透率相同时，岩心非均质性越强，匹配的乳化程度越高（表 3-6）。

表 3-6　不同人造岩心中三元复合体系乳化性能与驱油效率的关系　　　　单位：%

体系	弱	较弱	中	较强	强	最佳乳化程度
均质岩心，渗透率 K=1.2D	15.64	16.31	18.94	22.98	21.59	较强
均质岩心，渗透率 K=0.8D	16.90	17.60	19.60	22.13	17.76	较强
均质岩心，渗透率 K=0.3D	15.92	20.11	17.18	17.34	16.33	较弱
非均质岩心，渗透率 K=0.8D，变异系数 0.59	26.36	27.75	22.13	23.00	24.00	较弱
非均质岩心，渗透率 K=0.8D，变异系数 0.68	23.05	24.12	25.61	27.97	20.85	较强

利用三元复合体系乳化程度与储层特性匹配关系研究成果，实现乳化性能的个性化设计，保证三元复合驱取得最佳驱油效果。

2. 二元复合驱乳化驱油机理

聚合物—表面活性剂复合驱乳化提高采收率在本质上应归结到乳状液微观结构属性上，液滴有效占有率决定了乳化样本的外观颜色深浅变化。假设复合驱采出液中乳状液内液滴分布是均匀的，取任一横截面中单位面积中的乳状液为研究对象。使用 Nano Measurer 进行图像处理，得到不同乳状液的液滴有效占有率（S_e），其与聚合物—表面活性剂复合驱提高采收率的关系如图 3-5 所示。其液滴有效占有率越大，提高采收率效果越好。初步分析表明，表征乳状液滴的微观参数液滴有效占有率与聚合物—表面活性剂复合驱提高采收率呈正比关系，液滴有效占有率越大，提高采收率效果越好。

使用的系列聚合物—表面活性剂复合体系具有不同的初始界面张力等级，不同的配方体系会产生乳化强度上的区别，导致提高采收率的差异。对于系列初始界面张力不同等级的聚合物—表面活性剂复合体系，不同配方驱油产生的乳化强度及提高采收率有差异：DWS-3 驱油效果最好，KPS 中等，SD-T 较差；

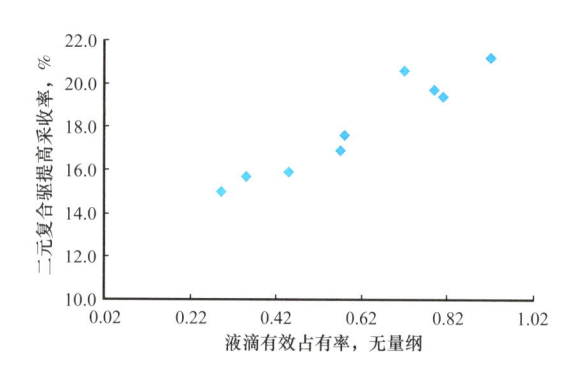

图 3-5　聚合物—表面活性剂复合驱提高采收率与液滴有效占有率值关系

对于同种表面活性剂，增大浓度或加大乳化强度也可以改善驱油效率，聚合物—表面活性剂复合驱可提高采收率 15.0%～21.2%。对出口端乳状液的黏度及界面张力进行测定，对其毛细管数值进行了计算，具体参数见表 3-7。乳化强度与毛细管数、残余油饱和度与毛细管数之间的关系，分别如图 3-6 及图 3-7 所示，毛细管数增加，乳化强度增加明显。残余油饱和度与毛细管数之间呈对数关系，随着毛细管数增加，残余油饱和度逐渐降低。

表 3-7 聚合物—表面活性剂复合体系驱油配方及相关参数

编号	表面活性剂浓度及类型	界面张力 mN/m	渗透率 mD	孔隙度 %	水驱采收率 %	复合驱采收率 %	残余油饱和度 %	乳化强度 E	液滴有效占有率 S_e	出口端乳状液黏度 mPa·s	出口端界面张力 mN/m	毛细管数
1	0.5% SD-T	6.82×10^{-1}	321.4	16.8	49.2	15	35.8	0.3	0.29	30.8	3.56	1.0×10^{-4}
2	1% SD-T	5.16×10^{-1}	428	20.3	51	15.9	33.1	0.33	0.45	32.9	2.97	1.28×10^{-4}
3	0.5% SD-T/HD-0	2.82×10^{-1}	387.3	24.1	51.5	15.7	32.8	0.35	0.35	34.7	2.68	1.5×10^{-4}
4	0.5%KPS	7.80×10^{-2}	302.1	19.2	50.3	16.9	32.8	0.41	0.57	29.8	1.98	1.74×10^{-4}
5	1% KPS	6.53×10^{-2}	470.7	23.7	52.7	20.6	26.7	0.58	0.72	28.7	1.23	4.27×10^{-4}
6	1%KPS/HD-0	3.79×10^{-2}	318.2	21.9	58.2	17.6	24.2	0.58	0.58	25.9	1	3.0×10^{-4}
7	0.5% DWS-3	1.89×10^{-3}	301.2	24	56.5	19.4	24.1	0.6	0.81	38.1	1.19	3.7×10^{-4}
8	1%DWS-3	1.62×10^{-3}	467.5	25.7	51.8	19.7	28.5	0.72	0.79	37.4	0.55	7.8×10^{-4}
9	1% DWS-3/KPS	1.33×10^{-4}	350.4	18.3	55.8	21.2	23	0.94	0.92	29	0.42	8.0×10^{-4}

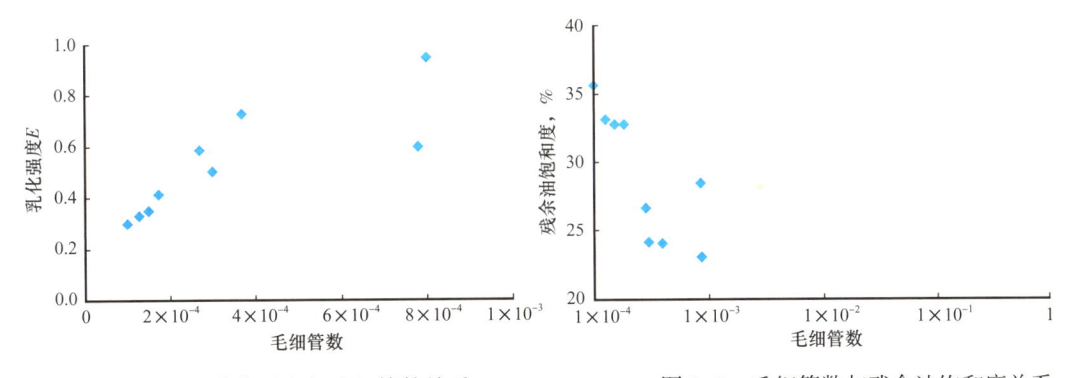

图 3-6 乳化强度与毛细管数关系

图 3-7 毛细管数与残余油饱和度关系

第三节 表面活性剂研制与工业生产技术

表面活性剂在复合驱技术提高采收率中起着关键性作用。表面活性剂往往受到原料来源、合成工艺及界面性能等多因素的制约，致使其研发难度较大。"十二五"期间，随着驱油用表面活性剂研究的逐步深入，在表面活性剂分子结构设计、合成等方面取得了长足的进步，成功研制、生产出驱油用烷基苯磺酸盐、石油磺酸盐、甜菜碱表面活性剂及一些新型表面活性剂，为复合驱技术的发展奠定了基础[5]。

一、烷基苯磺酸盐表面活性剂

工业上使用的烷基苯有两种：一种是烷基链为支链的称支链烷基苯，由于生物降解性差，已很少生产；另一种是烷基链为直链的烷基苯。自20世纪70年代后期以来，烷基苯的生产主要采用美国UOP公司的PACOL烷烃脱氢—HF烷基化工艺。原油经过常减压精馏得到的煤油（或柴油），经精制得到正构烷烃并脱氢获得单烯烃，再与苯进行烷基化而得到烷基苯。在正构烷烃脱氢与烷基化反应的同时也发生一些副反应，如深度脱氢、异构化、芳构化、聚合、断链歧化等反应，从而产生一系列副产物，这些副产物由于沸点较高，在精馏过程中最终从烷基苯中分离出来，在塔底即得到副产品——重烷基苯[6,7]。在烷基苯生产过程中，制取烷基苯的方法、烷基化反应条件的不同，产物中的异构体分布会存在差异。同时，受温度等反应条件的影响，通常会伴随着脱氢、环化、异构化、裂解等许多副反应的发生，从而导致重烷基苯具有组分繁多、结构复杂以及不同组分间性能差别较大的特点。

三元复合驱用烷基苯磺酸盐的原料主要来自烷基苯厂的十二烷基苯精馏副产物——重烷基苯。通过对抚顺0#重烷基苯进行分析和研究，得到了重烷基苯的结构组成与性能的关系（表3-8）。

表3-8 抚顺0#重烷基苯的性能指标

项　目	指　标
相对密度（15.6℃）	0.865
分子量	327.7
黏度（38℃，以秒计算通用黏度），s	136.6
闪点，℃	185
赛氏色泽	＜16
单烷基苯含量，%	18.3
二苯基烷含量，%	5.7
二烷基苯含量，%	56
重二烷基苯含量，%	20.0

单烷基苯、二烷基苯、多烷基苯是重烷基苯产品中的主要组分，占总量的3/4左右，在一定条件下均可与三氧化硫发生磺化反应，在苯环上引入一个磺酸基，经过中和后得到性能优良、有较好当量分布且性能稳定的烷基苯磺酸盐产品。

二苯烷、多苯烷由于其自身的结构特点，使得它们易与三氧化硫反应，磺化反应产物分子中带有两个或多个磺酸基，致使中和后所得产品当量过低，对烷基苯磺酸盐的表面及界面性能有不良影响。

在重烷基苯原料中，虽然茚满和萘满含量较少，但由于烷基的诱导效应与共轭作用，其比烷基苯更容易磺化，生成的磺酸盐颜色较深。茚萘满属杂环化合物，在磺化过程中易发生氧化反应，生成不同程度的醚键，在碱性条件下发生慢速水解，从而对产品的稳定性有较大的影响。

极性物泥脚不但不易磺化，同时在酸性和碱性条件下存在较多的化学不稳定因素，如果该类物质混入磺化产品中，会在较大程度上影响产品的界面及稳定性能。

根据烷基苯原料不同组分的特性，通过精馏去除重烷基苯中不理想组分及杂质，提高重烷基苯原料质量。以抚顺0#重烷基苯为例，通过减压精馏收取70%～80%的馏分。通过对精馏处理前后的重烷基苯各组分的分析（图3-8和图3-9），精馏处理后重烷基苯的平均分子量由原来的308.78降为300.42。这表明通过精馏处理，除去了重烷基苯中较重的、沸点较高的有害杂质；精馏处理后原料的分子量不但比精馏处理前更趋近于正态分布，而且更接近于原油的分子量分布。因此，精馏处理后的烷基苯为原料研制出的表面活性剂，不但平均当量可更好地与原油的平均相对分子质量相匹配，而且具有更好的化学稳定性，为驱油用烷基苯磺酸盐类表面活性剂的研制打下了较好原料基础。

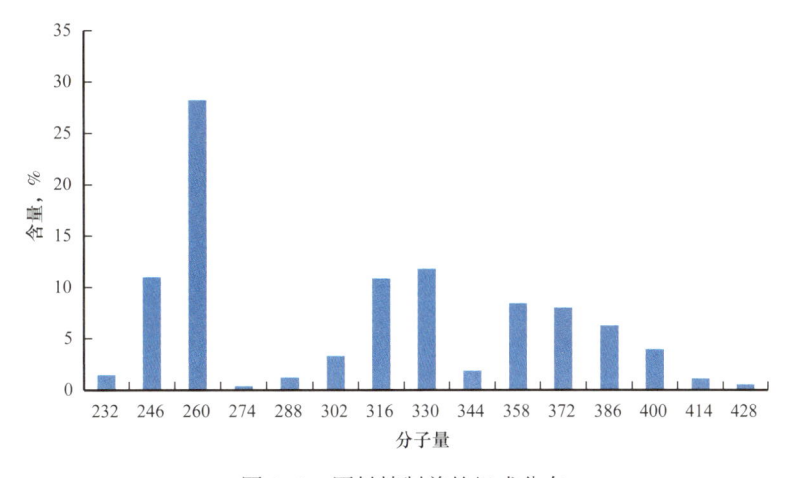

图3-8　原料精制前的组成分布

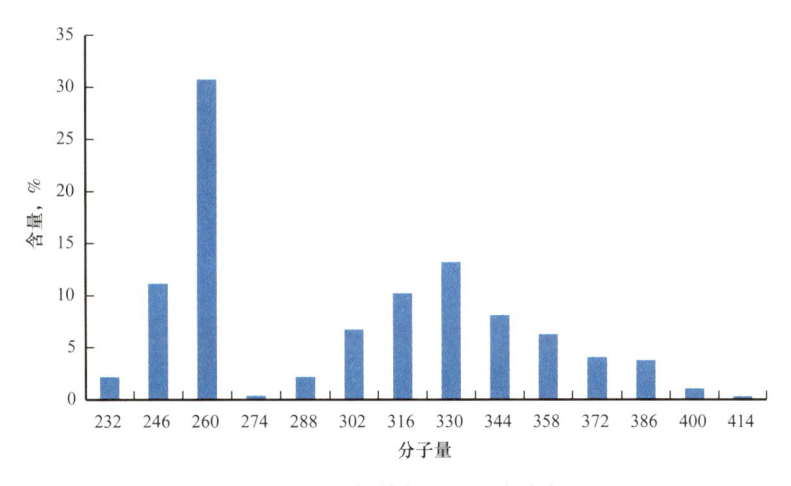

图3-9　原料精制后的组成分布

1. 烷基苯磺酸盐合成

烷基苯可以用浓硫酸、发烟硫酸、三氧化硫等磺化剂进行磺化合成反应。用硫酸作为磺化剂，反应过程中生成的水会使硫酸浓度降低，反应速度减慢，转化率低。采用发烟硫酸作为磺化剂，反应过程中生成硫酸，该反应是可逆反应，为了提高转化率，需要加入过量的发烟硫酸，产生大量需要处理的废酸。与硫酸、发烟硫酸相比，采用气体三氧化硫磺化具有不产生废酸、产品中无机盐含量低等优点，烷基苯工业磺化主要采用气体三氧化硫磺化工艺。

烷基苯磺化为亲电取代反应。烷基苯上取代基较大时，受空间位阻效应的影响，取代反应主要发生在对位，基本不在邻位上发生取代反应。三氧化硫磺化的放热量为170kJ/mol，烷基苯采用三氧化硫磺化是一个放热量大、反应速度极快的反应。如控制不慎，就会造成局部过热，副反应增加，产品质量下降。因此，采用三氧化硫磺化时，应严格控制三氧化硫的浓度以及物料比，强化反应物料的传质传热过程，将反应温度控制在一个合适数值。

在磺化反应过程中，由于烷基苯原料质量和性质的不同、磺化剂的不同，以及工艺、设备的不同还会伴随发生一些副反应：

（1）生成砜。当反应温度较高、酸烃摩尔比过大、SO_3气体浓度过高时，均易发生生成砜的副反应。砜是黑色、有焦味的物质，对磺酸的色泽影响较大，而且不与碱反应，使最终产物的不皂化物含量增加。

（2）生成磺酸酐。当SO_3过量太多，反应温度过高时，有利于生成磺酸酐。磺酸酐生成以后，经过老化，加入一些工艺水，可以使其分解，然后进行中和。否则，中和以后的单体中含有酸酐，易发生返酸现象，使不皂化物增加。

（3）生成多磺酸。在磺化剂用量过大、反应时间过长或温度过高时，也会发生部分多磺化。多磺酸盐的表面活性较差，但是水溶性较好。

（4）氧化反应。苯环（尤其是多烷基苯）容易被氧化，当反应温度过高时，更容易被氧化。通常得到黑色醌型化合物。烷基链较苯环更易氧化并常伴有氢转移、链断裂、放出质子及环化等副反应生成羧酸等，尤其是有叔碳原子的烷烃链，会产生焦油状的黑色硫酸酯。

以上副反应较多，但如果提高烷基苯质量，控制适当的反应条件，可使副反应控制在较低的水平。

2. 烷基苯磺酸盐生产工艺及设备

由于气体三氧化硫具有无废酸、硫的利用率高、单体质量好等优点，自20世纪60年代中期后，国外发展了许多实用的SO_3/空气连续磺化装置，特别是降膜式磺化反应器的研制成功和工业应用，使SO_3/空气连续磺化工艺得到迅速发展和普遍应用。工业化生产装置主要有两类：一类为双膜降膜式反应器，另一类为多管降膜式反应器[8]。

双膜降膜式反应器，它是由两个同心不同径的反应管组成的在内管的外壁和外管的内壁形成两个有机物料的液膜，SO_3在两个液膜之间高速通过，SO_3向界面的扩散速度快，同时，气体流速高使有机液膜变薄，有利于重烷基苯的磺化；但是，由于双膜结构，一旦局部发生结焦将影响液膜的均匀分布，使结焦迅速加剧，阻力降增加，停车清洗频繁，比多管式磺化操作周期短，给生产带来一定的麻烦。因此，双膜降膜式反应器如果能通过调整磺化器的结构和操作参数，适当降低双膜部分的反应程度；同时，通过加强循环速度增加物料的混合程度来增加全混室的反应程度，才既能够保证重烷基苯磺化的效果，又能够阻止双膜部分的结焦速度。

多管降膜式反应器，磺化反应主要是在一个垂直放置的界面为圆形的细长反应管进行。有机物料通过头部的分布器在管壁上形成均匀的液膜。降膜式磺化反应器的上端有有机物料——重烷基苯的均布器。重烷基苯经过计量泵计量，通过均布器沿磺化器的内壁呈膜式流下；SO_3/干燥空气混合气体从位于磺化器中心的喷嘴喷出，使重烷基苯与SO_3在磺化器的内壁上发生膜式磺化反应。在磺化器的内壁与SO_3喷嘴之间引入保护风，使SO_3气体只能缓慢向管壁扩散，与重烷基苯反应。这使磺化反应区域向下延伸，避免了在喷嘴处反应过分剧烈，消除了温度高峰，抑制了过磺化或其他的副反应，从而实现了等温反应。同时，膜式磺化反应器的设计增强了气液接触的效果，使反应充分进行。反应器的外部为夹套结构，冷却水分为两段进入夹套，以除去磺化反应放出的大量反应热。总之，膜式磺化反应器可使有机物料分布均匀，热量传导顺畅，有效实现了瞬时和连续操作，得到良好的反应效果。同时，SO_3/空气与有机物料并流流动，SO_3径向扩散至有机物料表面发生磺化反应。反应器头部无SO_3/空气均布装置。当气体以一定速度通过一个长度固定的管子时，会产生一定的压降。当烷基苯磺化转化率高时，液膜的黏度增加，液膜厚度增加，气体流动的空间减小，压力降增大。反应器中有一个共同的进料室和一个共同的出料室，因此每根管子的总压降是恒定的。转化率高的反应管内液膜黏度高、液膜厚、阻力大、压降大；转化率低的反应管内液膜黏度低、液膜薄、阻力小、压降小。在总压降相同的条件下，前者的SO_3/空气流量减少，后者的流量增加。这种"自我补偿"作用可使每根反应管中的烷基苯达到相同的转化率。由于自身结构，多管降膜式反应器可以维持系统的压力平衡，可防止过磺化，延缓反应器的结焦，即使有一根管子因结焦对其他的管的液膜厚度和气体流速稍有影响，但不会影响反应器的正常工作，结焦不会迅速在反应器内蔓延。在保证中和值的前提条件下，通过工艺条件的优化，可控制重烷基苯磺化中的副反应程度，避免结焦；如果控制好操作周期，及时清洗反应器，可用于重烷基苯磺化。大庆油田化工有限公司已建成生产能力 6×10^4t/a 的多管降膜式反应装置用于烷基苯磺酸盐工业生产[9]。

3. 烷基苯磺酸盐表面活性剂性能及改善

1) 烷基苯磺酸盐表面活性剂性能

(1) 界面张力性能。图3-10为该表面活性剂产品的界面活性图。结果表明，该产品均有较大的超低界面张力区域；并在低碱、低活性剂浓度范围内表现出更为优越的界面张力性能。

(2) 复合体系稳定性。随着对表面活性剂研究的不断深入，对活性剂体系界面张力稳定性的认识也越来越清晰。研究认为，强碱条件下，活性剂体系的化学稳定性决定着该体系的界面张力稳定性。为此，在烷基苯磺酸盐的研制过程中，从原料的处理、磺化工艺参数确定以及复配等每个环节都尽量消除化学不稳定因素，从而使该产品具备了较好的界面张力稳定性[9]。

图3-10 强碱烷基苯磺酸盐表面活性剂产品界面活性图

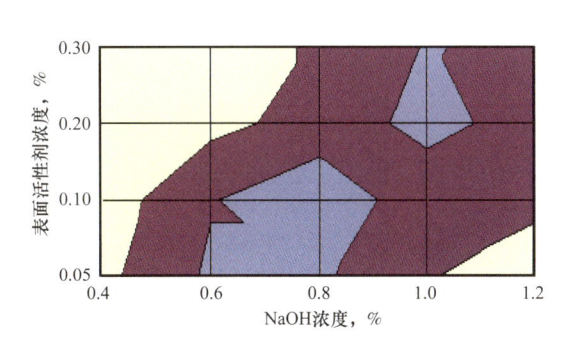

图3-11考查了三元体系在45℃恒温条件下界面的稳定性。结果表明，在98天的考查时间内，该产品的三元体系保持了较好的界面张力稳定性，三元体系保持了较好的黏度指标，三个月后仍能保持在30mPa·s以上。

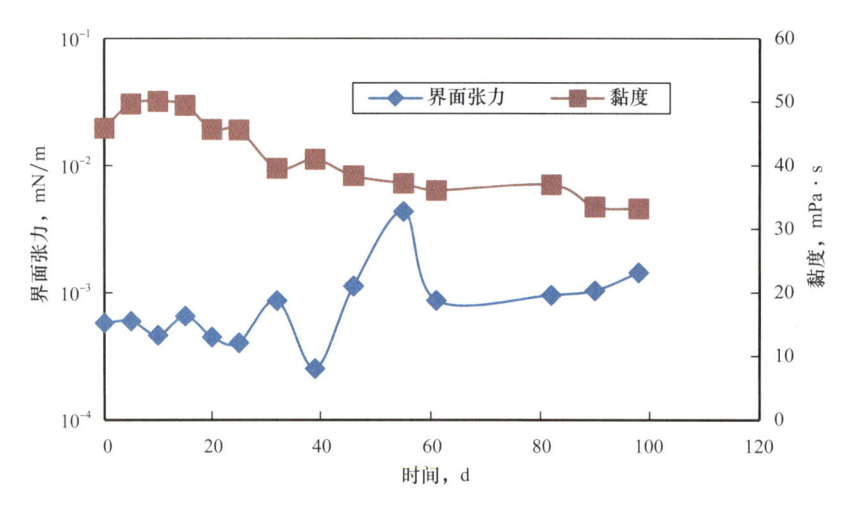

图 3-11 三元体系界面张力稳定性

（3）乳化性能。将质量比为 1∶1 的四厂脱水油与表面活性剂产品一元体系和三元体系放入具塞比色管中，剧烈振荡后，置于 45℃恒温箱中，每天观察上相、中相和下相体积及状态。从单一表面活性剂乳化实验（图 3-12）可以看出，该表面活性剂产品与 ORS-41 乳化能力相同，即下相和上相体积没有明显变化，中间为灰白色薄膜。

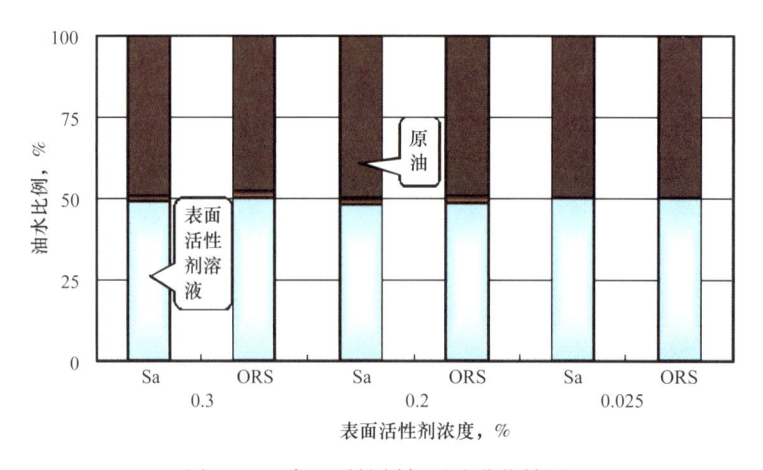

图 3-12 表面活性剂与原油乳化结果

（4）三元体系乳化实验。两种表面活性剂的三元体系上相和下相体积没有变化，中间仍为灰白色薄膜（图 3-13），说明两种表面活性剂的三元体系乳化能力相同，同属不稳定的乳化液。

三元体系组成：

1 号　Sa（0.3%）+NaOH（1.2%）+HPAM（1200mg/L）；

2 号　Sa（0.2%）+NaOH（1.0%）+HPAM（1200mg/L）；

3 号　Sa（0.1%）+NaOH（1.0%）+HPAM（1200mg/L）；

4 号　Sa（0.05%）+NaOH（1.0%）+HPAM（1200mg/L）；

5 号　Sa（0.025%）+NaOH（1.0%）+HPAM（1200mg/L）。

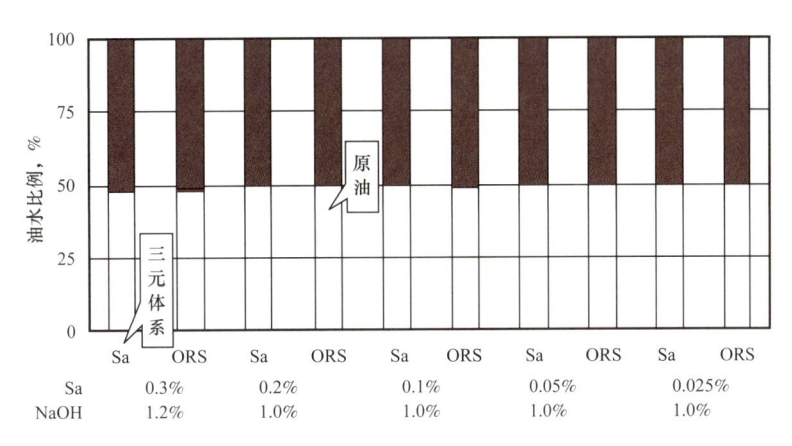

图 3-13 三元体系与原油乳化结果

（5）吸附性能。在 60~100 目大庆油田油砂上测定了该表面活性剂产品的静吸附，并与 ORS-41 进行了对比。实验结果表明，两者吸附量基本相同（图 3-14）。

（6）驱油效果。为综合考查该表面活性剂三元体系驱油效率，在天然岩心上进行了物理模拟驱油实验。实验结果见表 3-9。结果表明，选择合适的体系段塞及注入方式，驱油效率可比水驱提高 18 个百分点以上。

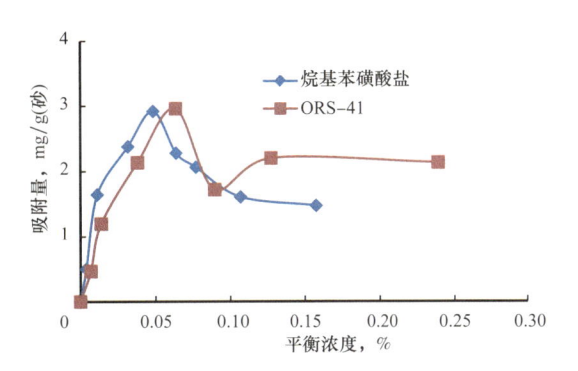

图 3-14 烷基苯磺酸盐表面活性剂油砂吸附量曲线

表 3-9 烷基苯磺酸盐三元复合体系天然岩心驱油实验结果

序号	气测渗透率 mD	含油饱和度 %	水驱采收率 %	化学驱采收率 %	总采收率 %
1	898	73.0	46.8	20.3	67.1
2	843	71.7	44.2	21.6	65.8
3	827	72.6	48.3	18.7	67.0
4	791	69.9	41.3	20.1	61.4

注：注入方式为 0.3PV 三元主段塞（$S_{有效}$=0.3%，A=1.2%，η=40mPa·s）+0.2PV 聚合物段塞（η=40mPa·s）。其中，$S_{有效}$ 为表面活性剂浓度；A 为碱的浓度；η 为黏度。

2）烷基苯磺酸盐表面活性剂性能改善

在前期烷基苯磺酸盐结构与性能关系研究的基础上，以 α-烯烃为原料经烷基化、磺化、中和后得到了组成结构明确的烷基苯磺酸盐产品，可以烷基苯磺酸盐弱碱化[10]，与强碱烷基苯磺酸盐工业产品复配，使强碱活性剂产品的界面性能得到不同程度地改善。

界面张力性能评价结果表明，改善后的烷基苯磺酸盐产品在活性剂浓度0.05%~0.3%、碱浓度0.3%~1.2%浓度范围内可与大庆油田原油形成超低界面张力，具有较宽的超低界面张力范围。实验结果如图3-15和图3-16所示。多次吸附实验结果表明，性能改善后的烷基苯磺酸盐产品经过油砂7次吸附后，仍可与大庆原油形成超低界面张力，具有较好的抗色谱分离性能。实验结果如图3-17所示。

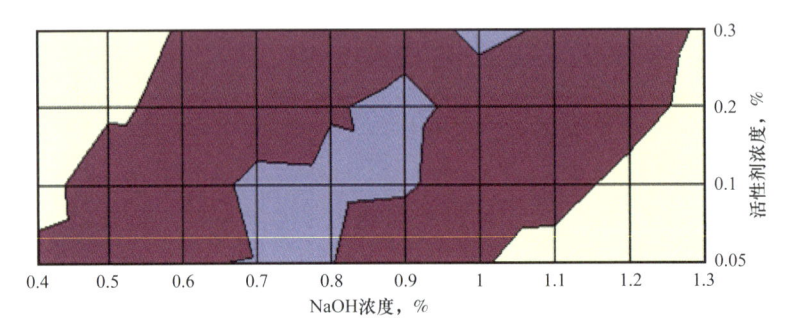

图3-15 强碱烷基苯磺酸盐性改善后界面活性图

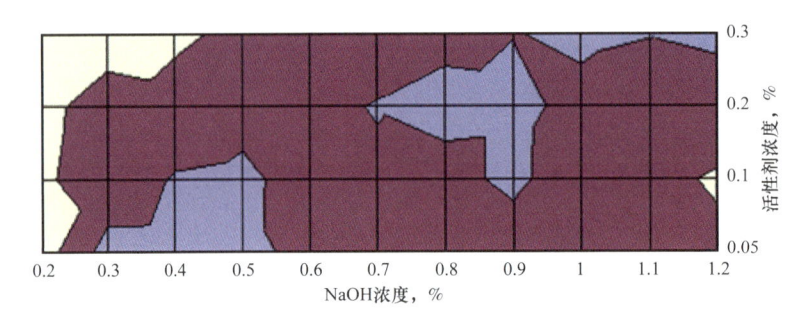

图3-16 弱碱烷基苯磺酸盐界面活性剂图

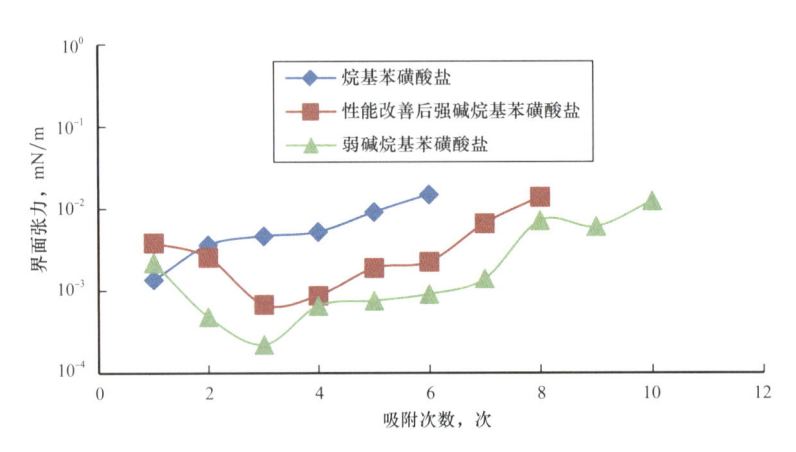

图3-17 性能改善后的烷基苯磺酸盐产品多次吸附实验结果

岩心驱油实验结果表明，性能改善后的烷基苯磺酸盐产品具有较高的驱油效率，性能改善后的强碱烷基苯磺酸盐产品平均可比水驱提高采收率30.77个百分点，弱碱烷基苯磺酸盐产品平均可比水驱提高采收率29.44个百分点（表3-10）。

表 3-10 烷基苯磺酸盐性能改善后贝雷岩心驱油实验结果

名称	气测渗透率 mD	含油饱和度 %	水驱采收率 %	化学驱采收率 %	总采收率 %	化学驱平均采收率, %
性能改善后的强碱活性剂产品	396	66.67	38.45	30.95	69.40	30.77
	330	67.84	36.52	31.46	67.98	
	348	68.50	37.87	29.90	67.77	
弱碱烷基苯磺酸盐	309	70.03	35.87	26.63	62.50	29.24
	316	70.00	38.44	30.56	69.00	
	317	70.85	36.53	30.53	67.06	

注：注入方式为 0.3PV 三元主段塞（$S_{有效}$=0.3%，A=1.2%，η=40mPa·s）+0.2PV 聚合物段塞（η=40mPa·s）。其中，$S_{有效}$为表面活性剂浓度；A为碱的浓度；η为黏度。

二、石油磺酸盐研制与生产技术

石油磺酸盐是由富含芳烃的原油、馏分油或脱蜡油用发烟硫酸或三氧化硫进行磺化反应，然后用碱溶液中和得到的产物，其主要成分是芳烃化合物的单磺酸盐，其中芳烃化合物有一个芳环的烷基苯，一个芳环与几个五元环稠合在一起的多环芳烃，也有二个芳环的烷基萘，二个芳环与一个或几个五元环稠合在一起的多环芳烃，其余的则为脂肪烃和脂环烃的磺化物或氧化物。

其主要活性物是高分子量的磺酸盐。早期的石油磺酸盐是提炼白油的副产品，在白油生产中利用磺化工艺，除掉原料油中的芳烃及其他活性组分，得到的产物是白油或黄矿油及存在于另一相中的石油磺酸盐。这类石油磺酸盐的平均分子量为 400~580，为过磺化物质，在用于化学驱提高采收率技术中的驱油剂需要做一定的调整。近年来，主要采用石油炼化厂的减压二线馏分油或反序脱蜡油为原料，采用三氧化硫气体磺化，氢氧化钠溶液中和，得到的石油磺酸盐的平均分子量为 430~530[11, 12]。

石油磺酸盐产物一般呈棕色或棕黑色，对其相应的原油具有优良的界面活性，且合成工艺简单、价格低廉，因此它是一种有广泛应用前景的驱油用表面活性剂。此外，其碱土金属盐，如石油磺酸钙、石油磺酸钡、石油磺酸镁等除用于采油外，还可以作为防锈剂或润滑油清净添加剂等，有着广泛的工业用途。

石油磺酸盐在国内外已用于提高原油采收率，例如美国 Marathon 公司用罗宾逊油田的富芳原油（含芳烃高达 70.2%），在罗宾逊炼厂直接磺化、中和生产的石油磺酸盐，已大量用于现场胶束、微乳液驱油。国内中国石油大庆炼化公司采用减压二线反序脱蜡油为主要原料（芳烃含量大于 35%），采用三氧化硫气体膜式磺化、氢氧化钠溶液中和，得到的石油磺酸盐产品已经应用于大庆油田弱碱三元复合驱，取得了提高采收率 20% 以上的良好效果。

1. 石油磺酸盐的合成反应

石油磺酸盐的磺化合成方法与烷基苯磺酸盐的合成基本相同，一般采用石油炼化厂的高沸点的减二线、减三线馏分油为原料，经磺化反应和碱中和反应得到。早期磺化反应常采用 20%~60% 的发烟硫酸为磺化剂的釜式磺化，近年来，采用三氧化硫气体为磺化剂的膜式磺化或喷射式磺化。驱油用的石油磺酸盐合成与白油生产中的副产品不同，需要控制磺化深度，在磺化过程中，磺化剂必须一般过量的，石油馏分中原已存在的芳香核最易磺化，而其他组分在硫酸或 SO_3 存在下可能发生异构化、脱氢、环化、岐化、重排、氢化等副反应，因此一般都需要控制磺化温度（60~65℃），物料黏度大时，还需要加入适量的稀释剂或溶剂，如二氯甲烷、二氯乙烯、石脑油等，这样可以避免过磺化或氧化，并使酸渣减到最小程度。于是，最终的磺化产物中既有原来存在的芳烃分子的磺化物，也有重排的烃分子的磺化物。石油磺酸盐产物的活性物含量一般为30%~60%，含饱和烃为10%~40%，含水为10%~25%，含盐为2%~8%。但也可以制成活性物含量高达80%和低至20%左右的产品供直接使用。

石油磺酸盐合成的主要反应包括富芳烃原油或原油馏分的磺化与磺酸的中和两个主要步骤。

（1）富芳烃原油或馏分中芳烃的磺化：

$$R-\underset{}{\bigcirc} + SO_3 \longrightarrow R-\underset{}{\bigcirc}-SO_3H$$

（2）磺酸与 NaOH 等碱的中和反应：

$$R-\underset{}{\bigcirc}-SO_3H + NaOH（或Na_2CO_3）\longrightarrow R-\underset{}{\bigcirc}-SO_3Na$$

2. 石油磺酸盐的合成工艺及设备

1）石油磺酸盐的合成工艺

石油磺酸盐随合成原料和合成工艺的不同产品性能有很大不同。采用环烷基原油为原料，原油中芳烃含量高，合成的石油磺酸盐产品中副产物少，易获得与原油能形成超低界面张力的产品。而石蜡基原油中的芳烃含量少（<15%），石油磺酸盐生产中副产物含量高达60%以上，如果脱除未磺化油副产物，生产成本高，在经济方面及副产品的处理方面受到了限制，且脱除副产物时部分油溶性的石油磺酸盐也同时脱除，会影响石油磺酸盐产品的界面活性。为了改进原料芳烃含量低的问题，大庆炼化参照大连石化的减压馏分油加工工艺，对馏分油先进行酮苯脱蜡，得到反序脱蜡油，其芳烃含量达到30%~40%，以减压二线的反序脱蜡油为主要原料合成石油磺酸盐，得到的产品活性物含量提高（35%~38%），不需要脱除未磺化油，合成工艺简化、成本降低，且产品具有良好的界面活性。

通常，采用三氧化硫气相磺化合成的产品比采用发烟硫酸液相磺化合成的产品纯度高、无机盐及未磺化油含量少。因此，国内外石油磺酸盐的生产大部分都采用三氧化硫气相磺化合成。我国大庆炼化公司、新疆克拉玛依炼化厂、胜利油田助剂厂分别采用大庆油田、新疆克拉玛依油田和胜利油田的原油均能生产出价廉、高效的石油磺酸盐产品。

2）石油磺酸盐的合成设备

目前，石油磺酸盐工业合成设备主要为釜式磺化反应器和膜式磺化反应器。

早期石油磺酸盐磺化合成一般采用釜式磺化，采用三氧化硫还常需加入稀释剂，三氧化硫稀释气体从反应釜中设置的多孔盘管中喷出，与富含芳烃的有机物料进行磺化反应。采用磺化器种类不同，其工艺过程亦存在差异，下面着重介绍 Ballestra 连续搅拌罐组式釜式磺化设备。

意大利巴莱斯特（Ballestra）公司于20世纪50年代末首先研制成功罐组式釜式磺化技术，并于60年代初将成套装置销售到世界各地，单套生产能力从50~6000kg/h（以100%活性物计）有10多种规格，目前世界上三氧化硫磺化生产中，它仍占有一定的比例。

罐组式釜式磺化反应器是一组依次串联排列的搅拌釜，该反应器结构较简单，是典型的釜式搅拌反应器，每一反应器内均装有导流筒和高速涡轮式搅拌桨以分散气体和混合、循环反应器中的有机液相。由于内循环好，系统内各点温度均一，无高温区，因此酸雾生成量也较少。根据磺化反应的特点，应及时排除反应热，故需冷却装置，在该反应器内，冷却则通过反应器内的冷却盘管和反应器外的冷却夹套进行。考虑磺酸的腐蚀性，反应器一般用含钼不锈钢制成，如图3-18所示。罐组式釜式磺化工艺由多个反应器串联排列而成，生产上为减少控制环节，便于操作，反应器个数不宜太多，一般以3~5个为宜，其大小和个数由生产能力确定。对于大生产能力的装置来说，最好采用小尺寸反应器而增加反应器个数的方法进行设计。反应器之间有一定的位差，以阶梯形式排列，反应按溢流置换的原理连续进行。如图3-19所示为罐组式釜式磺化工艺流程图。

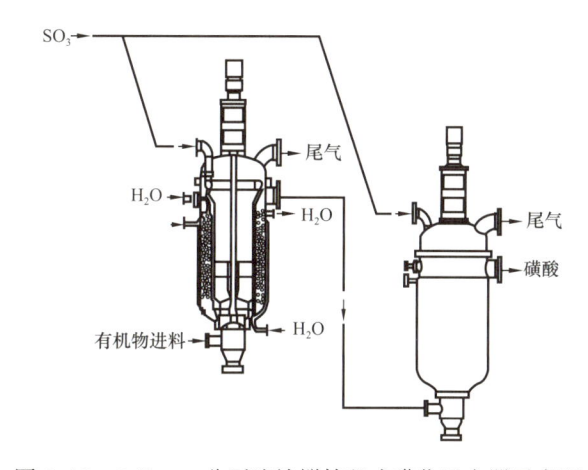

图3-18　Ballestra公司连续搅拌釜式磺化反应器示意图

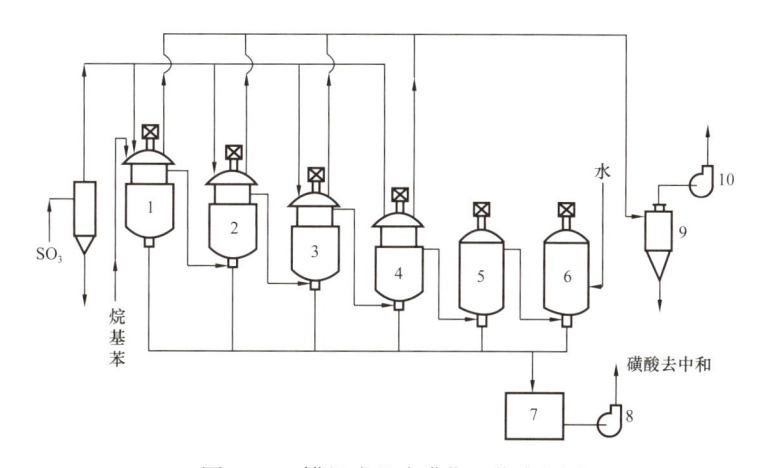

图3-19　罐组式釜式磺化工艺流程图

1，2，3，4—磺化反应器；5—老化罐；6—加水罐；7—磺酸暂存罐
8—磺酸输送泵；9—磺化尾气分离器；10—尾气风机

原料通过定量泵进入第一反应器的底部，依次溢流至最后一个反应器，另有少量原料引入最后一个反应器，以便调节反应终点。SO_3/空气按一定比例从各个反应器底部的分布器平稳地通入。一般第一个反应器中 SO_3 通入量最多，而后面反应器中通入的较少，这样，使大部分反应在介质黏度较低的第一反应器中进行，有利于总的传热传质效率，反应热由反应器的夹套和盘管中的冷却水带走。反应器中出来的磺化产物一般需经老化器补充磺化。尾气由各反应器出来汇总到尾气分离器进行初步分离后，由尾气风机送入尾气处理系统进一步处理。尾气中含有空气、未转化的 SO_2 及残余的 SO_3。由于罐组式反应器气体流速小，故酸雾极少，不需设高压静电除雾器。

在 Ballestra 公司连续搅拌罐组式反应器系统中，SO_3/空气加入量在各反应器中是依次递减的。这就是说，转化率主要由前面几个反应器来实现。然而，加入反应器的气体量必须受到限制以免涡轮搅拌器产生液泛力度，否则会发生反应气体对有机液体的雾沫夹带。罐组式反应装置适宜于用较高 SO_3 气浓 [6%～7%（体积分数）] 进行生产。

罐组式磺化反应器容量大，操作弹性大，开停车容易，可省去 SO_3 吸收塔，反应过程中不产生大量酸雾，因而净化尾气设备简单；系统阻力小，操作压力不超过 $4.9 \times 10^4 Pa$，可用罗茨鼓风机，耗电少；三氧化硫气体浓度比膜式磺化高，可以减少空气干燥装置的负荷；反应器组中如一组发生故障，可以在系统中隔离开来进行检修而不影响生产，故比较灵活；整套装置投资费用较低。但该釜式磺化系统有较多的搅拌装置，反应物料停留时间长，物料返混现象严重，副反应机会多，反应器内有死角，易造成局部过磺化、结焦，因而产品质量稳定性差，产品色泽较差且含盐量较高。

由于合成石油磺酸盐的原料（富芳烃原油或原油馏分）黏度较大，采用膜式磺化反应器进行磺化合成时，一般需要在原油中加入稀释剂使反应物和反应产物保持均匀的分散状态，并使 SO_3、原料油和添加剂的混合物、热交换表面和反应器壁之间在反应条件下实现均匀的热交换和温度控制，减少不期望的氧化、焦化和多磺化等反应，降低磺化产物中副产物的量，但溶剂后续处理难度较大。大庆炼化公司通过对膜式磺化反应器的结构及工艺进行优化，建成了用于石油磺酸盐生产的国产化的多管膜式磺化反应器，采用两套磺化反应器交替生产，年产石油磺酸盐产量达到 $12.5 \times 10^4 t$。

3. 石油磺酸盐性能

将石油磺酸盐适当分离可以得到一系列的不同分子量的组分，所分离的各组分仍然是混合物，只是分子量分布变窄。一般高分子量部分具有较高的界面活性，可以显著地降低油水界面张力，但是在水中溶解性不好、耐盐性差，而低分子量部分在水中极易溶解，对高分子量组分在水中具有增溶作用，因此有时出于磺酸盐性能优化方面的考虑（如溶解性、抗盐性、界面张力及其在油藏岩石上的吸附量），将不同分子量的石油磺酸盐按一定的比例混合起来，使得混合物某些方面的性能更好。这一点与烷基苯磺酸盐等表面活性剂的性质类似。

在整个 20 世纪 70 年代，无论是基础研究还是矿场试验，所使用的表面活性剂主要是石油磺酸盐，它具有低界面张力、最佳相态、较高的增溶能力。

在低张力"油—盐水—活性剂"体系和表面活性剂水溶液体系的研究中，发现石油磺酸盐水溶液体系直到形成表面活性剂胶束之前，界面张力是随石油磺酸盐浓度的增加而降低的（图 3-20）。从图上看出，当界面张力降到某一个值后，随着活性剂浓度的增加，界面张力不再有明显的降低。当水中添加适量的电解质 NaCl 时，可以降低油水间的界面张力，例如浓度为 1% 的 TSD-8 盐水溶液与烷烃的界面张力曲线如图 3-21 所示，石油磺酸盐 TSD-8 与正十二烷的界面张力达到 0.42mN/m。同时，还看出该样品只与正十二烷的界面张力较低，而与其他烷烃的界面张力则较高。

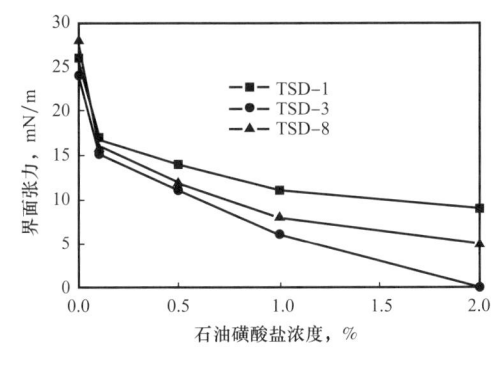

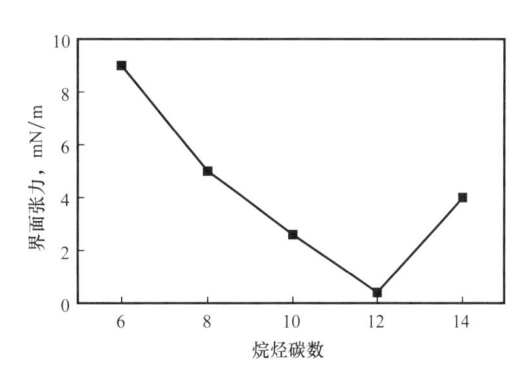

图 3-20　石油磺酸盐浓度与界面张力关系　　图 3-21　TSD-8（1.5%NaCl）与烷烃的界面张力

表 3-11 为中国石油大庆炼化公司采用反序脱蜡油原料生产的石油磺酸盐工业产品的活性物含量及其他成分分析结果。表 3-12 为石油磺酸盐工业产品对大庆油田第三采油厂油水的弱碱三元体系界面张力测定结果，由表中数据可见，石油磺酸盐产品可以在较宽的活性剂浓度和碱浓度范围使油水界面张力达到超低。

表 3-11　大庆炼化石油磺酸盐产品组分含量分析结果（质量法）

产品	活性物含量，%	未磺化油含量，%	无机盐含量，%	挥发分含量，%	收率，%
DPS-1	34.7	43.9	3.17	17.12	98.89
DPS-2	34.69	44.9	3.56	14.72	97.87
DPS-3	40.40	37.25	7.52	15.10	100.27

表 3-12　石油磺酸盐样品 DPS-3 与大庆油田油水的界面张力

表面活性剂浓度 % ＼ 界面张力 mN/m ＼ Na_2CO_3 浓度 %	0.2	0.4	0.6	0.8	1.0	1.2
0.3	4.43×10^{-3}	1.71×10^{-3}	1.76×10^{-3}	2.16×10^{-3}	2.29×10^{-3}	3.37×10^{-3}
0.2	2.52×10^{-3}	1.21×10^{-3}	1.95×10^{-3}	1.63×10^{-3}	1.69×10^{-3}	1.46×10^{-3}
0.1	1.29×10^{-2}	2.27×10^{-3}	2.69×10^{-3}	1.71×10^{-3}	1.53×10^{-3}	1.47×10^{-3}
0.05	3.26×10^{-2}	3.36×10^{-3}	4.33×10^{-3}	2.16×10^{-3}	8.36×10^{-3}	5.76×10^{-3}

注：聚合物浓度为 1200mg/L。

图 3-22 是采用胜利油田馏分油合成的石油磺酸钠 CY-2 在不同碱浓度下对孤岛原油的界面张力。由图所示，采用富含芳烃的馏分油，并控制馏分组成合成的石油磺酸盐对相应的原油可以在较宽碱浓度范围内使油水界面张力达到超低。图 3-23 是采用新疆克拉玛依油田环烷基原油中的常三线、减二线馏分油磺化合成的石油磺酸盐与克拉玛依原油的界面张力，表面活性剂浓度均为 0.2%。由图可见，KPS-1 和 KPS-3 可以在较低的弱碱浓度下与原油具有良好的界面活性。

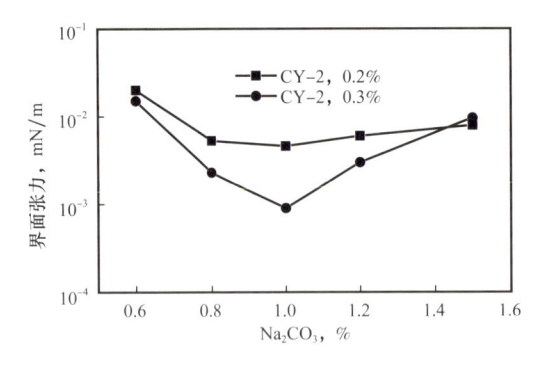

图 3-22　石油磺酸钠 CY-2 的界面活性

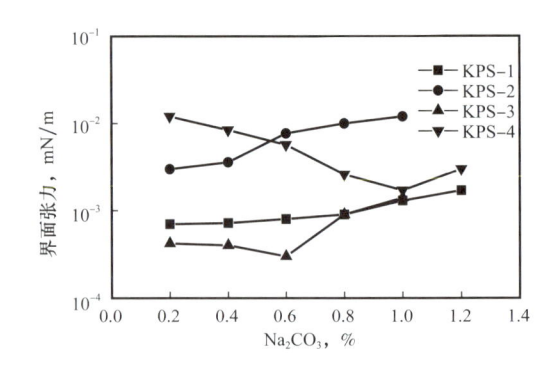

图 3-23　石油磺酸钠 KPS 系列的界面活性

在微乳液驱油配方的研究中发现，石油磺酸盐分子质量的平均当量增加时，其对油的增溶作用也增加；反之，对水的增溶作用增强。当石油磺酸盐的平均当量在某一适当的范围内，可以获得最佳的增溶参数。因为增溶作用的大小与增溶剂（石油磺酸盐）和增溶物的结构有关，与胶团数目的多少有关。油相（增溶物）基本上被增溶于胶团内部，增溶量一般与胶团大小有关，形成的胶团越大或其聚集数越多，则增溶量也越大。当石油磺酸盐的平均当量增加时，即增加了磺酸盐疏水端的碳链长度，根据同系物碳原子效应，形成的胶团大小随碳链长度增加而增加，于是增溶作用亦随之而增强。

如图 3-24 所示，石油磺酸盐分子质量的平均当量为 400～450 时，该体系有较高的增溶参数。

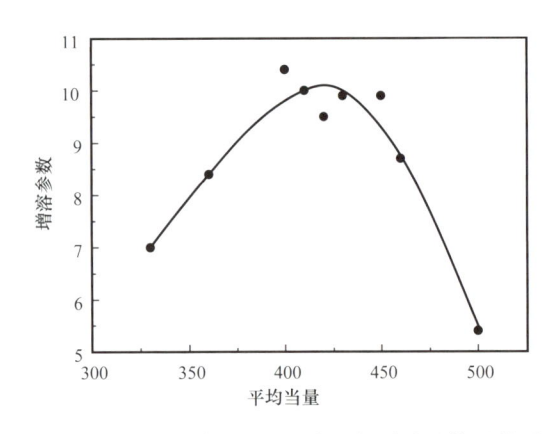

图 3-24　石油磺酸盐平均当量与增溶系数的关系

三、甜菜碱型表面活性剂研制与生产

甜菜碱型表面活性剂是一种两性离子表面活性剂，由于分子结构中同时含有阴离子基团和阳离子基团，分子呈电中性，因而具有良好的耐盐性及耐硬水性，刺激性低，生物降解性好，与其他类型表面活性剂具有较好的配伍性。近年来研究表明，甜菜碱表面活性剂因其较小的亲水基面积，可以在油水界面实现紧密排列，因而具有优异的降低油水界面张力的能力与效率，从而受到了广泛关注。

1. 芳基烷基甜菜碱型表面活性剂分子设计与合成

国内外学者通过系统的结构性能关系研究表明，表面活性剂降低油水界面张力的效率与效能是与活性剂分子在界面上的排列紧密程度、亲油基与原油的相似性以及活性剂体系的亲水亲油平衡有关。表面活性剂分子在油水界面上排列的紧密程度又取决于分子间的排斥力和空间位阻。Huibers 通过量子力学计算认为，一方面，甜菜碱极性基团电性斥力小于硫酸酯盐、磺酸盐及阳离子极性基团电性斥力；另一方面，甜菜碱型两性表面活性剂在较大的 pH 值范围内都呈电中性，分子间的斥力小，利于紧密排列，中国石油勘探开发研究院创新性地在烷基链中引入高活性地芳基基团。芳基位于烷基链中部不会对活性剂分子的空间排列形成位阻的影响。图 3-25 是常规的烷基甜菜碱型表面活性剂与芳基烷基甜菜碱型表面活性剂的结构示意图。

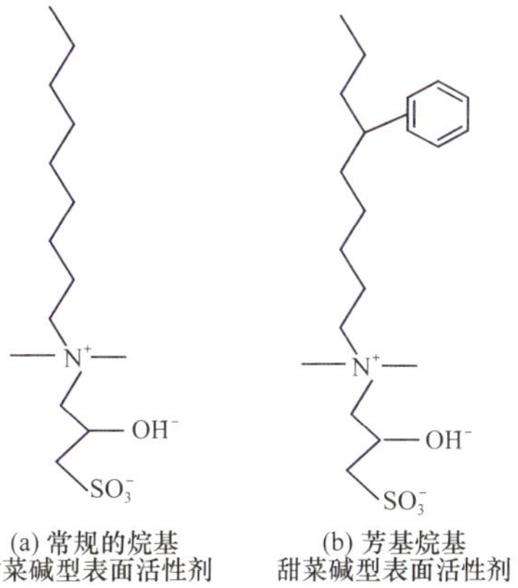

图 3-25 甜菜碱表面活性剂分子结构示意图

从表 3-13 中可以看出，芳基的引入可使体系界面张力降低一个数量级，主要是因为在甜菜碱的烷基链上引入的芳基，使得与原油性质相似，降低了表面活性剂亲油基与原油组分的斥力，大大提高体系界面性能[12]。

表 3-13 不同结构甜菜碱型表面活性剂的界面张力

甜菜碱型表面活性剂浓度，%（质量分数）	0.025	0.05	0.1	0.2	0.25
烷基甜菜碱型表面活性剂界面张力，mN/m	3.23×10^{-3}	7.39×10^{-3}	1.15×10^{-2}	2.82×10^{-2}	1.34×10^{-2}
芳基烷基甜菜碱型表面活性剂界面张力，mN/m	1.76×10^{-3}	1.95×10^{-3}	2.39×10^{-3}	1.49×10^{-3}	4.61×10^{-3}

通过分子设计，调节芳基烷基甜菜碱型表面活性剂分子的分子量大小，可以针对不同油水性质调整体系亲水亲油平衡，使其达到最佳的 HLB 值，提高活性剂分子在油水界面上的吸附效率。图 3-26 是芳基烷基甜菜碱型表面活性剂体系典型的动态界面张力曲线。从动态界面张力曲线可以发现，大约 15min 界面张力即达到 10^{-3} mN/m，并始终维持在 10^{-3} mN/m 数量级，充分显示了芳基烷基甜菜碱型表面活性剂优异的界面活性。

此外，相比于烷基苯磺酸盐和石油磺酸盐，芳基烷基甜菜碱型表面活性剂还具有以下优点：

一是结构较单一、明确清晰、质量稳定，因而在地层运移过程中，色谱分离效应较弱。

二是可以在无碱条件下与原油达到超低界面张力；而重烷基苯和石油磺酸盐均需要与碱复配，通过协同效应，实现超低界面张力。

三是原料来自天然油酸甲酯，不但绿色环保、刺激性低、生物降解性好，而且廉价易得，经济性好。

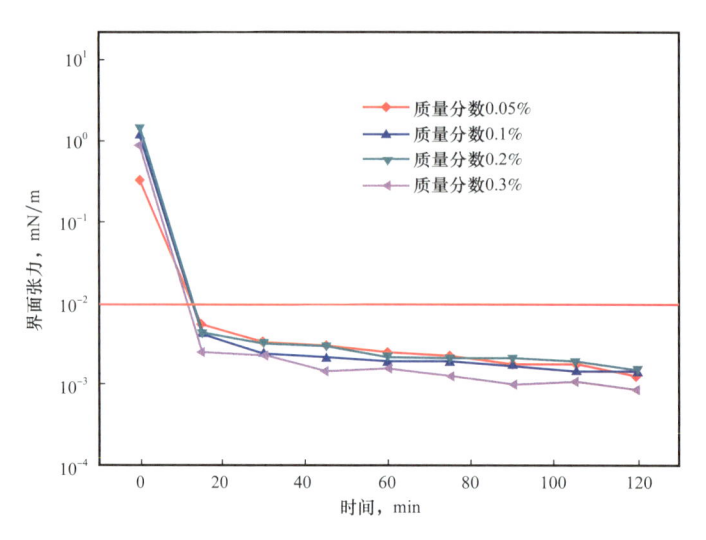

图 3-26 芳基烷基甜菜碱型表面活性剂二元体系与大庆油田油水界面张力（聚合物 1900 万 2000mg/L）

四是由于两性离子表面活性剂对金属离子有螯合作用，因而耐高矿化度和二价阳离子能力强，而重烷基苯磺酸盐与石油磺酸盐在二价离子含量较高的地层水中会出现沉淀。

2. 芳基烷基甜菜碱型表面活性剂合成

甜菜碱型驱油剂原料来源于天然油酸甲酯，经过烷基化、加氢、胺化、季铵化，此四步工艺均具有成熟的工业化生产工艺。与烷基甜菜碱型表面活性剂相比，芳基烷基甜菜碱型表面活性剂的合成关键是烷基化和长链叔胺的季铵化。

1）烷基化反应

目前主要的制备工艺主要包括间歇式的釜式工艺及固定床连续反应工艺。

油酸甲酯与烷基苯或苯在 110～130℃的条件下，在质子酸的催化下发生付氏烷基化反应，得到芳基烷基羧酸酯，反应方程式如图 3-27 所示。传统釜式生产工艺中使用的是腐蚀性催化剂 HF 酸、无水 $AlCl_3$、甲磺酸、磷酸、硫酸等，这会带来产品残渣难于处理、设备腐蚀和环境污染等一系列问题。为了寻求更好的无毒、无腐蚀、对环境友好的新型催化剂，国内外众多公司、研究机构及科研院校先后对此投入大量的人力物力进行研究开发，研制出氟化硅铝和杂多酸负载等多种高效固体酸催化剂，进而推动生产效率的提高与成本的大幅降低。

$$CH_3(CH_2)_mCH{=\!=}CH(CH_2)_nCOOCH_3 \xrightarrow{\quad R_1\text{—}\bigcirc\text{—}R_2 \quad} CH_3(CH_2)_mCH(CH_2)_nCOOCH_3$$

图 3-27 烷基化反应方程式

（1）氟化硅铝催化剂。

由 UOP 公司和 Petresa 公司联合开发的固体酸催化工艺 Detal 最近实现了工业化，由其所申请的专利来推测，其催化剂可能是将复合 SiO_2-Al_2O_3 用 HF 或 NH_4F 处理而得到的氟化硅铝。在各种催化剂组成中，$m(SiO_2):m(Al_2O_3)=75:25$，含氟质量分数为 2.5%

时具有最好的催化性能。

（2）杂多酸。

温朗友对各种 SiO_2 载体负载 PW 催化剂的性能进行了系统的研究，通过筛选适宜的载体、用氟化物和金属离子改性等手段对负载杂多酸催化剂进行了改进，研制出 PW-F/H 负载杂多酸，并且对催化剂的寿命、失活原因及再生方法进行了研究。结果表明，PW-F/H 催化剂具有较长的单程寿命，在反应釜中可使用 50 次以上，在固定床反应器中单程寿命达到 400h。

2）长链叔胺季铵化

将烷基化反应得到的芳基烷基羧酸酯通过成熟的工业化工艺加氢、胺化得到芳基烷基叔胺，然后再与 3-氯-2-羟基丙磺酸钠在溶剂中发生反应生成羟磺基甜菜碱。反应方程式如图 3-28 所示。与烷基甜菜碱型表面活性剂的季铵化反应相比，芳基烷基甜菜碱型表面活性剂由于碳链的增加使得季铵化反应原料的极性相差较大，往往采用甲醇或者丙二醇等短链醇作为溶剂，或者加入相转移催化剂，来提高应转化率。

图 3-28　长链叔胺季铵化反应方程式

3. 芳基烷基甜菜碱型表面活性剂性能

通过对的系统评价（表 3-14），芳基烷基甜菜碱型表面活性剂具有以下几方面的显著特点：（1）具有优异的降低油水界面张力的效能和效率；（2）乳化性能较好且通过重力可使乳状液自行破乳；（3）抗吸附性能优异；（4）二元体系具有较好的稳定性；（5）具有较高的驱油效率[13]。

采用大庆油田井口脱水原油及联合站回注污水对芳基烷基甜菜碱型表面活性剂二元体系界面张力进行了测定，结果如图 3-29 所示。对于大庆油田第一采油厂（简称大庆采油一厂）和大庆油田第六采油厂（简称大庆采油六厂）油水二元体系在活性剂浓度为

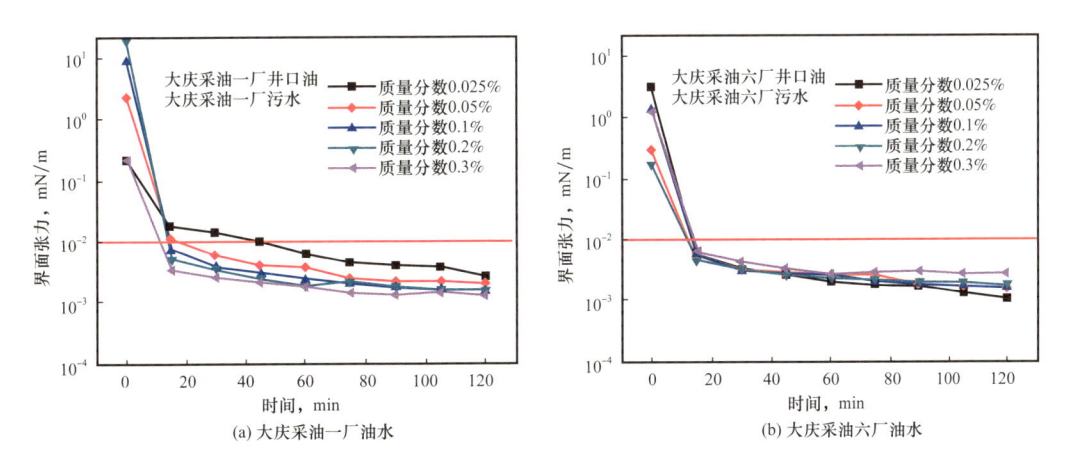

图 3-29　甜菜碱二元体系大庆油水界面张力（聚合物 1900 万 2000mg/L）—井口油

0.025%～0.3%的范围内均形成超低界面张力（≤9.9×10⁻³mN/m）。芳基烷基甜菜碱型表面活性剂浓度0.05%～0.3%的范围内，在15min左右界面张力均能达到超低界面张力，与烷基苯磺酸盐三元体系形成10^{-3}mN/m的速度几乎相同，界面张力稳定，一直保持在2×10^{-3}mN/m左右。由此可见，芳基烷基甜菜碱型表面活性剂具有优异降低界面张力的能力和效率。

驱油体系吸附性能是其能在较大作用距离内保持良好洗油效率的关键因素。采用静态吸附次数近似模拟这种动态的吸附过程表征其吸附性能，结果如图3-30所示。可以看出，芳基烷基甜菜碱型表面活性剂体系对大庆采油一厂油水吸附11次、大庆采油六厂油水体系吸附12次后界面张力仍然达到超低，抗吸附性能较优异。

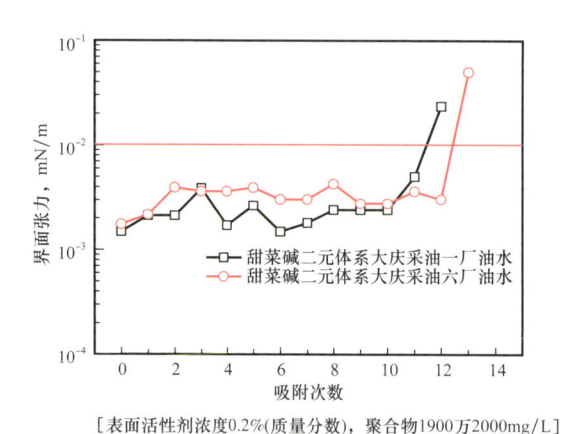

图3-30 芳基烷基甜菜碱型表面活性剂二元复合体系吸附次数对界面张力的影响

ASP三元复合体系由于碱的存在具有较好的吸附性能，二元复合体系要达到三元复合体系的吸附性能，则对表面活性剂提出了较高的要求。芳基烷基甜菜碱型表面活性剂二元复合体系优异的吸附性能主要源于以下几方面因素：首先此芳基烷基甜菜碱型表面活性剂界面性能优异，在很低的浓度（0.025%）界面张力即可达到超低；其次，芳基烷基甜菜碱型表面活性剂配方体系组分单一，克服了由于活性剂配方复杂引起的色谱分离，保持了配方体系的稳定；此外，近似电中性的芳基烷基甜菜碱型表面活性剂也可能减少由于岩石静电位的吸附产生的吸附损失[14-16]。

采用大庆二类储层天然岩心对芳基烷基甜菜碱型表面活性剂二元复合体系驱油效率进行了评价，结果见表3-14。可以看出，芳基烷基甜菜碱型表面活性剂二元复合体系在水驱采收率40%左右基础上，可提高采收率18个百分点以上。

表3-14 芳基烷基甜菜碱型表面活性剂二元复合体系天然岩心驱油实验结果

序号	岩心渗透率 mD	含油饱和度 %	水驱采收率 %	化学驱采收率 %	总采收率 %
1	370	62.55	39.60	19.60	61.90
2	556	66.15	35.47	18.02	63.80
3	513	65.00	40.64	21.46	62.09
4	395	65.20	40.16	18.45	58.61
平均	459	64.73	38.97	19.38	61.60

注：聚合物为炼化1900万分子量，表面活性剂有效质量浓度在0.15%~0.30%，总用量≤900mg/L·PV；聚合物有效质量浓度在0.05%~0.30%，总用量≤1000mg/L·PV。

芳基烷基甜菜碱型表面活性剂具有与烷基苯磺酸盐同等优秀的动态界面张力与平衡

界面张力性能；优异的抗吸附性能可以保证驱油体系在岩心较长的作用距离仍能保持这种超低界面张力，超低界面张力使得毛细管数大大增加，大幅提高洗油效率；芳基烷基甜菜碱型表面活性剂二元复合体系具有较好的乳化性能，不但能通过乳化夹带驱替残余油，同时能通过乳化增黏提高注入压力，扩大波及效率；芳基烷基甜菜碱型表面活性剂二元复合体系还完整地保存了聚合物的黏弹性能，使得水驱后残余油能够以油丝和乳状液形式被携带和运移。基于以上因素，使芳基烷基甜菜碱型表面活性剂二元复合体系具有较好驱油性能[17]。

大量的室内实验及现场应用表明，复合驱油体系乳化性能是体系取得高效驱油效果的重要保障。以芳基烷基甜菜碱型表面活性剂体系为主体，通过加入乳化剂，得到了系列化的不同乳化效果的二元复合驱油体系。不同乳化效果二元复合驱油体系的采收率汇见表3–15。由表中可以看出，采用芳基烷基甜菜碱型表面活性剂浓度为0.3%、970万相对分子质量聚合物浓度为2000mg/L的二元复合体系，在贝雷岩心中进行驱替时，改变乳化剂类型增强乳化效果，可使二元驱提高采收率幅度由20.04%提高到27.0%；将甜菜碱活性剂—强化EO类乳化剂浓度由0.3%提高到0.35%时，可使二元驱提高采收率幅度由27.0%提高到32.15%。随着乳化效果的增强，二元复合驱油体系采收率大幅度增加。

表3–15 不同乳化效果二元复合体系贝雷岩心驱油实验结果

二元体系	乳化剂	岩心编号	采收率，%
基础二元体系 甜菜碱活性剂0.3%+聚合物970万 2000mg/L	无	130927-9-3	19.25
		130927-9-4	20.82
		平均	20.04
乳化二元体系 （活性剂+乳化剂）0.3%+聚合物970万 2000mg/L	常规EO类Ⅰ	130927-9-5	19.42
	常规EO类Ⅱ	130927-9-15	23.78
	强化EO类	130927-9-2	27.00
强乳化高浓度二元体系 （活性剂+强化乳化剂）0.35%+聚合物970万 2000mg/L	强化EO类	130927-9-7	33.22
		130927-9-11	31.07
		平均	32.15

第四节 化学复合驱数值模拟及方案优化设计技术

数值模拟技术是油藏开发方法评价和实施科学油藏管理的重要手段，化学驱的发展离不开功能完善的数值模拟技术。近年来，复合驱油技术得到了快速发展，也取得了很多新的理论认识，复合驱驱油过程中伴有聚合物黏弹特性、界面张力降低、协同效应、乳化、碱垢等复杂物理化学现象，对这些机理进行合理的数学描述及表征，可以优化驱动过程，使数值模拟结果更加接近实际情况，从而更好地预测各种地质条件和复杂动态下的矿场试验效果[18, 19]。

一、复合驱数值模拟技术

中国石油勘探开发研究院和大庆油田在化学驱室内试验和矿场应用方面研究多年,深入揭示了化学驱提高采收率的关键机理,并基于这些最新理论认识建立了描述复杂物化过程的多相多组分复合驱数学模型,能够描述各种化学剂在多孔介质中渗流时所发生的对流、弥散和扩散等物质运输现象和化学反应过程,完善了复合驱模拟功能,可大幅度提高模拟精度和可靠性。

中国石油勘探开发研究院自主研发的新一代油藏数值模拟软件 HiSim$^{3.0}$ 的 EOR 模块创新发展了"精细化学驱"深度开发油藏数值模拟理论,有效解决了水驱开发后化学驱大幅度提高采收率的开发模拟问题(图 3-31)。理论模型涵盖化学驱超过 15 项驱油机理和超过 17 个组分,实现油藏深度开发中聚合物驱黏弹特性、乳化作用、碱垢等复杂模拟功能,使化学驱现场试验有据可依,支撑我国化学驱技术持续保持世界领先水平。苏义脑院士评价:考虑多种复杂化学驱机理的三相多组分模型,解决了我国化学驱矿场应用过程中诸多模拟难题,达到国际领先水平。

图 3-31 HiSim$^{3.0}$ 化学驱数模软件界面

大庆油田化学驱采油技术的发展要求数值模拟软件功能更加完善,现有的商业化软件满足不了大庆油田复合驱数值模拟。自主研发的化学驱数值模拟器 CHEMEOR 主要考虑了黏弹及多分子量聚合物驱、界面张力降低、化学剂间协同效应等主要机理,在油藏描述、多相流体渗流、驱动方式和驱油机理描述方面的功能更加完备,计算速度提高 10 倍,也更加满足大庆油田复合驱实验和生产的实际需要(图 3-32)。

1. 表面活性剂和碱的协同效应

1)界面张力

对于低浓度表面活性剂驱,表面活性剂、碱和原油之间的协同效应通过界面张力活性函数描述,即油水相间的界面张力是水相中表面活性剂的质量分数、碱的质量分数的函数,且此界面张力活性函数关系式可由实验测定的界面张力活性图量化给出。

2）碱耗

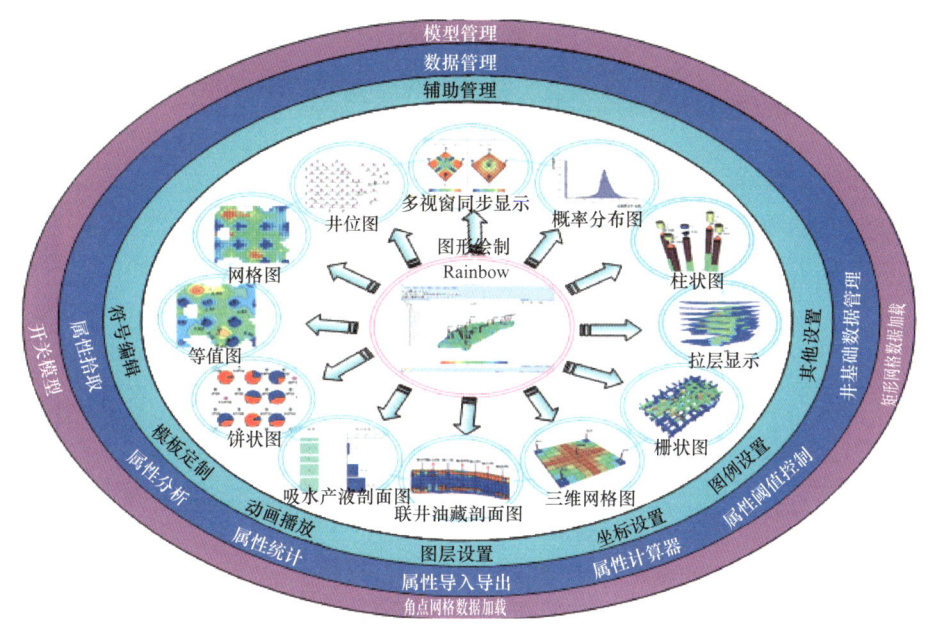

图 3-32 CHEMEOR 图形显示后处理软件基本构成示意图

影响碱耗的因素非常多，主要有离子交换、碱与原油中酸性物质反应、岩石溶解以及结垢沉淀引起的碱耗，这些碱耗过程需要实验室开展大量系统的实验才能对其进行量化描述表征，而且，需要建立极其复杂的数学模型，现有的求解技术很难满足这种大规模复杂化学反应数学模型计算的需要。因此，为了不使模型过于复杂，从实用化的角度考虑，将碱统一考虑为一个拟组分，室内实验测定的不同碱剂在大庆油砂上的碱耗曲线形状表明，可以利用 Langmuir 形式等温吸附关系描述碱耗过程[20]。

3）表面活性剂吸附损耗

碱在化学复合驱中可以起到牺牲剂的作用，它在多孔介质中吸附后，会大大降低表面活性剂的吸附量，使表面活性剂更好地发挥驱油作用。图 3-33 给出了大庆油田条件下 NaOH 浓度分别为 0%，0.5% 和 1.0% 时，表面活性剂在大庆油砂上的吸附损耗曲线。可以看出，随着 NaOH 浓度的增加，表面活性剂的吸附损耗量下降。为此，利用如下模型描述碱对表面活性剂吸附损耗的影响关系：

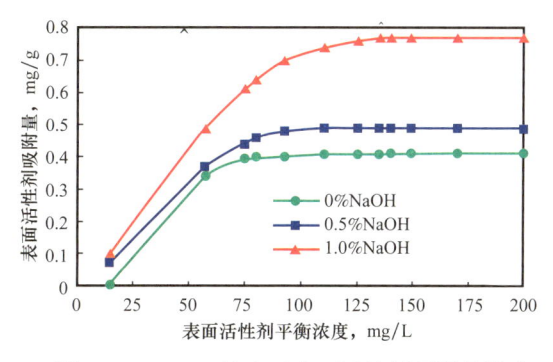

图 3-33 NaOH 浓度对表面活性剂吸附量影响

$$C_{\mathrm{S}} = \frac{a_2 w_{\mathrm{sw}}}{1 + b_2 w_{\mathrm{sw}}} \cdot \mathrm{e}^{-(nC_{\mathrm{A}})} \quad (3-6)$$

式中 $\hat{C}_{\mathrm{S}}$——表面活性剂的吸附损耗量，mg/g（砂）；

a_2，b_2，n——由实验资料确定的参数。

2. 多种相对分子质量聚合物混合驱油机理

如果有不同相对分子质量聚合物同时在油藏中渗流时，把每一种聚合物看成独立物质组分，采用独立的物质运移模型描述每一种聚合物的物质传输过程；在驱油机理模型中，按照各种相对分子质量聚合物物质的量加权平均形式刻画多种相对分子质量聚合物混合后的综合驱油作用。多种相对分子质量聚合物（设有 n 种相对分子质量聚合物）混合后，聚合物总质量分数是溶液中所有相对分子质量聚合物各自质量分数 $w_{\mathrm{p}i}$ 的总和，即：

$$w_{\mathrm{pt}} = \sum_{i=1}^{n} w_{\mathrm{p}i} \quad (3-7)$$

式中 w_{pt}——聚合物总质量分数；

$w_{\mathrm{p}i}$——第 i 种聚合物质量分数。

驱油机理数学模型中的聚合物质量分数采用多种聚合物混合后的总质量分数，但是数学模型中的各项参数利用每种相对分子质量聚合物单独驱油时相对应的参数进行物质量加权平均方法得到，即：

$$\alpha = \left(\sum_{i=1}^{n} w_{\mathrm{p}i} \alpha_i\right) \Big/ \left(\sum_{i=1}^{n} w_{\mathrm{p}i}\right) \quad (3-8)$$

式中 α——多种聚合物混合后驱油机理数学模型中的参数；

α_i——单一相对分子质量聚合物驱油机理模型中相对应的参数。

3. 乳化机理

乳化是复合驱最主要的驱油机理之一，然而现有的复合驱数值模拟软件多未考虑乳化机理作用，模型的建立也多基于管流或流体动力学，与乳状液在多孔介质中的实际渗流理论存在差异。乳化既可提高驱替效率，又可扩大驱替相的波及体积。乳化液在多孔介质中的渗流规律也与诸多因素有关：原油性质、化学剂类型及质量浓度、乳化程度、油水界面性质、碱性环境、流速、油水比、孔隙结构等[21, 22]。对上述诸多影响因素进行层次分析，若在数学模型中考虑所有因素，可能造成影响因素重复作用，模型过于复杂。由于间接因素的参数难以获取，也难以数学表征，因此突出主要矛盾，优选原油性质、化学剂类型及质量浓度、流速、孔隙结构等作为乳状液渗流的主要影响因素（图 3-34）。

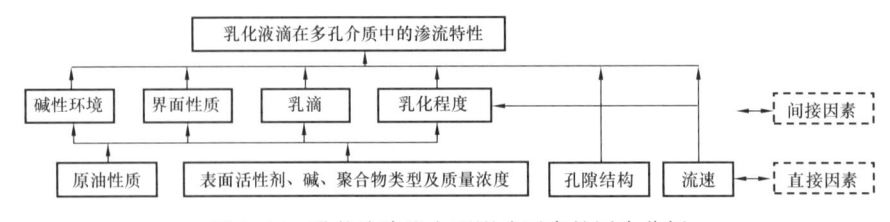

图 3-34 乳状液渗流主要影响因素的层次分析

针对高含水油藏，复合驱前的水驱残余油饱和度已较低，复合体系与原油易形成水包油乳状液。根据乳化对复合体系驱油效果的影响，从数值模拟角度提出乳化降低残余油饱和度、提高驱替效率的机制，通过相对渗透率模型来实现；乳化改善流度、扩大波及体积的作用主要通过相黏度模型来实现，而对于水包油型乳状液，主要修正水相黏度，见表3-16。

表3-16 乳化机理的数学模型实现原理

项目	现　　象	机制	数学模型原理
1	乳化剥离油膜，启动残余油	提高驱替效率	相对渗透率模型
2	乳化携带及乳化聚并作用把残余油滴携带到连续流动水相中，原来水驱不动的剩余油滴与水混合生成乳状液一起向前运移，促进油相的渗流		
3	O/W型乳状液提高驱替相黏度，增加驱替相的流动阻力，进而改善流度比	扩大波及体积	相黏度模型
4	高黏乳状液优先进入高渗透层，并产生一定封堵作用，使驱替液转向中、低渗透层，起到调剖作用		
5	W/O型乳状液可增大油相黏度，增加了油相流动阻力	不利影响	暂不考虑

乳化机理复杂，要合理描述还需做出以下阐明：（1）乳状液在多孔介质的形成瞬间达到平衡；（2）一般情况下，水驱后剩余油饱和度较低，认为形成的乳状液均为水包油乳状液；（3）为了在数值模拟中较易实现，不将乳状液处理为独立的相，认为其均匀分布于连续相中，即油相成小液滴形式分散在水相中；（4）乳化产生后，油相饱和度额外降低值所对应的那部分原油全部溶于水相，且瞬间发生，之后随水相流动。

由于室内实验难以获得准确的乳状液相对渗透率曲线形态，因此从数值模拟角度出发，直接考虑乳化对驱油效果的影响，创新提出了乳化复合驱相渗及相黏度表征方法。

1）相对渗透率模型

与水驱相比，无乳化复合驱下，油相饱和度的降低（$S_{ora}-S_{orb}$）是由于界面张力降低和聚合物的弹性机制而引起的（图3-35）由此被驱动的原油随油相流动。若不考虑聚合物的弹性机制，则可通过界面张力为参变量选取油水相相对渗透率曲线。乳化复合驱过程中残余油饱和度的额外降低（$S_{orb}-S_{orc}$）定义为S_{orem}，是由于乳化启动部分残余油，剥蚀下来的油膜或油滴随水相流动而造成的。最后，借鉴混相气驱Corey公式，回归乳化后的相对渗透率曲线。

乳化后复合驱过程中的油水相相对渗透率曲线可通过S_{orem}值选取$K_r=f(S_{orem})$。在无乳化及乳化复合体系降低界面张力能力相同的情况下，S_{orem}的触发源于复合体系中使用的化学剂组合不同，通过使用不同配方的复配表面活性剂来控制，其取值并与化学剂类型及质量浓度、流速v、孔隙结构ϕ有关。

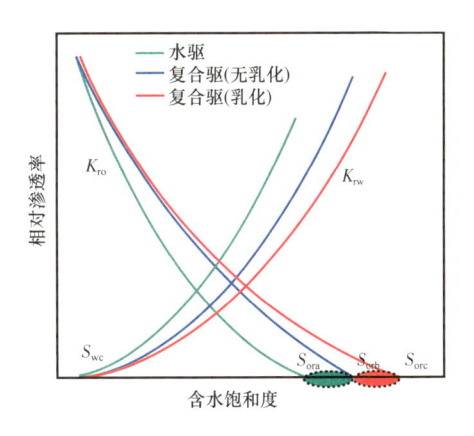

图3-35 相对渗透率曲线对比

2）相黏度模型

乳化修正驱替相黏度：

$$\mu_{wem} = f(\mu_w, \mu_o, R_{owem}), \mu_w = f(C_p), \mu_o = \mu_o, R_{owem} = V_{o乳化}/V_w \tag{3-9}$$

式中　μ_{wem}——乳化后的水相黏度；

μ_w——乳化前的水相黏度；

μ_o——油相黏度；

C_p——复合体系中聚合物质量浓度。

R_{owem}——油水互溶比，是指乳状液形成时，完全溶于水相的原油体积 $V_{o乳化}$ 与水相体积 V_w 之比。对于水包油乳状液，乳化驱动的油相完全溶于水相，即 $R_{owem}=f(S_{orem})$。不同剪切速率下驱替相的黏度，采用 Meter 方程计算。

乳状液渗流过程中物化现象的影响因素较多，难以给出各影响因素准确恰当的关系式，兼顾在数值模拟中实现的简便及实用性，采取数据表方式对乳化参数进行数学表征，未知量 S_{orem} 的求取主要通过实验资料整理给出的数据表插值获得。通过乳化、无乳化的两组大 PV 驱替实验驱替至残余油饱和度值，同时取岩心出口端乳状液部分，分离测得其油水比，进而获取模型中的关键参数。

根据建立的数学模型，研发出具有乳化功能的化学驱功能模块，并根通过物理模拟实验数值拟合技术，物模实验拟合及预测结果误差低于 5%，验证了核心模型的准确性。

以我国某油田的实际参数为基准建立一注一采概念模型。对比驱油效果，乳化作用可以起到很好的降水增油效果，如图 3-36 所示。改变复合驱中乳化剂浓度，调整体系的乳化性能。模拟结果显示，随着乳化性能增强，含水下降漏斗越宽，含水下降速度变快，之后回升的速度又变慢，降水增油效果逐渐增强，然而增加的幅度越来越小，如图 3-37 所示。

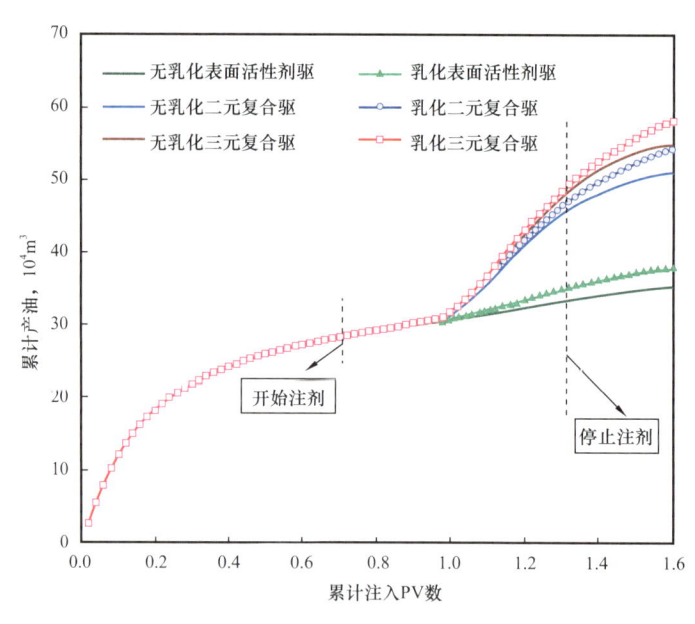

图 3-36 乳化与无乳化驱替过程累计产油对比

4. 复杂碱垢机理

在碱化学复合驱过程中，碱—岩石反应可能对地层渗透率/孔隙度造成一定影响，因此需要定量预测碱—岩石相互作用之后岩石的渗透率/孔隙度的变化。根据碱化学复合驱中碱与岩石矿物之间的化学反应及碱垢形成的机理与特点，建立适合我国油田地质条件的、伴随碱垢生成并耦合了化学反应热力学与渗流动力学的渗透率/孔隙度变化的预测模型，形成更为可靠的碱垢引起的地层损害的定量预测模型。

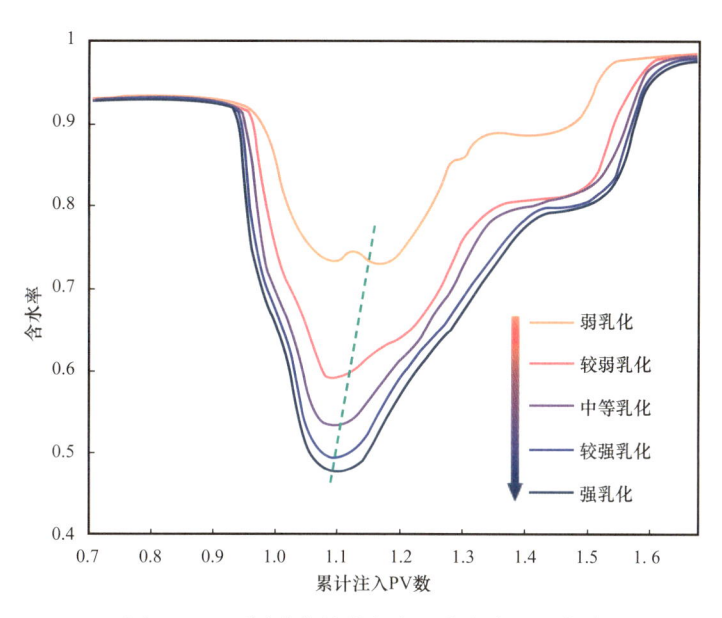

图 3-37 不同乳化性能复合驱含水率对比曲线

含碱的复合体系进入地层后，碱—岩石相互作用导致储层渗透能力变化的机理主要有两个：（1）pH 值的溶液环境引发的黏土矿物水化膨胀导致渗透率/孔隙度降低；（2）化学驱油剂中的碱与地层盐水和矿物之间的溶解—沉淀反应导致渗透率/孔隙度改变。碱复合驱作业中使用的碱性驱替剂与地层矿物的实际接触时间从数月到数年，而碱引起的地层矿物水化膨胀作用一般可在数小时到数天内达到平衡，因此两种机理分别控制着碱复合驱的不同阶段，需要分别建立预测模型，复合体系注入初期采用高 pH 值驱替体系侵入的模型进行描述，此后采用强碱体系侵入的模型进行描述。

（1）预测模型 1：高 pH 值驱替体系侵入的渗透率/孔隙度的预测模型。

碱性驱油体系进入地层的初期，由于受到地层水的稀释，碱的实际浓度较低，地层矿物的溶解反应即使发生其反应程度也较低，因而不会立即对地层渗透率造成显著影响，此时可以忽略碱对岩石矿物的溶解作用。初期的影响一方面引起孔隙中黏土矿物的水化膨胀而使渗流通道缩小，另一方面作为胶结物的黏土矿物水化后可能导致地层微粒释放，堵塞孔喉。

在碱的有效浓度较低但 pH 值已经相当高的条件下，含碱的驱油体系对地层的伤害与淡水侵入地层时发生的地层伤害相似。采用与淡水侵入时相似的方法，推导高 pH 值驱替体系侵入的渗透率/孔隙度变化的预测模型，进而预测碱化学复合体系进入地层初期的地层伤害。

模型 1 的基本假设：①碱引起的水化膨胀平衡是在非常短的时间内完成的；②碱在多孔介质孔隙中的扩散是瞬间完成的；③碱与原生地层盐水在矿物水化膜中的浓度梯度是线性的，可瞬间达到平衡状态；④发生水化膨胀的矿物均匀地分布在多孔介质中，矿物水化膨胀后只系统性地缩小了孔隙喉道的尺寸，但并不改变其分布特征，并始终符合水力管模型。

模型1—渗透率预测模型的基本方程：

$$k_{SK} = \frac{2}{\sqrt{\pi}}(C_1 - C_0)a_{sw}\sqrt{D} \quad （3-10）$$

式中 C_0——碱侵入前地层盐水的浓度（原生水浓度）；
C_1——侵入碱的浓度；
k_{SK}——碱型、碱浓度及地层岩石孔隙结构和矿物组分的函数。

当碱型、碱浓度及岩石矿物组成确定后，对于某个特定的地层，可将k_{SK}视为常数。对于确定的岩石与碱体系，可根据碱的岩心驱替实验数据回归分析求得斜率k_{SK}，即该碱体系侵入地层引起渗透率改变的综合速率常数k_{SK}。

模型1—孔隙度预测模型的基本方程：

$$\sqrt{\frac{K}{\phi}} = FZI\left(\frac{\phi}{1-\phi}\right) \quad （3-11）$$

式中，FZI为流动带指标。

（2）预测模型2：碱垢生成反应引起的渗透率/孔隙度的预测模型。

以碱—岩石体系的化学反应为基础，从碱垢生成并在孔隙表面沉积造成孔隙度变化为出发点，并将反应热力学参数及反应时间引入孔隙度的表达式，以此实现碱垢生成的化学与渗流特征变化之间的耦合。

模型2基本假设：①碱—岩石—地层盐水体系的化学反应存在唯一的平衡状态，当碱、矿物及地层盐水确定时，体系内成垢矿物的饱和度指数SI即可由体系的热力学平衡唯一地确定；②发生在多孔介质中的溶解反应和沉淀反应是同时并连续地进行的，生成物（简单无机垢及新矿）的颗粒尺寸与孔喉比始终非常小，可忽略沉淀颗粒运移导致的地层伤害；③反应物与生成物均匀地分布在所有连通的孔隙表面，其在孔隙内所处的位置与孔隙结构特征无关；④溶解—沉淀反应之后，孔隙结构特征发生了系统性改变，符合幂律单元流动模型。

模型2—孔隙度预测模型的基本方程：

$$\frac{\phi_0}{\phi} = 1 + k_{A\phi}SI\phi_0 t, \quad k_{A\phi} = k^1 C_1 V_b \quad （3-12）$$

通过将碱—岩石反应的热力学参数（SI）和孔隙度变化的综合速率常数$k_{A\phi}$引入预测方程，实现了碱垢生成化学与多孔介质渗流的耦合。

模型2—渗透率预测模型的基本方程：

$$\frac{K_A(t)}{K_0} = \left(1 + k_{A\phi}SI\phi_0 t\right)^{-(1+2\beta)} \quad 或 \quad \lg\frac{K_A(t)}{K_0} = -(1+2\beta)\lg\left(1 + k_{A\phi}SI\phi_0 t\right) \quad （3-13）$$

采用天然岩样的碱渗流实验对模型进行了验证，实验结果与模型预测的结果一致。

二、复合驱方案优化设计技术

对于多组分、复杂相态的复合驱，需要明确复合驱油藏工程（包括井网井距、层系组合及注入参数等）的设计原则，形成具有复合驱特点且成熟的方案优化设计技术。

1. 井网井距优化

化学驱是高强度驱替方式，优化井网井距层系、提高控制程度是油藏工程设计的核心。复合驱同聚合物驱一样，注入液的黏度较高，在注入过程中，注入压力升高而生产井的流动压力降低。因此，要保证复合体系的顺利注入，避免出现注入压力高于油层破裂压力，生产井流压降低太大，导致产液困难的情况，采用合理的注采井网十分重要。

从理论计算和矿场试验反映的注采能力来看，大庆油田三元复合驱采用五点法井网是相对合理的，可提供较高的采液量，生产总井数也相对较少，还能获得较好的提高采收率效果。相同井距、相同聚合物分子量条件下，复合驱控制程度应略高于聚合物驱控制程度。根据大庆油田建立的描述复合体系渗流的流动方程，依据渗透率、注入速度可确定合理的井距。

经过近30年的理论研究和矿场试验（表3-17），初步建立了化学驱井网井距的优化标准，部署原则[23]：

表3-17 国内油田化学驱井网井距情况统计表

油田	方法	分类	分区	注剂时间	面积 km²	井网形式	井距 m	注入井数 口	生产井数 口	提高采收率 %
大庆油田	聚合物复合驱	工业推广	北一区中块	1996.7	9.1	五点法	250	64	75	15.2
			断东中块	1996.1	11.6	五点法	250	75	88	15.6
	三元复合驱	先导	中区西部	1994.9	0.09	五点法	106	4	9	21.4
		工业试验	杏二区	1996.5	0.3	五点法	200	4	9	19.4
			北一断西	1997.3	0.75	五点法	250	6	12	20.6
			南五区	2006.7	1.73	五点法	175	29	39	19.8
			北一断东	2006.7	1.92	五点法	125	49	63	30.2
			北二西	2008.10	1.21	五点法	125	35	44	28.8
		工业推广	杏一—杏二区东Ⅱ块	2007.8	5.37	五点法	150	112/73 开井	143/79 开井	17.1
			南六区	2008.11	6.94	五点法	150	93	94	16.4
			杏六区东Ⅰ块	2009.5	4.72	五点法	141	99	110	19.9
			杏六区东Ⅱ块	2009.10	4.77	五点法	141	110	104	20.5
胜利油田	三元复合驱	先导	孤东七区	1992.2	0.031	五点法	150	4	9	13.4
		工业试验	孤岛西区	1997.5	0.61	五点法	210	6	13	12.5
	聚合物复合驱	先导	孤岛二中	1998.1	0.7	七点法	—	16	21	7.1
	二元复合驱	先导	孤东七区	2003.9	0.94	排状	—	10	16	16.0

续表

油田	方法	分类	分区	注剂时间	面积 km²	井网形式	井距 m	注入井数 口	生产井数 口	提高采收率 %
辽河油田	二元复合驱	工业试验	锦16	2011.5	1.28	五点法	150	25	51	18.0
长庆油田	二元复合驱	先导	马岭北三	2014.9	1.12	五点法	150	9	16	14.5
大港油田	二元复合驱	先导	羊三木	1999.3	—	五点法	200	4	18	15.0
大港油田	二元复合驱	先导	港西三	2012.3	0.87	五点法	150	12	27	12.1
新疆油田	聚合物复合驱	先导	七东1	2006.9	1.25	五点法	200	9	16	12.1
新疆油田	聚合物复合驱	工业推广	七东1	2014.9	6.3	五点法	142/125	138	177	11.7
新疆油田	二元复合驱	先导	七中区	2011.8	0.44	五点法	150	8	13	18.0
新疆油田	三元复合驱	先导	二中区	1996.7	0.031	五点法	50	4	9	24.0
新疆油田	三元复合驱	工业试验	七东1	2014.9	0.63	五点法	142	9	16	20.5

（1）一般采用五点法面积井网布井，具有点弱面强的独立完善注采体系。

（2）根据我国陆相油藏特点，辫状河和三角洲的砂体展布都有限，因此化学驱井距一般在150m左右、多向连通比例80%以上。

（3）综合考虑与水驱开发井网衔接关系，新布井井网井距均匀。

2. 层系组合

层系优化组合是将油层性质相近的开采对象组合到一起，采用一套井网开采以减少层间干扰。对于复合驱，还需考虑一套层系内的油层要适合注同一种分子量聚合物配制的复合体系，层系优化组合的总体原则是：

（1）一套开发层系的厚度需综合地面注聚系统规模、整个层段的总厚度等灵活确定，应有一定储量基础和单井产量规模。层系间厚度尽量均匀，同时尽量控制低厚度井的比例。

（2）层系内开发油层的地质条件尽量相近，层间渗透率级差应控制在2.0倍左右，当大于2.0倍时考虑分注。

（3）层系内的开采单元要相对集中，小层数不宜过多，开采井段不宜过长。

（4）以砂岩组为单元进行层系组合，保证每套开发层系间具有稳定隔层。

（5）每个层段内完善井组比例达到80%以上。

（6）当具备两套以上开采层系时，应采用由下至上逐层上返方式，以减少后期措施工作量，降低措施工艺难度。

大庆油田化学驱层系组合以 3~4 层为主，可调有效厚度在 10m 左右（表 3-18）。

表 3-18 大庆油田化学驱各矿场试验层系组合

试验区	目的层	层数，个	有效厚度，m
北一区断西三元复合驱	葡Ⅰ1-4	4.00	9.95
杏二区三元复合驱	葡Ⅰ3，3	3.85	5.80
中区西部三元复合驱	萨Ⅱ1-3	3.00	8.60
杏五区三元复合驱	葡Ⅰ2²、葡Ⅰ3³	3.54	6.8
小井距三元复合驱	葡Ⅰ3-7	4.64	13.27
北二西西块聚合物驱	萨Ⅱ1-12	3.37	11.81
	萨Ⅱ13~16+萨Ⅲ	3.16	12.93
北二西东块聚合物驱	萨Ⅱ	4.00	12.18
南五区强碱三元复合驱	PⅠ1-2	2.00	9.4

3. 注入方式优化

目前已开展的聚合物驱和复合驱矿场试验多采用笼统注入方式，虽然矿场试验取得了比水驱提高采收率 10%~20% 的较好效果，但该注入方式尚存在一定的优化空间[25, 26]：

（1）聚合物吸入剖面调整发生反转较早。注聚初期，注入井吸入剖面随着注入量的增加而得到改善，高渗透层吸水量减少，中低渗透层吸水量增加。但当注聚量达到 0.13PV 左右，剖面调整发生反转，高渗透层相对吸水量增加，中低渗透层吸水量相对减少（图 3-38）。剖面过早反转导致化学剂相对多地进入高渗透层，导致高渗透层指进现象更为强烈。

（2）复合驱高、中、低渗透层注入量分配不均衡。韩培慧等[27]通过三层不同渗透率岩心合注分采实验得出，三元复合体系采用笼统注入方式，高渗透层累计注入量为设计值的近 2 倍，中、低渗透层累计注入量低于设计值。扩大波及体积作用未得到充分发挥，导致具有高洗油能力的复合体系大部分进入了剩余油相对较少的高渗透层，同时造成低渗透层动用程度较低。

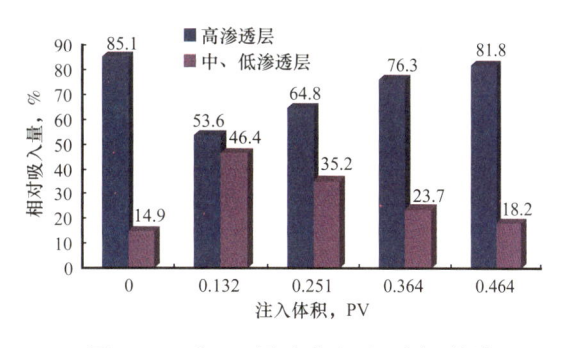

图 3-38 北二西聚合物驱吸入剖面统计

复合驱注入方式对开发效果具有至关重要的影响，根据矿场实际及开发动态特征，实时调整注入方式，实现驱油方案个性化，以保证复合驱的技术经济效果。近年来的室内机理和矿场试验表明，化学驱注入方式有以下优化方法[28]：

（1）多段塞注入。为了最大幅度提高复合驱采收率，同时节省化学剂用量，逐渐形成了四段式注入方式（表 3-19）。在化学剂用量相同的条件下，采用较高聚合物浓度的主段塞和段塞较小的前置聚合物调剖段塞以及浓度较高的后置聚合物保护段塞的方案是相对较经济的。在化学剂用量、段塞大小相同的条件下,主段塞采用较高表面活性剂浓度的段塞组合能较好地提高复合驱的驱油效果。

表 3-19 复合驱四段式注入

注入方式	作用
前置聚合物段塞	调整注入剖面,降低主段塞化学剂吸附损耗
复合驱主段塞	控制流度,降低界面张力,提高驱油效率
复合驱副段塞	降低化学剂用量,进一步提高驱油效率
后续聚合物段塞	防止后续水驱阶段注入水突破,保护作用

(2)聚合物宽分子量注入。该方法主要针对聚合物驱,对复合驱也同样适用。二类油层相对一类油层非均质性更强,采用分子量分布较宽的中分子量聚合物驱油,有利于聚合物分子进入二类油层中不同大小的孔隙,降低油藏不可及孔隙体积,使得高、中、低渗透油层都得到较好动用,更大幅度扩大波及体积并提高洗油效率。

(3)交替注入主要指聚合物驱过程中的不同相对分子质量、不同质量浓度的聚合物段塞交替注入,以及三元复合驱过程中的聚合物与三元体系的交替注入。室内实验表明,聚合物驱采用单一段塞注入方式,低渗透层始终处于相对高压状态;采用交替段塞注入方式,高、低渗透层压力交互占优,局部压力场扰动性增强,有利于提高低渗透层的动用程度,改善开发效果明显。与笼统注入方式相比,将三元体系中部分聚合物拆分出来交替注入,同时在三元体系中保留适量的聚合物,即高黏度聚合物段塞与低黏度三元体系交替注入。该注入方式充分利用交替聚合物段塞中聚合物的增黏性来提高宏观波及效率,使得具有超低界面张力的低黏度三元体系更多地进入中低渗透层;同时,保留在三元段塞中的聚合物有效降低了三元体系与被驱替油相的流度比,进一步提高了所进入含油孔隙中的微观波及效率及微观洗油效率。交替注入方式扩大波及体积作用明显加强,低渗透层吸液量有效提高,化学剂利用率得以改善,相对笼统注入方式进一步提高采收率 5 个百分点左右。

4. 用量优化

化学剂用量优化是化学驱矿场实施方案的重要组成部分,对降水增油效果和经济效益有极大影响。如何用最少的化学剂用量,达到最大提高采收率的目的:一是要优化提高波及体积的聚合物用量;二是要优化提高驱油效率的碱和表面活性剂用量。化学驱注入方式优化中多段塞注入、聚合物宽分子量注入及交替注入等方法对化学剂用量优化均可产生积极有效的作用。此外,研究表明通过对碱、表面活性剂及聚合物的筛选与复配,可有效降低化学剂用量,提升化学驱的经济效益[29]。

(1)根据多组分加合机理,在烷基苯磺酸盐三元体系中加入廉价的生物表面活性剂等助剂后,复合体系的界面张力稳定性较好,乳化及抗吸附能力均优于烷基苯三元体系。优化后的复合体系配方可使烷基苯的用量降低 50%,碱的用量降低 30% 以上。

(2)采用复配碱,可进一步改善复合体系界面张力,使原配方界面张力由 $10^{-2} \sim 10^{-1}$ mN/m 降低到 10^{-3} mN/m 数量级,同时使表面活性剂的吸附量大大降低。

(3)应用具有较强抗盐、抗碱能力的新型缔合聚合物或中低分子量刚性嵌段高粘聚合物，可大大提高体系黏度，从而降低聚合物用量。

（4）室内物理模拟实验和初步经济估算表明，应用降低化学剂用量后的新配方比目前矿场试验使用的配方可节省化学剂投资成本26%。

5. 实时跟踪调整

复合驱开采过程具有一定的阶段性，主要分为含水下降期、低含水稳定期、含水回升前期和含水回升后期，每一阶段都有相似的动态特点，如图3-39所示。根据复合驱矿场动态反应的情况，分析各开采阶段的主要矛盾及面临的问题，制订针对性的调整措施和方法，不断优化注采结构，是保证复合驱取得好的开发效果的关键。

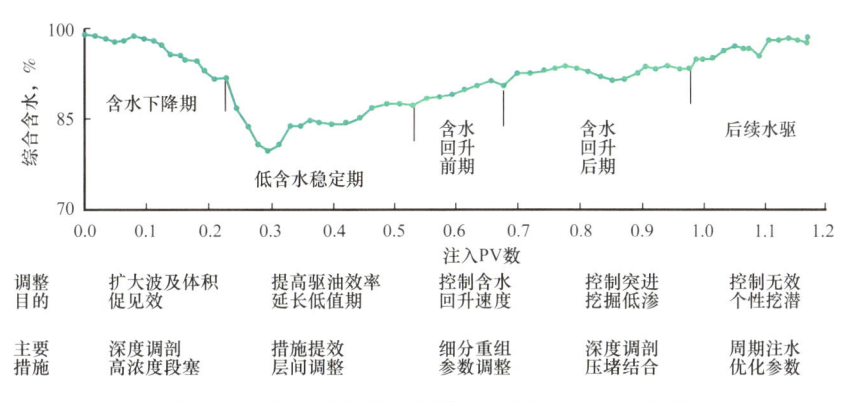

图3-39 北二西弱碱复合驱试验分阶段动态调整模式

（1）含水下降期：在保证注采平衡的前提下，优化注入参数，改善油层动用状况。

（2）低含水稳定期：实施分注、压裂等措施，提高注采能力，改善剖面动用，促使采出井均匀受效。

（3）含水回升前期：加大措施增注增产力度，合理调整注聚浓度，采取调剖等措施控制高渗层突破，减缓含水回升。

（4）含水回升后期：采取堵压、细分调整等综合措施，挖掘动用差层潜力，控制低效循环，提高经济效益。

复合驱存在含水降幅大且低含水稳定时间长、油层动用程度较高（高于聚合物驱20个百分点左右）、注采能力指数降幅需要控制等动态开发规律，综合措施调整是改善复合驱注采能力、提高动用程度、促进含水率下降的有效手段。大庆油田根据动态规律确定指标及调整原则，然后建立了单井组前期预测、过程对标、及时调整的全过程分阶段跟踪调整技术，使措施调整由定性经验选择转变为量化标准确定的模式（表3-20）。

表3-20 大庆油田化学驱各矿场试验层系组合

所处阶段	空白水驱	含水下降期 0~0.15PV	含水稳定期 0.15PV~0.5PV	含水回升初期 0.5PV~0.65PV	含水回升后期 >0.65PV
动态特点	压力不均衡 动用状况差	注入压力上升 动用差异大	含水保持平稳 注采能力下降	含水回升较快 剖面出现反转	含水缓慢回升 化学剂突破
调整对策	保持注采平衡 均衡注入压力	优化注入参数 提高油层动用	加强措施挖潜 保证注采能力	均衡油层动用 控制含水上升	减少低效注入 挖掘差层潜力

续表

所处阶段	空白水驱	含水下降期 0~0.15PV	含水稳定期 0.15PV~0.5PV	含水回升初期 0.5PV~0.65PV	含水回升后期 >0.65PV
合理指标	压力空间应在2MPa以上	油层动用程度在75%以上	注入采出能力下降幅度小于50%	月含水上升速度小于0.2%	控制存剂率在合理范围内
具体措施	速度调整调剖	分注分层浓度调整	压裂酸化	分层堵水堵压调剖	调剖分层堵水堵压
目的	调压力	提动用	保能力	控含水	防突破

第五节 化学复合驱工业应用配套技术

中国石油在三元复合驱配套技术方面通过多年试验研究，特别是"十一五""十二五"期间的持续科技攻关，形成了复合驱工业化应用配套技术。在复合驱配注、清防垢举升、采出液处理方面创建了完整的工艺技术、研发出系列专用设备、取得了创新性成果。

配注工艺技术方面，在原有工艺的基础上不断优化改进和设计创新，形成了三元复合驱"低压三元、高压二元"配注工艺；建立了"集中配制、分散注入"布局模式，大幅降低了建设投资；研发出新型组合式静态混合器。清防垢技术方面，针对三元复合驱产出液复杂、处理难度大的实际，研制出系列高效清垢剂、防垢剂[30,31]。同时，通过对采出水离子浓度和垢样数据拟合分析，建立了结垢预测图版。举升设备方面，通过结构优化和材质改进，开发出小过盈螺杆泵和长柱塞短泵筒防垢抽油泵，大幅提高检泵周期。产出液处理方面，针对现场实验遇到的问题，在系统研究三元复合驱采出液性质和稳定机制的基础上，研制出系列破乳剂。研发了填料可再生的新型游离水脱除器、组合电极电脱水器及配套供电设备。研制出效率更高的序批式沉降分离设备，形成了序批式产出液沉降处理工艺。

以上三元复合驱配套技术取得的创新性成果，为复合驱工业推广应用提供了有力保障。

一、三元复合驱"低压三元、高压二元"配注工艺

在三元复合驱先导试验阶段，建立了目的液配注工艺流程。首先，将液态碱、液态表面活性剂和粉末状聚合物分别配制成三种溶液。然后，将三种溶液按照复合体系配方中的比例分别输送到三元体系调配罐。调配成三元体系目的液后，再由注入泵升压注入油藏中。

在三元复合驱工业性试验阶段，提出了"单剂单泵单井"配注工艺流程。该流程使用以多联泵为核心的升压混配装置，将碱、表面活性剂和聚合物按配方设计要求依次与水混配成三元复合体系混合溶液，再泵送到注入井。这一流程解决了开发方案提出的单井三种化学剂浓度都可调整的要求，有利于进行单井个性化设计与调整。

在三元复合驱工业化推广应用阶段，开发了独立建站的"低压三元、高压二元"配注工艺流程。从而适应了"集中配制、分散注入"工艺流程，满足了复合驱工业化应用需要。同时，实现了主要设备国产化，为三元配注工艺进一步优化奠定了基础。

1."低压三元、高压二元"配注工艺

在"目的液"和"单泵单井单剂"工艺的基础上，形成了三元复合驱"低压三元、高

压二元"配注工艺。为满足开发方案提出的"聚合物浓度可调，碱和表面活性剂浓度不变"个性化注入要求、不断改进和完善三元复合驱配注流程，2007年大庆油田提出了简化的三元复合驱配注工艺方案。该方案以三元调配罐配制低压三元溶液，并与注入站碱和表面活性剂高压二元溶液混合注入。形成了三元复合驱"低压三元、高压二元"配注工艺，满足了三元复合驱工业化推广应用需要。

在此工艺中，碱和表面活性剂与聚合物的母液按照一定比例先后混合，形成含目的液浓度碱和活性剂的低压三元溶液，再通过站内注入泵增压为高压三元溶液。碱和表面活性剂经高压水按一定比例稀释，形成含目的液浓度的碱和活性剂的高压二元溶液。低压三元溶液与高压二元溶液通过高压注水阀组按比例混合，通过单井静态混合器混配成符合最终指标要求的三元体系目的液。通过站外管线将目的液输至注入井。该工艺流程如图3-40所示。与"单剂单泵单井"三元配注工艺相比，"低压三元、高压二元"配注工艺可节约建设投资20%以上。

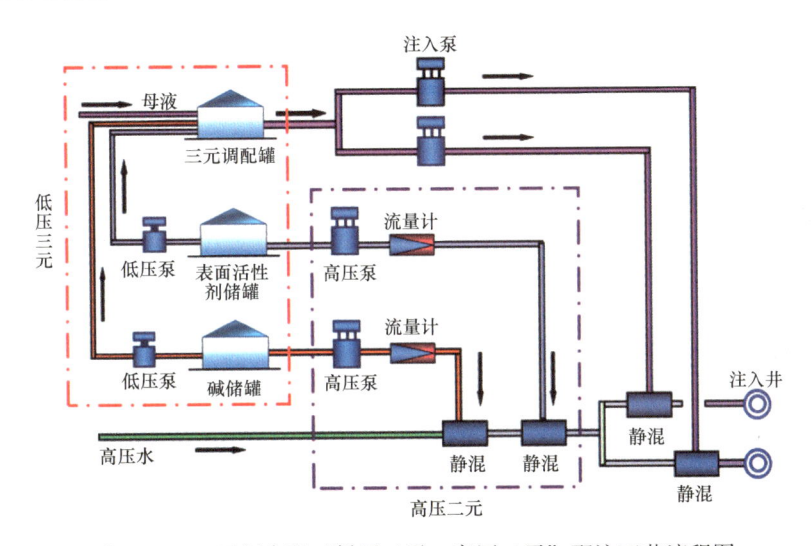

图3-40 三元复合驱"低压三元、高压二元"配注工艺流程图

2. "集中配制、分散注入"布局模式

随着"低压三元（二元）、高压二元"配注工艺的建立以及三元复合驱技术的工业化推广应用，逐渐形成了"集中配制、分散注入"布局模式。

如图3-41所示，配制站提供低压二元母液，调配站提供高压二元水。在低压水中加入表面活性剂，形成低压一元水，在配制站用其配制聚合物，集中配制成低压二元液，再输送至各三元注入站。

图3-41 三元复合驱"集中配制、分散注入"布局模式

截至2015年底，使用"低压二元、高压二元"配注工艺，大庆油田建成"集中配制"

— 87 —

布局的三元区块10个,三元注入站48座,注入井2375口。以大庆采油一厂东区二类三元产能区块为例,配注系统采用"集中配制、分散注入"布局模式,比"分散建站"模式节省建设投资7932.9万元(表3-21)。

表3-21 大庆采油一厂二类三元配注工艺方案对比表

项目	方案一	方案二
	集中配制模式	分散建站模式
工程费用,万元	56645.3	64578.2

3. 新型组合式静态混合器

"十二五"初期,大庆油田三元复合体系配注站采用的单井静态混合器大都从化工行业直接移植,其混合元件多为单一类型,没有针对注入介质的专用设备。针对聚合物溶液的特殊性质,专门设计研发出组合式静态混合器,其混合元件为包含K形和X形的混合单元(图3-42)。

对比了普通静混器和组合式静混器的混合效果。如图3-43所示,与普通静混器相比,组合式静态混合器的混合效率更高。

图3-42 组合式静态混合器混合单元

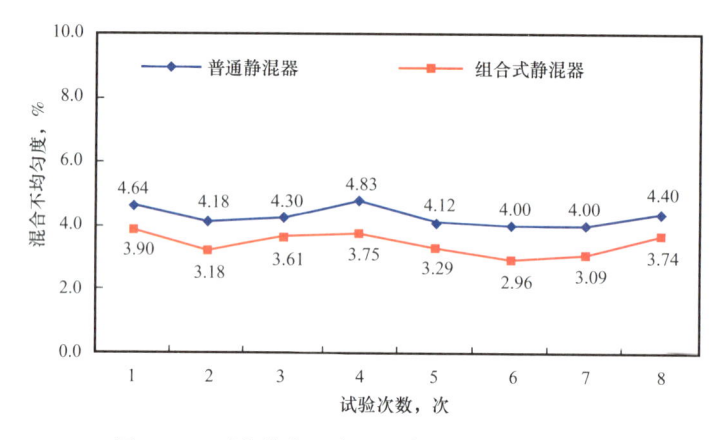

图3-43 两种静态混合器混合不均匀度对比曲线

二、清防垢举升技术

1. 清防垢技术

大庆油田三元复合驱矿场试验过程中发现,机采井有严重结垢和卡泵现象。复合驱体系中的碱注入储层后,与地层岩石及地下流体接触并进行物理化学反应,打破了原来地下的平衡状态。碱对岩石的溶蚀作用使大量的钙、镁、铝、硅、钡、锶元素以离子形式进入地下流体并一起运移。在采油井的近井地带、井筒和地面集输系统中,溶蚀岩石矿物再一次以泥质垢、钙垢、镁垢和硅铝垢等沉淀物质形式析出,严重影响了机械采油的正常进行。三元复合驱技术带来大量垢，且垢质坚硬、处理难度大，成为制约三元复合驱大面积推广应用的瓶颈问题之一。

复合驱成垢机理复杂，通过同步辐射 X 射线衍射、红外光谱及电镜等仪器对机采井采出水样离子、垢样分析和开展结垢模拟实验，首次揭示了油井复合垢成垢及演变机理。碱对矿物产生溶蚀，钙离子首先反应生成碳酸盐垢，然后硅离子缩合沉积在碳酸盐垢表面并生长为颗粒状 SiO_2，最后形成钙硅混合垢。复合驱初期以钙垢为主，中期硅铝垢与钙垢并存，后期以硅铝垢为主。垢样原始状态与扫描电镜（SEM）形貌如图 3-44 所示。

(a) 初期

(b) 中后期

图 3-44　垢样原始状态与扫描电镜形貌

目前的防垢机理主要包括：晶格畸变理论、络合增溶理论、阈值效应和双电层作用机理等。晶格畸变防垢理论认为，向生垢环境中加入防垢剂后，防垢剂分子占据生垢活性增长点，歪曲了晶体的生产分析造成晶体变形，从而达到防垢目的。络合增溶防垢理论认为，带负电性的防垢剂加入成垢环境后与带正电荷的成垢阳离子易形成水溶性络合物，进而减少成垢晶体的生成达到阻垢的目的。阈值效应观点认为，在流体中加入数种阻垢剂后，能够将比按化学计量比浓度高得多的钙离子稳定在体系中。双电层作用机理认为，阻垢剂能在晶核生长部位附近的扩散边界层富集，形成双电层并阻碍分子簇及生垢离子在金属表面的聚结。

大庆油田结合采出液离子浓度和垢质成分变化规律特征，确定了油井不同结垢阶段判别标准。通过对试验区采出水样离子浓度和垢样数据拟合分析，形成了以 Ca^{2+}、Mg^{2+}、

Si^{4+}、CO_3^{2-}、HCO_3^- 和 pH 值等参数为判定标准的结垢预测图版（图 3-45），采用图版Ⅰ和图版Ⅱ对大庆油田南五区 39 口油井进行了结垢判别，验证符合率达 90%。

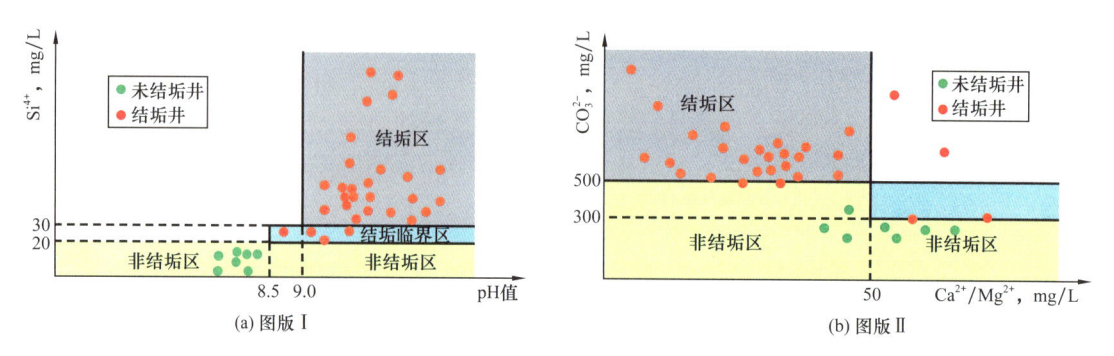

图 3-45 结垢预测图版

以单井结垢对应关系为基础，通过修正现场 106 口井的结垢参数，建立不同结垢时期对应的三元复合驱机采井钙硅混合垢结垢的量化区间，形成了大庆油田三元复合驱钙硅混合垢各阶段结垢的量化预测方法，准确率达 90% 以上。

"十二五"期间，研发出满足不同垢质、不同机采方式需求的清垢剂。针对已沉积在举升设备上的钙硅复合垢使机采井负荷增大、电流升高，导致卡泵、泵漏等问题，基于溶垢机制和散垢机制，研发出两种清垢剂配方。针对常规清垢剂硅垢溶解率低（<50%）、效果差问题，研制出具有络合、溶解多重溶垢作用的有机酸清垢剂。该清垢剂以有机酸、含氟盐为主要成分，腐蚀率不大于 1.0g/（m²·h），溶垢反应时间 4h，钙硅复合垢清垢率不小于 80%。针对螺杆泵，研制出硬垢软化剂。该剂由强螯合剂、分散剂等组成，通过缔结、螯合及分散作用使垢疏松、膨胀、脱落。

为抑制、解决三元复合驱过程中的结垢问题，确保试验和生产正常平稳运行，在深化防垢机理认识的基础上研发出三元复合驱用高效防垢剂。使用具有特定分子量的高分子螯合剂，通过物理吸附或化学反应包裹在晶核表面，阻止晶核的生长或导致晶核畸变生长；采用特殊官能团络合略显正电性"硅离子"，阻止晶核的形成。阻止或减缓硅酸盐垢在泵、杆管等举升设备上的沉积和生长，从而延长检泵周期并提高运行时率。该防垢剂性能良好，在 100mg/L 时防垢率可达 80%。在大庆油田五个三元区块 576 口井采取了物理和化学综合防垢措施，平均检泵周期由不足 100 天延长到 322 天，运转时率提高 4.13%，检泵作业成本下降 72.77%。有效降低了生产成本，同时提高了三元复合驱机采井运行时率，为复合驱工业化应用提供了工艺保证。

2. 防垢举升技术

"十二五"初期，三元复合驱在结垢高峰期，螺杆泵井平均检泵周期不足 50 天，抽油机井平均检泵周期不足 30 天。

在举升工艺方面，通过结构优化和材质改进，开发出小过盈螺杆泵以及长柱塞短泵筒防垢抽油泵，有效提升了防垢性能。

通过表面改性技术和配泵参数优化，开发出防垢性能优良的小过盈防垢螺杆泵及相关配泵方法。螺杆泵是一种容积式泵，通过空腔排油。其转子与定子间的摩擦力明显小于抽油泵的活塞与泵筒间摩擦力。因此，与常规抽油泵相比，螺杆泵对三元采出液结垢的影响适应性较好。然而，常规螺杆泵一旦定子、转子表面发生结垢，定子、转子之间过盈值会迅速增加，导致扭矩增加，极易发生卡泵。针对这一问题，大庆油田发明了小过盈螺杆泵。在保证螺杆泵容积效率和举升能力的前提下，适当减小螺杆泵定转子间过盈值。通过降低定转子间的接触载荷和接触应力，降低螺杆泵初始扭矩，减轻定子、转子磨损，有效延长了螺杆泵使用寿命。通过配泵参数优化和螺杆泵橡胶优选，提升了螺杆泵防垢性能。

常规抽油泵为短柱塞长泵筒结构，垢容易沉积在柱塞上部，造成卡泵现象。在三元复合驱区块，常规抽油泵的检泵周期较水驱、聚合物驱区块有较大差距。针对此问题，大庆油田研制出长柱塞短泵筒抽油泵。在柱塞与泵筒表面均采用高硬度、光洁度好且抗磨蚀性能高的特种合金材质进行防垢处理；采用长柱塞短泵筒式防垢结构设计，保证柱塞始终处于泵筒外；使用等直径的光柱塞减缓垢的沉积；专门的构造有效阻止垢进入柱塞和泵筒的间隙；流线型通道可防止垢的堆积有效延缓结垢并防止卡泵。

通过多年持续攻关，三元复合驱物理化学清防垢举升技术已基本成熟，形成了完整的配套技术。截至"十二五"末，现场应用千余口井。机采井平均检泵周期由不足100天提高到400天左右，取得了较好的应用效果。

三、采出液处理工艺技术

由于三元复合驱产出液中残存了相当量的碱、表面活性剂和聚合物，使得采出水黏度高、油水界面张力低，导致乳状液稳定性高、强乳化严重，造成油水分离、气液分离和悬浮固体处理困难。

"十二五"期间，针对现场实验遇到的困难和问题，在系统研究三元复合驱采出液和采出水性质和稳定机制的基础上，研发出三元复合驱产出液用系列破乳剂；发明了使用可再生填料的新型游离水脱除器；研制出分离效率更高的序批式沉降分离设备，形成了序批式产出液沉降处理工艺。解决了三元复合驱产出液处理难题，保障了工业化应用的顺利进行。

1. 三元复合驱产出液稳定机制认识

与水驱采出水相比，三元复合驱采出液中含有部分水解聚丙烯酰胺、烷基苯磺酸盐表面活性剂，而且pH值、Na含量、黏度和硅含量高。以外，三元复合驱采出液中的SO_4^{2-}和Cl^-等离子含量高于水驱采出水，而Ba^{2+}、Ca^{2+}、Mg^{2+}和K^+等离子的含量低于水驱采出水。

三元体系采出液主要稳定机制包括：过饱和机制、固体颗粒稳定机制和高乳化程度稳定机制。过饱和机制认为，碱的溶蚀作用使Si^{4+}和CO_3^{2-}离子浓度增加，导致采出液水相过饱和，因而持续析出碳酸盐、二氧化硅等新生矿物微粒。这些固体颗粒在采出水中悬浮起到稳定作用。以大庆杏二中试验站为例，其综合采出水存在严重的过饱和现象。其中，过饱和量大于1mg/L的矿物依次为二氧化硅、硫酸钡、碳酸钡、碳酸钙、碳酸锶、碳酸镁和硅酸镁，表明杏二中试验区综合采出液中不仅含有采出液从油藏中携带出的黏土等矿物颗粒及岩石碎屑，还可能含有上述新生的矿物颗粒。固体颗粒稳定机制指出，产出液中的部分黏土颗粒、岩石碎屑和新生矿物颗粒吸附于油水界面上，形成的空间屏障阻碍了油珠间的聚并。扩散双电层稳定机制认为，表面活性剂、聚合物和低含量的碱使油水界面负电性及油珠之间的静电排斥力增强，阻碍了油珠之间的聚集和聚并。高乳化程度稳定机制表明，碱、聚合物和表面活性剂的存在均导致乳化程度增大。低油水界面张力、高水相黏度的采出液在井筒、地面设施中所受到的剪切所用下发生乳化，形成高乳化程度的油水乳状液；分散相粒径的减小使油水分离速率大幅度降低。

针对油水分离问题，在三元复合驱采出水处理剂方面进行了大量的研究工作。基于产出液固体颗粒稳定机制方面的深入研究，采用水相乳化油量和油相水含量作为破乳效果评价指标，通过大量筛选和复配试验研制出SP系列三元复合驱采出液破乳剂。SP破乳剂通过聚集、聚并乳状液中细小油珠，使油水界面吸附的纳米级胶态的颗粒物润湿性发生反转，从而消除空间位阻使油滴易于聚并。其中，SP1003适用于表面活性剂含量不大于30mg/L的三元复合驱采出液，SP1009和SP1010适用于表面活性剂含量高于30mg/L的三元复合驱采出液。大庆杏二中试验区低驱油剂含量三元复合驱采出液现场应用表明，破乳剂SP1003具有良好的油水分离效果。在加量为20mg/L时，对于脱水泵40℃静置沉降30min后的出液，可使水相悬浮油量和乳化油量由不加药情况下的917mg/L和16032mg/L分别下降至203mg/L和532mg/L，并使油相水含量由26%下降到1.1%。对比SP1003与现场试验前杏二中试验站在用破乳剂的清水效果可见，在加量相同情况下，SP1003的水相悬浮油量和乳化油量比后者分别下降了56.2%和66.0%。对不同阶段北一区断东试验区三元复合驱采出液，破乳剂SP1008表现出良好的油水分离效果。在加量100mg/L时，对于表面活性剂含量为28~91mg/L，聚合物含量为744~1064mg/L的北一区断东试验区三元复合驱采出液，可使40℃静置沉降30min后的产出液水相乳化油量控制在3000mg/L的控制指标以内，油相水含量低于5%。

2. 三元复合驱采出液原油脱水技术

"十二五"期间，两段脱水技术发展成为标准化设计的定型工艺技术。研发了填料可再生的新型游离水脱除器（图3-46）、组合电极电脱水器及配套供电设备，保证了工业性试验区和工业示范区的平稳运行。

常规填料易造成游离水脱除器淤积堵塞难以清理。依据材料表面润湿理论，开发了可再生管式蜂窝状陶瓷填料。使用新型填料的游离水脱除器实现了聚结填料的在线清洗和重复利用，保证了游离水脱除过程高效低成本运行。

研制出组合电极电脱水器（图3-47）及配套的供电装置。研发的变频脉冲脱水供电装置避免了瞬间击穿电流的冲击并提高了供电输出能力。高效组合电极电脱水器进液采用多管分支结构，实现均匀布液，组合电极实现脱水电场从弱到强多层次梯度布置，实现了电脱水器的平稳运行。

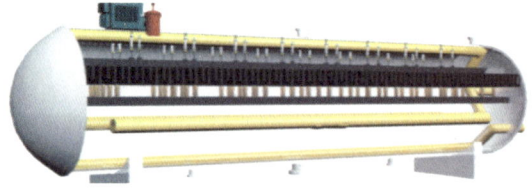

图3-46 新型游离水脱除器结构示意图　　图3-47 组合电极电脱水器结构示意图

针对黏度大、乳化程度高、含三元驱油剂的三元复合驱采出液，大庆油田研制出比连续流沉降分离设备分离效率更高的序批式沉降分离设备，形成了序批式产出液沉降处理工艺（图3-48）。相比连续流沉降，序批式沉降具有如下优点：油珠上浮不受水流下向流速干扰；有效沉降时间不受布水、集水系统干扰，不会出现短流；耐冲击负荷强，可有效控制出水水质。此外，序批式沉降采用的是浮动收油，可以缩短污油在罐内的停留时间、避免形成老化油层，从而保障了污油最大限度地有效回收，提高了设备含油处理效率。图3-48所示的处理工艺具有如下特点：

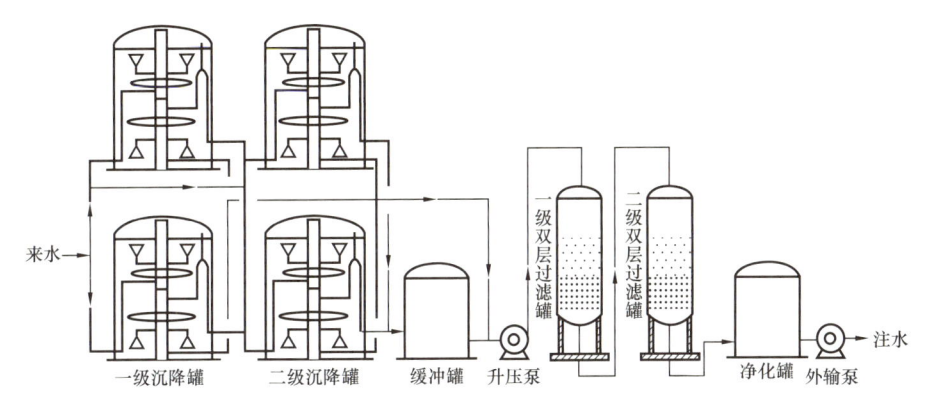

图 3-48 序批式产出液沉降处理工艺流程示意图

（1）当采出液中三元组分含量较低时，采用序批式沉降处理工艺。

（2）当采出液中三元组分含量较高且水中离子过饱和时，采用序批式沉降处理工艺，且在掺水中投加水质稳定剂抑制过饱和悬浮固体的析出。

（3）滤料采用两级双层粒状滤料且滤速进一步降低，保障了出水水质。

（4）采用过滤罐气水反冲洗技术。节省过滤罐反冲洗自耗水量40%以上，滤料含油量降至0.2%以下。

（5）在常规气水反冲洗基础上，使用定期热洗技术。有效解决了冬季反冲洗排油不畅问题。

第六节 矿 场 实 例

大庆、辽河、新疆和大港等油田自2006年以来先后开展了强碱三元复合驱、弱碱三元复合驱以及二元复合驱矿场试验，三元复合驱提高采收率20%以上，二元复合驱提高采收率达到15%，为复合驱技术的推广奠定了坚实的基础。

一、碱—聚合物—表面活性剂三元复合驱

1. 北一区断东二类油层强碱体系三元复合驱矿场试验

（1）油藏特征。

北一区断东二类油层强碱三元复合驱试验区位于萨尔图油田中部开发区北一区第98#断层东部。试验目的层为萨Ⅱ 1—9砂岩组，平均单井射开砂岩厚度10.6m，有效厚度7.7m。试验区地质储量为240.72×10^{4}t，孔隙体积505.11×10^{4}m^3。

（2）工艺方案。

试验区面积1.92km^2，采用125m×125m注采井距，总井数112口（其中采出井63

口、注入井49口），中心井36口，并设计一口密闭取心井北1-55-检E66。现场试验采用前置聚合物段塞＋三元复合驱主段塞＋三元复合驱副段塞＋后续聚合物段塞，多段塞组合的方式。三元复合驱主段塞组成：0.3孔隙体积倍数的三元复合体系，氢氧化钠浓度1.2%（质量分数），重烷基苯磺酸盐表面活性剂浓度0.3%（质量分数），聚合物浓度2000mg/L，体系黏度41.6mPa·s。聚合物相对分子质量1600万～2500万。

（3）实施效果。

① 二类油层强碱三元复合驱可比水驱提高采收率20个百分点以上。

试验区累计注入化学剂溶液0.923孔隙体积倍数，累计产油81.64×10⁴t，累计增油58.63×10⁴t。中心区累计产油48.69×10⁴t，累计增油33.14×10⁴t，中心井综合含水96.9%。阶段采出程度33.95%，提高采收率28.19%，取得了较好的开发效果，如图3-49和图3-50所示。

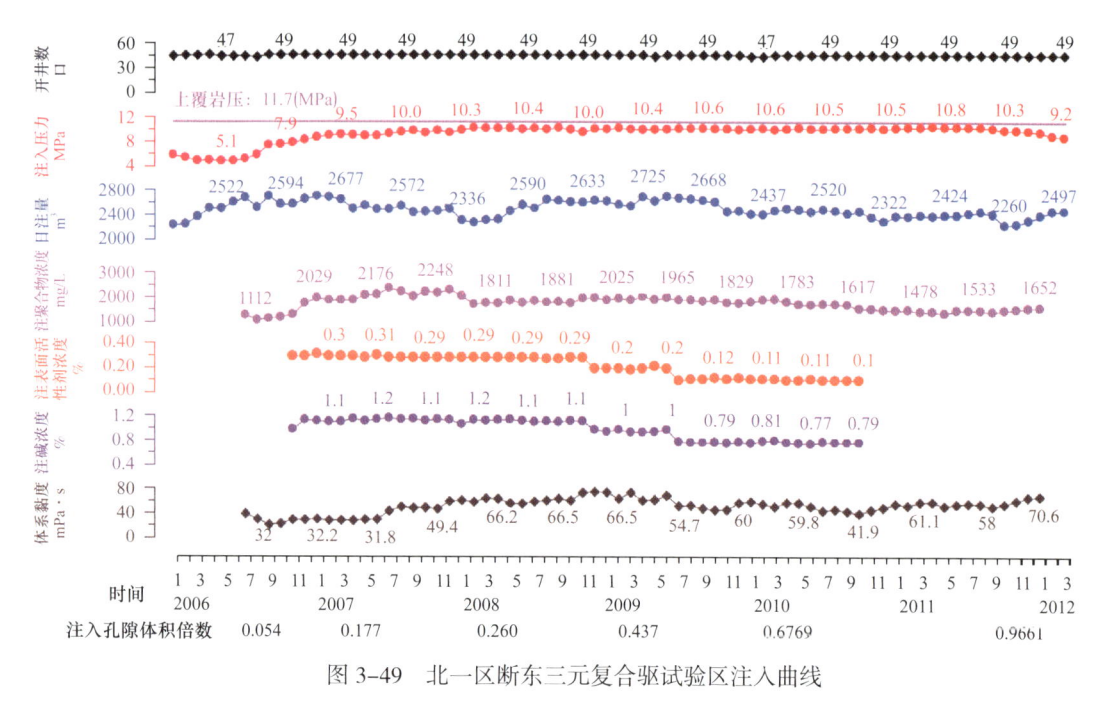

图3-49 北一区断东三元复合驱试验区注入曲线

② 试验区注入速度保持稳定，注入量、产液量下降幅度小，注采能力较强。化学驱注入速度平稳，在保持注采平衡的基础上，试验区日注入量下降幅度较小，日注入量由2645m³最大下降到2507m³，仅下降了5.2%，日产液量由2075t最大下降到1732t，下降了16.5%，较强的注采能力为三元复合驱开发效果奠定了基础。

③ 试验区含水下降幅度大，低含水稳定期长。注入化学剂溶液0.104孔隙体积倍数到0.49孔隙体积倍数，含水稳定在80.4%与83.8%之间，低含水稳定期达到了28个月。

④ 全过程剖面动用比例高，特别是薄层动用状况改善明显。通过对三元复合体系中聚合物相对分子质量的调整，结合分层调整措施，油层动用厚度比例不断增加。水驱阶段有效厚度小于1m油层的层数动用比例、厚度动用比例分别为16.1%和25.0%，到三元复合体系副段塞阶段，层数动用比例、厚度动用比例分别达到45.2%和54.5%。

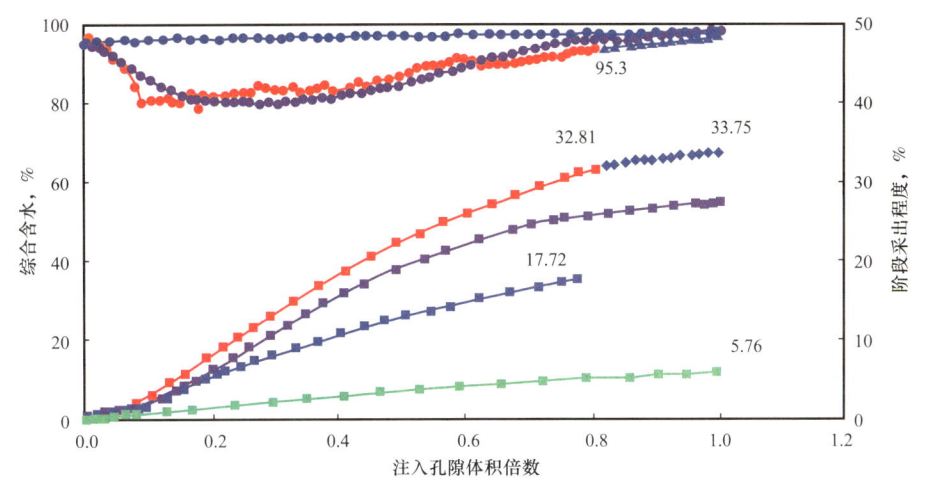

图 3-50 综合含水、采出程度与注入孔隙体积倍数关系曲线

⑤ 采出液出现乳化，化学剂没有出现明显的色谱分离，三元复合体系化学剂协同作用自 2007 年 4 月开始（三元复合体系注入 4 个月后），试验区有 3 口井出现乳化现象。其中北 1-43- 斜 E62 乳化后含水由 90.5% 含水下降到 45.2%，采出液无游离水，采出液为深棕黄色乳状液，在 45℃ 条件下黏度约为 120mPa·s 左右，乳化类型为油包水型，持续时间 6 个月。

（4）经过 7 年的矿场试验研究，取得了较好的效果，试验区中心井阶段提高采收率 26.18 个百分点，最终提高采收率 28 个百分点。配套技术逐步完善，经济效益可行，为二类油层尽快推广强碱三元复合驱油技术、增加油田的可采储量，提供技术储备。该技术的实施，对保证油田可持续发展以及提高油田资源利用率具有非常重要的意义。

2. 北二区西部二类油层弱碱三元复合驱矿场试验

（1）油藏特征。

试验区位于萨北开发区北二区西部，面积 1.21km^2，地质储量 116.31×10^{4}t，孔隙体积 219.21×10^{4}m^3，试验目的层为萨Ⅱ 10-12 油层，平均单井射开砂岩厚度 8.1m，有效厚度 6.6m，有效渗透率 0.533D。

（2）工艺方案。

试验区采用 125m×125m 五点法面积井网，共有注采井 79 口（其中注入井 35 口、采出井 44 口），中心采出井 24 口。注入工艺采用前置聚合物段塞 + 三元复合驱主段塞 + 三元复合驱副段塞 + 后续聚合物段塞，多段塞组合的方式。三元复合驱主段塞：注入 0.35 孔隙体积倍数的三元复合体系，碳酸钠浓度 1.2%（质量分数），石油磺酸盐表面活性剂浓度 0.3%（质量分数），聚合物浓度 1750mg/L，体系黏度 45mPa·s。聚合物相对分子质量 2500 万。

（3）实施效果及认识。

① 弱碱三元复合驱增油降水效果显著。北二西弱碱三元复合驱试验区中心井区含水最大降幅为 19.06 个百分点（图 3-51），比北二西聚合物驱和强碱三元复合驱分别多下降 7.56 和 1.57 个百分点，最终提高采收率 25.46%，相同孔隙体积倍数下与强碱三元复合驱相当，较北二西聚合物驱高 10.75 个百分点。见效高峰期弱碱三元复合驱的采油速度是强

碱三元复合驱的 1.24 倍，是聚合物驱的 2.17 倍。增油倍数是强碱三元复合驱的 2.68 倍，是聚合物驱的 6.49 倍。

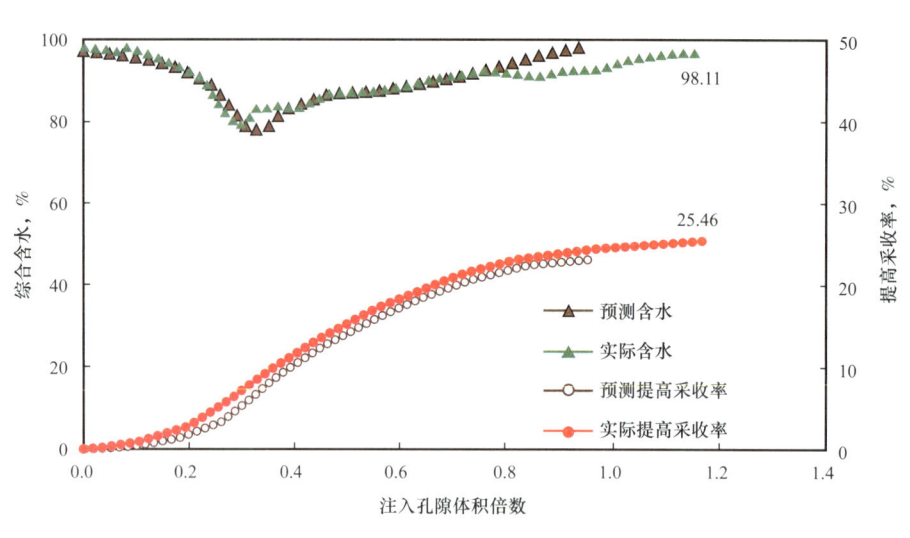

图 3-51 北二西试验区中心井区数模与实际对比曲线

② 油层动用状况改善，驱油效率提高。试验区主、副和后续聚合物保护段塞阶段，吸水层数比例分别比水驱增加 6.76 个百分点、11.32 个百分点和 13.53 个百分点，吸水厚度比例分别比水驱增加 6.65 个百分点、9.01 个百分点和 11.57 个百分点，无反转现象。尤其是有效渗透率小于 0.1D 的差油层吸入厚度比例比水驱增加 12.3 个百分点，有效厚度小于 1.0m 的薄油层吸入厚度比例比水驱增加 18.4 个百分点。

③ 采出液出现乳化，化学剂没有出现明显的色谱分离，三元复合体系协同作用较好。三元复合体系注入 0.27 孔隙体积倍数时，采出液出现乳化，注入 0.35 孔隙体积倍数时，采出液中无游离水，整个乳化过程为 0.1~0.14 孔隙体积倍数。乳化采出井含水下降幅度比未乳化采出井含水下降幅度 15%~25%，乳化严重采出井含水比乳化轻采出井含水多下降 12%，乳化液类型均为油包水型。

④ 试验区注入速度保持稳定，注入量、产液量下降幅度小、注采能力较强。化学驱注入速度平稳，在保持注采平衡的基础上，试验区日注入量下降幅度较小，日注入量由 2645m³ 最大下降到 2507m³，仅下降了 5.2%，日产液量由 2075t 最大下降到 1732t，下降了 16.5%，较强的注采能力为三元复合驱开发效果奠定了基础。

⑤ 125m 井距适合二类油层弱碱三元复合驱开发。注采井距 125m 条件下，聚合物驱控制程度可达到 90.02%，较 150m 井距条件下提高 4.39 个百分点；"河道–河道"的一类连通率达到 82.33%，较 150m 井距条件下提高 6.7 个百分点。

⑥ 2500 万相对分子质量聚合物石油磺酸盐弱碱三元体系适合二类油层开发。2500 万相对分子质量聚合物与石油磺酸盐弱碱三元复合体系具有较宽的超低界面张力范围，且界面张力稳定性好。

图 3-52 所示为石油磺酸盐弱碱三元复合体系界面活性图。

（4）北二区西部二类油层弱碱三元复合驱矿场试验是继小井距试验后，弱碱三元复合驱扩大试验。历经9年攻关，试验中心井区最终提高采收率25个百分点以上，明确了二类油层弱碱三元复合驱开采规律及调整方法，建立了合理的井网、井距及层系组合方法，形成一套适合萨北开发区二类油层的弱碱三元复合驱开发配套技术，为大庆油田可持续发展提供支撑。

二、聚合物—表面活性剂二元复合驱

1. 辽河锦16西二元复合驱工业化试验

2008年，开展了锦16西二元复合驱矿场试验，历经数年攻关，试验中心井区最终提高采收率25个百分点以上，明确了二元复合驱开采规律及调整方法，形成了相关采油和地面配套工艺技术。

（1）油藏特征。

二元复合驱工业化试验区位于锦16块中部，试验区含油面积1.37km², 地质储量586×10⁴t, 目的层位为二层系（兴Ⅱ 35-6—兴Ⅱ 47-8）。分两套层

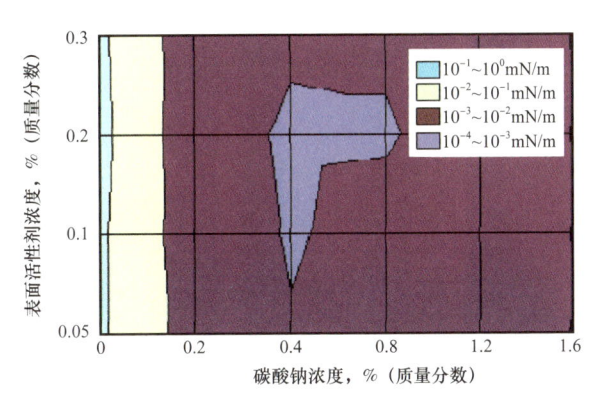

图3-52 石油磺酸盐弱碱三元复合体系界面活性图

系逐层上返开发，先采兴Ⅱ 47-8，上返接替兴Ⅱ 35-6。其中兴Ⅱ 47-8含油面积1.28km², 地质储量298×10⁴t。试验区孔隙体积487×10⁴m³，采用五点法面积注采井网，注采井距150m，有效厚度13.6m，平均有效渗透率750mD。平均地层温度55℃，地下原油黏度14.3mPa·s，原始油气比为42m³/t，原始地层水矿化度为2467mg/L。

（2）工艺方案。

按照中国石油勘探生产分公司批复的布井方案，试验区采用150m注采井距，五点法面积井网布井，方案设计总井69口，其中注入井24口、采油井35口、观察井10口。

注入工艺采用多段塞组合的方式。聚合物前置段塞：0.1PV，聚合物浓度2500mg/L，注入周期8个月。二元复合体系主段塞：0.65PV，聚合物浓度2000mg/L，表面活性剂浓度0.4%（商品浓度50%），注入周期52个月。二元复合体系副段塞：0.2PV，聚合物浓度2000mg/L，表活剂浓度0.3%（商品浓度50%），注入周期16个月。聚合物保护段塞：0.1PV，聚合物浓度1400mg/L，注入周期8个月。第一次调整：2012年将主段塞浓度由1600mg/L增加至2000mg/L，主段塞尺寸由0.35PV增加至0.65PV 第二次调整：2015年将主段塞尺寸由0.65PV增加至0.9PV。

（3）实施效果。

① 聚合物—表面活性剂复合驱工业化试验增油效果显著（图3-53）。试验区日产油稳定在220t左右，综合含水控制在89.7%左右，阶段核实累计产油50.6×10⁴t。

② 实际提高采收率值会好于预期（图3-54）。实际含水比方案预测的低4.4%，实际采出程度比方案预测的高0.9%。预计最终采出程度将达到70%以上。

图 3-53　锦16二元驱采油曲线

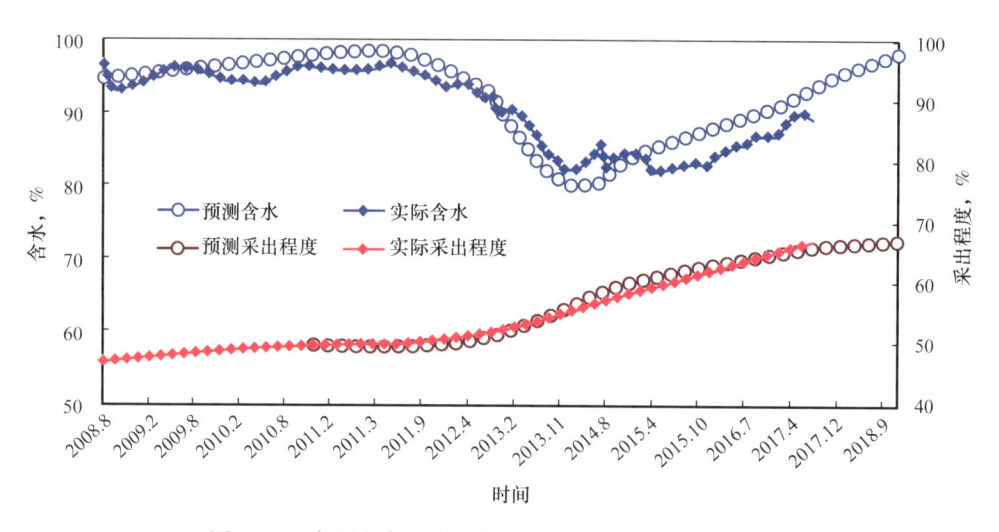

图 3-54　实际含水和采出程度与方案预测值的对比曲线

③ 注入状况保持稳定，储层动用程度明显提高（图 3-55）。注入压力稳定在 8.0MPa 左右，吸聚厚度比例由 60.6% 上升到 83.6%。视吸液指数下降 40%~50% 并维持稳定。

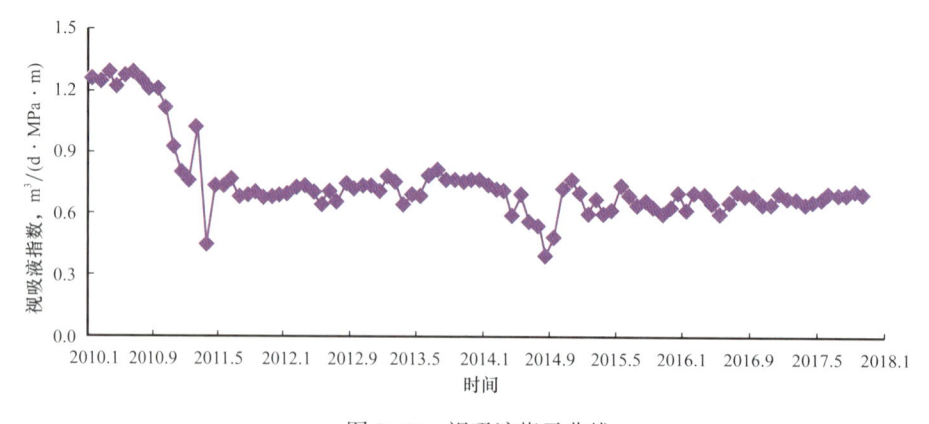

图 3-55　视吸液指示曲线

④ 油井受效状况良好，采聚浓度得到有效控制（图3-56）。试验区总体采聚浓度稳定在500mg/L左右。

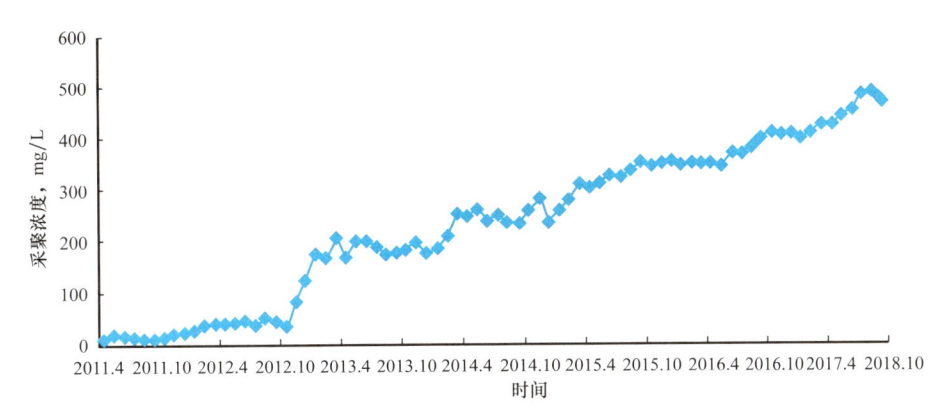

图3-56 采聚浓度曲线

（4）2008年到2011年实施井网调整及"二三结合"挖潜，阶段增油11.5×10⁴t，全部收回钻井投资。2011年4月进入化学剂注入阶段，已完成主段塞注入，日产油由63t增至351t，含水由96.7%降至82.5%，阶段提高采出程度7.4%，预计提高采收率15.5%，最终采收率66.5%。阶段产油25.7×10⁴t，实现经济效益4.4亿元。在试验区成功实施的基础上，在锦16块规模推广100个井组，预计2016年二元驱实施规模将达到124个井组，动用地质储量2833×10⁴t，增加可采储量425×10⁴t。

2. 新疆七中区克下组二元驱先导试验

七中区克下组油藏复合驱工业化试验是中国石油天然气股份有限公司2007年立项管理的一个重大开发试验项目。历经数年攻关，试验区取得显著降水增油效果，预计提高采收率18.1%。

（1）油藏特点。

七中区克下组油藏处于准噶尔盆地西北缘克—乌逆掩断裂带白碱滩段的下盘。储层平均孔隙度15.7%，平均渗透率为69.4mD。地面原油密度0.858g/cm³，原油凝固点 −20~4℃，含蜡量2.67%~6.0%，40℃原油黏度17.85mPa·s，酸值0.2%~0.9%，原始气油比120m³/t，地层油体积系数1.205。地层水属$NaHCO_3$，矿化度13700~14800mg/L。

（2）工艺方案。

二元驱试验采用150m注采井距、五点法面积井网形式，注入井18口，采油井26口（含一口水平井）。试验采用聚合物前置段塞+二元主段塞+聚合物保护段塞的段塞组合方式。调整后的主段塞配方组成：聚合物分子量1000万、浓度1000mg/L；表面活性剂浓度0.2%，黏度10mPa·s。注入速度0.10PV/a，设计总注入0.78PV（弥补外溢量0.12PV）。

（3）实施效果。

① 试验区取得显著降水增油效果（图3-57）。截至2016年9月，二元试验区油水井20口，试验区日注249.7m³，日产液87.9t，日产油30.4t，综合含水65.4%；试验区累计注剂0.49PV。累计产油10.9×10⁴t，试验阶段采出程度20.2%，其中二元复合驱阶段采出程度12.2%，目前采出程度59.1%。

图 3-57 七中区二元试验区开发曲线

② 单井产量显著提高，含水大幅度下降。2015 年 11 月达到见效高峰，见效率 92.3%，中心井全部见效。高峰期平均单井日产油 4.2t，含水 56.1%；目前单井日产液 8.8t，日产油 3.0t，含水 65.4%

③ 界面张力稳定、产聚浓度正常，生产运行平稳，如图 3-58 所示。

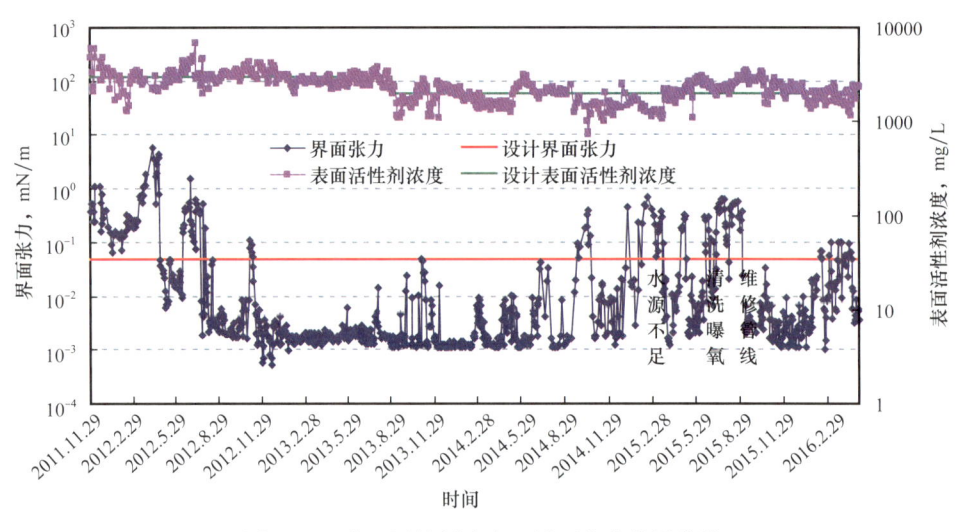

图 3-58 表面活性剂浓度、界面张力检测曲线

④ 试验区采收率提高值将超过方案目标（图 3-59）。已注入 0.47PV，根据目前生产特征，完成了最新历史拟合，当注入量达到方案设计（0.78PV）时，试验区提高采收率指标可超过方案设计（15.5%），达到 18% 以上（大庆油田弱碱三元提高采收率 18%，强碱三元提高 20%）

（4）2008—2015 年采用实际结算价格，2016 年之后分别采用阶梯油价，整个评价期单位操作费 1042 元/t，税后内部收益率 17.07%。二元复合驱具有"高效、低成本、绿色"

- 100 -

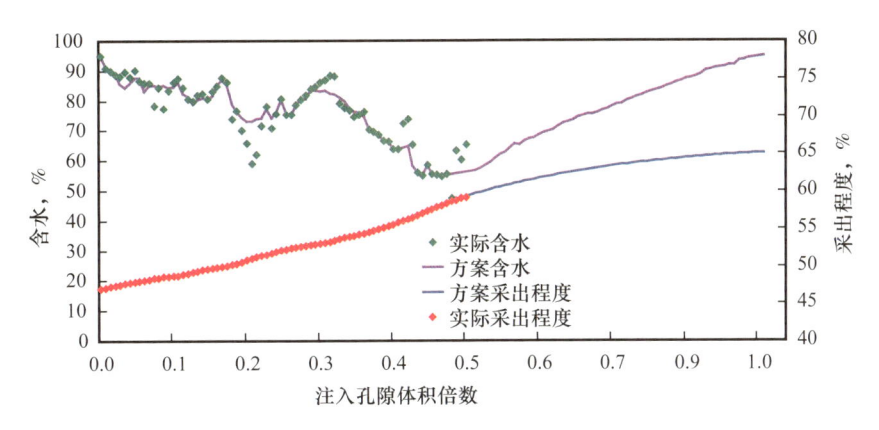

的特点,有望成为砾岩油藏大幅度提高采收率的主体技术。

图 3-59 试验区最新拟合含水和采出程度

参考文献

[1] 程杰成,吴军政,胡俊卿,等.三元复合驱提高原油采收率关键理论与技术[J].石油学报,2014,35(2):310-318.

[2] 伍晓林,楚艳苹,等.大庆原油中酸性及含氮组分对界面张力的影响[J].石油学报(石油加工),2013,29(4):681-686.

[3] 孙龙德,伍晓林,周万富,等.大庆油田化学驱提高采收率技术[J].石油勘探与开发 2018(4):5-6.

[4] Zhou Zhao-Hui, et al. Effect of Fatty Acids on Interfacial Tensions of Novel Sulfobetaines Solutions [J]. Energy & Fuels, 2014, 28: 1020-1027.

[5] 程杰成,等.一类烷基苯磺酸盐、其制备方法以及烷基苯磺酸盐表面活性剂及其在三次采油中的应用:ZL 200410037801.1[P].

[6] 曹凤英,白子武,郭奇,等.驱油用烷基苯合成技术研究[J].日用化学品科学,2015(2):28-30.

[7] 刘良群,张轶婷,周洪亮,等.一种驱油用表面活性剂原料——重烷基苯[J].日用化学品科学,2015(9):40-41.

[8] 朱友益,等.三次采油复合驱用表面活性剂合成、性能及应用[M].北京:石油工业出版社,2002.

[9] 陈卫民.用于驱油的以重烷基苯磺酸盐为主剂的表面活性剂的工业化生产[J].石油化工,2010(1):81-84.

[10] 郭万奎,杨振宇,伍晓林,等.用于三次采油的新型弱碱表面活性剂[J].石油学报,2006,27(50):75-78.

[11] 翟洪志,冷晓力,卫建国,等.石油磺酸盐表合成技术进展[J].日用化学品科学,2014(9):15-18.

[12] 中国石油勘探与生产分公司.聚合物—表面活性剂二元驱技术文集[M].北京:石油工业出版社,2014.

[13] 张帆,王强,刘春德,等.羟磺基甜菜碱的界面性能研究[J].日用化学工业,2012(2):103-106.

[14] 白亮,杨秀全.烷醇酰胺的合成研究进展[J].日用化学品科学,2009(4):15-19.

[15] 冯茹森,蒲迪,周洋,等.混合型烷醇酰胺组成对油/水动态界面张力的影响[J].化工进展,2015

（8）：2593-2560.

[16] 李瑞冬，仇珍珠，葛际江，等. 羧基甜菜碱—烷醇酰胺复配体系界面张力研究［J］. 精细石油化工，2012（4）：8-11.

[17] 姜汉桥，孙传宗. 烷基糖苷与重烷基苯磺酸盐复配体系性能研究. 中国海上油气，2012（2）：43-46.

[18] 谭中良，韩冬. 阴离子孪连表面活性剂的合成及其表/界面活性研究［J］. 化学通报，2006，7：493-497.

[19] 范海明，孟祥灿，郁登朗，等. Gemini 型表面活性剂三元复合体系性能和驱油效果［J］. 石油化工高等学校学报，2014，27（1）：79-83.

[20] 张天胜，等. 生物表面活性剂及其应用［M］. 北京：化学工业出版社，2005.

[21] 李世军，杨振宇，宋考平，等. 三元复合驱中乳化作用对提高采收率的影响［J］. 石油学报，2003，24（5）：71-73.

[22] 王凤琴，等. 利用微观模型研究乳状液驱油机制［J］. 石油勘探与开发，2006，33（2）：221-223.

[23] 王正茂，廖广志. 大庆油田复合驱油技术适应性评价方法研究［J］. 石油学报，2008，29（3）：395-398.

[24] Zhao Fenglan et al. Evaluation and influencing factors of emulsification between ASP system and Daqing crude oil［J］. Petroleum Geology and Recovery Eficiency，2008，15（3）：66-69.

[25] 韩培慧，么世椿，李治平，等. 聚合物与碱/表面活性剂交替注入物理模拟实验研究［J］. 大庆石油地质与开发，2006，25（1）：95-97.

[26] 钱彧. 大庆油田北一二排西部二类油层宽分子量分布聚合物驱油效果研究［J］. 石油地质与工程，2006，20（5）：52-54.

[27] 韩培慧. 交替注入聚合物驱渗流场变化规律及驱油效果［J］. 大庆石油地质与开发，2014，33（4）：101-106.

[28] 陈广宇，田燕春，赵新，等. 大庆油田二类油层复合驱注入方式优化［J］. 石油学报，2012，33（3）：459-464.

[29] 于力. 大庆油田地面工程三元配注工艺的发展历程［J］. 油气田地面工程，2009，28（7）：42 43.

[30] 王玉普，程杰成. 三元复合驱过程中的结垢特点和机采方式适应性［J］. 大庆石油学院学报，2003，（02）：20-22，128-129.

[31] 唐海燕. 强碱三元复合驱清防垢举升配套技术评价［J］. 内蒙古石油化工，2014，（18）：101-103.

第四章 聚合物驱提高采收率技术

聚合物驱是在注入水中添加水溶性高分子量的聚合物（一般多为聚丙烯酰胺及其衍生物和生物聚合物），来改善驱油效果的一项化学法驱油技术。现今中国的聚合物驱油技术已经成熟，应用该法采收率能提高7%～18%[1-3]。聚合物驱技术包括新型驱油用聚合物的研制、聚合物驱油性能综合评价、油藏适应性评价、注入参数及方式优化、聚合物驱方案设计、聚驱过程中综合调整等6项分支技术，其中2006—2015年，中国石油在聚合物分子尺度表征技术、二类油层参数定量优化设计技术、多段塞交替注入方式、聚合物驱分注高效测调、低黏损聚合物配注等核心工艺技术研究中取得了重大进展。下面针对聚合物驱的发展历程及应用现状、驱油机理新认识、新型驱油用聚合物、数值模拟及方案优化设计技术、工业应用配套技术和矿场实例等部分来叙述。

第一节 概 述

聚合物驱油技术始于1959年Caudle等提出靠增加注入水黏度改善水驱波及增加驱油效率想法；1964年，Pye和Sandiford首次开始聚合物驱油实验研究。我国聚合物驱油技术的发展历程经历了室内研究、先导性矿场试验、工业性矿场试验、工业化推广应用4个阶段，如图4-1所示。20世纪60年代，我国聚合物驱开始了小型矿场试验（大港油田、玉门油田）；自1972年大庆油田开展了小井距聚合物驱矿场试验以来，胜利、大港、南阳、吉林、辽河和新疆等油田开展了矿场先导试验及扩大工业试验。经过"七五""八五"和"九五"，聚合物驱技术在我国取得了长足发展，开始工业化矿场应用，20世纪90年代中期以后开始大规模工业化应用。较早开展聚合物驱研究的主要是我国东部的老油田：大港油田于1986年在港西四区开展先导性试验。胜利油田于1992年在孤岛油田开展先导性试验，于1994年在孤岛油田和孤东油田开展了注聚扩大试验，于1997年进行了工业推广应用，动用地质储量接近2×10^8t。渤海油田虽然未进入高含水后期，但为了在有限的平台寿命期内尽可能地提高采收率，自2003年起也开展了先导性试验。与其他国内外油田相比，大庆油田聚合物驱油技术的应用规模之大、技术含量之高、经济效益之好是世界油田开发史上的奇迹。

大庆油田聚合物驱技术的研究始于20世纪60年代，至今已有50多年的历史。大庆油田聚合物驱技术在室内物理模拟实验、聚合物高分子物理化学分析、驱油过程的数学物理描述与模拟等基础研究方面开展了大量的工作，取得了一类油层聚合物驱技术的重要突破，形成了较为完善的油藏工程、采油工艺、地面工程三大技术系列，20余项配套技术，从而确保了一类油层工业化聚合物驱取得较好效果。

一类油层聚合物驱技术的成熟配套以及矿场应用积累了丰富经验。在油藏工程方面，不断深化驱油机理和驱油规律的认识，形成了油藏适应性评价、注入参数及方式优化、聚合物驱油性能综合评价、聚合物驱过程中综合调整等配套技术，开展了不同类型油层多个聚合物驱矿场试验，对较低渗透率油层聚合物驱规律有了一定程度的了解和认识。在采油工程方面，举升、分注和增注等工艺技术均取得重要突破，形成了抽油机井防偏磨配套技术，完善了螺杆泵技术，发展了同心分注工艺技术，进一步研究了偏心分注工艺技术，基本满足了一类油层聚合物驱分注的要求。

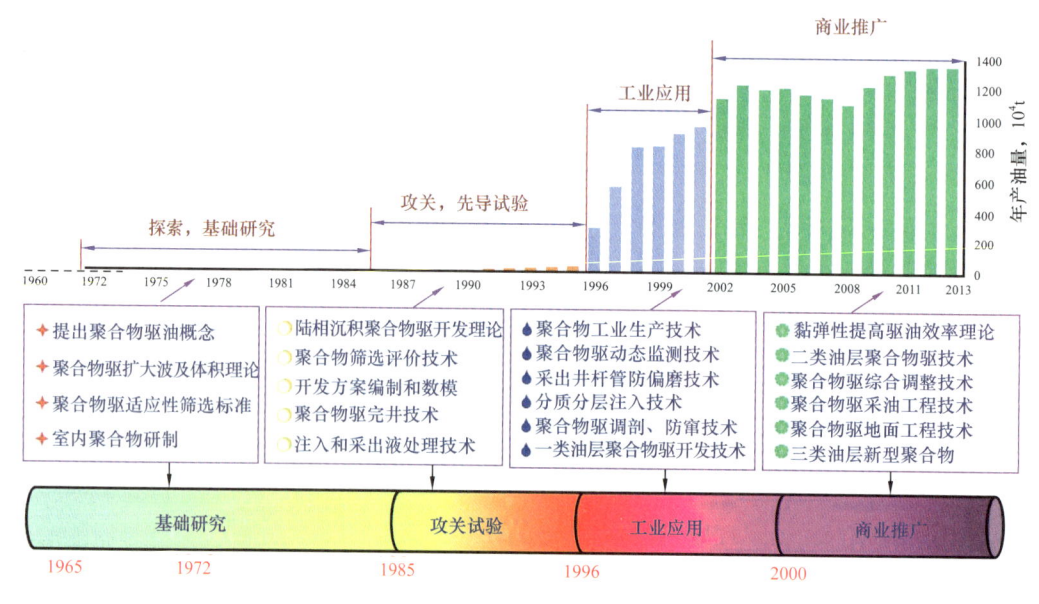

图 4-1　我国聚合物驱发展历程

大庆油田于 1996 年实施了世界最大规模的聚合物驱，所驱替原油的黏度是 9~10mPa·s。大庆油田大规模聚合物驱实施的最初 12 年中通常使用 1000~1300mg/L 的 HPAM 溶液（分子量为 1500 万~1800 万），所形成溶液的表面黏度是 40~50mPa·s。对于一个给定的井网，尽管进行了大量调整和试验来最优化驱替效果，一般注入的聚合物溶液量是约 1.0PV。自 2002 年起，大庆油田进行了更多的试验并注入 2000~2500mg/L 的 HPAM 溶液（分子量为 2000 万~3500 万），形成的溶液黏度是 150~300mPa·s，所驱替原油黏度是同样的 9~10mPa·s。据报道，该高浓度驱替时期段塞尺寸范围是 0.4~1.2PV，见表 4-1。

表 4-1　国内 1995 年后进行的聚合物驱现场试验

油田	C_{poly} mg/L	μ_{poly} mPa·s	μ_{oil} mPa·s	端点流度比 M	K_{cont}	$\mu_{poly}/(MK_{count})$ mPa·s	段塞大小 PV	是否使用了"分级聚合物段塞"
大庆油田（1996—2008）	1000~1300	40~50	9~10	9~10	4∶1	约为 1	约为 1	混合
大庆油田（2008—2016）	2000~2500	150~300	9~10	9~10	4∶1	3~8	0.4~1.2	混合
胜利油田孤岛油田	2000	25~35	50~150	—	—	—	0.4~0.6	—

续表

油田	C_{poly} mg/L	μ_{poly} mPa·s	μ_{oil} mPa·s	端点流度比 M	K_{cont}	$\mu_{pol}/(MK_{cont})$ mPa·s	段塞大小 PV	是否使用了"分级聚合物段塞"
胜利油田 胜坨油田	1800	30～50	10～40	—	—	—	0.4～0.6	—
双河油田	1090	93	7.8	—	4:1	—	0.4	是
渤海油田	1200～2500	98	30～450	—	4:1	—	0.11～0.3	—

注：C_{poly}是指定项目所注入的聚合物溶液浓度，μ_{poly}是所注入聚合物溶液的黏度，μ_{oil}是储层温度（T）条件下的原油黏度，M是端点流度比，K_{cont}是储层中各层平均渗透率的比值。$\mu_{pol}/(MK_{cont})$是指实际注入聚合物溶液的黏度与端点流度比和储层中各层平均渗透率的比乘积的比值，该参数等于1时，表示项目所注入的聚合物溶液的黏度与基本方案设计值相等。"分级注聚合物段塞"（表4-1的最后一列）表明是否注入了多个浓度依次降低的聚合物段塞（而不是从注聚合物溶液一下转为注水）。

大庆油田先前开展的先导性试验、工业性矿场试验在不断调整做法的情况下，在一类油层聚合驱开发的基础上，通过精细地质研究，搞清了聚合物驱二类油层的地质特点，确定了二类油层聚合物驱的对象，确立以提高聚合物驱控制程度为核心"细分层系、缩小井距、限制对象、优化注聚方案"的二类油层聚合物驱开发总体原则，深化了二类油层聚合物驱与一类油层聚合物驱主要差异认识。统计聚合物驱较早的50个一类油层和22个二类油层工业区块，目前阶段提高采收率13.5百分点，预计最终提高采收率可达到14个百分点以上，见表4-2。

表4-2　大庆聚合物驱工业区块提高采收率统计表

分类		不同提高采收率分级对应的提高采收率，%					
		≥20	15～19.9	12～14.9	9～11.9	<9	合计
一类	统计区块	8	7	16	15	4	50
	目前提高采收率	20.54	16.57	11.73	10.18	7.63	13.51
	预计提高采收率	21.26	17.33	13.03	10.78	8.13	14.42
二类	统计区块	—	11	8	3	—	22
	目前提高采收率		15.42	11.98	8.48		13.55
	预计提高采收率		16.22	13.40	10.92		14.53

截至"十一五"末，大庆油田二类油层未实施三次采油储量为$12.83×10^8$t，占二类油层总储量的85.3%。随着一类油层聚驱剩余储量的逐年减少，二类油层成为主要的接替潜力。按照"十二五"三次采油产量规划安排，二类油层产量比例将逐年加大，至阶段末达到52.7%，而二类油层工业化聚合物驱过程中仍存在聚合物用量大、聚合物驱效率低、措施实施标准尚待规范等问题，提高采收率幅度还没有达到总体部署的要求，因此，"十二五"仍需进一步开展二类油层聚合物驱提高采收率配套技术攻关。

通过"十二五"的技术攻关，形成了大庆油田二类油层聚合物驱油技术。突破聚合物分子尺度表征技术，实现了二类油层参数定量优化设计的个性化、定量化和标准化，创新多段塞交替注入方式、聚合物驱分注高效测调、低黏损聚合物配注等核心工艺技术，聚合物驱油开发水平不断提升，吨聚增油由37t提高到54t，提高采收率12个百分点以上，"十二五"累计产油5200多万吨，有力支撑聚合物驱油产量千万吨以上持续稳产。

国内大规模的聚合物驱工业化应用，使该技术成为中、高渗透油藏开发中、后期的主体技术。目前，聚合物驱应用对象正在拓展，由高渗透油层拓展至中渗透油层、砂岩油藏拓展至砾岩油藏、常温油藏拓展至高温高盐油藏；聚合物类型也正在拓展，由高分子量拓展至超高子量、中低分子量，低黏拓展至中黏、高黏，线性拓展至支化、梳形、星形、树枝状，亲水性拓展至两亲性；聚合物配制用水也由清水拓展至污水。在常规聚合物驱技术基础上，通过持续攻关，形成了以高浓度黏弹聚合物驱、大庆油田二类油层聚合物驱、新疆油田砾岩聚合物驱为代表的成熟工业化技术。

第二节　聚合物驱驱油机理新认识

传统的聚合物驱油理论认为聚合物只通过增加注入水的黏度，降低油水流度比，扩大注入水在油层中的波及体积，从而提高原油采收率。随着室内研究的不断深入以及矿场试验取得的良好效果，人们对聚合物驱油机理的认识也逐渐加深，王德民院士等研究发现黏弹性可提高微观波及效率，从而确立聚合物驱既能增大波及体积，又能增加驱油效率。"十二五"研究突破聚合物分子尺度表征技术，提出了多段塞交替注入改善非均质油层聚合物驱效果的驱油机理新认识[4-6]。

一、聚合物驱油的黏弹驱油理论

聚合物溶液属于非牛顿流体，表现出剪切变稀、法向应力和黏弹性等特性，在驱替过程中能够使残余油产生明显的变形，改变了聚合物溶液在孔隙中受力状态，增强了对油膜的携带能力，有利于提高微观驱油效率。

聚合物溶液扩大水驱波及体积的机理主要表现为：

（1）聚合物溶液黏度的增高能够提高水在孔隙介质中的流动阻力，显著改善油水流度比，延缓了采出液含水上升速度，扩大油层的波及体积。

（2）聚合物驱能够调整油层内部吸水剖面。聚合物溶液注入油层后，优先进入高渗透油层，能够有效地抑制注入水在高渗透油层的舌进和指进现象，迫使注入水进入低渗透油层，提高了中低渗透油层的吸水能力，有效改善油层内部吸水剖面。

聚合物溶液提高驱油效率的机理主要表现为：

（1）黏弹性聚合物对盲端残余油的拖拉携带机理。由于聚合物溶液具有黏弹性效应和衰竭层效应，能够在地层孔隙中溶胀、收缩；聚合物分子链间的相互缠绕、缠结越强，产生拉伸力越大，孔隙中聚合物分子对原油的携带作用越强，最终携带出盲端中的残余油，如图4-2所示，聚合物溶液产生的平行于油水界面的拖动力远大于水驱所产生的作用力，在此拖动力的作用下，盲端的残余油能够逐渐被"拽"出来，从而降低盲端残余油的饱和度。

（2）黏弹性聚合物对圈闭残余油的携带机理。圈闭中残余油受孔隙结构的非均质性和毛细管力等因素影响而无法流动，在聚合物驱油过程中，由于孔隙介质的不规则，使聚合物溶液在孔道中发生绕流现象，当溶液流线与圈闭中油珠的油水界面的法线垂直时，聚合物溶液能够将圈闭中的残余油携带出来。

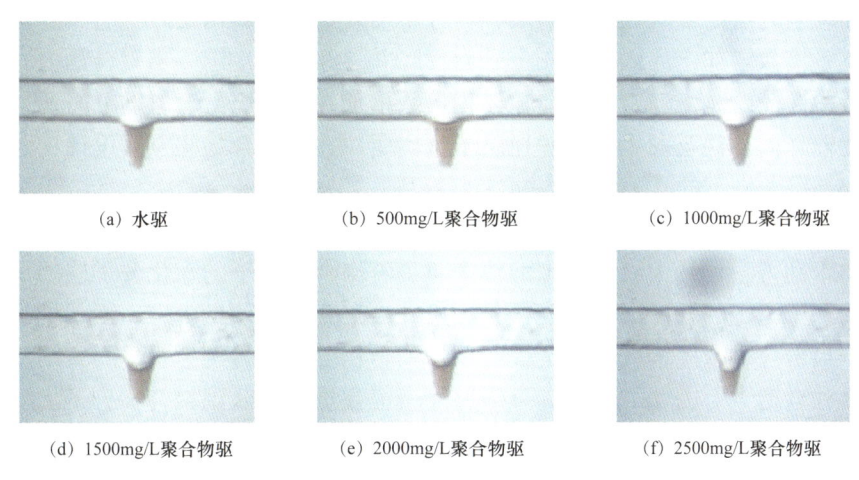

(a) 水驱　　　　　　(b) 500mg/L聚合物驱　　　　　　(c) 1000mg/L聚合物驱

(d) 1500mg/L聚合物驱　　(e) 2000mg/L聚合物驱　　(f) 2500mg/L聚合物驱

图 4-2　不同浓度的聚合物溶液驱后的盲端类油湿岩心残余油状况

（3）黏弹性聚合物对孔喉处残余油的携带机理。孔喉处的残余油主要受原油与岩石的界面张力以及毛细管力的束缚，在聚合物驱油过程中，聚合物溶液能够将孔喉处的残余油携带出来，降低了孔喉处残余油量，从而使孔喉处的毛细管力发生变化。当其两端的外力不同，并且若残余油量较少，其变形不能产生足够大的毛细管力抵消此推力，则聚合物溶液可能将剩余的残余油从压力大的一端推向压力小的一端，从而被采出。

（4）黏弹性聚合物对岩石表面油膜的携带机理。亲油岩石表面的油膜主要由于岩石与原油之间的相互作用，以油膜的形式吸附在岩石表面。在聚合物驱油过程中，聚合物溶液剥离岩石表面油膜的能力与该界面处的速度梯度成正比，由于聚合物溶液具有一定的黏度，靠近界面处的速度梯度远大于水驱，且聚合物黏弹性增加了其与岩石、油膜界面的碰撞摩擦力，从而增加了对岩石表面油膜的携带能力，残余油的厚度变薄，使部分油膜剥离岩石表面成为可动油。

如图 4-3 所示，聚合物溶液首先能够推动残余油团的"斜坡"和"突出"部位的油，将"斜坡"中的一部分原油推到突出部位，使突出部位的残余油体积变大，由于突出部位的直径变大，所产生的毛细管力就会变小，突出部位在聚合物溶液的携带下更容易变形，直至和岩石界面的油膜分离，形成一个新的、可流动的油滴，最后被聚合物溶液携带出来。

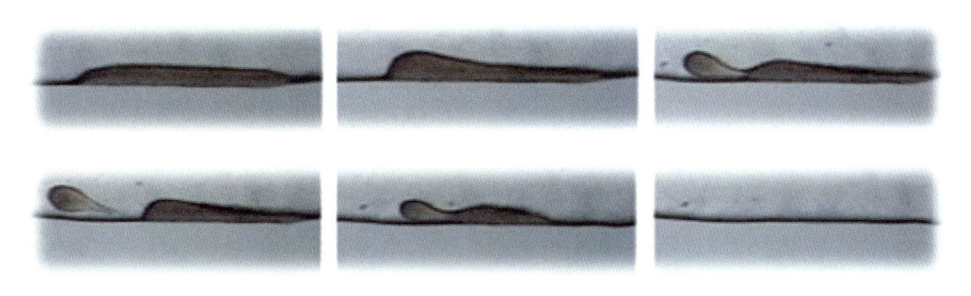

图 4-3　黏弹性聚合物溶液对油膜携带作用示意图

二、聚合物分子尺寸与储层孔隙结构匹配的驱油机理

聚合物主要通过提高注入水的黏度和降低水相渗透率而提高采收率，其分子量是影响聚合物驱油效果的重要参数之一。当聚合物分子与岩石孔隙结构相匹配时，随注入聚合物溶液孔隙体系倍数增加，注入压力先上升后下降并逐渐趋于稳定。当聚合物分子与岩心孔隙结构的匹配性较差时，随着注入孔隙体积倍数增加，注入压力会急剧上升，使孔道的有效渗透率大幅降低，甚至发生注聚井地层堵塞。所以，在聚合物驱方案设计中，选择的聚合物必须与油藏条件下的孔隙尺寸匹配。

1. 聚合物分子尺寸表征方法

聚合物水动力学尺寸为聚合物水溶液中包裹着聚合物分子的水化分子层的尺寸。一般认为在配制水质一定的条件下，聚合物分子尺寸由聚合物分子量决定，而与聚合物浓度无关，然而，当聚合物浓度增大到一定程度后，聚合物分子链将发生明显的缠结作用，聚合物的分子尺寸会增大。因此，聚合物分子尺寸表征是进一步认识聚合物分子尺寸与储层孔隙结构匹配关系的基础。目前测定聚合物分子尺寸的常用方法包括原子力显微镜法、动态光散射法（DLS）、微孔滤膜法和数学计算法。

（1）原子力显微镜法。将聚合物溶液制成干片后采用原子力显微镜直接观察聚合物分子凝聚形态，其特点是可以直接观察聚合物形貌特征，不足之处是不能测定溶液中水化分子结构大小，而且溶液在做成干片后，高分子聚合物的形态可能发生改变。

（2）动态光散射法（DLS）。溶液中呈现布朗运动的聚合物分子可以看作是以一定速度运动的散射离子，当一定波长的光照射粒子时，散射光的频率会发生多普勒位移，位移的大小与粒子的运动速度有关，通过位移量可以确定聚合物在溶液中由于布朗运动而引起的平移扩散速率。由平移扩散速率可以求得聚合物的分子量及流体力学半径。其特点是样品用量少、快速、重复性好。缺点是对样品及溶液的洁净度要求较高，除尘较难，且聚合物浓度较低，分散相与分散介质的折射率相差很小，很难准确测定溶液中线团的分布情况。

（3）微孔滤膜法。在一定压力下让聚合物溶液通过不同孔径的微孔滤膜，测定滤出液的聚合物浓度和黏度，根据聚合物浓度和黏度随微孔滤膜孔径的变化曲线拐点，分析确定聚合物的水动力学直径。微孔滤膜法可以测定不同分子量、不同浓度聚合物在不同配制水中的分子尺寸大小，甚至可以测定多种高分子体系的水动力学尺寸。

（4）数学计算法。根据测得的聚合物特性黏数和分子量，应用表征聚合物溶液分子尺寸的FLORY特性黏数理论半经验公式进行计算。

2. 聚合物分子尺寸与储层孔隙结构匹配关系

储层孔隙结构包括孔隙大小和分布、孔隙几何形状和喉道的连通关系等，是反映储层微观非均质性的重要参数，对储层的产油能力、驱油效率以及最终的采收率都有较大的影响。

对于普通聚合物，聚合物分子线团尺寸（D_h）随相对分子量的增加而增大，相对分子质量与分子线团尺寸间呈现近似线性关系。

油藏岩心渗透率与孔隙喉道半径统计关系采用孔喉半径中值计算值（D_r）与渗透率（K）、孔隙度（ϕ）的经验公式：

$$D_{r}=2.83\times10^{3}\sqrt{K/\phi} \qquad (4-1)$$

根据"架桥"原理，当聚合物分子水动力学半径（R_h）与孔喉半径（R）的关系为 R_h＞$0.46R$ 时，聚合物溶液流经多孔介质时容易形成稳定的堵塞；当 R_h＜$0.46R$ 时，也可能形成不稳定的堆积，但当流动的冲刷力稍大就可以冲开（图4-4）；此外，由于聚合物分子线团具有黏弹性，在压力的作用下会产生一定的形变，经过一定时间后会出现屈服流动，即使 R_h > R 时也可能产生屈服运移而解堵。

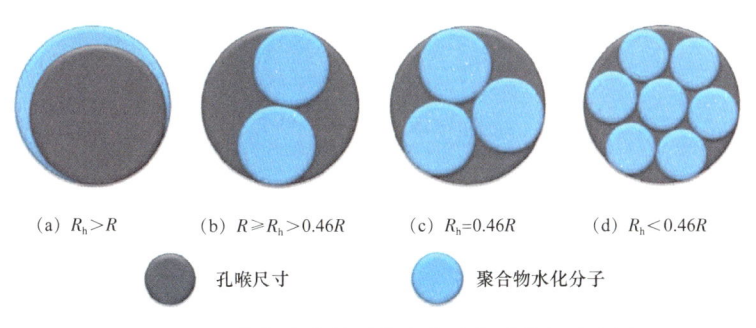

图4-4 聚合物水化分子堵塞多孔介质孔喉示意图

(a) R_h＞R (b) R≥R_h＞$0.46R$ (c) R_h=$0.46R$ (d) R_h＜$0.46R$

孔喉尺寸　　聚合物水化分子

大庆油田通过天然岩心流动实验显示，r_{50}/R_G＞5 时聚合物分子可以通过而不堵塞孔隙（其中 r_{50} 为孔隙半径中值，R_G 为聚合物回旋半径）。最终建议对于大庆油田的聚合物驱，为了使地层孔隙不被聚合物堵塞，r_{50}/R_G 取值 5～10 较为适宜。

根据相关注入参数研究，得到了不同分子量、不同浓度聚合物溶液体系可注入的岩心渗透率下限。通过实验数据建立了分子量、浓度与渗透率定量函数关系：

$$K_W = AX_m B^{X_c} \qquad (4-2)$$

式中　K_W——有效渗透率，mD；

　　　X_m——聚合物分子量，10^6；

　　　X_c——百分比浓度，%；

　　　A——不同地区系数。

为了便于实际应用，大庆油田绘制了喇嘛甸、杏树岗、萨中等地区的注入分子量及浓度与渗透率匹配关系图版。根据匹配图版，在不同试验区进行了聚合物驱参数优化调整，取得了较好的应用效果。

在实际油藏条件下，超高分子量聚合物容易堵塞孔喉半径渗透率较小的油层，聚合物滞留后，使得溶液的黏度降低，油藏渗透率越小，降黏幅度越大。因此在油田开展聚合物驱试验前，需针对油藏的孔喉特征以及油藏条件下聚合物的 R_h 与孔喉的配伍性，并考虑聚合物分子线团的刚性程度和黏弹性等因素，才能获得匹配的聚合物产品。

三、多段塞交替注入改善非均质油层聚合物驱效果的驱油机理

多段塞交替注入改善非均质油层聚合物驱效果的技术原理（图4-5）是，选用不同相对分子质量和不同黏度的驱替剂，匹配不同渗透率级别的油层，高黏度聚合物段塞优先进入高渗透层，降低高渗透层的流速，迫使后续低黏度流体进入与之较为匹配的低渗透层，

使高、低渗透层驱替剂流度差异减小，实现高、低渗透层聚合物段塞尽可能地同步运移，避免了剖面返转的发生，增加了低渗透层的相对吸液量，延缓高渗透层突破时间，增大了驱替压力梯度，大幅度提高了低渗透层的采收率。

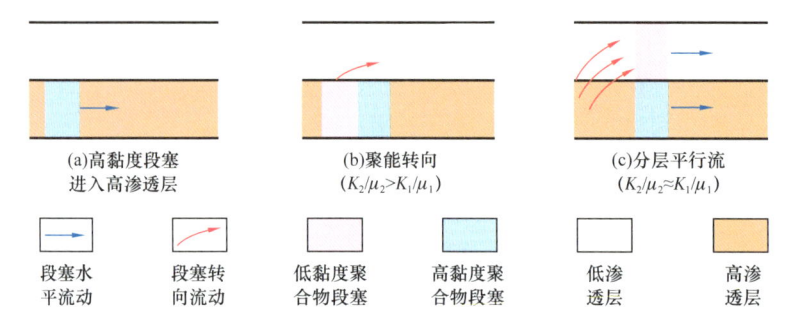

图 4-5　多段塞交替注入改善非均质油层聚合物驱效果示意图

K_1 和 K_2 分别为高、低渗透层渗透率，mD；μ_1 和 μ_2 分别为高、低黏度聚合物段塞的黏度，mPa·s

第三节　聚合物驱新型驱油用聚合物

随着聚合物驱油技术的广泛应用与发展以及国内外油藏条件的复杂多样性，普通的聚合物难以适应高温高盐及非均质严重的油藏条件，主要通过提高聚合物分子量和引入功能性单体来提高聚合物性能[7,8]。大庆炼化公司超高分子量抗盐聚合物的研制成功，满足了大庆油田聚合物驱用污水配制聚合物的技术需求；不但升级换代了大庆炼化公司的聚合物产品，而且解决了大庆油田的污水排放问题，为大庆油田节约了大量的排污费，减少了清水消耗成本，经济和社会效益显著。通过引入功能单元，改变线性聚合物分子主链的构型形成超分子结构，提高聚合物耐温耐盐能力也受到了广泛的关注。

一、二类油层用聚合物

1. 超高分子量抗盐聚合物

通过采用三段复合引发体系和充分利用绝热聚合的聚合热，降低了聚合初始温度，使反应体系自由基浓度保持在一个较低、恒定的浓度，可有效控制聚合反应速度和温度，使聚合反应各阶段在较低的速度、平缓的状态下进行，有效增加了分子链的长度，即增加分子量来提高聚合物水溶液的黏度；在聚合反应中引入具有耐盐性的功能单体，以提高聚合物分子量的刚性来增加流体力学的尺寸，增加聚合物的抗盐能力。合成的超高分子量抗盐聚丙烯酰胺在低浓度和高矿化度的水溶液中，仍然保持较高的增黏性；同时，该抗盐聚丙烯酰胺用污水配制的驱油效果等同于清水，各项质量指标符合油田驱油用抗盐聚丙烯酰胺的要求。

采用优化的聚合反应条件和丙烯酰胺与抗盐单体聚合后水解工艺路线，实现了 12t/釜的工业化大规模生产，克服了大块釜式聚合反应温度高、反应速度快、不易控制等问题，解决了以往聚丙烯酰胺生产过程中提高产品分子量而溶解性差这一主要矛盾，工业化生产出分子量在 3000 万以上、溶解性良好的超高分子量抗盐聚丙烯酰胺产品。从实验室内聚合反应研究、中试试验，到工业化试生产，最终实现大规模工业化生产。产品质量指标达到了大庆油田抗盐聚合物的要求，产量达到了设计值。超高分子量抗盐聚丙烯酰胺产品在大庆油田一类和二类油层聚合驱中得到了推广应用，取得了显著的增油降水效果。

2. 中低分子量抗盐新型聚合物

针对低渗透油藏化学驱过程中使用目前常用的聚丙烯酰胺容易出现注入困难和机械降解等难题，大庆油田研制出了中低分子量+增强链刚性+超分子聚集的新型聚合物（图4-6）。新型聚合物中引入疏水功能单体（SM）和刚性功能单体（RG），既增强了抵抗机械降解的能力，使聚合物链更加伸展，同时，引入的特定结构的疏水基团实现了分子间的疏水缔合作用，形成超分子聚集体，具有很强的增黏能力。

新型聚合物设计分子量为900万，在浓度为1000mg/L时，在模拟污水中的表观黏度达到了18.0mPa·s，各项性能指标优于大庆炼化现有低分子量HPAM，并在工业小试样品基础上进行了吨级工业化放大实验。

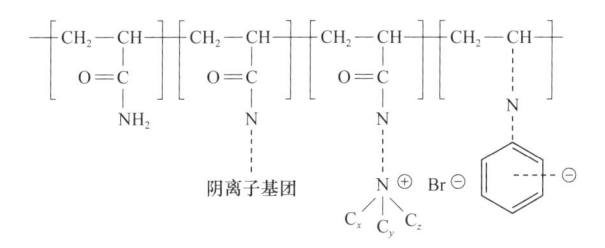

图4-6 中低分新型聚合物的分子结构示意图

二、其他新型聚合物

1. 疏水缔合聚合物

疏水缔合聚合物是指聚合物亲水性大分子链上带有许多带电基团和疏水基团，分子内电性斥力与极性基团的水化作用使大分子主链呈伸展状态。当溶液浓度较小时，聚合物分子主要以分子内缔合的形式存在，大分子链发生卷曲，分子流体力学体积减小，溶液黏度降低；当溶液浓度较大并高于其临界缔合浓度时，聚合物分子链可通过疏水缔合作用聚集，以分子间缔合的形式存在，分子流体力学体积增大，溶液黏度增高。

在高速剪切作用下，疏水缔合作用被破坏，聚合物分子网络被拆散，溶液黏度降低，但剪切作用降低或消失后，大分子链间的疏水基团又能重新缔合形成交联网络，黏度又将升高，因而具有良好的剪切稀释性。在多孔介质中流动时，疏水缔合聚合物能够通过分子间缔合在岩石表面形成多层吸附，增强了其在多孔介质中的吸附滞留作用，增大了渗流阻力。

2. 支化星型聚合物

超支化聚合物结构中有3种重复单元，包括树枝状单元、线性单元和未反应的官能团所决定的末端基团，星型聚合物属于超支化聚合物的一种，是以一个核为中心向外放射性接枝三条及以上聚合物臂的一类特殊的超支化的聚合物（图4-7）。

星型聚合物具有的支臂结构增强了分子链间的缠绕，在水溶液中易发生分子内缔合，因此其耐温耐盐性能较好，且星型聚合物的溶液黏度比相同分子量的线形聚合物低得多，能够在较低温度下合成，受到了广泛的关注，目前星型聚合物合成方法包括两大类：先臂后核法（arm-first）和先核后臂法（core-first）。

图 4-7　支化星型聚合物结构示意图

3. 梳型聚合物

梳型聚合物分子的侧链同时带有亲油基团和亲水基团，由于亲油基团和亲水基团之间相互排斥，使得聚合物分子内核分子间的卷曲、缠结减少，在水溶液中排列成梳状结构，增大了分子链的刚性和分子结构的规整性，分子链旋转的水力学半径更大，增黏抗盐能力显著提高，如图 4-8 所示。梳型聚合物在大庆、胜利、新疆油油田等聚合物驱、三元复合驱和深部调剖试验现场得到广泛应用。

图 4-8　梳型共聚物 PAA-g-mPEO 的合成路线示意图

4. 辫型聚合物

将制备梳型抗盐聚合物使用的单梳型侧链单体变为双梳型侧链单体，此类新型功能单体形似辫状，与丙烯酰胺共聚便得到辫状梳型聚合物。由于聚合物主链上引入了含离子基团的成双侧链，两侧链间相互排斥而发生扭转，对分子链起更强的桥墩支撑作用，分子链的刚性和规整性比梳型聚合物更强，因此在较低的分子量下就可以达到梳型聚合物相同的抗盐效果。

第四节　聚合物驱数值模拟及方案优化设计技术

以室内聚合物驱最新驱油机理研究进展为基础，创新建立了考虑聚合物黏弹和聚合物分子孔喉匹配的聚合物驱数学模型及模拟软件，实现了对聚合物驱开发效果的准确预测和评价。以"十二五"聚合物驱矿场试验经验总结为依托，形成了系统的聚合物驱方案优化设计及跟踪调整技术。

一、聚合物驱数值模拟技术新进展

随着聚合物驱技术的矿场应用日益成熟，综合考虑"十二五"期间聚合物驱驱油机理研究方面取得的新进展，重点研究和发展了考虑黏弹性机理的聚合物驱模拟模型和考虑聚合物驱分子量与中低渗透储层匹配关系的聚合物驱数值模拟模型，为开展不同类型油藏聚合物驱矿场试验方案优化设计提供了有效手段。

1. 黏弹聚合物驱模型

1）数学模型关键参数描述

借鉴目前黏弹聚合物驱数学模型的一些研究成果，建立了既能够扩大波及体积、又能够提高驱油效率的黏弹聚合物驱数学模型[9, 10]，关键参数描述如下。

（1）考虑聚合物弹性后修正聚合物有效黏度。

聚合物溶液在渗流过程中的有效黏度μ_{eff}可分解为两部分：描述其黏性效应的剪切黏度μ_v和描述其拉伸效应的弹性黏度μ_e，即：

$$\mu_{eff} = \mu_v + \mu_e \tag{4-3}$$

聚合物溶液的弹性效应表现为法向应力差的存在，因此对弹性黏度进行修正后得到聚合物有效黏度为：

$$\mu_{eff} = \mu_v + \mu_e = \mu_v + BD(\mu_v - \mu_w) \tag{4-4}$$

式中　B——与孔隙结构有关的量；

　　　D——与流体和岩石物性及渗流特性有关的无量纲量。

在实际应用中，给定剪切速率γ和BD的关系曲线，通过黏性驱油机理程序模块求得的μ_v，利用式（4-4）即可求得有效渗流黏度μ_{eff}。

（2）模型中残余油饱和度的修正。

$$S_{or} = S_{or}^{h} + \frac{S_{or}^{w} - S_{or}^{h}}{1 + T_1 N_{p1}} \tag{4-5}$$

式中　S_{or}^{h}——高弹性和高毛细管数理想情况下聚合物驱后残余油饱和度的极限值；

　　　S_{or}^{w}——水驱后的残余油饱和度；

　　　T_1——由实验资料确定的参数。

残余油饱和度变化必然会引起油相相对渗透率曲线发生改变，模型中可以采用两种方式加以描述：一是采用归一化方法计算的公式描述油相相对渗透率的变化情况；二是直接录入对应于不同法向应力差τ_{22}-τ_{11}的相对渗透率曲线。

2）考虑聚合物黏弹性机理的数值模拟预测结果分析

为了使对比预测的结果更具代表性，以大庆油田聚合物驱主力油层的实际情况为基准，设计了注采井距为212m的一注一采井组模型。该模型纵向上分为3个层，每个层的有效厚度为4m，各层的平均渗透率分别为200mD，400mD和600mD；平面上的网格数为10×10，每个网格大小均为15m。模拟含水至90%时开始注聚，注聚速度为0.1PV/a，共注聚6年，注聚总量达到600mg/L·PV，含水达到98%时终止模拟计算。设计了4套模拟参数（BD和第一法向应力）逐级递减的预测方案，见表4-3。在以上方案设计的基础上，开展了考虑弹性和不考虑弹性的聚合物驱预测效果对比分析研究。

表 4-3　黏弹聚合物驱模型与黏性聚合物驱模型效果对比方案设计

剪切速率，s⁻¹	BD 值				
	黏性聚合物驱模型	黏弹聚合物驱模型			
		方案 1	方案 2	方案 3	方案 4
0	0	0.0	0.0	0.0	0.0
5	0	1.0	0.6	0.2	0.1
10	0	2.0	1.2	0.4	0.2
20	0	3.0	1.8	0.6	0.3
50	0	4.0	2.4	0.8	0.4
100	0	5.0	3.0	1.0	0.5
聚合物浓度 mg/L	第一法向应力差，Pa				
	黏性聚合物驱模型	黏聚合物驱模型			
		方案 1	方案 2	方案 3	方案 4
0	0	0.0	0.0	0.0	0.0
500	0	7.0	3.5	2.3	1.8
1200	0	15.0	7.5	5.0	3.8
2000	0	30.0	15.0	10.0	7.5
3000	0	50.0	25.0	16.7	12.5

由数模预测结果（图 4-9 至图 4-11）可知，考虑聚合物的弹性驱油机理，由方案 4 至方案 1 可使得聚合物驱的采出程度比未考虑时（黏性聚合物驱预测结果）有所增大，最终的提高采收率值可相差 1.4 个百分点，见表 4-4。因此，建议在聚合物驱数值模拟研究中，应考虑聚合物溶液的弹性驱油机理，使聚合物驱油田开发方案预测结果更精细准确。

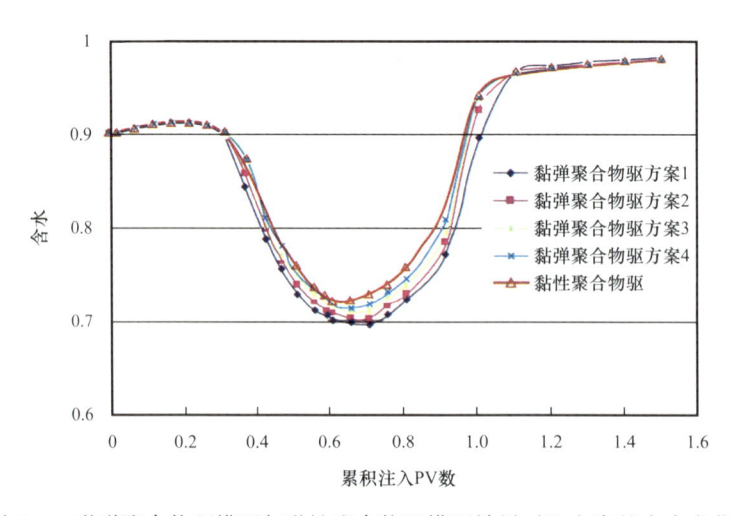

图 4-9　黏弹聚合物驱模型与黏性聚合物驱模型效果对比方案的含水变化曲线

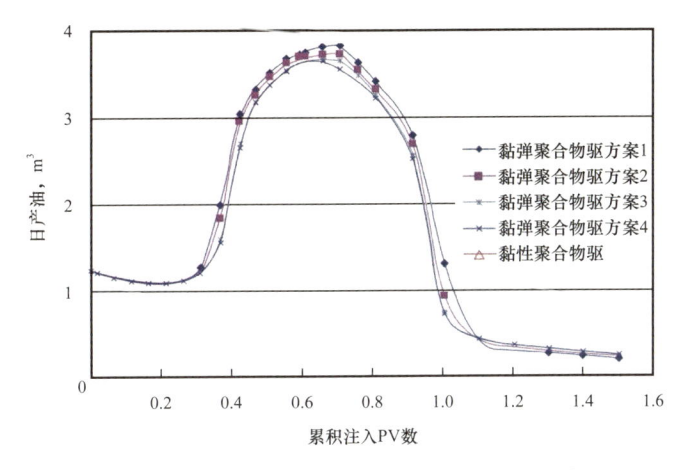

图 4-10 黏弹聚合物驱模型与黏性聚合物驱模型效果对比方案的日产油变化曲线

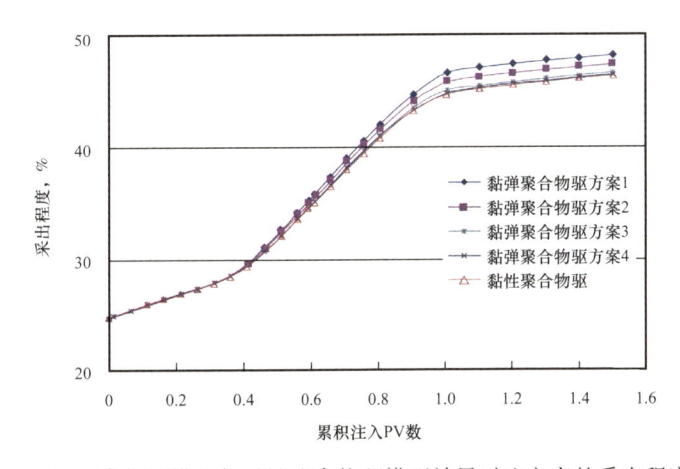

图 4-11 黏弹聚合物驱模型与黏性聚合物驱模型效果对比方案的采出程度变化曲线

表 4-4 黏弹聚合物驱模型与黏性聚合物驱模型效果对比方案的预测结果统计

方案		采收率, %	采收率增加, %	含水最低点, %	含水最大降幅, %
常规聚合物驱		46.6	0	71.9	0
黏弹聚合物驱	方案1	48.0	1.4	69.5	3.3
	方案2	47.5	0.9	70.5	2.0
	方案3	47.0	0.4	71.5	0.6
	方案4	46.8	0.2	71.8	0.1

2. 中低渗透储层聚合物驱模型

理论研究表明，聚合物驱时相对分子质量的选择要考虑三方面因素，即聚合物分子通过地层孔隙不产生堵塞的最小渗透率、聚合物溶液的注入能力及提高采收率能力。相对分子质量选择时，通常要保证聚合物分子能够通过70%～80%的油层厚度，以便最大限度提高聚合物驱的波及体积。

1）机理概述及模型建立

王德民院士的研究表明，聚合物溶液在多孔介质中的传播受到聚合物分子本身大小、多孔介质的孔隙结构和聚合物分子相互作用的控制。如果聚合物分子量过大，发生堵塞时阻力系数就会随着注入孔隙体积的增加而持续增高（图4-12曲线1），如果阻力系数随注入体积的增加，起初上升速度快，而后逐趋平缓并直到平衡（图4-12）[11-13]，这说明没有发生堵塞。此外，胜利油田聚合物驱研究也表明，平均孔隙半径与聚合物分子折算半径之比与聚合物在油藏的匹配性存在关联。

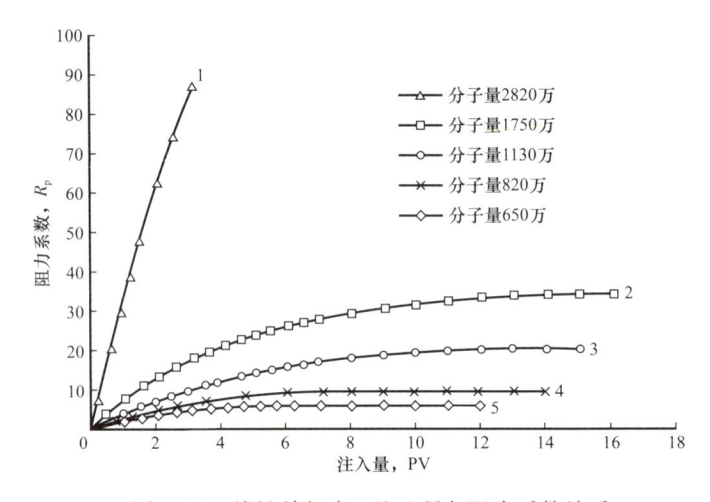

图4-12 线性单相岩心注入量与阻力系数关系

在黏弹聚合物驱数学模型基础上，根据室内中低渗透储层聚合物分子量与储层匹配关系的研究进展，引入聚合物驱修正的阻力系数和残余阻力系数，即：

$$RF_j = \frac{K_{rw}}{K_{rwp}} \frac{\mu_p}{\mu_w} \tag{4-6}$$

$$RF_j = \frac{\mu_p}{\mu_w} \cdot RRF_j \tag{4-7}$$

式中 RF_j——聚合物溶液阻力系数；

RRF_j——聚合物溶液残余阻力系数；

K_{rw}——水相相对渗透率，mD；

K_{rwp}——聚合物溶液相对渗透率，mD；

μ_p——聚合物溶液黏度，mPa·s；

μ_w——注入水的黏度，mPa·s。

模型中根据实验数据录入不同分子量聚合物驱对应的阻力系数和残余阻力系数，程序内部根据网格对应的渗透率、孔隙度折算网格的平均孔隙半径，并对平均孔隙半径和注入的聚合物分子折算半径进行比较，当聚合物分子尺寸与储层不匹配时，对阻力系数和残余阻力系数进行修正，依此迭代计算预测油藏聚合物驱效果及油藏压力变化趋势。并根据预测结果判断该聚合物分子量是否和油藏匹配。

2）中低渗透储层聚合物驱模型预测结果分析

选取一低渗透油藏（平均渗透率：15mD）开展不同分子量聚合物驱敏感性分析。预测模型分别注入两种不同分子量聚合物溶液（低分子量：800万浓度800mg/L；高分子量：1200万浓度1000mg/L），预测结果（图4-13至图4-15）表明高分子量聚合物对油层造成堵塞，注入过程中导致注入压力梯度迅速上升，含水降低幅度和增油效果不明显。由此可见，对于中低渗透储层开展聚合物驱试验前，需进行聚合物分子量优化及与储层孔渗的匹配性研究与分析。

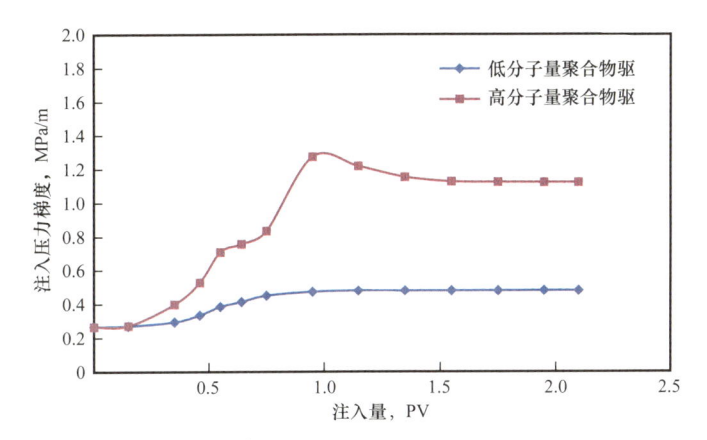

图4-13 注入不同分子量聚合物低渗透油层注入压力变化

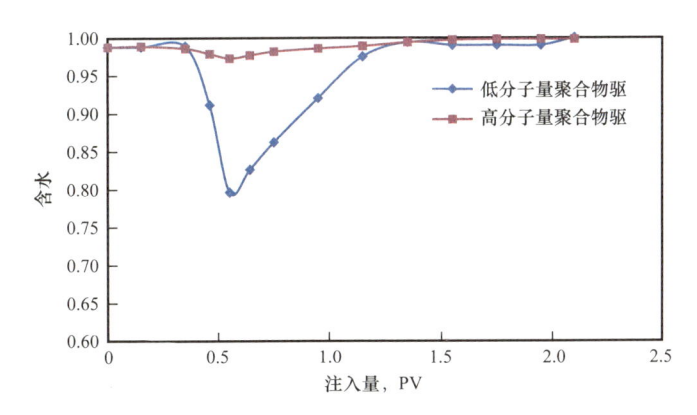

图4-14 低渗透储层不同分子量聚合物驱含水变化曲线

二、聚合物驱方案优化设计技术

聚合物驱矿场方案优化设计技术是保障油田开发方案成功实施的基石。聚合物驱方案优化设计主要包括层系优化、井网优化、分子量优选、注入参数优化、跟踪调整与综合评价技术等[14-17]，为矿场试验的成功提供了技术保障。

1. 聚合物驱的层系优化

由于聚合物驱具有调剖作用，可采取比水驱略粗的层系划分。但各油田由于油藏原始状况及水驱开发状况不同，造成层内及层间的非均质性不同。因此，聚合物驱选取哪种开发方式以及何种工艺以改善层内、层间的非均质性，应结合油藏的实际情况，根据聚合物驱与水驱的不同进行决策，决定合理的层系组合。

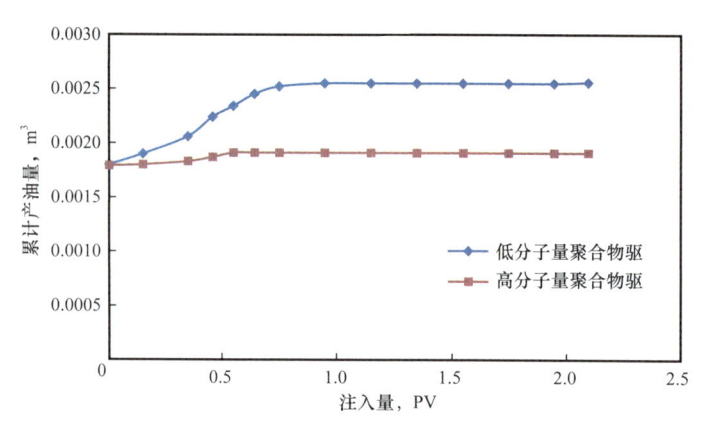

图 4-15 低渗透储层不同分子量聚合物驱累产油量曲线

2. 聚合物驱的合理井网井距

对于聚合物驱，不同井网驱油效果由好到差的顺序为：五点法井网、七点法井网、四点法井网、反九点法井网。而聚合物驱的增加采收率幅度则以七点法为最高，五点法次之，四点法与五点法相差不大，反九点法最低（表 4-5）。但由于七点法注采井数比太大，因此五点法和四点法为聚合物驱采用的理想井网。目前，矿场聚合物驱井网以五点法为主，七点法也取得了较好的效果。

在聚合物驱方案设计时，对井距的选择必须同时考虑注入压力和聚合物的热稳定性和化学稳定性两个因素。在其他条件不变的情况下，随井距的增大，聚合物段塞注入过程中注入压力也随之增大，给聚合物的注入带来难以克服的困难。聚合物的稳定性会随注采井距的扩大而变差；注入速度越低，聚合物在油层中停留的时间就越长，聚合物溶液黏度下降就越大，聚合物驱的效果就越差。目前，聚合物驱的现场试验和数值模拟结果都表明，在适合的油层温度和地层水矿化度下，注采井距 200~300m，最有利于发挥聚合物驱的效果。

表 4-5 不同井网对聚合物驱开发效果的影响

井网	水驱采收率，%	聚合物驱采收率，%	提高采收率，%
五点法	21.29	33.23	11.94
四点法	20.89	32.62	11.73
七点法	20.60	33.67	12.47
反九点法	20.57	29.32	8.75

3. 聚合物相对分子质量的优选

聚合物相对分子质量越大，增黏效果越好。当相对分子质量过大，会对油层的注入带来困难；而相对分子质量太小，聚合物的增黏效果又会大大降低。因此，在进行聚合物矿场设计时，必须事先研究聚合物相对分子质量与油层渗透率的匹配关系。室内实验研究表明，在注入能力允许的情况下，只要聚合物相对分子质量与油层渗透率匹配，应采用高相对分子质量聚合物。

4. 聚合物驱合理注入参数优化

1）聚合物的合理用量

聚合物用量的确定是聚合物驱中一个比较重要的问题。聚合物的用量一般用聚合物溶液注入油层孔隙体积倍数（PV）和注入浓度（mg/L）的乘积来表示（图4-16）。在确定用量时不仅要考虑到增油效果，还要考查整个项目的经济效益。近年来人们主要使用经济评价的方法来优化合理用量，主要是因为在进行聚合物驱时，化学剂的消耗只是总投入中的一部分，其他还包括地面建设投资、前期井网调整费、各项税收及其他费用。经济评价表明，聚合物驱项目具有前期投入高、后期产出多的特点（图4-17）。在试验初期增产油量很少，但各项费用已经支出，累计净现金流量为负值；随着增产油量的增加，累计净现金流量逐步达到最高。

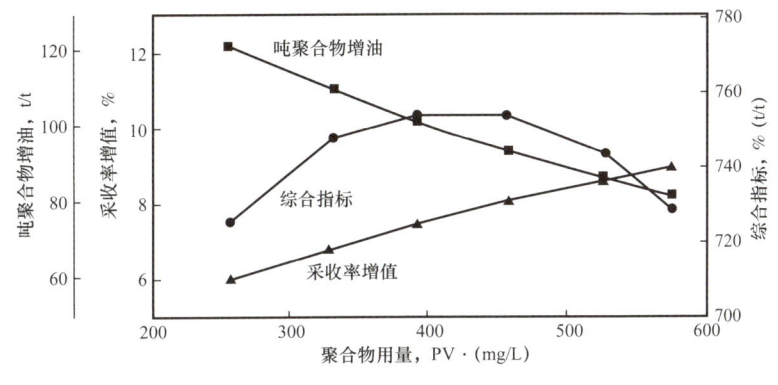

图 4-16 聚合物用量优选综合曲线

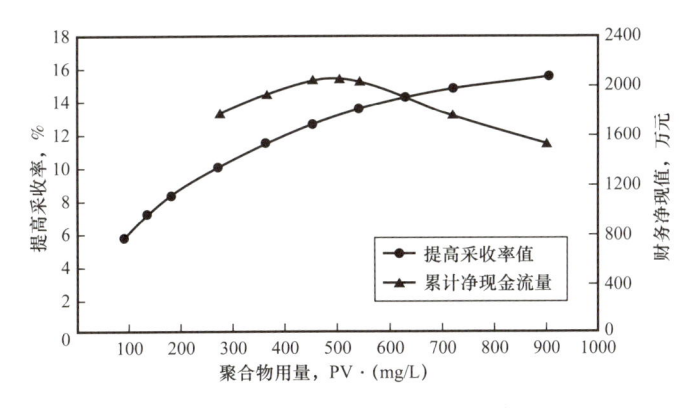

图 4-17 聚合物用量经济优选综合图

不同聚合物用量经济评价结果表明（图4-18），随着聚合物用量的增加，提高采收率是单调上升的，但累计净现金流量先下降，后上升，从曲线上可以优选出聚合物的最佳用量。

2）聚合物溶液的注入浓度

室内研究表明，随着浓度的增加，聚合物溶液黏度增大，流度比改善的程度越大，聚合物驱的波及体积越大，提高采收率的幅度越高。图4-19是利用平均渗透率2000mD、有效厚度15m、渗透率变异系数0.6的6个小层的正韵律油层模型，研究了聚合物用量分别为400PV·(mg/L)，500PV·(mg/L)和600PV·(mg/L)时，聚合物溶液浓度变化对聚合物驱效果的影响。从图中可以看出，在相同的用量下，随着聚合物浓度的提高，聚合物驱提高采收率值增加。当聚合物浓度超过2000mg/L时，聚合物驱提高采收率值增幅减缓。这主要是由于聚合物浓度较低时，提高聚合物的浓度，可以大大增加驱替相的黏度，改善水油流度比，从而提高聚合物驱的效果。

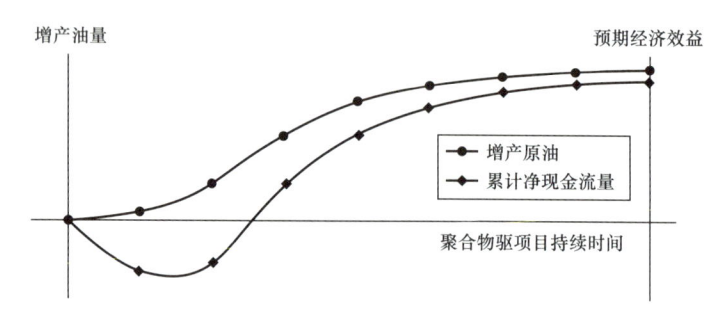

图4-18 增产油量、累计净现金流量随聚合物驱持续时间示意曲线

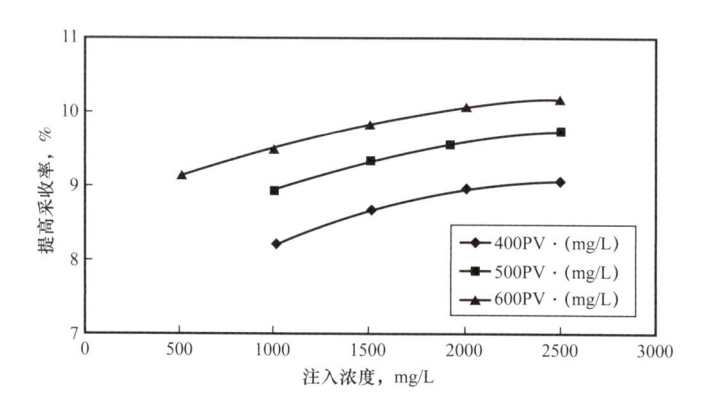

图4-19 注入浓度对聚合物驱效果的影响

3）聚合物溶液的注入段塞设计

段塞尺寸的设计要考虑聚合物的滞留和段塞前后缘的黏度指进现象。数值模拟研究表明，优化聚合物"三阶梯"段塞驱油效果优于相同条件下的聚合物整体段塞。在聚合物用量增加到500PV·(mg/L)时，不同的注入方式影响不大。这样就可根据矿场的具体情况进行注入方式的设计，从中优选出最佳的段塞尺寸设计方案。

在聚合物驱油的注入方案中，还应考虑到地层水矿化度的问题。为了防止地层水的矿化度引起聚合物溶液的黏度下降，应该在聚合物溶液段塞前加入低矿化度水预冲洗段塞和聚合物溶液段塞后加入低矿化度水保护段塞。

4）注入速度的确定

矿场实践经验表明，不同单元最佳的注入速度不同。特别是强注强采水驱单元，由于大孔道窜流比较严重，如果注入速度过快，容易加剧聚合物溶液在高渗透条带的窜流发生，使聚合物驱油效果变差。从胜利油田聚合物驱单元注入速度对比表（表4-6）可以看出，注入速度较慢的区块含水下降幅度大，增油效果好。而注入速度较快的孤东七区西Ng_5^{2+3}南，大孔道窜流严重，含水下降幅度小，有效期短，增油效果较差。

表 4-6　胜利油田聚合物驱单元注入速度对比表

单元	注入速度，PV/a	含水下降幅度，%	预测提高采收率，%
孤岛中一区 Ng_3 先导区	0.07	22.8	12
胜一区 Es_2^{1-3}	0.08	14.1	8
孤东八区 Ng_{3-6}	0.09	13.8	8
孤岛中二南中	0.11	13.2	8
孤岛中一区 Ng_4	0.10	8.6	7.5
孤岛西区 Ng_4^2—Ng_6^2	0.09	5.9	7
孤岛中一区 Ng_3 扩大区	0.10	5.2	7.5
孤东七区西 Ng_5^{2+3} 扩大区	0.14	5.3	6.5
孤东七区西 Ng_5^{2+3} 南	0.15	5.2	3

总之，聚合物驱注入速度的确定主要根据聚合物本身的性质、油层的物性和注水开发的状况。

5. 聚合物驱综合跟踪调整与评价技术

随着聚合物驱矿场试验和工业化推广应用在大庆油田的逐步深入，大庆油田对聚合物驱技术有了更加深刻的认识，对聚合物驱过程中暴露出的问题提出并实践了新的思路做法。形成了较为完善的聚合物驱推广应用过程中的综合调整技术，进一步改善了聚合物驱的整体开发效果，见表 4-7。

表 4-7　聚合物驱推广应用过程中的综合调整技术

注聚阶段	存在的主要问题	调整措施
前期	油层渗透率级差大； 存在高渗透层或高水淹层段； 注入井注入压力低； 油井含水高	分层注入； 高分子聚合物前置段塞； 深度调剖
中期	注入井压力低； 低渗透部位注入剖面改善差； 生产井产液量下降幅度大； 油井见效差； 水驱层位对聚合物驱层位干扰； 注入剖面改善差	注采参数调整； 注采系统调整； 采油井压裂； 合采井封堵； 注入井压裂解堵
后期	注入压力高； 油井含水回升速度快； 采聚浓度高； 井组聚合物用量差异大	注采参数调整； 注采系统调整； 注采井压裂解堵； 封堵高渗透层
后续水驱	井组之间含水差别大； 采聚浓度差别大； 含水上升速度存在差异	封堵油水井高含水层； 调整井组注水速度； 特高含水井关井； 周期注水； 分批转注水

第五节 工业应用配套技术

聚合物驱油技术的工业化推广应用配套技术的新进展体现在聚合物驱分注测调工艺技术、低黏损聚合物配注工艺技术和聚合物驱交替注入技术三个方面。

一、聚合物驱分注测调工艺技术

近年来,随着聚合物驱油技术的工业化推广应用,聚合物驱分注工艺技术发展迅速,技术水平不断提高,较好地改善了聚合物驱效果。根据大庆油田不同阶段、不同驱替对象开发的需要,形成了聚合物驱同心分注工艺、聚合物驱偏心分注工艺和聚合物驱分层分质注入工艺三种成熟配套的聚合物驱分注工艺技术[18]。

聚合物同心分注技术地面采用单泵单管供液、井下管柱采用单管同心分注形式。用封隔器把各层段封隔开后,每一段对应一级同心配注器。注聚过程中,聚合物溶液流过同心配注器时,可形成足够的节流压差。在地面同一注聚压力下,通过对分层注入压力的调节,控制各个层段的注入量,从而达到分层配注目的。同心配注器由井下工作筒和配注芯组成,配注芯坐入井下工作筒后与其内表面形成环形空间过流通道。配注器可控制注入量 $20\sim150m^3/d$,最大控制压差 3.0MPa,聚合物溶液的黏损率小于 4.0%。

聚合物驱偏心分注技术地面采用单泵单管供液、井下管柱采用单管偏心分注形式。用封隔器把各层段封隔开,每一层段对应一级偏心配注器。注聚过程中,聚合物溶液流过偏心配注器时,可形成足够的节流压差,在地面同一注聚压力下,通过对分层注入压力的调节,控制各个层段的注入量,从而达到分层配注的目的。单层控制注入量范围 $10\sim50m^3/d$,最大控制压差 3.0MPa,对聚合物剪切降解率小于 15%。

聚合物驱对象逐步转向二类和三类油层,平面和纵向上非均质严重,油层具有单层厚度薄、层数多、渗透率级差较大的特点。二类和三类油层聚合物驱普遍存在注入井注入压力较高的情况,其原因是层间渗透率差异过大,单一分子量的聚合物很难适合不同类型油层。研制了单管分质分压注聚工艺,实现了同井不同渗透率层,注入不同聚合物分子量溶液,保证聚合物分子量与不同类型油层性质匹配,使不同性质的油层均得到较好的动用,实现了分层配注量及分层分子量的双重控制(图4-20)。利用分子量调节器采用机械降解方式实现聚合物分子量的调节,流量 $30m^3/d$ 时,分子量调节范围扩大一倍增至 60%。1900万聚合物调节范围为 760万~1900万,渗透率适用范围 $100\sim300mD$。在 $50m^3/d$ 流量内分子量调节范围达到 20%~50%,最大节流压差 1.5MPa。利用压力调节器采用流线型降压槽实现对注入压力的控制,在 $70m^3/d$ 流量范围内,最大节流压差达

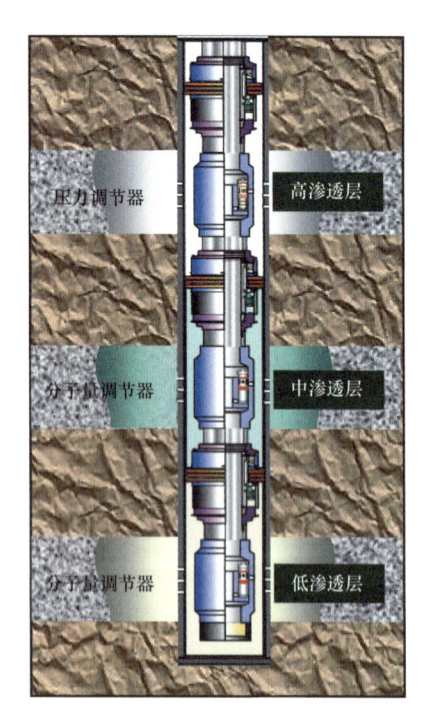

图 4-20 多层分质分压注入工艺技术

到 3.5MPa，对聚合物溶液黏损率小于 8%。同时，研发了分质分压注入配套测试工艺，可实现验封、分层流量测试调配及分层压力的测试。实现了聚合物驱测试由纯机械手段向机电一体化方式的转变，现场应用 223 口井，3~5 层段分注井平均单井测试时间由 5.5 天缩至 2.5 天，测试效率提高 1 倍以上，调配合格率 85% 以上。

二、低黏损聚合物配注工艺技术

聚合物驱注入系统的特点决定了地面工程注入系统投资高，生产成本高。油田在生产实践中，不断总结经验，逐步改善聚合物注入技术，主要表现在以下几方面[19]：

（1）缩短了聚合物配制工艺流程，采用不用专用储罐配制聚合物母液的短流程。油田从"十五"后期开始，逐步进入二类油层聚合物驱阶段，开发条件与主力油层相比相对变差，油田依靠科技进步，不断简化地面配注系统工艺，提高工艺设备效率，取消了早期聚合物配制中的母液储罐，节约总罐容约 50%。聚合物母液配制短流程，简化了配制站工艺，降低了建设投资。

（2）聚合物母液输送工艺由一管单站简化为一管两站。为了进一步简化母液输送工艺，油田采用高扬程螺杆泵及低剪切聚合物流量调节器；同时，在每座注入站安装流量调节器，自动调节、控制母液的进罐液量，配制站母液外输泵加装变频调节母液外输泵的输出流量，实现闭环控制。通过采取这些措施，实现了聚合物母液一管两站输送工艺。

（3）研制了新型水粉混合器、螺旋推进式搅拌器，缩短抗盐聚合物的熟化时间。随着聚驱工业化规模的不断扩大，研制了能够满足各类聚合物配制需要的新型水粉混合器，该混合器内能产生足够的自吸力将物料吸入且混合均匀，可避免聚合物母液中存在水包粉的问题，提高了聚合物溶解效果。同时，利用室内搅拌器流场研究结果，研制了螺旋推进式搅拌器，在原有搅拌器的基础上，改变了底层搅拌器桨叶的直径及形状，外形结构由原来的 45° 斜直板改成流线型。利用新型螺旋推进式搅拌器，抗盐聚合物的熟化时间缩短了 1h 以上。

（4）研究了试验射流型分散装置，进一步简化配制工艺。新型分散装置是对传统的风送式分散装置的改进，采用水射流的方式进行水粉混合，提高水粉混合的效率。该装置通过水射流器吸入聚合物干粉，在管道内吹散干粉并充分湿润，然后直接输送至熟化罐，取消了干粉润湿罐和螺杆转输泵，进一步缩短了配制流程。同时辅以电子秤的称重方式，计量精度由 ±10% 提高到 ±3%，利用变频器控制螺旋给料机的转速，实现动态控制聚合物给料量。新型分散装置解决了以往聚合物混配时混合不均匀的情况，提高了分散效果，50m³/h 以上的单套装置较风送分散装置减少投资 15 万元。

（5）推广应用了聚合物流量调节器，优化注入站设计方案。一是采用流量调节器，通过电磁流量计的输出信号调节开启度，来调节每口井的聚合物母液流量，实现一泵多井工艺，减少柱塞泵的数量；二是采用组合电器，集变压器、低压盘、自控仪表盘及控制台于一体，户内安装，实现了整座注入站集中自动化控制。

（6）坚持总体规划，优化聚合物驱地面注入工程建设方案。针对聚合物驱周期性的特点，总结出了一套适应整装油田大规模开展聚合物驱需要的地面工程总体布局设计的思路和方法，形成了集中配制、分散注入的配注工艺。采用集中配制、分散注入的聚合物配注系统工艺，一座配制站可以同时满足多座注入站的供液要求，减少工程投资，具有十分显著的技术经济效益。采取地面地下一体化优化的措施，通过地面工程与油藏工程结合，合理调整开发方案，避免了相邻区块注聚时间叠加，有效避免了几个相邻区块注入时间重叠，减少了配制站的建设规模、延长了使用时间，降低了建设投资。

（7）通过研究，明确了聚合物配注系统黏损主要节点分布，建立了降黏损工艺措施，有效降低了系统黏损。流量调节器、静态混合器和单井注入管线黏损较大（图4-21）。

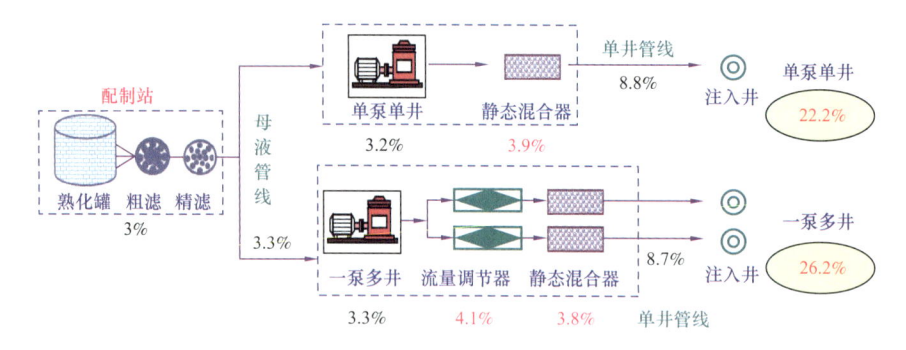

图4-21 低黏损聚合物配注流程

研发了低剪切流量调节器，降低了流量调节器黏损率近1个百分点。研制K+X两种混合单元高效静态混合器，出口黏度提高34.7个百分点。确定了管线清洗方式及周期，黏损降7～15个百分点。四年应用13000多井次，聚合物驱黏损由2010年的29.5%下降到2015年底的22.6%，黏损降低6.9个百分点，节约干粉7315t。

三、聚合物驱交替注入技术

聚合物驱油田开发实践表明，聚合物溶液在高渗透层低效、无效循环，低渗透层吸液量低、动用程度低，是制约聚合物驱开发效果的主要制约因素之一。交替注入方式主要是利用不同分子量、不同黏度、不同浓度聚合物段塞进行交替注入，利用油藏压力场的变化，增大低渗透层吸液量，是提高油层动用程度、进一步改善聚合物驱开发效果的有效途径。

从室内实验分析发现，交替注入使非均质油层纵向压力场扰动性增强，有利于驱替液向低渗透层窜流。采用单一段塞注入方式，低渗透层始终处于相对高压力状态，其原因在于注入的高黏流体与低渗透层不匹配，低渗透层只吸液很小比例即造成渗流阻力的大幅增加，低渗透层很难大幅吸液，这从现场吸液剖面测试资料可以得到证实。采用交替注入方式后，高渗透层匹配高黏段塞，低渗透层匹配低黏段塞，即注入流体与油层匹配性增强，致使高渗透层也会出现相对高压力时间段，此时高渗透层流体会发生转向，窜流到低渗透层。另外，单一段塞注入聚合物溶液主要呈水平渗流状态，油滴受力单一，使一部分油滴受水平方向束缚力的作用无法参与运移，交替注入后，在高低渗透层纵向压力差的作用下，聚合物溶液垂向流动性增强，使一部分油滴参与垂向流动从而摆脱水平束缚状态，进而可能在采出井采出。

通过数值模拟计算了不同注入方式聚合物驱阶段的采收率提高值，随着交替周期的增多，采收率提高值先增大后减小，在5个交替周期的时候采收率值最高，1～6个交替周期的注入方式采收率提高值高于单一段塞注入方式，5个交替周期注入方式高出值达2.9%，改善驱油效果明显。值得说明的是，交替注入方式改善驱油效果是在降低聚合物用量25%的前提下取得的。以上实验结果说明，合理的交替周期和段塞尺寸能够有效改善非均质油层驱油效果，但存在一个最佳界限。在总注入量固定的前提下，交替周期过于频繁，致使段塞尺寸过小，高分段塞不能在高渗透层形成有效的封闭遮挡作用，近似于单一段塞注入方式，驱油效果变差，就渗透率级差为4的非均质油层而言，交替段塞尺寸在0.056PV时可获得最佳驱油效果。

第六节 矿场实例

"十二五"期间，聚合物驱技术应用油藏由大庆一类油层扩展到大庆二类油层、由砂岩油藏扩展到了砾岩油藏。大庆油田在喇8-182井区高二组油层、中区西部萨I组进行了三类油层聚合物驱驱矿场试验，阶段采出程度达到了10%以上。聚合物驱油矿场实例主要介绍具有代表性的大庆油田的一类和二类油层交替注入矿场试验和新疆七东1砾岩油藏聚合物驱工业化试验。

一、大庆油田聚合物驱交替注入现场试验

1. 油藏特征与开发简况

在认真分析当前聚合物驱开发所面临的形势和存在问题的基础上，确定了聚合物驱多段塞交替注入试验区选择原则，即试验区地质特征应具有代表性、聚合物驱开发过程中存在的问题具有普遍性、具有相对的独立性和完整性、便于开发效果分析和评价、试验区选择时尽量减少配置站、注入站的改造工作量、能够为后续的同类区块开发提供借鉴。基于以上原则，选择了4个多段塞交替注入试验区，分别是：大庆油田南一区西东块2号注入站、南三区东部2号注入站、北三西西块14号注入站、北北块一区3~4号注入站。其中南一区西东块2号注入站试验目的层为一类油层，其他3个试验区试验目的层为二类油层。4个试验区总含油面积8.41km²，目的层地质储量1189.5×10⁴。截至2011年3月，共有油水井386口，其中采油井213口，注入井173口。试验区基本情况见表4-8。

表4-8 交替注入试验区概况

序号	试验区名称	开采层位	采出井口	注入井口	有效厚度 m	有效渗透率 D	面积 km²	储量 10⁴m³
1	南一区西东块2号注入站	PI1-4	60	49	11.2	0.638	2.1	406.6
2	南三区东部2号注入站	SII7-12	54	36	7.5	0.470	2.81	237.9
3	北三西西块14号注入站	SII10—SIII10	46	44	14.3	0.490	1.42	210.0
4	北北块一区3-4号注入站	SIII4-10	53	44	9.2	0.577	2.08	335.0
	合计		213	173	42.2	—	8.41	1189.5

2. 试验方案设计

在室内实验和精细油藏描述的基础上，针对试验区开发现状及存在问题，采用不同分子量、不同浓度聚合物段塞交替注入。现场试验统计结果表明，平均渗透率相近前提下，长垣南部、北部不同地区油层，其注入能力及吸液剖面存在明显差异。以往在聚合物驱注入参数优选过程中，不同注聚区块仅采用一套聚合物分子量与油层渗透率匹配关系图版，未考虑不同区块油层孔隙结构差异、不同配制条件下分子尺寸差异等因素对注入能力的影响，不能满足聚合物驱注入方案个性化设计的需求。针对此问题，各交替注入试验区根据本区块油层特点，开展了聚合物分子量和浓度与油层匹配关系实验研究，建立了个性化的匹配关系图版。以匹配关系图版为指导，综合考虑试验区油层条件，设计了交替注入试验方案。

南一区西东块2号注入站采用高低分子量交替注入，根据单井油层性质个性化设计浓度，具体方案见表4-9；南三区东部2号注入站采用中分高低浓度交替。根据注入井油层发育状况，结合其连通的采出井连通及生产情况，将2号站36口注采井区划分为5种类型：厚注厚采型、厚注薄采型、薄注薄采型、薄注厚采型和较为均质型，根据不同注采类型个性化设计了段塞浓度，见表4-10。

表4-9 南一区西东块2号注入站交替注入方案设计

类别	井数口	上半周期			下半周期		
		分子量 万	浓度 mg/L	时间 月	分子量 万	浓度 mg/L	时间 月
分层井	3	2500	2545	3	1200	2000	3
	13	2500	1773	3	1200	1500	3
笼统井	10	2500	2376	3	1200	1800	3
	23	2500	1722	3	1200	1650	3

表4-10 南三区东部2号注入站交替注入方案设计

区域类型	上半周期			下半周期		
	分子量 万	浓度 mg/L	时间 月	分子量 万	浓度 mg/L	时间 月
薄注薄采型	1200	800	2	1200	污水	2
薄注厚采型	1200	1600	2	1200	800	2
厚注薄采型	1200	2200	2	1200	800	2
厚注厚采型	1200	2200	2	1200	1000	2
较为均质型	1200	2200	2	1200	1000	2

北三西西块14号注入站对10口注入压力高的注入井采取中分高低浓度交替，以提高中低渗透层动用程度，上半周期注入浓度2000mg/L，注入时间4个月，下半周期注入浓度1000mg/L，注入时间2个月。对试验区8口注入压力低的注入井采取中分高低浓度交替，以控制含水回升速度，上半周期注入浓度2000mg/L，注入时间2个月，下半周期注

入浓度 1000mg/L，注入时间 4 个月。对试验区 6 口油层厚度大、渗透性好、层内矛盾突出、高渗透层突进、注入压力低，且周围采油井含水回升速度快的注入井采取调剖剂与中分常浓聚合物交替；北北块一区 3-4 号注入站采取 2500 万和 1200 万分子量聚合物交替，交替半周期为 3 个月（0.04PV），上半周期平均注入浓度 2065mg/L，下半周期平均注入浓度 1500mg/L。

3. 试验效果评价

1）注采能力

交替注入过程中，试验区注入压力整体处于波动上升或波动下降趋势。对于注聚中后期实施交替注入的 3 个区块，注入压力呈波动下降趋势，在注高分子量、高浓度段塞阶段注入压力回升，注中分子量、常浓度段塞阶段注入压力下降。注聚初期实施交替注入的南三区东部 2 号注入站，采用"低浓高速、高浓低速、异步交替、梯次降浓"的注入方式，注入压力呈波动上升趋势，注高浓度段塞阶段压力升幅大，低浓度段塞阶段压力升幅较小。与开采对象、井网及油层发育状况相似的 1 号站和 3 号站相比，注入压力上升幅度趋缓，视吸水指数保持较高水平，困难井相对较少，措施井比例低。注采能力提高，4 个试验区视吸水指数提高 16.4%、采液指数提高 11.3%。

交替注入使采出能力得到明显改善。交替注入后，不同渗透率井组日产液上升，主体渗透率越高上升幅度越大；交替注入后，不同渗透率井组日产油下降幅度减小。交替注入对薄差层动用改善最好，所以日产油下降最缓；交替注入后，不同渗透率井组采液指数呈稳中有升的趋势。

2）油层动用状况

交替注入后，吸液剖面得到改善，薄差油层动用厚度明显提高。南三区东部 2 号注入站动用厚度保持较高水平，与非交替区对比，有效动用厚度比例高 4.2%，其中小于 1m 薄差油层动用厚度比例达到 61.3%，高出非交替区 6.03%。

统计北北块一区 3-4 号注入站 24 口井连续吸水剖面资料，低分子量、低浓度半周期吸水厚度比例为 92.9%，比交替注入前增加了 6.9%。其中占全井厚度 34.7% 的高吸水层段吸水比例由 56.1% 下降到 34.9%，下降了 21.2%。占全井厚度 29.7% 的低吸水层段吸水比例由 13.8% 上升到 24.6%，提高了 10.8%；高分子量、高浓度半周期吸水厚度比例 91.4%，比交替注入前增加了 5.5%，31.0% 的高吸水层段吸水比例由 52.2% 下降到 33.6%，下降了 18.6%，28.1% 的低吸水层段吸水比例由 11.7% 上升到 25.9%，提高了 14.2%。

3）开发效果及经济效益

以采收率提高值为纵坐标，以聚合物用量为横坐标，建立了既能评价开发效果，又能评价经济效益的对标分类评价方法。绘制 4 个试验区和各自对比区或全区的对标曲线。图 4-22 中红色圆点表示各试验区开始实施交替注入的起始点，南三区东部 2 号注入站注聚开始即实施交替注入。从图 4-22 可以看出，注聚中后期的 3 个区块实施交替注入后，与全区对比对标曲线明显上翘，试验区对标曲线与全区对标曲线"剪刀差"呈扩大趋势。注聚开始即实施交替注入的南三区东部 2 号注入站改善开发效果最为明显，与未实施交替注入的对比区比较，对标曲线上翘明显。绘制南三区东部 2 号站聚合物用量和吨聚增油关系曲线如图 4-23 所示。从图 4-23 可以看出，在聚合物用量为 600mg/（L·PV）时，试验区吨聚增油达到 60.8t，高于对比区 15.5t。试验区与对比区油层条件类似，驱油效果却明显好于对比区，说明交替注入技术的实施发挥了作用。同时也可以看出，南三区东部2号站交替注入效果好于其他3个试验区，说明交替注入时机是越早越好。

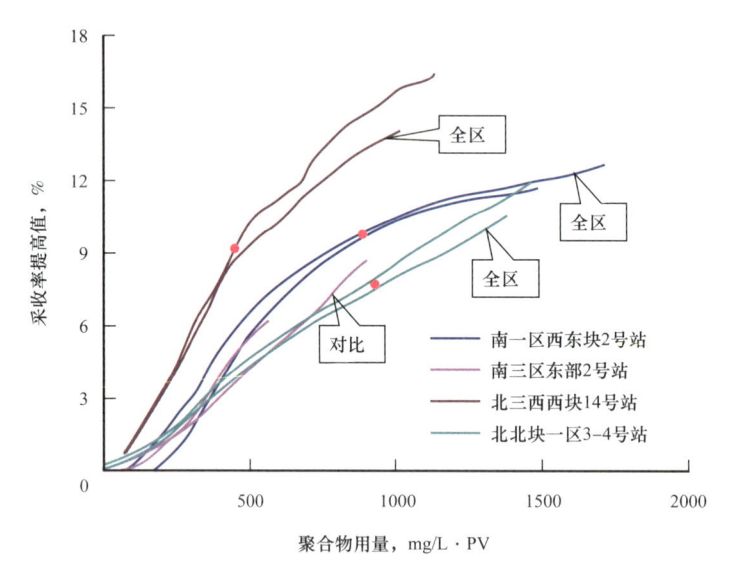

图4-22 试验区采收率提高值随聚合物用量变化曲线

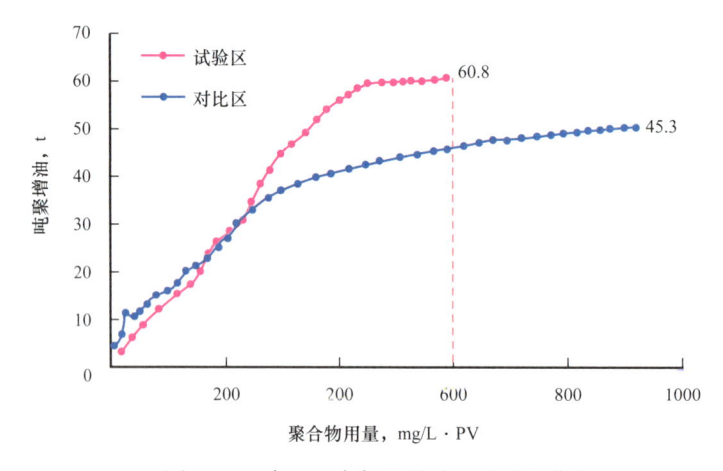

图4-23 南三区东部2号站吨聚增油曲线

2011年4月试验开始到试验结束，4个试验区累计增产原油 3.81×10^4t，节约干粉6120t，减低聚合物用量25.3%，经济效益显著。

二、新疆七东1区砾岩油藏聚合物驱工业化试验

克拉玛依油田七东1区位于新疆克拉玛依市白碱滩地区，距克拉玛依市以东约30km，地面海拔260~275m，地表平坦，为较松软碱土覆盖，交通便利。七东1区处于准噶尔盆地西北缘克—乌逆掩断裂带白碱滩段的下盘，是一个四周被断裂切割成似菱形的封闭断块油藏（图4-24），北以北白碱滩断裂为界与六区相邻；南以5137井断裂为界与七东2区相邻；西以5054井断裂与七中区接壤；内部发育逆断层TD71303井断裂。

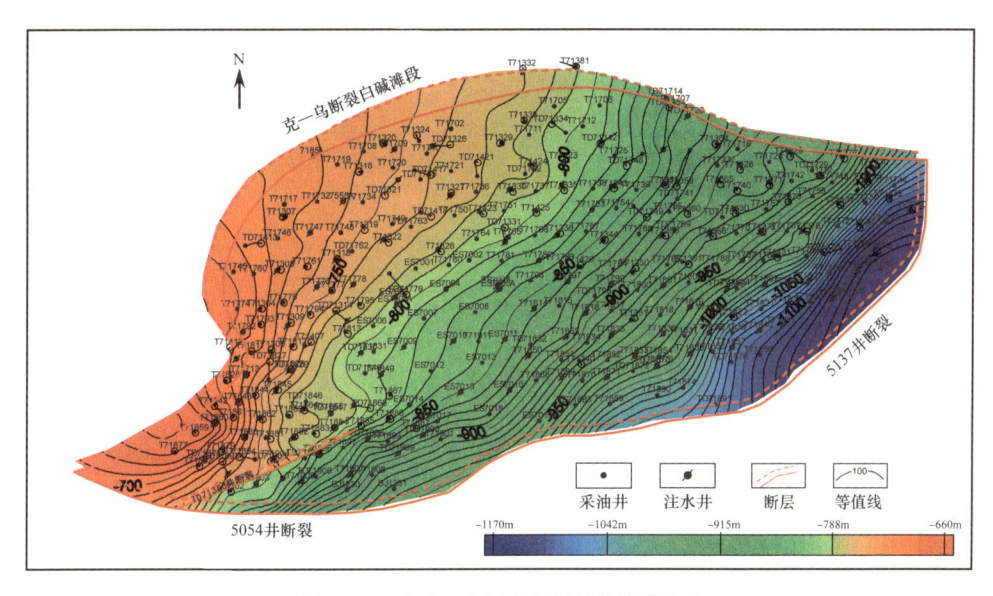

图 4-24　七东 1 区克下组油藏顶部构造

1. 工业化试验

1）油藏特征

聚合物驱工业试验区位于七东 1 区中南部，试验区构造为一倾向东南的单斜，内部不存在断裂，自西北向东南高度落差 180m，落差梯度 1.5～10m，地层倾角在 9° 左右。2007 年开始五点法井网 200m 井距 9 注 16 采工业化试验（图 4-25），试验区面积 1.253km^2，地质储量 193.9×10^{4}t，目的层 S$_7^2$，S$_7^3$ 和 S$_7^4$ 层，平均渗透率 189mD，油藏温度 34.3℃，适合聚合物驱开发，基础参数见表 4-11。

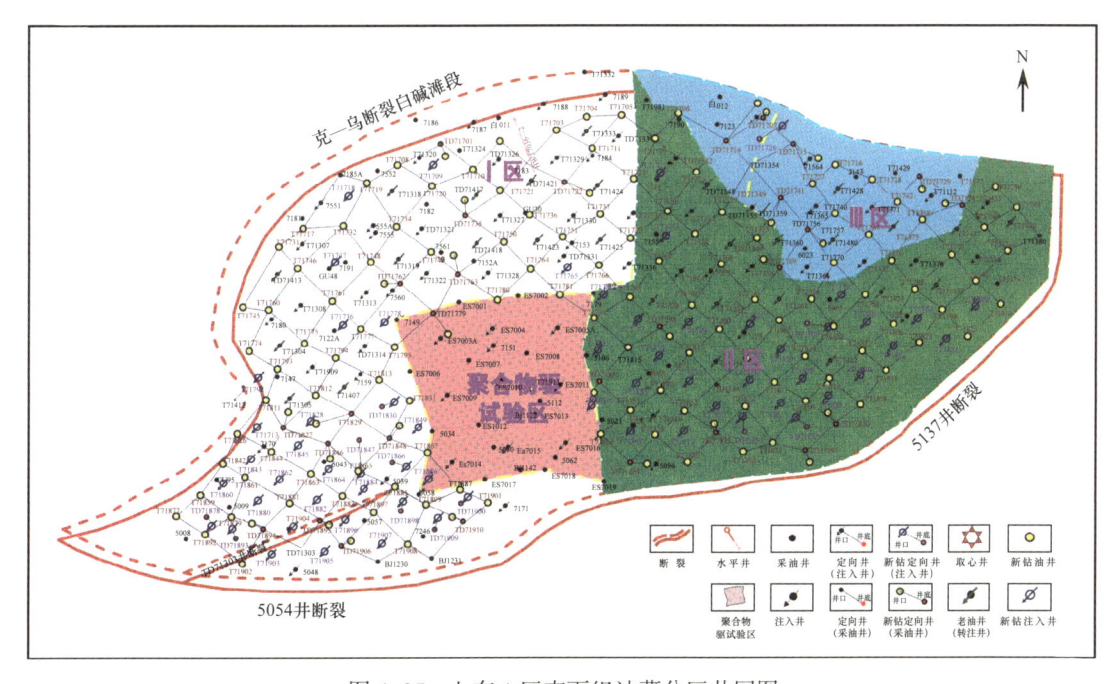

图 4-25　七东 1 区克下组油藏分区井网图

- 129 -

表 4-11　七东 1 区聚合物驱工业化试验区基本参数表

参数	数值	参数	数值
油藏平均深度，m	1203	平均饱和度，%	75
油藏温度，℃	34.3	原油黏度，mPa·s	5.13
平均有效厚度，m	14.8	地层水型	NaHCO$_3$
平均孔隙度，%	18.2	地层水矿化度，mg/L	28868
平均渗透率，mD	189	储量丰度，10^{4}t/km^2	155.2

2）试验方案设计

注入聚合物类型为 2500 万分子量的 HJKY-2，聚合物用量 600mg/L·PV，注入速度 0.12PV/a（平均单井日注 100m^3），聚合物浓度 1200mg/L，井口黏度不小于 60mPa·s，聚合物段塞大小 0.5PV，注聚时间 4.2 年（2006 年 9 月至 2010 年 11 月），试验区预测提高采收率 7.6%，中心井区预测提高采收率 11.3%。

3）试验实施效果

矿场试验取得了成功，平均注入压力由注聚前的 7.2MPa 上升到 12.2MPa，上升 5.0MPa；吸水剖面动用程度由 62% 提高到 69%，提高 7 个百分点；采油速度由 0.6% 提高到 1.7%，提高 1.1 个百分点。16 口油井全部见效，油井见效率达到 100%。中心井区平均日产油量由初期的 7.5t/d 提高至见效高峰期的 60t/d，含水最大下降 30.1%，截至 2015 年底，中心井区提高采收率 12.1%（图 4-26）。

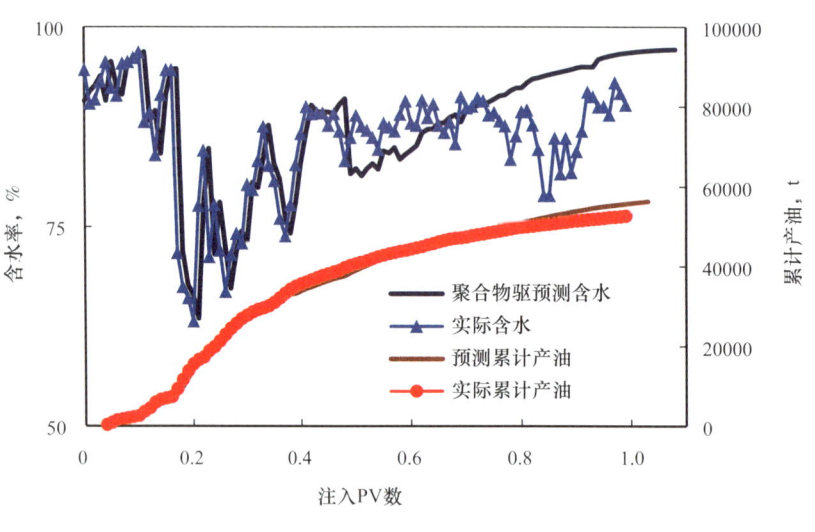

图 4-26　中心井区见效特征曲线

（1）合理的开采政策，为聚合物驱成功奠定了基础。

聚合物驱见效高峰期合理地层压力在 12MPa 左右，合理生产压差 6.0MPa，后期逐渐增大生产压差，保证油井产液能力（表 4-12）。

表4-12 试验区聚合物驱见效高峰期合理压力界限

油藏类型	射孔厚度 m	合理地层压力 MPa	合理生产压差 MPa	井均合理日产液量 t	米产液指数 t/(d·MPa·m)	米产液指数保持程度 %
Ⅰ类 1023mD	21.3	11.5	4.0	70	0.822	58.3
Ⅱ类 467mD	24.3	11.8	5.5	50	0.374	55.6
Ⅲ类 61mD	13.7	12.5	7.5	25	0.243	41.7
平均	18.1	12.0	6.0	50	0.460	55.6

（2）调剖是提高聚合物驱效果的重要技术支持。

砾岩油藏的含水变化规律与大庆油田砂岩油藏的相差很大。大庆油田一类和二类砂岩油藏聚合物驱均呈比较平滑的下降、稳定和回升趋势；而由于储层复模态结构特征，砾岩油藏聚合物驱含水变化整体呈波动见效形态，短期起伏较大，调剖作用明显（图4-26）。9注16采初期整体+过程典型井多轮次调剖相结合，进行4次共调剖20井次，累计注入调剖剂$11.26\times10^4m^3$（平均单井调剖注入量$5460m^3$）。有效抑制了化学剂窜进，为注聚扩大波及体积奠定了基础。形成了砾岩油藏聚合物驱实时分级多段调剖技术，见表4-13。在调剖方案设计中，针对不同区域选择不同的方案，区域性动态调整，解决了砾岩油藏物性差异大的不利因素。

表4-13 七东1区聚合物驱调剖与调整方案框架

试验区位置	储层非均质性	调剖方案	注聚方案	动态调整
北部	极强	高强度凝胶+不同粒径体膨颗粒	高浓度	提高注采比，降低边角井产液量
中部	强	高强度凝胶	中等黏度	提高采液能力
南部	较强	中弱强度凝胶	低浓度	降低注采比，提高采液能力

（3）个性化聚合物驱调控技术保障了聚合物驱试验的成功。

北部物性好，以提高注入浓度和调剖为主，同时降低边角井液量，提高注采比；中南部物性差，以降浓、压裂为主，提高采液能力，降低注采比（表4-14）。

表4-14 聚合物驱试验区聚合物驱过程调整方案框架

区域	渗透率, mD	存在问题	注聚方案	动态调整	调整结果
北部	649.3	注入压力上升慢，地层压力低	高浓度	提高注入浓度提高注采比，降低边角井液量	由1200mg/L先后调整为1500mg/L、1800mg/L
中部	438.1	—	中等浓度	提高采液能力	1200mg/L不变

续表

区域	渗透率，mD	存在问题	注聚方案	动态调整	调整结果
南部	199.2	注入压力上升快，地层压力高	低浓度	降低注入浓度降低注采比，提高采液能力	由1200mg/L调整为1000mg/L

2. 工业化扩大试验

1）油藏特征

2013年开始实施 $30×10^4$t 聚驱扩大试验，克下组油藏含油面积 $6.3km^2$，地质储量 $903.0×10^4$t，平面上各区物性差异比较大，目的层Ⅰ区平均孔隙度18.7%，平均渗透率为805.4mD，Ⅱ区平均孔隙度17.3%，平均渗透率为457.1mD；Ⅲ区平均孔隙度16.6%，平均渗透率为59.4mD。基础参数见表4—15，分区见图4—25。

表4—15 七东1区克下组油藏（除原聚驱试验区）基本参数表

参数	数值	参数	数值
含油面积，km^2	6.3	地层温度，℃	34.3
克下组地质储量，10^4t	903.0	原始地层压力，MPa	16.8
目的层地质储量，10^4t	778.4	地面原油密度，g/cm^3	0.857
目的层油层厚度，m	13.6	地下原油黏度，mPa·s	5.13
油藏埋深，m	1160	地层水水型	$NaHCO_3$
目的层孔隙度，%	17.4	氯离子含量，mg/L	11900
目的层渗透率，mD	597.7	总矿化度，mg/L	28868

2）试验方案设计

方案设计Ⅰ区、Ⅱ区和Ⅲ区分别注入不同类型聚合物。注入聚合物分子量：Ⅰ区和Ⅱ区2500万，Ⅲ区300万～500万；注聚浓度：Ⅰ区1600mg/L，Ⅱ区1400mg/L，Ⅲ区1000mg/L；区块注入速度：0.10PV/a～0.12PV/a；段塞尺寸：0.7PV（表4—16）。阶段采出程度17.07%，其中聚合物驱提高采收率11.73%（Ⅰ区13.25%，Ⅱ区9.20%，Ⅲ区5.29%）。

表4—16 七东1区克下组油藏聚合物驱油方案设计

注聚尺寸，PV		分子量，万		注入浓度，mg/L			注入速度，PV/a			
Ⅰ区、Ⅱ区	Ⅲ区	Ⅰ区、Ⅱ区	Ⅲ区	Ⅰ区	Ⅱ区	Ⅲ区	全区	Ⅰ区	Ⅱ区	Ⅲ区
0.7（聚）	0.7（聚）	2500	300～500	1600	1400	1000	0.12	0.12	0.12	0.10

3）试验实施效果

截至2016年1月，全区日注液 $5134m^3$，日产液4164.5t，日产油由实施前的149.2t上升到515.8t，含水87.6%。累积注入聚合物溶液 $211.7×10^4m^3$，注入0.13PV，阶段采出程度6.1%（聚合物驱3.3%），采出程度46.9%（图4—27）。

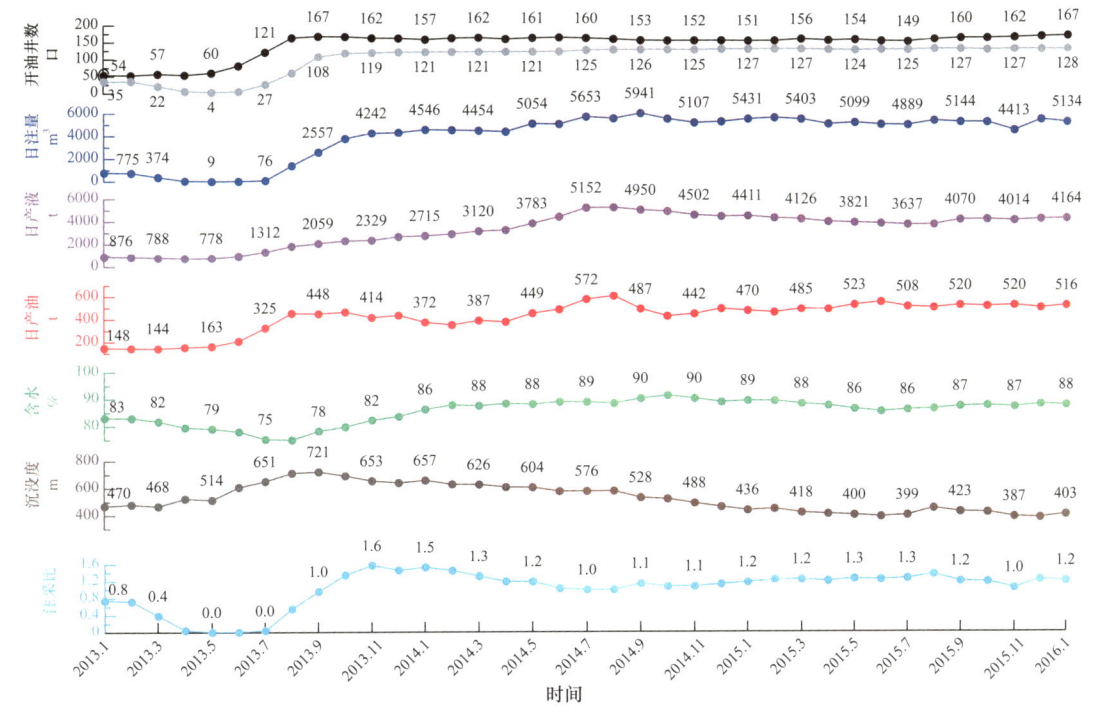

图 4-27 七东 1 聚合物驱月度生产曲线

参 考 文 献

[1] Chang H L.Polymer Flooding Technology Yesterday, Today, and Tomorrow [J].Journal of Petroleum Technology, SPE-7043-PA, 2006.

[2] 廖广志, 牛金刚, 邵振波, 等. 大庆油田工业化聚合物驱效果及主要做法 [J]. 大庆石油地质与开发, 2004, 23 (1): 485.

[3] Seright R S.How Much Polymer should be Injected During a Polymer Flooding Review of Previous and Current Practices [C].SPE-179543-PA.2016.

[4] Wang, D, et al.Viscous-Elastic Polymer CanIncrease Microscale Displacement Efficiency in Cores [C]. SPE-63227-MS, 2000.

[5] 廖广志, 王强, 王红庄, 等. 化学驱开发现状与前景展望 [J]. 石油学报, 2017, 38 (2):196-207.

[6] 韩培慧, 等. 大庆油田化学驱技术进展 [C]// 中国石油第六届化学驱提高采收率年会论文集 [M]. 北京: 石油工业出版社, 2016.

[7] 顾鸿君, 等. 新疆油田砾岩油藏聚合物驱研究与应用 [M]. 北京: 石油工业出版社, 2016.

[8] 罗文利, 韩冬, 韦莉, 等. 抗盐碱星形聚合物的合成和性能评价 [J]. 石油勘探与开发, 2010, 37 (4):477-482.

[9] 刘玉章. 聚合物驱提高采收率技术 [M]. 石油工业出版社, 2006:74-83, 125-134.

[10] 王正波, 等, A New Method of Numerical Simulation for Viscoelastic Polymer Flooding [C].SPE 65972, 2013.

[11] 朱怀江,刘强,沈平平,等.聚合物分子尺寸与油藏孔喉的配伍性[J].石油勘探与开发,2006,33(5):609-613.

[12] 程杰成,王德民.驱油用聚合物的分子量优选[J].石油学报,2000,21(1):102-106.

[13] 曹瑞波,丁志红,刘海龙,等.低渗透油层聚合物驱渗透率界限及驱油效果实验研究[J].大庆石油地质与开发,2005,24(5):71-73.

[14] 蔡燕杰.聚合物驱注采调整技术[M].中国石化出版社,2002:1-14.

[15] 巢华庆.大庆油田提高采收率研究与实践[M].石油工业出版社,2006:238-247.

[16] 牛金刚.大庆油田聚合物驱提高采收率技术的实践与认识[J].大庆石油地质与开发,2004,23(5):91-93.

[17] 顾永强,解保双,魏志高,等.孤东油田聚合物驱工业化应用的主要做法及效果[J].油气地质与采收率,2006,13(6):89-92.

[18] 李海成.大庆油田聚合物驱分注工艺现状[J].石油与天然气地质,2012(2):296-301.

[19] 李岩,于力,唐述山.大庆油田聚合物配注系统发展简述[J].油气田地面工程,2008(8):33-38.

第五章 稠油热采提高采收率技术

第一节 概　　述

稠油不仅是汽柴油、化工产品的重要来源，更是优质沥青、石蜡等产品的主要来源，具有不可替代的价值。稠油因为黏度高，在地层条件下流动性差或不具有流动能力，一般以热力采油技术来提高油层温度，显著地降低原油黏度，提高原油的流动能力来实现有效开采。

从20世纪60年代以来的50多年时间，我国热力开采稠油技术实现了从零开始，从小到大的发展过程，走过了从学习借鉴国外经验，到创建有自己特色技术的发展之路。特别是近10多年，以蒸汽驱、蒸汽辅助重力泄油（SAGD）、火驱为代表的稠油热采提高采收率技术，走过了先导试验、攻关发展、完善配套的发展历程，达到世界领先的水平，圆满地撑起中国稠油稳产上产的历史重任，在矿场应用中取得显著效果。

早在1958年，随着新疆油田的发现，在准格尔盆地西北缘断阶带发现了浅层稠油带。1965年，开始在新疆克拉玛依黑油山的浅层稠油进行注蒸汽吞吐及火驱探索性试验，但都因当时技术条件的限制，未能成功。1978年，中国石油勘探开发科学技术研究院的刘文章等专家，赴委内瑞拉等国家考察学习国外稠油热采技术，并创建稠油热采实验研究室，攻关稠油开发技术。同年，从美国引进高压注汽锅炉设备，在辽河的高升油田开展注蒸汽吞吐实验，并取得成功。自1982年开始，我国的稠油热采技术进入全面发展阶段。通过进一步对注蒸汽及驱油机理的深化研究，确定了稠油流变机理、开展全国资源普查，确定稠油分类标准，攻关热采关键工艺技术，自行研制了稠油热采锅炉及热采配套的工艺设备设施，编制高升油田注蒸汽开发方案和新疆油田九区齐古组注蒸汽开发方案，至此，热力采油技术中的蒸汽吞吐技术得到工业化推广应用[1]，中国石油天然气股份有限公司的稠油产量迅速达到千万吨以上规模，并在不断完善的蒸汽吞吐技术支持下实现了20多年的高产稳产。

到20世纪90年代，稠油热力开采技术进入新发展阶段，蒸汽吞吐后继续提高采收率技术走上前台，蒸汽驱、重力辅助泄油、火驱等技术先后在油田开发中得到了应用和创新，并取得重大进展。1994年，新疆油田率先在克拉玛依油田九区开展了蒸汽驱开发，建成年产百万吨的规模；1998年，辽河油田在齐40块开展蒸汽驱试验，并于2004年全面转入蒸汽驱开发，最高年产达到70×10^4t以上。2005年，辽河油田编制曙一区杜84块超稠油开始采用直井水平井组合SAGD先导试验方案，并取得成功，2007年开始全面推广。2008年，新疆在风城油田的重32井区开展双水平井SAGD取得成功，2012年开展工业化推广。2014年，在红浅1井区开展火烧试验取得成功，并在火驱工业化试验方面取得突破性进展。

从2008年到2015年，国家油气重大科技专项设立"稠油和超稠油开发技术"项目和

"渤海湾盆地辽河凹陷中深层稠油开发技术"示范工程，建立辽河和新疆等两个稠油开发技术示范基地，以稠油、超稠油的有效开发和大幅度提高采收率为研究重点，开展蒸汽驱油、蒸汽辅助重力泄油、注空气火烧驱油等应用基础研究和关键技术研发，目的是形成稠油油田开发中后期主体接替技术，并通过现场先导试验和工业化试验及应用，发展、配套和完善新一代稠油高效开发技术，为我国稠油产量持续稳定提供技术支撑。

同期，中国石油天然气股份有限公司高度重视稠油提高采收率技术的攻关和研究，加大基础研究平台建设，在中国石油勘探开发研究院设立了提高采收率国家重点实验室和中国石油天然气股份有限公司热采重点实验室，大力加强平台建设和人才培养力度，经过一段时间的运行取得了显著效果，一大批以国家重点实验室为依托的创新技术成果在矿场试验和现场示范中获得重大进展。其中，以SAGD技术为主体的"浅层超稠油开发关键技术突破强力支撑风城数亿吨难采储量规模有效开发"被评为2013年中国石油十大科技进展，以火驱技术为主体的"直井火驱提高稠油采收率技术成为稠油开发新一代战略接替技术"被评为2015年中国石油十大科技进展[2,3]。蒸汽驱、蒸汽辅助重力泄油、火烧驱油等技术支持的产能贡献率从占比仅10%左右上升达到50%以上，成为新一代稠油开发主体技术。

下面将重点阐述蒸汽驱、蒸汽辅助重力泄油、火驱等3大技术、热采配套工艺技术进展以及矿场应用情况。

第二节 蒸汽驱技术

蒸汽驱是指按优选的开发系统、开发层系、井网、井距、射孔层段等，由注入井连续向油层注入高温湿蒸汽，加热并驱替原油由生产井采出的开采方式。蒸汽驱技术是世界范围内的开采普通稠油的主要技术之一，特别是蒸汽吞吐后的稠油油藏提高采收率的有效方法，蒸汽驱采油在EOR采油中占有举足轻重的位置。

我国蒸汽驱技术始于20世纪80年代末期，在借鉴国外成功蒸汽驱开发经验的基础上，先后在新疆油田、辽河油田等开展了11个蒸汽驱先导试验区，但因为当时的注汽工艺技术、管理水平等达不到蒸汽驱技术要求，多数试验没有取得预期的效果。

进入20世纪90年代，更多稠油的蒸汽吞吐开发区块进入蒸汽吞吐开发的后期，采收率仅20%左右，急需转换开发方式大幅度提高采收率。经过10多年的研究发展，稠油热采工艺技术取得了重大进展。1994年，新疆油田在总结前期蒸汽驱先导试验的经验基础上，率先在新疆油田九区开展了浅层稠油蒸汽驱工业化开发，并建成年产百万吨产能。1997年，辽河油田在齐40块开展了4个井组的中深层蒸汽驱先导试验，并取得成功。于2006年，齐40块开展全面的蒸汽驱工业化[4,5]。

近10多年来，中国石油天然气股份有限公司加大热采开发技术攻关力度，建立了国家提高采收率重点实验室和股份公司热采实验室，强化对热力采油机理和新技术的研发，同时，将辽河油田建设成"中深层稠油示范开发基地"，加强新技术的推广应用。这一时期，蒸汽驱后期的改善蒸汽驱开发效果技术得到全面发展，先后出现了多介质复合蒸汽驱技术、水平井蒸汽驱技术，并在先导试验中验证了良好的开发效果。

到2015年，中国石油的蒸汽驱开发稠油技术经过近30年的攻关研发和现场实践，在驱油机理、物理模拟实验、油藏工程设计、配套工艺技术等方面已经基本实现了配套完善，部分创新引领了世界蒸汽驱技术发展的方向，成为稠油提高采收率的应用范围最广的主体开发技术。

下面分 5 个部分，分别阐述近些年在蒸汽驱技术上取得的重大进步。

一、蒸汽驱驱油机理

关于注蒸汽采油机理，许多学者已进行过大量的室内模拟实验研究。结果表明，注蒸汽采油机理有：（1）温度升高，原油黏度降低；（2）热膨胀作用；（3）蒸汽的蒸馏作用；（4）脱气作用；（5）混相驱作用；（6）相对渗透率及毛细管力的变化；（7）溶解气驱作用；（8）重力分离作用；（9）乳化驱替作用等。图 5-1 表示出了蒸汽驱开采稠油时，各种重要机理对总的石油采收率的贡献。

1. 蒸汽驱的区带分布

转入蒸汽驱开发的油藏，在汽驱过程中将在注采井间，因为热和驱替压力作用下，形成新的场和物质分配规律，总结起来可分为 5 个区带，分别是蒸汽带、溶剂带、热水带、冷凝析带和油藏流体带。如图 5-2 所示，由左至右为从注入井到生产井间各区带分布示意图。

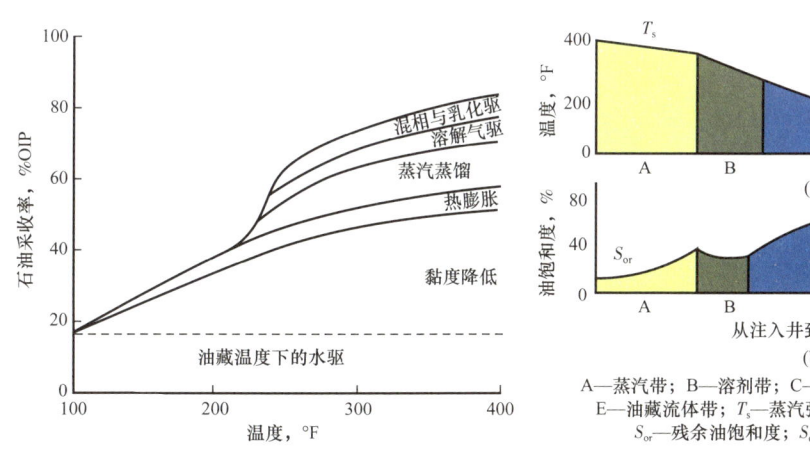

图 5-1 蒸汽驱采油中各重要机理的贡献
（10°API～20°API 的重油）

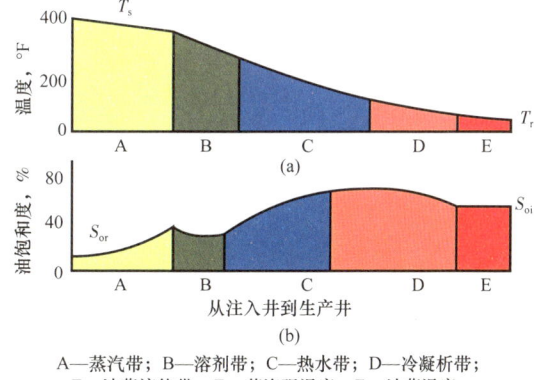

图 5-2 蒸汽驱的区带分布示意图

A—蒸汽带；B—溶剂带；C—热水带；D—冷凝析带；E—油藏流体带；T_s—蒸汽强温度；T_r—油藏温度；S_{or}—残余油饱和度；S_{oi}—原始含油饱和度

2. 多介质复合蒸汽驱的驱油机理

多介质复合蒸汽驱是在蒸汽驱的过程中，注入油藏的介质中添加气体、泡沫剂或驱油剂等的一种或多种，来改善注蒸汽开发效果的技术。开发机理囊括了气体辅助蒸汽驱、泡沫辅助蒸汽驱和驱油剂辅助蒸汽驱的机理，主要包括：（1）调剖作用，提高波及体积；（2）补充能量，增加驱动力；（3）对原油双重降黏机制，改善流动能力；（4）提高水相洗油效率；（5）乳化泡沫作用；（6）协同作用等。在蒸汽驱过程中，多介质蒸汽驱各作用机理，具有较强的协同作用能力，产生了 1+1＞2 的倍增效应。一般在蒸汽驱开发的中后期，对于封堵调剖无法解决储层深处的窜流的井实施多介质复合蒸汽驱技术，实现在继承性窜流通道的液流转向、扩大驱替介质的波及体积、提高驱油效率，显著改善开发效果的作用[6]。

3. 水平井蒸汽驱的驱油机理

水平井蒸汽驱技术是以水平井或水平井直井组合的井网形式进行蒸汽驱的开发技术，是稠油蒸汽驱技术向更高层次发展的一个技术分支，是近年刚刚起步的一项创新型开发技术。水平井蒸汽驱提高采收率的机理：将生产水平井部署在油层底部。汽驱前期以蒸汽驱替为主，到中后期蒸汽将油和水驱替到生产水平井的上部，因汽液密度差，形成汽液界面，封闭蒸汽腔，油和水通过底部横置的水平井采出，原理上具有抑制汽窜、改善蒸汽波及体积的效果。水平井蒸汽驱包含3种井网形式，分别是VHSD、平面HHSD和立体HHSD，代表的是直井—水平井蒸汽驱、平面水平井—水平井的蒸汽驱和立体的水平井—水平井蒸汽驱[7]。

二、蒸汽驱物理模拟实验

1. 多介质蒸汽驱室内评价及配方体系

在国家提高采收率重点实验室建设的统一指导下，建立了稠油多介质蒸汽驱技术创新平台和多介质复合蒸汽驱技术室内评价方法，形成了多元热流体开发基础理论。创新实验平台包含有泡沫评价系统、注蒸汽一维、二维、三维物理模拟系统。图5-3所示为高温高压泡沫流变仪、泡沫评价仪、高温高压长岩心驱替装置和高温高压注蒸汽二维物理模拟系统。

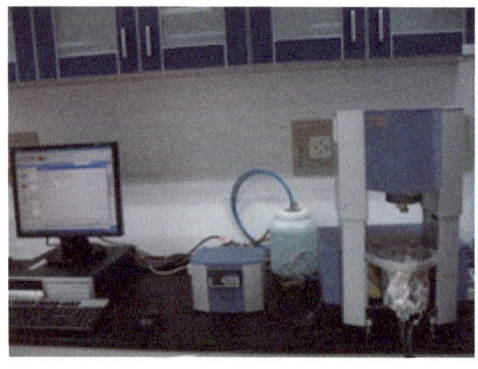

(a) 高温高压泡沫流变仪 　　(b) 泡沫评价仪

(c) 高温高压长岩心驱替装置 　　(d) 高温高压注蒸汽二维物理模拟系统

图5-3　热采重点实验室注蒸汽创新平台重点实验设备

根据蒸汽驱现场存在的问题和油藏特征，研发出 3 种多介质蒸汽驱的驱油配方体系，耐温达到 270℃，并已获得国家发明专利授权。配方体系及特征如下：

（1）MHFD-Ⅰ型（蒸汽+气体），功能补充地层能量+提高蒸汽热效率+提高驱油效率，适用于蒸汽吞吐后期、蒸汽驱早期油藏。

（2）MHFD-Ⅱ型（蒸汽+气体+泡沫剂），功能补充地层能量+调整吸汽剖面+提高蒸汽热效率，适用于蒸汽驱普通、特稠油油藏。

（3）MHFD-Ⅲ型（蒸汽+气体+泡沫剂+驱油剂），补充地层能量+提高蒸汽热效率+调整吸汽剖面+降低油黏度，适用于蒸汽驱超稠油油藏。

2. 多介质蒸汽驱对比实验

依托重点实验室的上述平台设备，开展了蒸汽驱实验和注蒸汽后注入多介质改善开发效果的对比物理模拟实验。实验过程观测的温度场图和微观照片如图 5-4 所示。从结果来看，蒸汽驱后期，因为严重的蒸汽超覆作用，油层顶部温度升高明显，已形成明显的汽窜通道，而油藏下部未受到蒸汽波及。在蒸汽驱后期，加入多介质后，剖面的动用状况得到了一定的改善，蒸汽驱的波及体积得到了明显扩大。蒸汽驱后和多介质蒸汽驱后的微观照片也可对比发现：蒸汽驱后孔隙间仍有一定数量的剩余油呈油膜状分布在颗粒表面，而多介质蒸汽驱后照片里几乎看不到残余油，说明多介质蒸汽驱有更高的驱油效率。

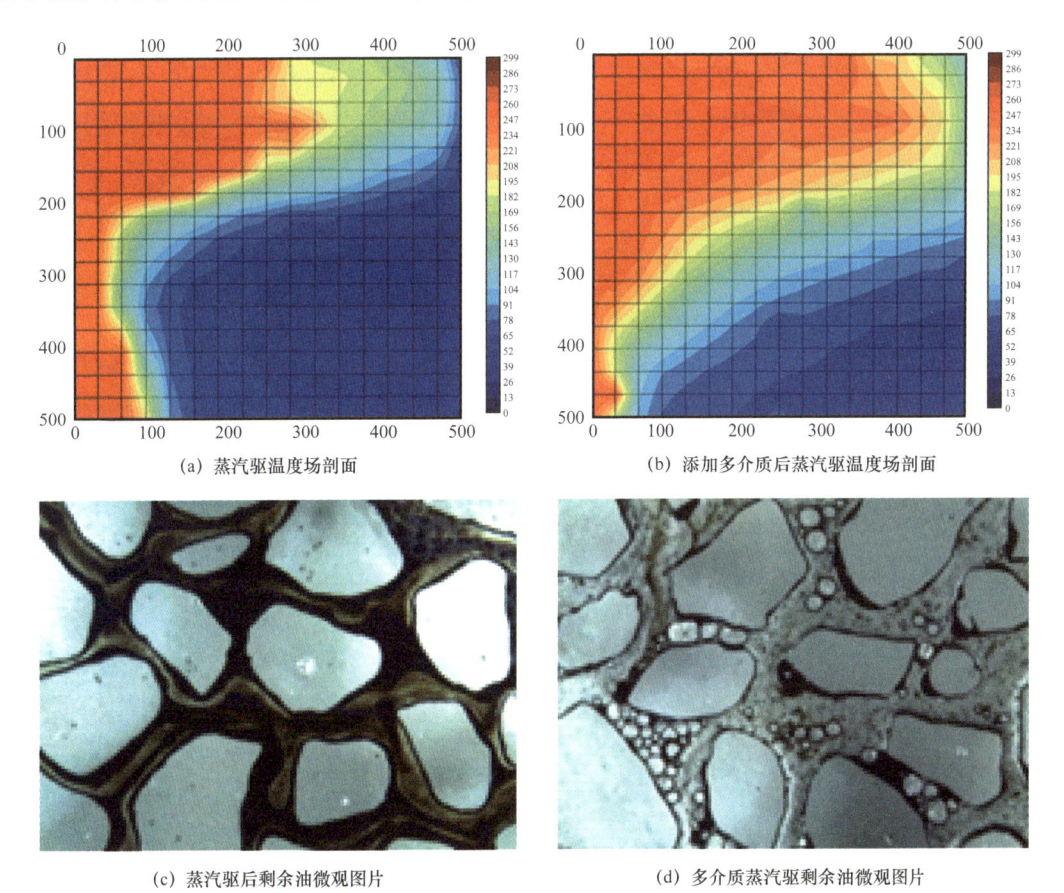

(a) 蒸汽驱温度场剖面　　　(b) 添加多介质后蒸汽驱温度场剖面

(c) 蒸汽驱后剩余油微观图片　　　(d) 多介质蒸汽驱剩余油微观图片

图 5-4　注多介质改善蒸汽驱开发效果后物模温度场及微观照片

三、蒸汽驱油藏工程方案优化设计技术

1. 蒸汽驱最佳操作条件

蒸汽驱能否成功，不但与油藏条件有关，还与蒸汽驱的操作条件有很大关系。操作条件对汽驱效果影响非常大，只有在合理的操作条件下才能取得油藏条件应有的采收率，一旦操作条件不合理，采收率将成倍地降低。蒸汽驱实践表明，要使蒸汽驱开发效果达到油藏条件应达到的开发效果和最佳经济效益，必须同时满足4个最佳操作条件[8]。

（1）注汽速率≥1.6t/（d·ha·m）。
（2）采注比=1.2~1.3。
（3）井底蒸汽干度＞40%。
（4）油藏压力＜5MPa。

2. 蒸汽驱设计思路

遵循"以采定注"的原则，根据油藏实际条件（油层厚度、产液能力），可设计出同时满足"蒸汽驱四项基本原则"的不同井网相匹配的井距和注汽速度。具体设计思路如下：

（1）首先确定蒸汽驱过程中注入井和生产井的基本注入能力和产液能力。这可通过蒸汽驱的先导试验、吞吐的试采试注或油藏类比来确定。

（2）根据注入能力和产液能力的比例关系，确定井网形式。如果注采能力接近，可采用五点法；如果注入能力接近产液能力的2倍，可采用反七点法；如果注入能力接近产液能力的3倍，则采用反九点法。

（3）根据前两步确定的产液能力和井网形式、以及采注比的要求（一般取1.2~1.3），确定单井注汽速度。

（4）根据单井注汽速度、油层厚度和注汽速率［一般取1.6~1.8m³/（d·ha·m）］的要求，确定井组面积，由井组面积和井网形式即可确定井距。

（5）根据单井注汽速度以及目前锅炉和隔热条件，判断是否能达到井底蒸汽干度大于40%的要求，以及在破裂压力以下能否达到这一注汽速度。如果条件能满足，则方案是合理的，否则不合理。

3. 蒸汽驱设计方法

根据上述设计思路，提出了一个简单的优化设计方法，公式如下：

五点井网

$$d = 100\left(\frac{q_1}{Q_s h_o R_{PI}}\right)^{0.5} \tag{5-1}$$

$$q_s = 10^{-4} Q_s h_o d^2 \tag{5-2}$$

反七点井网

$$d = 87.7\left(\frac{q_1}{Q_s h_o R_{PI}}\right)^{0.5} \tag{5-3}$$

$$q_s = 2.6 \times 10^{-4} Q_s h_o d^2 \tag{5-4}$$

反九点井网

$$d = 86.6\left(\frac{q_1}{Q_s h_o R_{PI}}\right)^{0.5} \quad (5-5)$$

$$q_s = 4 \times 10^{-4} Q_s h_o d^2 \quad (5-6)$$

式中 d——相邻生产井井距，m；

h_o——油层有效厚度，m；

q_1——平均单井最大产液能力，m³/d；

q_s——单井注汽速度，m³/d；

R_{PI}——采注比，其值范围在 1.2~1.3，对油层较浅、净总厚度比较大的油藏可取 1.3，对油层较深、净总厚度比较小的油藏可取 1.2；

Q_s——井组的单位油藏体积的注入速率，其值范围在 1.6~1.8。对油层较浅、净总厚度比较大的油藏可取 1.6~1.7，对油层较深、净总厚度比较小的油藏可取 1.7~1.8，m³/(d·ha·m)。

计算过程中，首先确定单井产液能力；然后将油层厚度、汽驱的最佳注汽速率和采注比代入公式，计算不同井网形式的井距和注汽速度；最后判断在油层破裂压力以下是否能达到不同井网形式的注汽速度，以及该速度下井底蒸汽干度是否能保证在 40% 以上，如果这两条都能得到满足，则该方案是合理的，否则该方案不合理，不能采用。如果有几种方案是合理的，则采注井数比大的方案为最优方案，因为该方案的井网密度相对较小，经济效益好；单井注汽速度大，热损失少；采油井点多，有利于较早达到设计的采注比。

4. 蒸汽驱方案优化

在具体井组或区块的蒸汽驱方案设计时，还需要采用数值模拟和油藏工程方法进行方案设计中其他内容的研究，如多方案的指标对比以及推荐方案的配产配注和指标预测等[9]。对于具体油藏的蒸汽驱方案设计，还需要注意以下几方面：

（1）转驱时机。对于埋藏较深的油藏（一般在 800m 以上），由于原始油层压力较高，不能直接进行蒸汽驱开发，蒸汽吞吐就成为降低油层压力、预热油层的主要手段。但吞吐期不可过长，否则就会使总开发效益变差。一是本来可以用蒸汽驱方式采出的油，又花费大量的资金和时间用吞吐方式把它采出；二是吞吐轮次越多，油井的套管损坏率越大，这样必然使蒸汽驱阶段因完善井网而增大钻井投资。因此，对一个适合蒸汽驱的油藏，应尽量缩短吞吐生产时间。对于吞吐生产的设计，也应从尽快为蒸汽驱的降压和实现热连通的角度进行考虑。

（2）油藏的特殊性。油藏倾角较大（超过 20°）、边底水能量较大、埋藏较深、带有气顶等对于地层倾角较大的油藏，一般优先采用线性驱动方式而不采用面积井网。若采用面积井网，则主要是考虑注入井在井组中的位置及注汽条件。对于边底水能量较充足的油藏，边底水侵入造成油藏压力降不下来是主要考虑的因素。对于这样的油藏，采用边部排水的做法是比较现实的。埋藏较深的油藏（一般指超过 1400m），为提高井底蒸汽干度，可以采用变速注汽法，前期高速注入，减少井筒热损失，以便尽快在注入井周围形成汽腔，然后再降低注汽速度。气顶油藏比较复杂，目前所见到的方法是尽量利用隔层或避射一定的厚度。

（3）注汽井和采油井的射孔方式。注汽井的射孔方式对蒸汽的纵向分布有一定影响。对于厚层块状油藏，一般注气井在油层底部射孔，且射孔厚度要低于油层厚度的1/2。这对于减缓蒸汽在油层中的超覆有一定作用。对于层状油藏，一般要考虑射开厚度和限流射孔两个问题。单层厚度大于5m的油层可射开下部的1/2，小于5m的油层可射开下部的2/3。高渗透层采用低孔密，低渗透层采用高孔密。

四、提高蒸汽驱效果技术

提高蒸汽驱效果技术主要包括动态调控技术、多介质蒸汽驱技术和水平井蒸汽驱技术等。

1. 动态调控技术

动态调控主要根据不同稠油油藏蒸汽驱开发特点解决不同阶段存在的各种开发矛盾。动态调整是蒸汽驱开发过程中必不可少的过程，从实施开始，伴随蒸汽驱整个开发生命周期，需要进行不断地综合调控。以油藏动态分析和监测为基础，系统评价单元、井组注采参数的合理性，制订调控技术政策和技术方法。

以辽河油田齐40块蒸汽驱工业化为例，在生产中主要存在3个主要问题，分别是：(1) 注汽强度大导致单层指进汽窜；(2) 井况等因素造成采注比低；(3) 纵向油层多，动用程度低。通过对问题的分析，针对不同的井组采取不同的动态调控措施。如针对汽窜井组，可以通过优化注采井网、注采井别来实现。而对于采注比的井组可适当增加采液井点来实现。如图5-5所示，将反九点井网改为反十三点井网，既可改善边井过早汽窜问题，又明显增加了采液井点，提高采注比，进而改善开发效果。当然，因为齐40块是多层非均质油藏，优化射孔和分层注汽是解决层间矛盾，改善油藏非均质性，提高蒸汽驱效果的必要手段。

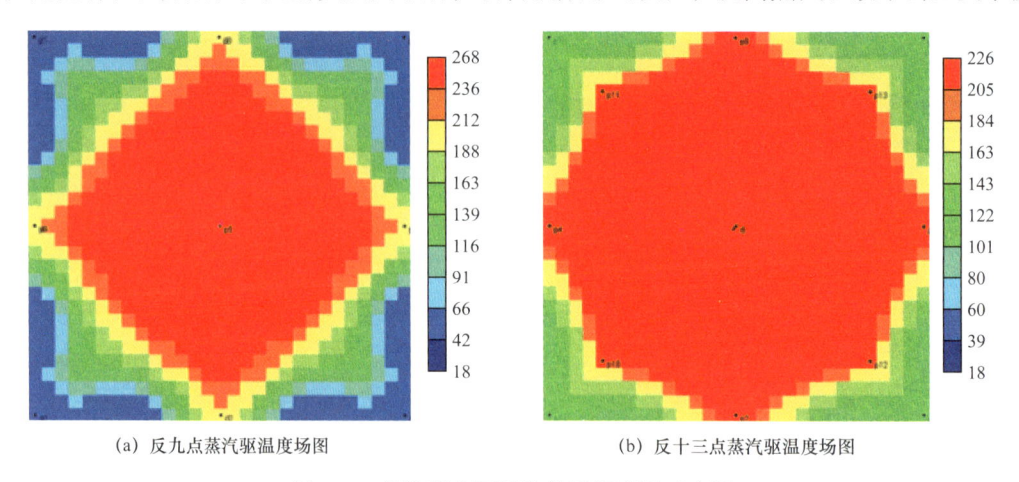

(a) 反九点蒸汽驱温度场图　　　　　(b) 反十三点蒸汽驱温度场图

图5-5　蒸汽驱井网调整前后温度场对比图

2. 水平井蒸汽驱技术

蒸汽驱开发后期，蒸汽突破油井增多，产量下降，油汽比下降，并暴露出许多矛盾，主要表现在平面及纵向上的开发矛盾：在平面上，井组内平面各方向动用不均衡，导致某些方向蒸汽波及程度低，动用差，剩余油富集；在纵向上，8m以上厚层，由于蒸汽超覆作用使得厚层下部几乎得不到有效动用，从而滞留大量剩余油。因此，开展直平井组合蒸汽驱，在汽驱弱势方向或动用较差的油层部署水平井，增大井组排液能力，向平面弱势方向和厚层下部牵引汽腔，动用井间、井组外及油层底部剩余油，改善开发效果。

根据不同"牵汽"需求，有5种直平井组合类型：下倾方向牵引汽腔型、直平组合完善井网型、井组外牵引汽腔型、厚层下部引流型和薄层水平井引流型（图5-6），通过数值模拟研究及水平井开发动态分析，这5种增加采液点水平井的组合类型均能起到动用剩余油及提高井组开发效果的目的。在齐40块的规模汽驱过程中，共部署实施蒸汽驱水平井17口，井组油汽比由0.17提高到0.21，采注比由0.82提高到1.2，预计采收率提高5%以上。

(a) 下倾方向牵引汽腔　　(b) 直平组合完善井网　　(c) 井组外牵引汽腔

(d) 厚层下部引流　　(e) 薄层水平井引流

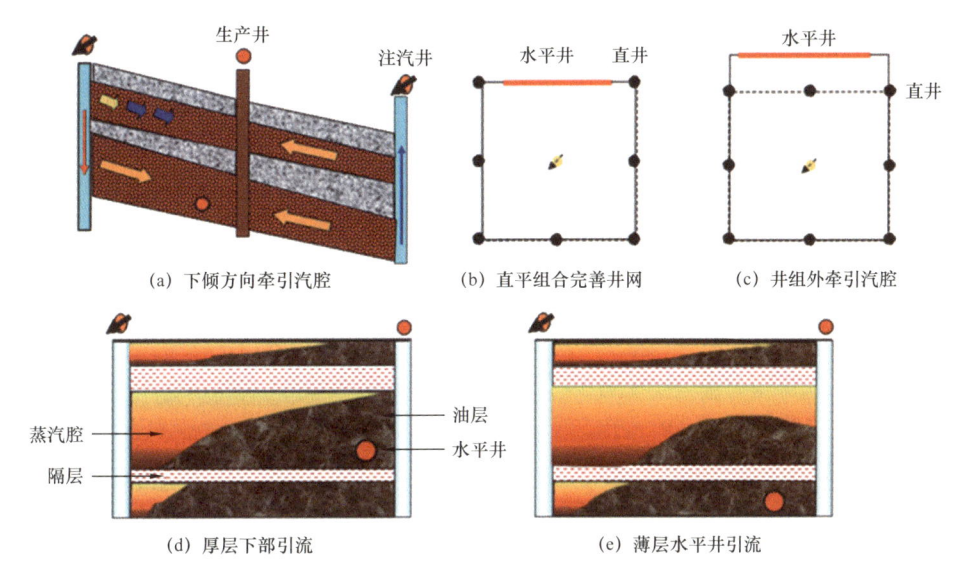

图5-6　直平组合水平井蒸汽驱方式示意图

3. 多介质蒸汽驱技术

多介质蒸汽驱的注入剂有多种组合，不同的注入剂组合，适宜于不同的油藏条件。一般，对于吞吐时间较长后转驱初期的稠油油藏，采用以补充能量为主的多介质复合蒸汽驱能够提高这类油藏汽驱初期的采油速度；当经过长期注蒸汽开发、已经形成窜流通道的普通稠油油藏蒸汽驱，由于轻质组分脱出、长期蒸汽绕流会形成下部的稠油富集区，或为流动通道附近次生流动障碍（油墙），在油墙附近的生产井注入降粘剂配合吞吐引效，采用调剖为主、降黏为辅的多介质复合驱技术可有效改善其开发效果。

新疆蒸汽驱的典型井组95983，在蒸汽驱过程中加注氮气泡沫，表现为蒸汽腔发育更为均衡（图5-7）。从注剂前后纵向蒸汽腔波及面积波及的对比来看：随着氮气泡沫的注入，在一定程度上抑制了蒸汽腔的单向突进。注剂实现了液流转向，说明多介质复合蒸汽驱达到了对井组起到了井间、层间调整作用。

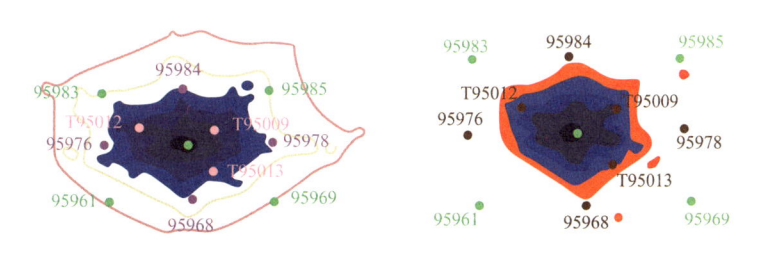

图5-7　95983井组复合蒸汽驱前后蒸汽前缘监测对比

第三节 蒸汽辅助重力泄油（SAGD）技术

蒸汽辅助重力泄油是超稠油（沥青）热力开采的一项前沿技术，广泛应用于厚层超稠油（沥青）的商业化开采。蒸汽辅助重力泄油的英文名字是Steam Assisted Gravity Drainage，缩写成SAGD，本节即以SAGD代表蒸汽辅助重力泄油技术。

SAGD是由加拿大学者罗杰·巴特勒博士于1978年提出的油砂开发技术。SAGD技术基于注水采盐的原理，基本开发原理是在厚油砂中部署一个上下平行的水平井对，蒸汽从上面的注入井注入，注入的蒸汽向上及侧面移动，并加热周围油藏，被加热降黏的原油及冷凝水靠重力作用泄到下面的生产井中产出[10]，如图5-8所示。

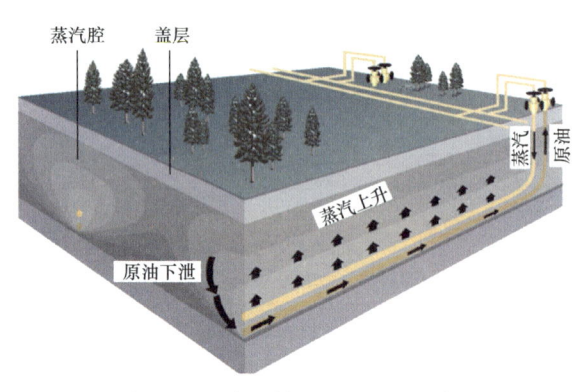

图5-8 双水平井SAGD开发示意图

中国石油SAGD已成为稠油开发主体技术，技术发展分成了两个技术分支：一个分支是以辽河油田为代表的直井与水平井组合SAGD开发方式，主要用于在超稠油油藏蒸汽吞吐后期大幅度提高采收率方面；另一个分支是以新疆油田为代表的浅层超稠油双水平井SAGD开发技术，主要用于厚层超稠油未动用储量的开发。

辽河油田自1995年开始就开展了SAGD开发方式基础理论和室内物理模拟实验研究，取得了SAGD开发超稠油的泄油机理等方面的基础认识。1997年在曙一区的杜84块兴Ⅵ组开展了双水平井先导试验，但因钻井、完井工艺等问题未能成功。2005年，编制了"辽河油田曙一区杜84块超稠油蒸汽辅助重力泄油（SAGD）先导试验"方案，开展直井与水平井组合的SAGD先导试验，并被列为中国石油天然气股份有限公司重大开发试验项目。2007年，辽河油田全面开展直井水平井组合SAGD工业化应用。

新疆油田的SAGD技术主要应用于风城超稠油油田的有效开发。2005年开展了风城超稠油SAGD开发可行性研究。2008年和2009年分别实施了重32、重37双水平井SAGD先导试验区。2012年，风城油田全面实施SAGD工业化推广应用。

总体上，经过10多年的先导试验与技术攻关，中国石油天然气股份有限公司的SAGD技术基本实现了成熟配套，SAGD年产规模不断扩大。截至2016年底，SAGD已动用储量5227×10^4t，建产能230×10^4t/a，实际的年产油已达到200×10^4t，占公司稠油年产量的20%以上，成为稠油热采提高采收率的主体技术之一。

本节分4个部分，分别概述了中国石油天然气股份有限公司在2006年到2015年期间，由中国石油勘探开发研究院、辽河油田分公司、新疆油田分公司等3家责任单位，在SAGD技术的泄油机理及直井与水平井组合SAGD产能计算方法、SAGD物理模拟技术、油藏工程优化设计技术、改善SAGD开发效果技术等4个方面取得的有代表性的重大进展和成果。

一、SAGD 泄油机理及直井与水平井组合 SAGD 产能计算方法

本节下面将分3部分，依次阐述SAGD理论方面的相关进展，分别包括SAGD基本泄油机理、直井与水平井组合SAGD产能计算方法、双水平井SAGD在泄油理论研究方面取得的成果及技术进展。

1.SAGD 泄油机理

SAGD是以蒸汽作为传热介质，主要依靠稠油及凝析水的重力作用开采稠油。SAGD井网组合一般有以下两种方式：第一种是双水平井组合方式，即上部水平井注汽，下部水平井采油；第二种是直井与水平井组合方式，上部直井注汽，下部水平井采油。目前，国外井网组合方式以双水平井SAGD为主；国内辽河油田主要采用直井与水平井组合SAGD，新疆油田主要采用双水平井组合SAGD开发。两种井型如图5-9所示。

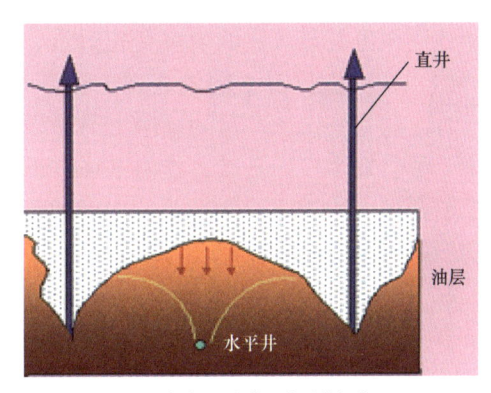

(a) 方式1：双水平井　　(b) 方式2：直井—水平井组合

图 5-9　SAGD 的两种井网结构方式

1）双水平井 SAGD 泄油机理

双水平井组合SAGD技术是在油层钻上下两口互相平行的水平井，上部水平井注汽，下部水平井采油。上部井注入高干度蒸汽，因蒸汽密度小，在注入井上部形成逐渐扩展的蒸汽腔，而被加热的稠油和凝析水因密度大则沿蒸汽腔外沿靠重力向下泄入下部水平生产井。

如图5-10所示，蒸汽在界面处冷凝，加热的石油和凝结物在重力作用下以近似平行于交接面向下流向底部生产井，蒸汽腔在初期向上扩展，到达油藏顶部后，其向上的扩展受到限制，转而以向斜上方扩展为主，直到油藏边界。

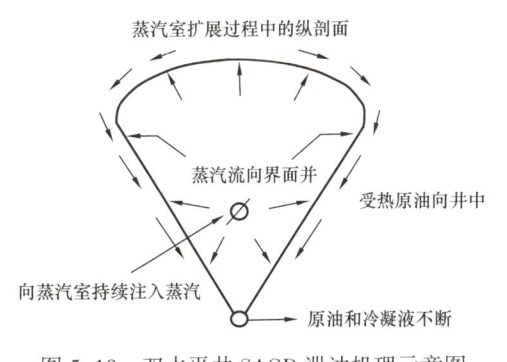

图 5-10　双水平井 SAGD 泄油机理示意图

基于达西定律，综合考虑温度与距离的关系、油藏加热而增加的产量、物质平衡与界面移动速率等，通过推导，可得出经典双水平井SAGD产能（q）计算公式：

－ 145 －

$$q = 2L\sqrt{\frac{2K_o ga\phi\Delta S_o h}{mv_s}} \qquad (5-7)$$

式中　L——水平井水平段长度，m；

　　　K_o——油藏渗透率，D；

　　　a——热扩散因子；

　　　ϕ——孔隙度，%；

　　　ΔS_o——含油饱和度，%；

　　　h——蒸汽腔前缘高度，m；

　　　v_s——蒸汽温度下原油运动黏度，mPa·s；

　　　m——无量纲黏温相关指数。

双水平井 SAGD 的采收率一般可达 60%～70%，开发过程可历时 10 年左右。SAGD 的开发过程，也是蒸汽腔的发展变化过程，经历蒸汽腔的上升、扩展、下降等 3 个阶段，对应的生产特征也具有不同的表现。上升过程中，蒸汽腔从注汽井周围逐渐上升到油层顶部，对应的是 SAGD 产量的逐渐上升阶段；当蒸汽腔上升到油层顶部时，受到顶部盖层的封堵，将会发生横向扩展，这时 SAGD 的产量将达到高峰，并持续稳产一段时间；当蒸汽腔扩展到横向边界两对水平井的中间地带时，汽腔开始向下扩展，即汽腔下压过程；这个时候产量的稳产的高峰期已过，SAGD 的产量逐渐降低，直至最后完成 SAGD 开采过程。

2）直井与水平井组合 SAGD 泄油机理

直井与水平井组合的 SAGD 方式，一般是在蒸汽吞吐后期作为接替开发开发方式出现，开发过程与双水平井 SAGD 有一定的差别。生产过程中，先通过蒸汽吞吐的方式进行预热，造成直井和水平井之间的热连通关系。因为直井射孔段和水平井间不仅有纵向的高差，平面上也有一定的距离，所以驱油机理上，不仅有重力泄油的作用，蒸汽驱替的作用也占很大的比例。其生产过程，以蒸汽腔的变化特征来看分为 4 个阶段，即将 SAGD 开发划分为"预热阶段、驱替阶段、驱泄复合、重力泄油"4 个阶段，与双水平井 SAGD 明显不同的是存在一个驱泄复合开发阶段。采油曲线的规律与双水平井 SAGD 近似，也经历上升期、稳产期以及产量下降期三个阶段[11]。

2. 直井与水平井组合 SAGD 产能计算方法

随着 SAGD 开发的深入，逐渐发现典型 SAGD 井网组合方式产能公式并不完全适用于国内 SAGD 开发，主要受井网组合方式、储层特征的影响，因此，针对国内 SAGD 开发实际，对 SAGD 产能计算方法进行了修正计算，在经典 SAGD 产能计算模型的基础上，引入了蒸汽腔扩展角 θ 概念描述 SAGD 产能公式，同时将 SAGD 泄油水平段由原水平生产井水平段引申为注汽直井到水平生产井的距离，提出了泄油点的概念。

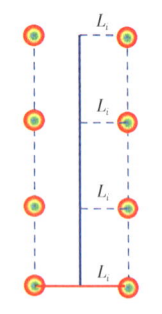

图 5-11　直井与水平井组合 SAGD 产量预测公式计算单元设计图

修正后的直井与水平井组合 SAGD 上产阶段和稳产阶段的 SAGD 泄油速率公式（图 5-11）为：

$$q = 0.1034\theta NL_i\sqrt{\frac{K_o ga\phi\Delta S_o h}{mv_s}} + 0.1462\theta\frac{K_o g\alpha}{mv_s}t \qquad (5-8)$$

式中　θ——扩展角，泄油面的倾角，(°)；
　　　N——直井数，口；
　　　L_i——直井与水平段垂直距离，m；
　　　K_o——油藏渗透率，mD；
　　　A——热扩散因子；
　　　ϕ——孔隙度，%；
　　　ΔS_o——含油饱和度，%；
　　　h——蒸汽腔前缘高度，m；
　　　v_s——蒸汽温度下原油运动黏度，mPa·s；
　　　m——无量纲黏温相关指数；
　　　t——时间，a。

开发实践表明，修正后的SAGD产能公式更能符合实际生产结果。通过将预测泄油速率曲线与实际生产曲线有效拟合，确定井组产量总体规划及合理井组调控指标，有效指导了井组SAGD生产[12]。

二、SAGD物理模拟技术

经过10多年的探索与技术攻关，SAGD室内实验技术基本成熟配套。提高采收率国家重点实验室在"十一五""十二五"期间，搭建了以高温高压注蒸汽三维比例物理模拟实验系统为代表的三维、二维物理模型设备，配套了高温高压一维驱替实验装置、高温高压相对渗透率测试等关键实验装备。开展了常规油藏SAGD、非均质油藏SAGD和注气辅助SAGD的系列SAGD物理模拟实验，为SAGD技术在油田的推广和应用，提供了技术支持和指导。本节将介绍典型的蒸汽辅助重力泄油物理模拟装置和SAGD系列实验。

1. 蒸汽辅助重力泄油模拟装置

SAGD实验使用提高采收率国家重点实验室的标志性设备——高温高压注蒸汽三维比例物理模拟实验系统，该装置现位于中国石油勘探开发研究院热力采油研究所，装置如图5-12所示。

图5-12　高温高压注蒸汽三维比例物理模拟实验装置图

（1）高压舱尺寸：ϕ800mm×1800mm；
（2）最大模型尺寸：500mm×800mm×200mm；
（3）最高实验压力：20MPa；
（4）高压舱内最高温度：80℃；
（5）模型内腔最高温度：350℃；
（6）最高注入蒸汽温度：400℃；
（7）最高注入蒸汽压力：15MPa；
（8）最大蒸汽注入速度：300mL/min。

2. 双水平井 SAGD 基础三维物理模拟

依托图 5-12 的重大实验装置，建立了水平井"双油管"模型，首次成功开展了中国石油双水平井 SAGD 重大先导试验室内物理模拟研究。图 5-13 为该物理模拟研究的典型实验结果，其完整刻画了蒸汽辅助重力泄油汽腔发育全过程，包括循环预热[图 5-13(a)]、汽腔上升[图 5-13(b)(c)]、横向扩展[图 5-13(d)(e)]及汽腔下降[图 5-13(f)]。该项研究的开展深化了对双水平井 SAGD 开采机理和生产动态规律的认识，明确了 SAGD 先导试验下一步优化调整的方向，为中国超稠油双水平井 SAGD 先导试验及后续商业化应用提供了重要的理论与技术指导[13]。

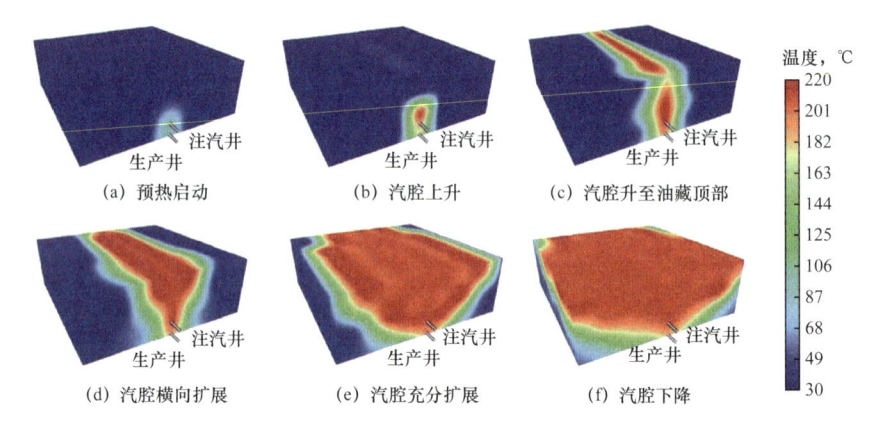

(a) 预热启动　(b) 汽腔上升　(c) 汽腔升至油藏顶部
(d) 汽腔横向扩展　(e) 汽腔充分扩展　(f) 汽腔下降

图 5-13　双水平井 SAGD 典型汽腔发育实验结果

3. 非均质储层 SAGD 三维宏观比例物模实验

针对新疆风城油田 SAGD 现场 SAGD 水平井趾端区域热连通较差，汽腔沿水平井井长方向欠均匀发育的情况，进行了改善 SAGD 蒸汽腔发育均匀性的三维宏观比例物理模拟实验。

首先，模拟现场趾端处汽腔发育迟缓，汽腔沿井长欠均匀发育的现象。注汽井短管 I1 连续注汽，生产井短管 P1 连续生产，实验持续 44min（现场 3.35 年）。然后进入调整阶段，注汽井短管 I1 保持连续注入，生产井短管 P1 关闭，流体从生产井趾端长油管 P2 连续采出，改善汽腔在趾端欠发育的状况，实验共持续 96.8min（现场 7.4 年）。

蒸汽腔的发育状况可以通过模型截面的温度场反映：调整后，由于注采压差沿井长方向趋于均匀，因而趾端蒸汽腔恢复发育，水平井两端蒸汽腔发育逐渐同步。由图 5-14 可见，调整后，产油速率稳步增长，调整效果明显[14]。

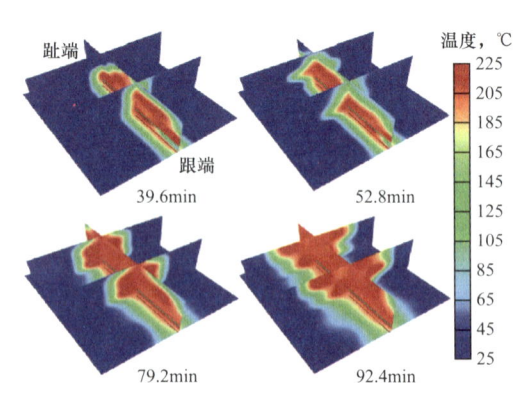

图 5-14　注采策略调整后的典型温度场

4. 氮气辅助 SAGD 物理模拟实验

为了进一步研究和证实氮气在 SAGD 过程的作用，为该技术的油藏工程方案和现场试验提供更坚实的理论基础。研究人员作了近 20 组实验，取得了不同蒸汽氮气 SAGD 与不同氮气注入量的汽腔扩展和形态变化监测图。从实验监测结果来看，纯蒸汽 SAGD 汽腔扩展纵向速度明显大于横向速度，表现形式为"瘦长型"；而添加氮气后，汽腔横向有明显扩展，形状变为"椭圆型"，说明添加氮气有效减缓蒸汽纵向超覆速度，促进蒸汽横向波及范围，其结果是不仅增加了油藏的动用储量，而且还能提高 SAGD 开采的泄油速度[15]。

图 5-15 是添加不同氮气量的汽腔变化对比图。表明添加氮气有一个合理的范围，不仅有效调整蒸汽腔扩展形态和扩大波及体积，而且提高 SAGD 过程热效率，提高油汽比。

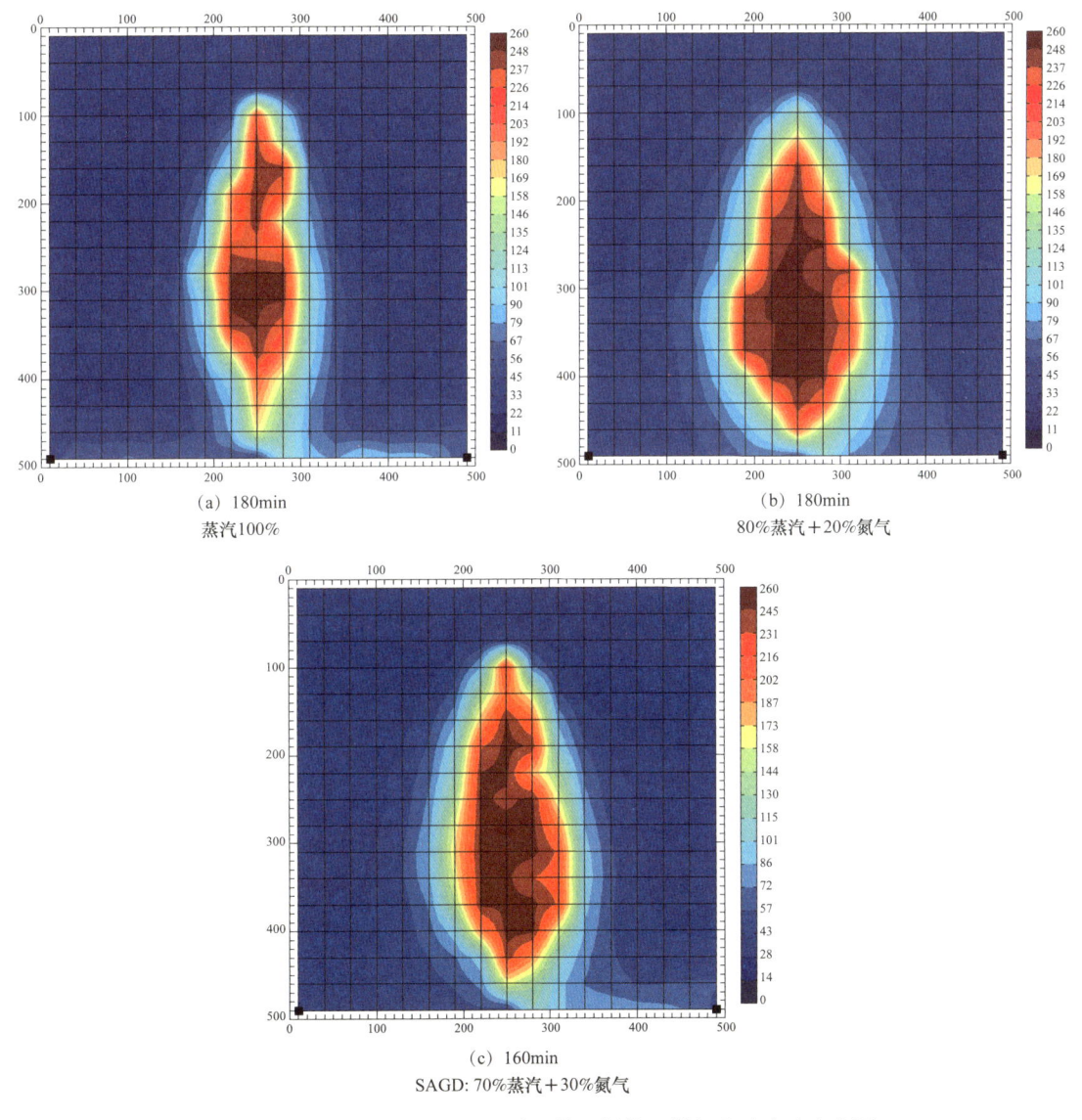

(a) 180min
蒸汽100%

(b) 180min
80%蒸汽＋20%氮气

(c) 160min
SAGD: 70%蒸汽＋30%氮气

图 5-15　氮气辅助 SAGD 开采二维比例物理模拟实验汽腔发育图

三、油藏工程方案优化设计技术

本节系统阐述双水平井 SAGD 油藏工程优化设计技术的理论与方法，重点阐述 SAGD 井网井型优化、循环预热阶段优化设计、生产阶段优化设计等内容。

1.SAGD 井网井型优化

双水平井 SAGD 井网井型部署优化设计主要包括：水平井段长度优化、水平井垂向位置的优化设计、上下井垂距优化设计、井距的优化、排距的优化等。

（1）水平井段长度优化。

在一定的操作条件和举升条件下，薄油层的水平井可以长一些，而厚油层的水平段应短一些。按目前新疆油田有杆泵的采液能力，一般不超过 500m³/d，因此优选水平段长度时，应该和油层条件尤其是油层厚度紧密结合，还应该和当前举升技术相结合，避免出现油藏泄油潜力不能充分发挥的现象。

（2）水平井垂向位置的优化设计。

在均质储层条件下，井对离油藏底部越近，越能使油藏得到充分的开发，也越能发挥重力泄油的机理，相应的油汽比越高，累计产油量越大。考虑钻井技术的影响和限制，将水平井井对布置在离油藏底部 2m 以内较好。

（3）上下井垂距优化设计。

综合考虑钻井技术水平、预热成本以及便于控制，井对垂距在 5m 左右比较合适。

（4）井距的优化。

井距是指相邻井对间的平面距离。井距增大，SAGD 稳产期变长，但是日产油、采收率和油汽比降低，说明井距增大，重力泄油效率降低。综合考虑，推荐 SAGD 井距为油层厚度的 3～4 倍。

（5）排距的优化。

排距指两排相邻井排间有效部署的水平井段端点的距离。排距增加，油汽比和采收率降低。一般情况下，排距应小于井距，大约为井距的 60%～80% 为宜。

2. 双水平井 SAGD 循环预热注采参数优化

根据现场实践总结，双水平井 SAGD 蒸汽循环预热阶段，可分为初期的等压循环预热阶段和增压循环预热阶段。循环预热阶段重点优化的参数包括注汽速度、环空压力、预热时间等参数[16-18]。下面以新疆风城油田 SAGD 为例。

（1）循环预热注汽速度优化。

考虑到现场注汽压力、蒸汽干度以及注汽量的波动，建议单井循环预热注汽速度 70～80t/d。

（2）均匀等压预热环空压力优化。

均匀等压预热阶段的环空压力应与原始地层压力接近，以确保水平段井间油层加热相对较快且连通均匀。为保证水平段温度上升平稳，注入压力略高于油藏压力，环空压力以不高于油藏压力 0.5MPa 为宜。

（3）均匀等压预热时间优化。

等压循环时间确定原则：通过不间断的热传导逐步提高注汽井与生产井水平段井间温度，当油层温度达到 120～130℃时，原油黏度下降至 500mPa·s 左右，原油具有一定的流动能力，可以转入均衡增压循环预热阶段。对于新疆浅层超稠油 SAGD，一般建议均匀等压预热时间 120 天左右。

（4）均衡增压预热环空压力优化。

均衡增压是通过提高注汽井和生产井的注汽压力同步提高井底蒸汽温度，通过控制循环产液量增加井间流体对流,加快热连通。一般均衡增压阶段的环空压力略高于地层原始压力 0.5~1.0MPa。

3.SAGD 生产阶段注采参数优化

SAGD 生产阶段注采参数主要针对 SAGD 生产阶段操作压力、注汽速度、Sub-cool 及采注比等参数进行优化。

(1)操作压力优化。

SAGD 生产操作压力调整策略为:SAGD 生产初期升压,SAGD 生产中后期降压。以新疆风城油田重 45 井区 SAGD 设计为例,转 SAGD 初期操作压力控制在 4.7~5.0MPa;SAGD 上产阶段提升操作压力至 5.5~6.0MPa;当 SAGD 生产稳产阶段后,逐渐降低操作压力,将操作压力从 6.0MPa 下降至 4.5MPa;SAGD 生产末期为进一步降低操作压力,利用蒸汽凝结水闪蒸带来的潜热,将操作压力下降至 3.0MPa。如图 5-16 所示。

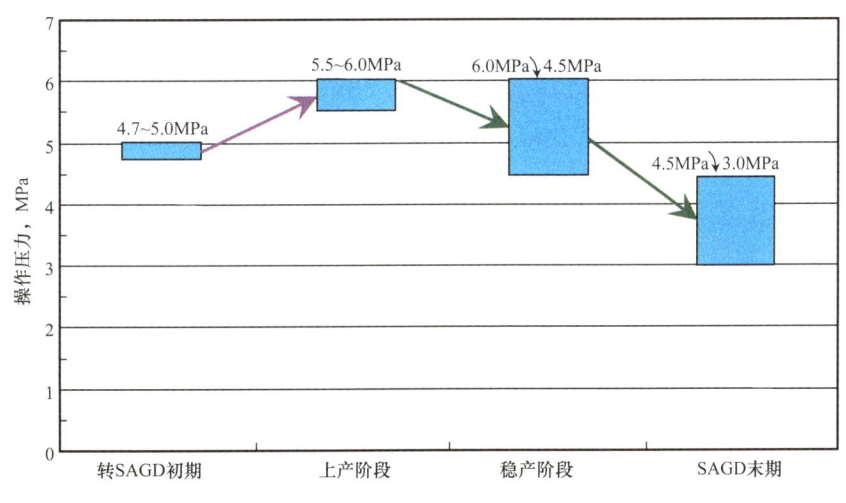

图 5-16 SAGD 生产阶段操作压力调整策略图版

(2)注汽速度优化。

模拟对比了不同水平段长度对应的 SAGD 峰值注汽速度。随着水平段长度的增加,SAGD 生产阶段的注汽速度随着增加。新疆风城油田重 45 井区 SAGD 设计的水平段 500m 稳产阶段井组注汽速度为 150~170t/d,对应的产液量为 200~220t/d;当水平段延长至 600~900m 时,为保证全井段有效供汽,注汽速度相应增加,一般每延长 100m,注汽速度增加 30~50t/d,对应的产液速度增加 40~70t/d,最高单井组产液为 350~400t/d。

(3)Sub-cool 优化。

Sub-cool 是指生产井井底产液温度与井底压力下相应的饱和蒸汽温度的差值。Sub-cool 越大,生产井上方的液面越高,越便于控制蒸汽突破,但是不利于蒸汽腔的发育。从生产井的控制和蒸汽的热利用效率考虑,SAGD 稳产阶段 Sub-cool 以不超过 5~15℃为宜。

四、改善 SAGD 开发效果技术

下面分 3 个部分,重点阐述 SAGD 生产动态调控技术、加密井辅助 SAGD 技术和气体辅助 SAGD 技术等改善 SAGD 开发效果技术的重要研究进展。

1.SAGD 生产动态调控技术

通过综合分析储层非均质性、管柱结构和注采参数等影响因素，结合先导试验区跟踪数值模拟研究，形成了浅层超稠油双水平井 SAGD 优化调控技术，并成功应用于现场试验。双水平井 SAGD 的动态调控技术，按照生产特点分为循环预热阶段动态调控技术和正常生产阶段阶段调控技术。

1）循环预热阶段动态调控技术

基于预热阶段热连通的影响因素和监测资料分析，可以初步确定预热阶段的连通效果和问题，并根据实际情况采取一定的调控措施，来改善和促进热连通的效果。从本质上说，预热阶段的调控技术应主要从管柱设计、注采方式、注采参数的优化上来做工作。

（1）注汽管柱采用更好的隔热措施。

注汽管柱的隔热性能对预热阶段情况影响较大。如筛管悬挂器以上注采管柱采用隔热管，水平段的干度可提高 14～24 个百分点，从而可确保 SAGD 全井段均匀受热。

（2）调控注采管柱的组合方式及注汽点位置。

现场一般推荐采用双管结构的连续注汽与循环排液的方式。采用长管注汽、短管排液的注汽方式。通过管柱结构的设计或调整注汽点位置，可以明显改善热连通状况。

（3）精细化循环预热的操作程序及优化各个阶段的注采参数。

根据新疆双水平井 SAGD 实践经验，循环预热阶段可以进一步细分为 4 个次一级阶段。即井筒预热阶段、均衡提压阶段、稳压循环阶段、微压差泄油阶段。以上述阶段划分为基础，重点合理优化与调控各个阶段的注汽速度、环空压力，以及合理的增压时间。

2）正常生产阶段的调控技术

当水平段长度一定时，要想提高 SAGD 井组的日产量，就必须扩大水平段动用长度和动用效率。根据统计，新疆风城地区 SAGD 井组，约有 2/3 的井对存在脚尖部位动用较差的情况。针对预热阶段井间连通程度较差的，或者动用程度较差的现象，最合理、最直接的调控方法是采用更换井下管柱及优化操作参数两种方法。

（1）调整注采管柱。

生产阶段的注采完井管柱的调整。一般可从 4 个方面做：第一是注汽井的主副管注汽量的分配与调整；第二是生产井的主副管产能的分配调控；第三是生产井举升管柱的优化与调整；第四是用井筒的 ICD 和 OCD 流动控制装置调控。

（2）调整注采参数。

注采参数的优化与调整是生产阶段调控的另一个方面，重点考虑生产过程中对注汽速度、压力、Sub-cool 等参数的调整。

由于 SAGD 循环预热结束后都不同程度存在点通或连通段短的问题，转生产后的突出矛盾是汽液界面难控制，易汽窜，注汽量无法提高，产液量较低。因此，改善井间连通是转 SAGD 初期的首要任务。在转 SAGD 生产初期，根据各井组热连通状况确定不同的调控方法，以改善连通、扩大汽腔、阻汽排液、提高采注比为原则进行注采参数优化、管柱优化，实现 SAGD 生产平稳操作。

第一，对操作压力的优化调整。SAGD 生产操作压力调整策略是：初期升压，中后期降压。通过操作压力的调整，提高了汽腔扩展速度，增强了导流能力，进一步改善了井间的热连通。

第二，注采压差优化与调整。正常生产时，注采压差（注汽井套压与生产井井底压力之差）尽量保持在 0.2MPa 左右。现场操作中，通过关生产井或降低采液速度来实现。

第三，对 Sub-cool 监测与优化调整。实际调控经验表明，Sub-cool 太小易发生汽窜，难以控制，Sub-cool 太大，生产效果变差，推荐的 Sub-cool 值范围为 5~15℃。

第四，注汽速度的优化与调整。实际在 SAGD 的生产阶段，根据蒸汽腔的发育阶段，不同的操作压力、注采压差、Sub-cool 设计需求，对注汽量进行调整和优化。

2. 加密井辅助 SAGD 技术

新疆油田超稠油油藏油层连续厚度大，储层条件最好的部位，以便获得最佳的泄流速度，从而提高 SAGD 生产效果。由于 SAGD 开发效果受夹层和渗透率非均质性影响较大，因此需要针对不同储层条件进行布井方式研究。为了提高 SAGD 开发效果，确定了 3 种井网开采方式，包括 SAGD 双层立体井网、直井辅助 SAGD 井网、水平井辅助 SAGD 井网。

1）SAGD 双层立体井网

上层井网与下层井网平行交错部署，为最大限度地提高蒸汽腔波及效率和扩展均匀性，也便于上部井网在后期被蒸汽腔淹没后继续注汽，发挥蒸汽驱辅助和重力泄油相结合的驱泄复合作用，井网示意图如图 5-17 所示[19]。

2）直井辅助 SAGD 井网

直井布井位置一般 SAGD 水平井下倾方向，距 SAGD 井组为 10~15m。直井经过多轮次的蒸汽吞吐与 SAGD 水平井热连通后，直井辅助注汽后强化了蒸汽驱替效应，原油加热后受蒸汽驱替和重力泄油两种驱动力作用驱替至采油水平井中采出。该井网类型扩大了整体蒸汽腔体积，提高了 SAGD 井组动用程度，显著提高受非均质影响严重的 SAGD 井组的采油速度（图 5-18）[20]。

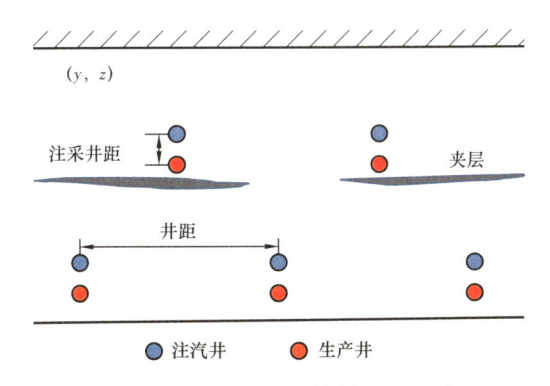

图 5-17 SAGD 双层立体井网示意图

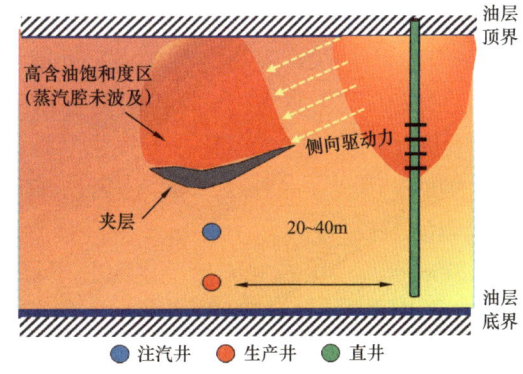

图 5-18 直井辅助 SAGD 机理图

3）水平井辅助 SAGD 井网

在 SAGD 井对中间加密一口平行水平井。加密井水平段长度与 SAGD 水平井长度相同，深度与 SAGD 生产井处于同一位置（图 5-19）。水平井辅助 SAGD 技术具有以下优势：加快汽腔横向连通，减少残余油饱和度；增大采油速度，提高采收率；将蒸汽腔部分能量由加密水平井消耗产出，增大蒸汽消耗和注入能力，降低水平井对间汽窜风险。

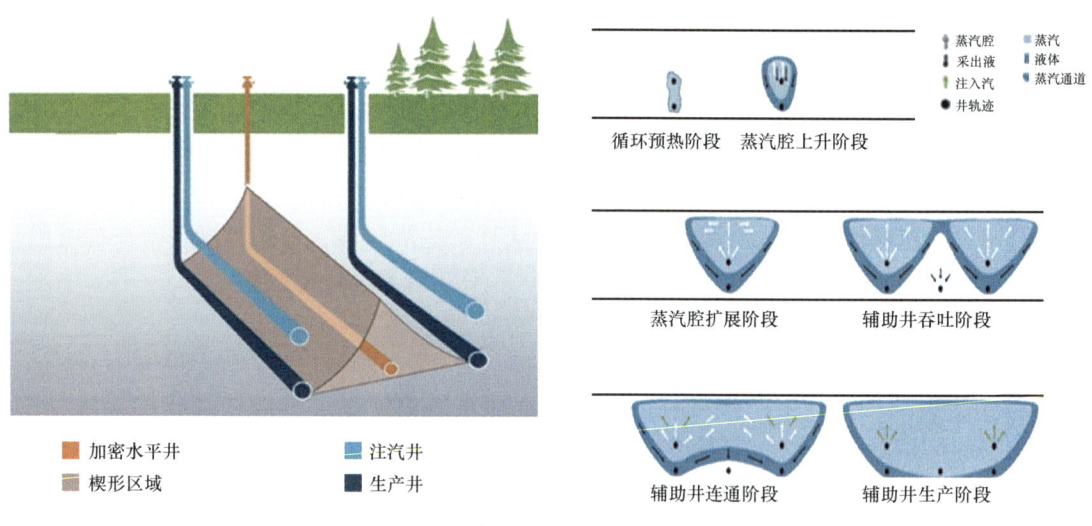

图 5-19 水平井辅助 SAGD 示意图

3. 气体辅助 SAGD 技术

气体辅助 SAGD 技术是多介质辅助 SAGD 的一种。SAGD 过程中添加非凝结气体，可以显著改善开发效果。辽河油田的杜 84 块 SAGD 先导试验区开展注氮气段塞试验，累计注入 7 个氮气段塞共计 $667×10^4m^3$，先导实验区 4 个井组和实验区附近 4 井组均受效明显，7 口生产井日均达百吨以上，油汽比从 0.21 提高到 0.39，含水率从 82% 下降至 73%。先导试验证明气体辅助 SAGD 是一项比较有前景的提高 SAGD 开发效果技术[21, 22]。

第四节 火驱技术

火驱技术是通过对地下油层中注入空气，利用原油自身燃烧产生热量和气体，实现地下原油的降黏和改质，驱动原油从生产井中采出。

中国石油勘探开发研究院热力采油研究所于 1980—1990 年间先后建立了燃烧釜实验装置、低压一维火驱物理模拟实验装置和三维火驱物理模拟实验装置。能够通过室内实验获取燃料沉积量、空气消耗量等火化学计量学参数，并能进行相应的室内火驱机理研究。2000 年后，引进了加拿大 CMG 公司的 STARS 热采软件，可以进行较大规模火驱的油藏数值模拟研究。

2006 年，中国石油天然气集团公司筹建稠油开采重点实验室。热力采油研究所依托重点实验室建设，先后引进了 ARC 加速量热仪、TGA/DSC 同步量热仪等反应动力学参数测试仪器，并改造和研制了一维和三维火驱物理模拟实验装置，使火驱室内实验手段实现了系统化。

2008 年开始，国家 2006—2015 年油气重大科技专项设立了"火烧驱油与现场试验"的课题，由中国石油勘探开发研究院和新疆油田公司承担。2009 年 12 月，中国石油天然气股份有限公司首个火驱重大开发试验——新疆红浅 1 井区火驱试验点火成功[23]。与此同时，辽河油田也在杜 66 块开展了火驱试验，并逐年扩大试验规模。2011 年 4 月，中国石油天然气股份有限公司通过了国内首个超稠油水平井火驱重大先导试验——新疆风城油田超稠油水平井火驱重力泄油先导试验方案的审查。该方案于2011年底进入矿场实施。2011年10月,由中国石油勘探开发研究院热力采油研究所主持起草的第一个关于火驱技术的石油天然气行业标准《火驱基础参数测定方法》获得油气田开发专业标委会的通过。2013年第二个行业标准《稠油高温氧化动力学参数测定方法——热重法》获得油气田开发专业标委会的通过。

2015年,中国石油天然气股份有限公司稠油采用火驱技术开发的年产油量突破30×10^4t,目前新疆红浅火驱工业化试验正在实施过程中,预期到2020年,中国石油采用火驱技术开发的年产油量有望突破50×10^4t[24]。

下面,分四个部分简述中国石油天然气股份有限公司在火驱技术方面取得的重要进展和成果情况。

一、火驱机理及特性新认识

1. 注采井间区带分布特征

通过室内一维火驱物理模拟实验和数值模拟研究,对直井火驱过程中的储层重新进行了区带划分。从注入端到生产端,将火驱储层划分为6个区带:已燃区、火墙、结焦带、高温凝结水带、油墙、剩余油区[25]。如图5-20所示,图上部由左至右为从注入井到生产井间地层各区带分布。

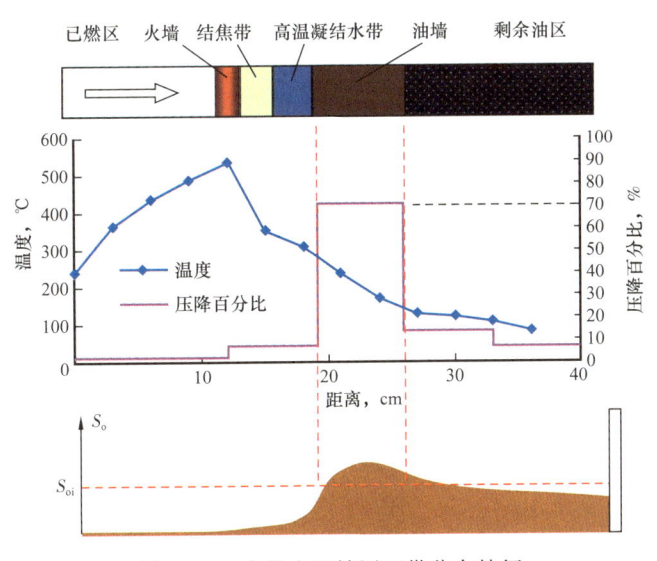

图5-20 直井火驱储层区带分布特征

2. 已燃区残余油分布特征与驱油效率

火驱燃烧具有无差别燃烧机理,过火区驱油效果100%。室内实验表明,在高温燃烧带驱扫下,已燃区范围内基本没有剩余油。红浅1井区火烧现场试验也证明火驱后纵向上却实现了100%的波及,整个岩心段剩余油饱和度都低到几乎可以忽略不计。火驱前地层纵向上在岩性、岩石与流体物性、含油及含水饱和度等方面均存在差别,而一旦某一层段实现了高温燃烧且注气量充足,燃烧过程和燃烧后的结果在纵向上看不出差别,如图5-21所示。

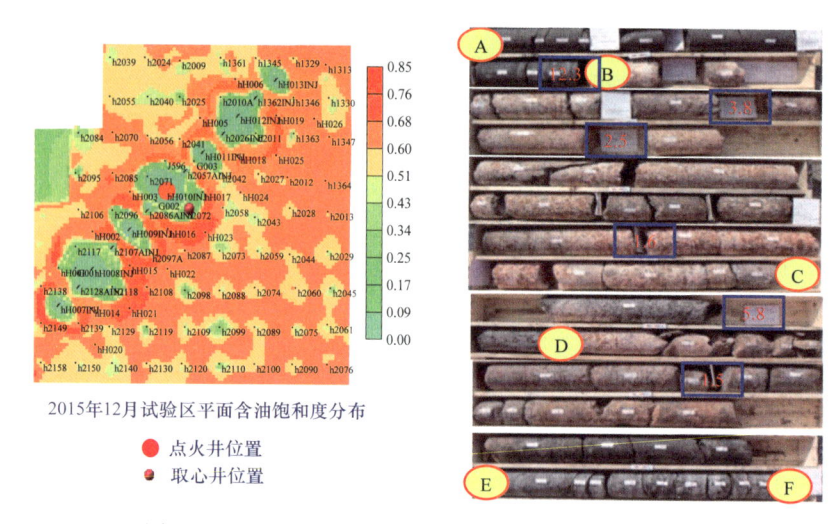

图 5-21　红浅火驱试验区火驱后取心井位置及岩心照片

3. 火驱突破时注采井间剩余油分布特征

新疆红浅 1 井区火驱试验表明，火驱生产井一般要经历排水、见效和产量上升、稳产、高温高含水等生产阶段，然后生产结束关井。将生产井进入高温高含水阶段作为火驱突破的标志。而火驱突破是油墙被采完后高温凝结水抵达生产井，此时燃烧带距离生产井还有相当一段距离。

通过三维物理模拟实验，研究了火驱突破时注采井间区带分布问题。三维火驱模型采用的是正方形反九点面积井网的 1/4。火驱过程中，距离点火井较近的 2 口边井率先突破、关井。当角井突破时，结束实验、拆开模型，如图 5-22（a）所示。注采井间能看到 3 个区域，即已燃区、结焦带和剩余油区。火线前缘接近于边井，距离角井约为 1/4～1/3 井距（点火井与角井间距离）。实测结果显示，已燃区体积占油层总体积的 37.9%，剩余油区占 39.6%，结焦带占 22.5%。亦即此时火驱（体积）波及系数为 37.9%，但实测此时对应的原油采收率却已经达到 65.6%，这说明结焦带和剩余油区中的大部分油已经被采出。模型内定点取样测定结焦带剩余油饱和度为 10.2%，剩余油区含油饱和度 39.4%，均远低于模型初始含油饱和度 85%。

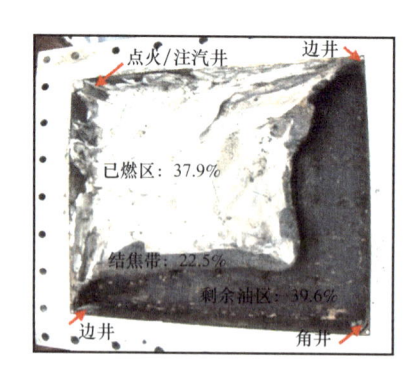

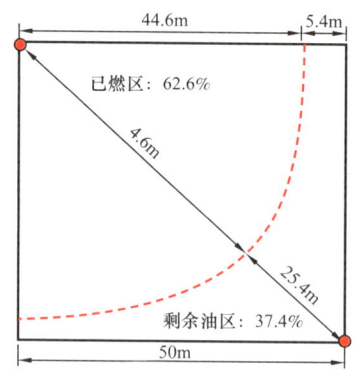

(a) 反九点井网火驱突破时实验室照片　　(b) 五点井网火驱突破时燃烧带前缘位置

图 5-22　面积井网火驱突破时燃烧带前缘位置

4. 不同井网火驱对应的最大平面波及系数与理论采收率

将火驱突破作为火驱生产结束的标志，则火驱突破时地下的剩余油就是最终剩余油。对于面积井网而言，火驱采收率公式为：

$$E_R = \left(1 - \frac{D_o V_1 + \phi \rho_o V_2 S_{or2} + \phi \rho_o V_3 S_{or3}}{\phi \rho_o S_o V}\right) \times 100\% \quad (5-9)$$

式中 V_1，V_2，V_3——分别为已燃区、结焦带、剩余油区的体积，$V = V_1 + V_2 + V_3$；

S_{or2}，S_{or3}——分别为结焦带和剩余油区的含油饱和度，无量纲。

对于线性井网来讲，最终火驱突破时平面波及系数要大于面积井网火驱。对应的最大采收率为：

$$E_R = \left[1 - \frac{D_o(N - 0.374) + 0.374\phi\rho_o S_{or3}}{N\phi\rho_o S_o}\right] \times 100\% \quad (5-10)$$

新疆红浅1井区火驱试验区启动阶段是正方形面积井网。其初始含油饱和度 S_o=71%，孔隙度 ϕ=25.4%，原油密度 ρ_o=960kg/m³，燃料沉积量 D_o=23kg/m³，假设油层纵向波及系数为100%，取剩余油区平均含油饱和度 S_{or3}=30%，计算得到面积井网火驱最大采收率为75.9%。

红浅1试验区最终设计的是线性井网火驱。将相关参数代入式（5-10）中，对应的最大采收率为85.6%。

可见在理论上，线性井网火驱所能获得的最大采收率要大于面积井网的最大采收率。

5. 火驱开发的末次采油特征

综上所述，室内实验和矿场取心分析表明，火线波及范围内（已燃区）基本没有剩余油，火驱驱油效率可以达到90%甚至更高。火驱生产结束（火驱突破）时注采井间存在有已燃区、结焦带和剩余油区，此时结焦带含油饱和度只有10%左右，剩余油区平均含油饱和度也只有30%左右。理论上，面积井网和线性井网都能实现75%以上的最终采收率。因此，可以将火驱开发过程看成是一种"收割"式或者说"吃干榨净"式的采油过程，无论采用面积井网还是线性井网，无论将其应用于原始油藏，还是水驱后、注蒸汽后的油藏，它都是一种"末次采油"方式，在其后面不可能再有其他提高采收率接替技术，也完全没有必要。

二、火驱室内实验技术

1. 高温氧化动力学基础实验

稠油氧化过程中，存在低温氧化（加氧反应）和高温氧化（断键燃烧）两种不同反应类型。当稠油油层点火成功后，火烧前缘处发生的高温氧化反应是焦碳类物质与氧气间的断键燃烧反应，该反应是火烧前缘得以稳定传播的主要能量源。因此，对稠油高温氧化反应进行动力学研究，具有十分重要的意义，可为火驱数值模拟提供参数。

采用热重法对稠油高温氧化过程进行研究。通过衡量不同样品制备方法的影响，比较常见动力学参数测试结果的差异，求取了测试样品的高温氧化动力学参数。形成了不受样品机理函数影响，反应稠油高温氧化本征过程的动力学参数热重求取法。该方法适用于重质组分含量高的稠油、特稠油以及超稠油。

2. 一维及三维火驱物理模拟实验装置

一维和三维火驱物理模拟实验装置的流程基本相同，均由注入系统、模型本体、测控系统及产出系统几部分构成。注入系统包括空气压缩机、注入泵、中间容器、气瓶及管阀件；测控系统对温度、压力和流量信号进行采集、处理，包括硬件和软件；产出系统主要完成对模型产出流体的分离、计量。对于一维火驱物理模拟实验装置，其模型本体为一维岩心管。在岩心管的沿程均匀分布若干个热电偶和若干个差压传感器，用于监测火驱前缘和岩心管不同区域的压力降。对于三维火驱物理模拟实验装置，其模型本体为三维填砂模型。模型内胆可以是长方体、正方体或特殊形状。可根据需要在模型本体上设置若干模拟井，包括直井和水平井。其中有火井和生产井。一般在模型中均匀排布上、中、下多层热电偶，经插值反演可以得到油层中任意温度剖面。通过温度剖面可以判断燃烧带前缘在平面和纵向上的展布规律。一维和三维火驱物理模拟实验装置的最高工作温度为900℃，最大工作压力一般为5～15MPa，如图5-23所示。

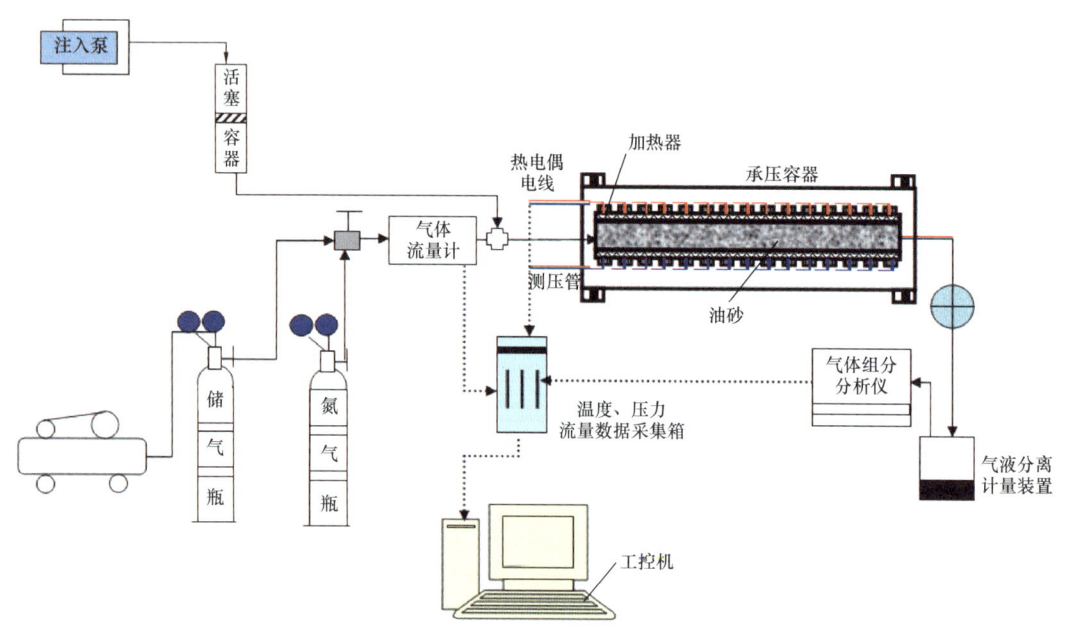

图5-23 一维和三维火驱物理模拟实验系统流程图

3. 火驱物理模拟实验示例

1）水平井火烧辅助重力泄油系列实验

（1）实验装置。

本实验装置设计了模型本体如图5-24所示。模型侧壁内部中间位置设置1口垂直注气井（内置点火器），模型底部设置1口水平生产井，水平井的趾端距注气井的垂直距离为50mm。

（2）实验结果。

图5-25分别给出了利用模型Ⅱ进行的实验点火后0.5h，4h，6h和8.5h的模型中上部、中部和下部的温度场图。燃烧前缘的温度维持在450～550℃，火线在模型上部的推进速

度较快，整个实验过程中火线都保持着一定的向前倾角，这种超覆式的燃烧对于抑制氧气沿水平井突破是有利的。温度场图还显示，当燃烧前缘越过水平井趾端后，燃烧前缘仍然能够继续稳定向前推进，且水平井泄油稳定。但随着火线的推进，燃烧带在平面上波及范围逐渐减小，高温区在平面上近似"楔形"沿水平井向前推进，火线向水平井两侧方向扩展的能力远不如点火初期强。为了研究燃烧前缘及结焦带在推进过程中的发育形状，实验进行9h后注气井改注氮气灭火中止实验。

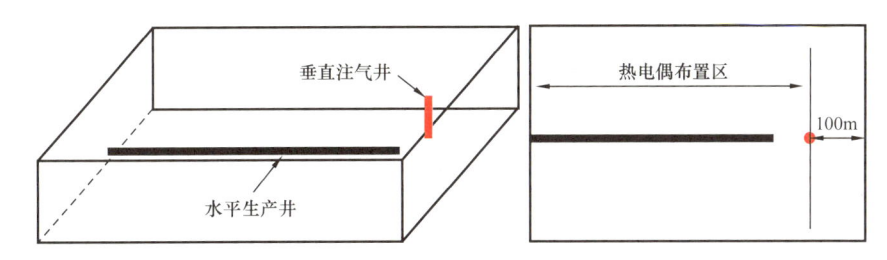

图 5-24　三维火驱模型内部各井排布及其对应的井网

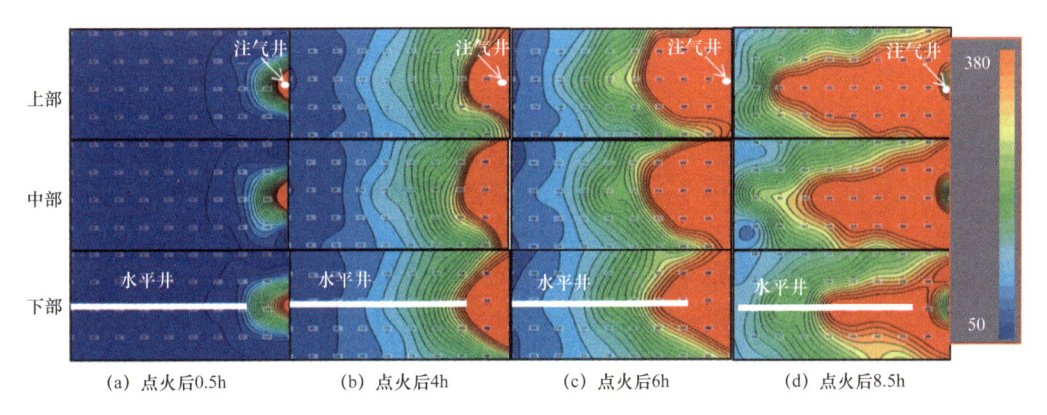

图 5-25　不同时间油层平面温度场展布

图5-26（a）给出了模型Ⅱ实验中止后拆开模型上盖并清理掉已燃油砂后模型的俯视照片，其中凹陷区域为已燃区轮廓。图5-26（b）为向已燃区铸入石膏定形并清理掉模型一侧未燃油砂后的照片，其中白色石膏展示了已燃区的立体形状。图5-26（c）给出了将铸入石膏沿水平井切开后的已燃区剖面照片，其中红色线为该剖面上结焦带的展布情况。图片显示结焦带在垂向剖面上具有两个不同的倾角，这主要是由于点火6h后增大注气速度所致，若注气速度保持恒定，结焦带在油层上部应沿着红色虚线展布，结焦带与水平井产出方向的夹角约45°。从图中还可以看出，红色线（结焦带）和蓝色线所包围区域的油砂颜色比初始油砂颜色要浅得多，含油饱和度明显减小，在清除已燃区周围油砂时结焦带外围都出现了一段类似的区域，该区域即为燃烧前缘之前的泄油带，图中的绿色箭头代表了泄油的路径。图5-26（d）为图5-26（c）中白圈区域的放大照片，从图上可以看出，在燃烧前缘之前的一段水平井被结焦带完全包围，焦炭在水平井内外的沉积有效抑制了氧气从水平井筒的突破，这也是维持该阶段燃烧前缘稳定推进的一个重要因素。

- 159 -

(a)结焦带轮廓图

(b)已燃区立体图

(c)沿水平井垂向剖面图

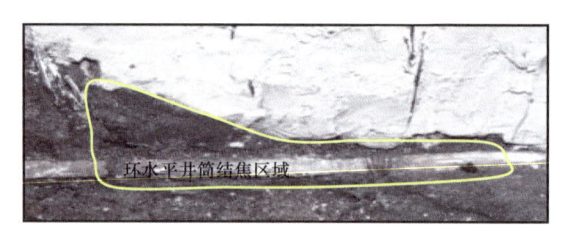

(d)环水平井结焦局部放大图

图 5-26　三维火驱实验中途灭火后油层各区带照片

2）火烧吞吐实验

火驱吞吐物理模拟实验采用一维燃烧管实验装置进行模拟。为了研究火驱吞吐燃烧带前缘推进及原油回采的过程，实验共设计 3 个吞吐轮次。点火器设定 450℃通空气启动点火，约 30min 后燃烧管成功点火，随着持续注入空气，燃烧前缘沿燃烧管稳定地向前推进。第一轮次吞吐过程中，当燃烧前缘推进 20cm 时停止注空气，焖井 30min 后开井生产。第二轮次和第三轮次吞吐分别在燃烧前缘推进 35cm 和 45cm 时停止注空气并焖井后回采。如图 5-27 所示。图 5-28 为第三轮次火烧吞吐注气阶段不同测温点不同时间的温度变化曲线。曲线结果显示，在第三轮次火烧吞吐实验时燃烧前缘仍然能够稳定的向前推进，在实验室内可以实现多轮次火烧吞吐操作。

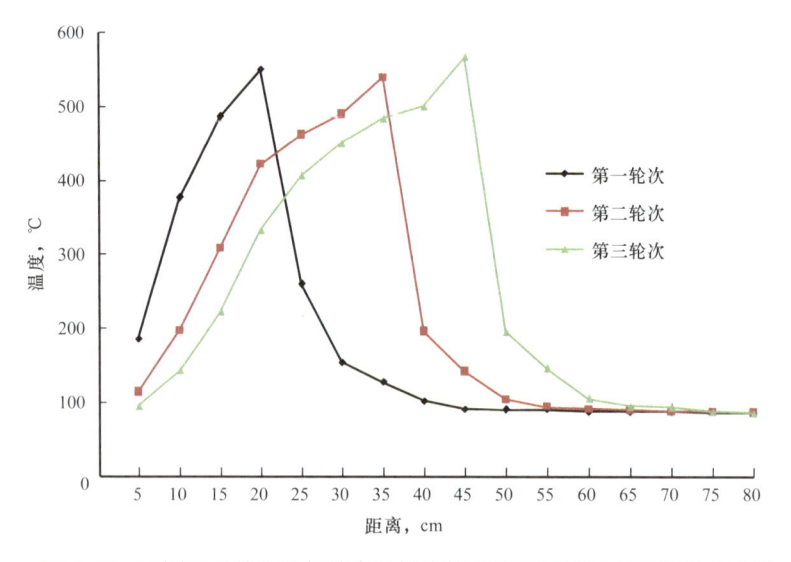

图 5-27　不同吞吐轮次注气结束时燃烧管方向不同测温点温度分布曲线

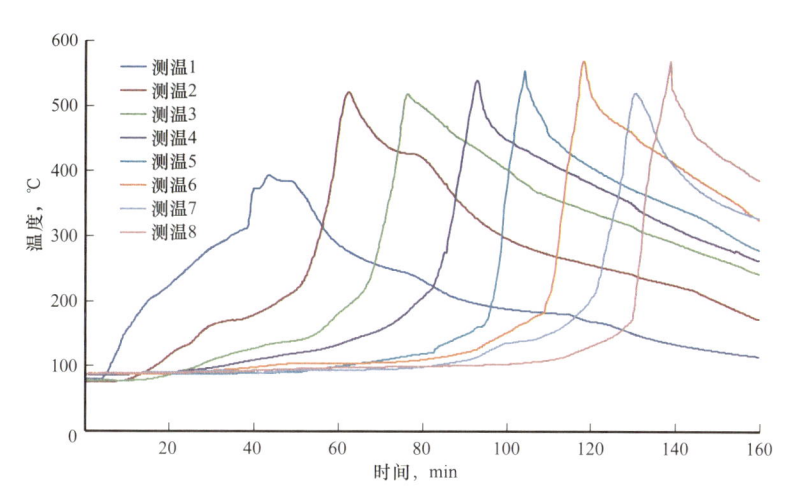

图5-28 第三轮次注气阶段不同测温点温度变曲线

开井回采过程中，开始阶段只有气体（含水蒸气）产出，之后液相开始产出且气相不再连续产出，初期液相中含水率较高（80%左右），然后含水率迅速降低到5%以下，原油呈泡沫油状且产出后仍长时间呈泡沫状态。

分别取三个吞吐轮次回采过程中初期和中期原油样品，标记为1轮次—1、1轮次—2、2轮次—1、2轮次—2、3轮次—1和3轮次—2，并对其黏度进行测试。与初始原油相比，回采原油黏度降幅显著（降为原始原油黏度的1/5～1/3），原油在火烧吞吐过程中改质明显，且随吞吐轮次增加，原油改质效果更好。

三、火驱的油藏工程优化

1. 稠油老区火驱井网选择

从最大限度提高经济效益的角度并考虑到火驱为末次采油的特点，火驱提高采收率项目应最大限度地利用现有井网。通常稠油老区转火驱开发时，无论是否新钻加密井，一般有两种线性井网和4种面积井网可供选择。火驱井网的选择应主要从油藏工程和经济效益（最终采收率、生产规模、采油速度、投资回收期）的角度考虑。对于经过多轮次蒸汽吞吐的稠油老区，井况是火驱开发及其井网选择应考虑的问题。

2. 井距及注采参数优化

1）面积火驱模式下的井网井距

根据油藏地质条件和前期注蒸汽井网条件的差异，转火驱后会有不同的井网选择。

（1）注蒸汽后井距达到100m的正方形井网。

当油层厚度较大、油藏埋深较浅（≤800m）时，可以考虑将该井网加密至70m。加密后将新井做为点火/注气井，形成分阶段转换的面积火驱井网——每个阶段均为正方形五点井网，井网面积逐级向外扩大。在火驱初期为注采井距70m的正方形五点井网，后期转换为注采井距100m和140m的斜七点面积井网。

从驱替效果上看，图5-29（a）给出的井网火驱效果最好。首先，70m的注采井距可以确保一线生产井在较短的时间见效；其次，多次井网转换且每次转换都与上一次错开90°，可以最大限度保持燃烧带前缘以近似圆形向四周推进，从而获得最大的波及体积和最终采收率。相比之下图5-29（c）虽然也经历了二次井网转换，但两次转换间没有错开角度，火线推进过程中容易形成舌进，相邻两口生产井间容易形成死油区。而图5-29（d）则由于注采井距较大，一线生产井见效的时间相对滞后。此外，将注蒸汽老井作为注气井，由于近井地带含油饱和度低，加之老井井况条件差等原因，在点火和防止套管外气窜等方面也存在一定风险。图5-29（b）在平面上各向同性条件下驱替效果要比图5-29（a）稍差，但对于存在方向渗透率的情况，能取得较满意的驱替效果。

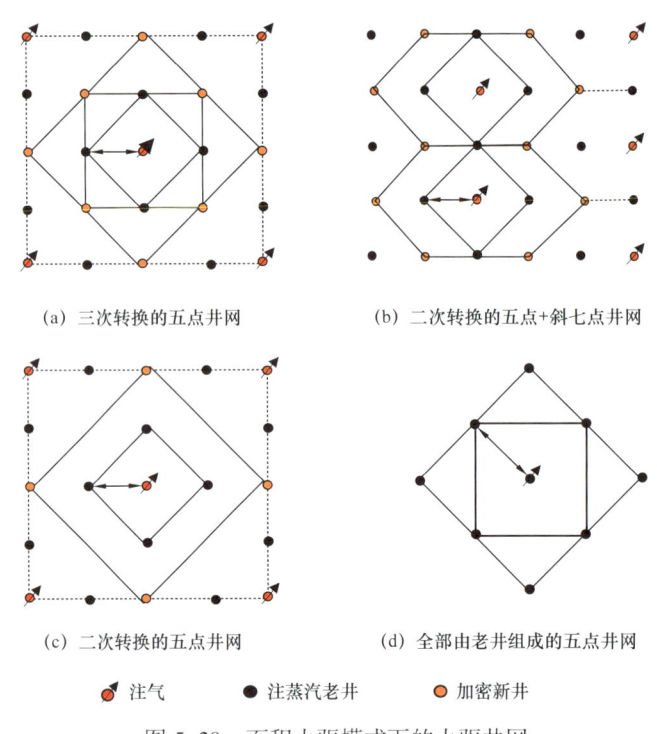

(a) 三次转换的五点井网　　　　(b) 二次转换的五点+斜七点井网

(c) 二次转换的五点井网　　　　(d) 全部由老井组成的五点井网

● 注气　　● 注蒸汽老井　　● 加密新井

图5-29　面积火驱模式下的火驱井网

（2）注蒸汽后期井距达到70m的正方形井网。

当注蒸汽后期注采井距已经达到70m时，转火驱开发过程中一般不能再打加密井。通常可以选择图5-29（a）（图中新井此时为老井）和图5-29（b）所示的井网进行分阶段转换井网火驱。这时着眼点是对老井井况进行调查，特别是作为火驱注气井的老井，要确保套管完好、管外不发生气窜。必要时要进行修井或打更新井。

2）线性火驱模式下的井网井距

线性火驱模式通常对应着两种线性井网——线性平行（正对）井网和线性交错井网。在规则的线性井网中，一排注气井的井数与一排生产井的井数相等。线性平行井网中注气井排各注气井与生产井排各生产井正对，线性交错井网中注气井排与相邻生产井排互相错开，而与隔一排生产井正对。线性交错井网更有利于注气井间燃烧带提前连通，有助于火线前缘平行于井排推进。鉴于此，矿场选择线性火驱模式时应优先考虑线性交错井网。

3）注气速度

（1）面积井网注气速度。

在面积井网火驱模式下，中心注气井的注气速度应随着燃烧带的扩展而逐级增大。但

— 162 —

随着火线推进半径和注气速度的增大，注气井口（或井底）压力也会增大。根据室内三维实验燃烧带波及体积及火线推进速度，结合国外矿场试验结果，假定最大燃烧半径时火线最大推进速度为 0.04m/d（超过这一速度容易形成"火窜"），则正方形五点井网中单井所允许的最大注气速度 q_M 可以依据式（5-11）计算：

$$q_M = 0.12ahV_R \tag{5-11}$$

式中 V_R——燃烧单位体积油砂所需空气量，m^3/m^3；

a——注采井距，m；

h——油层层厚度 m。

根据长管火驱实验结果，取单位体积油砂耗氧量为 $322m^3/m^3$，油层厚度为 10m，则当五点井网注采井距为 70m，100m 和 140m 时，由式（5-11）计算的中心井最大注气速度分别为 $27048m^3/d$、$38640m^3/d$ 和 $54096m^3/d$；对规则的反七点或反九点井网，对应的中心井的最大注气速度可在式（5-11）基础上分别乘以 1.5 和 2。

为了获得最大的产油速度和最短的投资回收期，通常希望燃烧带前缘推进速度越快越好。这时就需要加大注气速度，但注气速度过大容易造成火线舌进，降低平面波及效率。同时，注气速度还要受到地层吸气能力、生产井排液（气）能力以及地面对产出流体的处理能力的限制。矿场实践中，在注气条件允许的情况下，可以在最大注气速度 q_M 以下选择最佳注气速度。

（2）线性井网的注气速度。

对于线性井网，根据罗马尼亚和印度的矿场实践，平行火线日推进速度最高可以达到 10cm。这时单井允许的最大注气速度可以由式（5-12）计算：

$$q_{ML} = 0.1LhV_R \tag{5-12}$$

式中 L——相邻两口注气井间距，m。

仍取单位体积油砂耗氧量为 $322m^3/m^3$，油层厚度为 10m，当相邻两口注气井间距为 100m 时，单井最大注气速度为 $32200m^3/d$。矿场试验中应在此注气速度以下优化实际注气速度。

4）地层压力保持水平

以注气井为中心的空气腔的平均压力基本可以代表地层压力。从室内火驱实验看，这个压力维持在一个较高的水平上，可以确保燃烧带具有较高的温度，实现充分燃烧和促进燃烧带前缘稳定油墙的形成，这对改善火驱开发效果具有重要意义。矿场实践中一般通过控制生产井排气速度来调控地层压力。对于注蒸汽开发过的油藏，火驱前地层压力往往大大低于原始地层压力。转火驱后地层压力可以维持在原始地层压力附近，当油藏埋藏较深时，可维持比原始地层压力较低的压力水平。

5）射孔井段及射孔方式

通常，为了遏制气体超覆提高油层纵向动用程度，注气井往往要避射上部一段油层，生产井也是如此。数值模拟计算表明，对于油层厚度低于 10m 的油藏，注气井油层段全部射开与中下部射开的火驱开发效果相差不大，并且注气井油层段全部射开，有利于点火和提前见效；对于生产井来说，油层段中下部射开时开发效果要好于全部射开。考虑到线性井网中的生产井在氧气突破后要转为注气井，因此建议注气井和生产井采用相同的射孔方式，适当避射油层顶部1～2m，并在整个射孔段采用变密度射孔方式——从上到下射孔密度逐渐加大。

四、火驱的前缘调控技术

在火驱矿场试验过程中，一般可以在生产井或观察井利用测温元件直接观测火驱燃烧带前缘（火线）的推进情况，也可以采用四维地震的方法测试不同阶段火线的推进状况。对于相对均质的地层，还可以采用油藏工程计算方法来推测不同时期的火线位置。这里提出两种计算火线半径位置的方法：第一种方法借助注气数据，适用于在平面上相对均质的油藏条件；第二种方法借助产气数据，适用范围更广，且可以用于对火线的调整和控制。

1. 火线前缘位置预测方法

1）根据中心井注气数据计算火线半径

室内燃烧釜实验一般采用真实地层砂，通过与地层原油、地层水充分混合达到预先设定的含油饱和度、含水饱和度，然后在容器内以地层条件进行燃烧并测试。燃烧釜实验主要用于测定火驱过程中的一些化学计量学参数，如燃烧过程中单位体积油砂燃料沉积量、单位体积油砂消耗空气量、空气/油比等。这些参数都是火驱油藏工程计算和数值模拟研究中需要的关键参数。

为计算火线推进半径，首先假设火线以注气井为中心近似圆形向四周均匀推进。同时，假设的燃烧（氧化反应）过程主要发生在火线附近，火线外围气体只有反应生成的烟道气。

推导的火线半径公式为：

$$R = \sqrt{\frac{Q}{\pi h \left(\dfrac{A_0}{\eta} + \dfrac{z_\text{P} p \phi}{p_\text{i}} \right)}} \quad (5-13)$$

式中 R——火线前缘半径，m；

A_0——燃烧釜实验测定的单位体积油砂消耗空气量，m^3/m^3；

ϕ——地层孔隙度，无量纲；

h——油层平均厚度，m；

p——注气井井底周围地层压力，MPa；

p_i——大气压，MPa；

Q——从点火时刻开始到当前累计注入空气量，m^3；

η——氧气利用率，无量纲；

z_P——地层压力 p 下空气的压缩因子，无量纲。

对式（5-13）求导可以得到不同阶段的火线推进速度：

$$\frac{dR}{dt} = \frac{1}{2} \sqrt{\frac{1}{\pi h \left(\dfrac{A_0}{\eta} + \dfrac{z_\text{P} p \phi}{p_\text{i}} \right) Q}} \frac{dQ}{dt} \quad (5-14)$$

从式（5-13）和式（5-14）可以看出，随着累计注气量的增大，火线推进半径也在逐渐增大，但火线推进速度在逐渐减小。这也正是在面积井网火驱过程中，尤其是开始阶段需要逐级提高注气速度的原因。

图 5-30 给出了正方形五点井网条件下，根据式（5-13）计算的火线位置（黑色圆圈）。同时，将其与数值模拟计算的结果进行了对比，两种方法的计算结果基本上是吻合的，只是数值模拟更能体现火线推进的非均衡性。

2）利用燃烧釜实验和产气数据计算火线半径

矿场实际火驱生产过程中，受地质条件和操作条件的影响，各个方向生产井产气量往往是不均衡的。在这种情况下，火线向各个方向的推进也是不均衡的。哪个方向生产井（一般指一线生产井）产气量大，火线沿该方向推进速度快、距离大；反之，推进速度慢、距离小。

假设中心注气井周围有 N 口一线生产井（对应 N 个方向），在某一时刻各生产井累积产出烟道气总量为 Q_1，Q_2，…，Q_N 对于注气井到各一线井非等距的井网，引入分配角的概念，如图 5-31 所示。

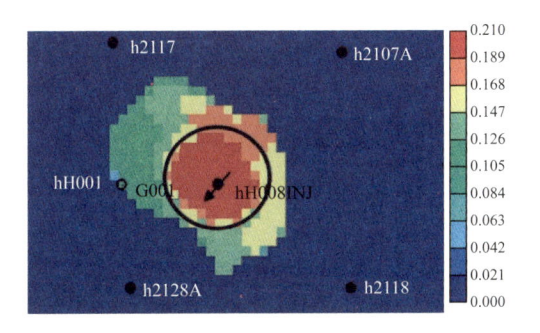

图 5-30 油藏平面氧气浓度场与预测的火线位置

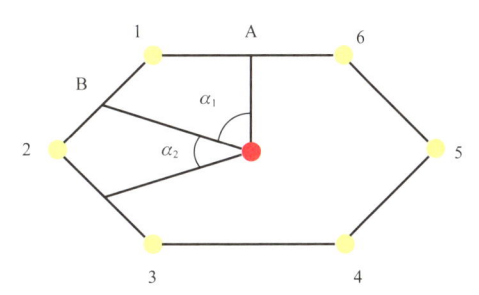

图 5-31 非等距井网生产井分配角

则推导得出的火线半径为：

$$R_i = \sqrt{\frac{360\eta Q_i}{\alpha_i \pi h A_0}\left(1 + \frac{z_\text{P} p}{G_{\text{LR}i} p_i}\right)} \tag{5-15}$$

式中　Q_i——由第 i 口井方向上的产液量折算成的产气量，m³；

　　　α_i——第 i 口井方向上的分配角，（°）；

　　　$G_{\text{LR}i}$——生产井累计产出气液比，$G_{\text{LR}i} = \dfrac{Q_i}{Q_{li}}$，m³/m³。

还需要说明的是，尽管采用式（5-15）计算某个方向上的火线推进半径可能更接近地层的火线真实情况，但在理论上却是不严格的[26, 27]。

2. 火线调控的原理与方法

矿场试验中对生产井累计产气量调控的方法主要包括"控"（通过油嘴等限制产气量）、"关"（强制关井）、"引"（蒸汽吞吐强制引效）等。通常控制时机越早，火线调整的效果越好。

1）各向均衡推进条件下的火线调控

对于各注采井距相等的多边形面积井网（如正方形五点井网、正七点井网），当各生产井产气速度相同时,燃烧带为圆形。可以依据式(5-13)推测和控制火线推进半径。在这种情况下,火线调控的措施重点放在注气井上。矿场试验着重关注两点:一是设计注气井逐级提速的方案,即在火驱的不同阶段,以阶梯状逐级提高中心井的注气速度,以控制各阶段的火线推进速度,实现稳定燃烧和稳定驱替;二是通过控制注采平衡关系,维持以注气井为中心的空气腔的压力相对稳定,以确保地下稳定的燃烧状态。在通常情况下,即使采用各注采井距相等的多边形面积井网,各生产井产气速度也很难相等。在这种情况下,如果要维持火线向各个方向均匀推进,就必须使各方向生产井的阶段累计产气量相等。矿场试验过程中,要对产气量大的生产井实施控产或控关,要对产气量特别小的生产井实施助排引效等措施,如小规模蒸汽吞吐等。

2)各向非均衡推进下的火线调控

对于注采井距不相等甚至不规则的面积井网,向不同方向上推进的火线半径依据式(5-14)或式(5-15)推算。矿场试验中,往往希望火线在某个阶段能够形成某种预期的形状,这时调控所依据的就是"通过烟道气控制火线"的原理,即通过控制生产井产出控制火线形状。这里以新疆某井区火驱矿场试验为例,论述按油藏工程方案要求控制火线形状的方法。

该试验区先期进行过蒸汽吞吐和蒸汽驱,火驱试验充分利用了原有的蒸汽驱老井井网,并投产了一批新井,最终形成了如图5-32所示的火驱井网。该井网可以看成是由内部的一个正方形五点井组(图中虚线所示的中心注气井加上2井、5井、6井、9井),和外围的一个斜七点井组(中心注气井加上1井、3井、4井、7井、8井、9井和10井)构成。五点井组注采井距为70m,斜七点井组的注采井距分别为100m和140m。

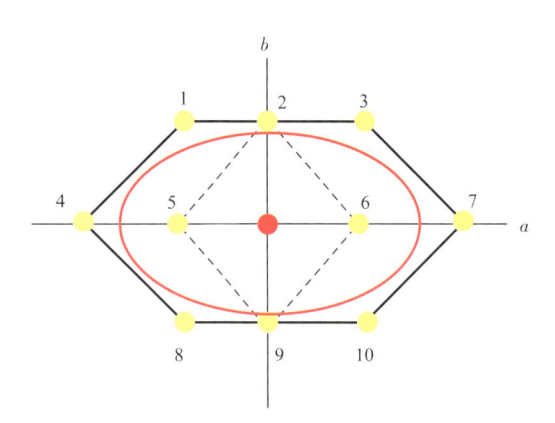

油藏工程方案设计最终火线的形状如图5-32中所示的椭圆形,且火线接近内切于1—3—7—10—8—4几口井所组成的六边形。即使面积火驱结束时椭圆形火线的

图5-32 新疆某井区火驱试验井网及预期火线位置

长轴a和短轴b分别接近130m和60m。通过计算,长轴方向生产井累计产气量要达到短轴方向生产井累计产气量的4~5倍,才能使火线形成预期的椭圆型。

第五节 工业应用配套技术

稠油热采开发工艺技术作为热采提高采收率技术的重要组成部分,是成功实施稠油热采开发的基础保障和支持条件。近10多年来,以蒸汽驱、SAGD等技术为主体的提高采收率技术对精细注汽、高干度注汽、连续注汽、连续生产等方面提出了更高的要求。中国石油天然气股份有限公司重点围绕稠油热采的钻完井、注汽系统、采油系统、地面集输、监测等核心工艺进行了国产化技术攻关,并结合国内稠油热采开发实际进行技术升级换代,突破了国外技术封锁,部分产品已成功出口国外,整体技术进展显著,技术水平达到国际先进水平。

下面,重点介绍 5 项关键的热采工艺技术的新进展情况。

一、蒸汽驱分层注汽技术

随着蒸汽驱工业化进程的逐渐展开,辽河油田也实现了由笼统注汽向分层注汽的转变。其研制的二级三段偏心式分层注汽工艺已经成熟配套,实现偏心分层汽驱,采用下入投捞器以打捞更换的方式来更换配汽量不能满足设计要求的配汽阀嘴,进而调节各层注汽量的比例,解决油层纵向上吸汽不均的问题,改善汽驱效果,以实现提高油藏采收率的目的,对分层汽驱工艺技术具有重大的意义。二级三段偏心式分层注汽工艺及工具如图 5-33 所示。这套分层注汽工艺及工具可以耐温 300℃,耐压 14MPa。可以通过投捞来更换配汽嘴大小,调节各层注汽量。

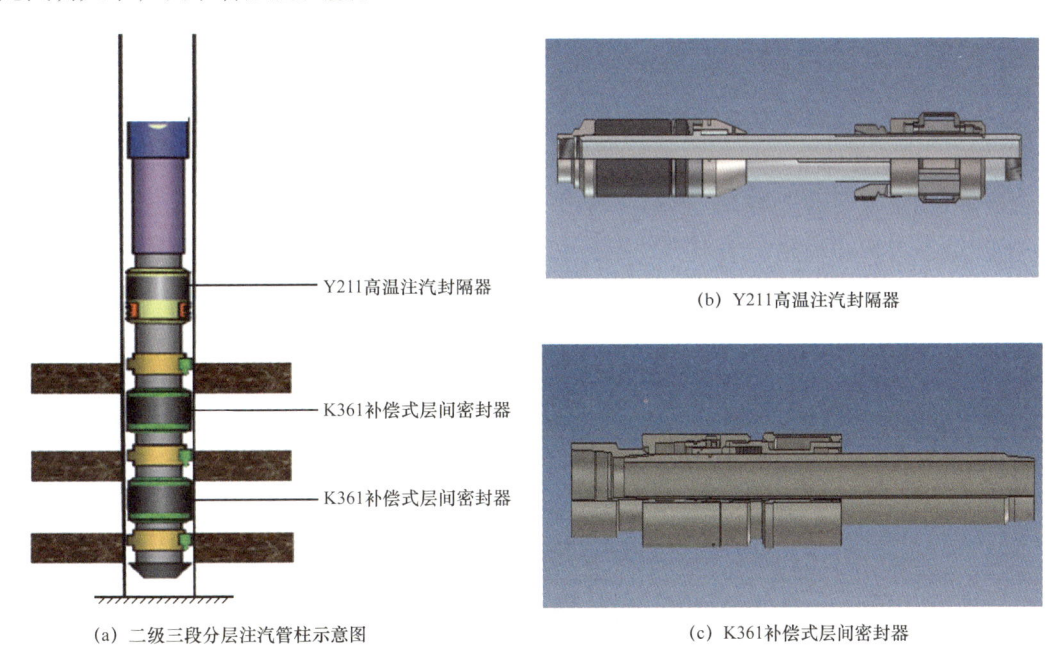

(a) 二级三段分层注汽管柱示意图

(b) Y211高温注汽封隔器

(c) K361补偿式层间密封器

图 5-33 二级三段偏心式分层注汽工艺及工具示意图

二、蒸汽驱不压井作业工艺技术

蒸汽驱是一个连续的生产过程,修井作业过程中的压井作业,会造成大量的压井液进入油藏,降低油藏温度和伤害油层,影响开发效果。在原有的高温不压井作业技术的基础上,保持总体施工工艺和基本构成不变,对试验过程发现的不足之处进行研究改进。根据 HSE 质量管理要求,制订了总体施工工艺。高温不压井作业装置由 7 大系统构成,即井口防喷系统、强行起下系统、操作平台、液压系统、控制系统、冷却系统、监控系统。整个装置的总体结构图如图 5-34 所示。

图 5-34 蒸汽驱不压井作业装置的总体图

三、高干度注汽工艺技术

根据 SAGD 开发对于蒸汽干度的技术要求，自主创新研制了球形汽水分离器（产生高干度蒸汽）、过热蒸汽发生锅炉，满足稠油热采对高干度蒸汽及过热蒸汽的需求。

1. 球形汽水分离器

球形汽水分离器是综合利用离心分离、重力分离及膜式分离作用来实现汽水分离，其工作压力 3~10MPa；流量小于 20t/h；出口干度 99%，球体直径 900mm，壁厚 60mm，额定工作温度 360℃。经分离后蒸汽干度达到了 95% 以上，能够满足 SAGD 操作要求（图 5-35）。

图 5-35 球形汽水分离器实物图

2. 过热蒸汽发生锅炉

针对蒸汽吞吐存在蒸汽携带热量低，热量损失相对较大等缺点，采用过热注汽锅炉，把过热蒸汽注入油井，使热损失相对减少，从而更有效地加热原油，提高稠油采收率。近年来，通过对引进过热锅炉的调试运行以及适应性研究，并进行重大改进，过热度达到80℃，满足风城油田稠油开采的需要。过热蒸汽发生锅炉流程图如图 5-36 所示。

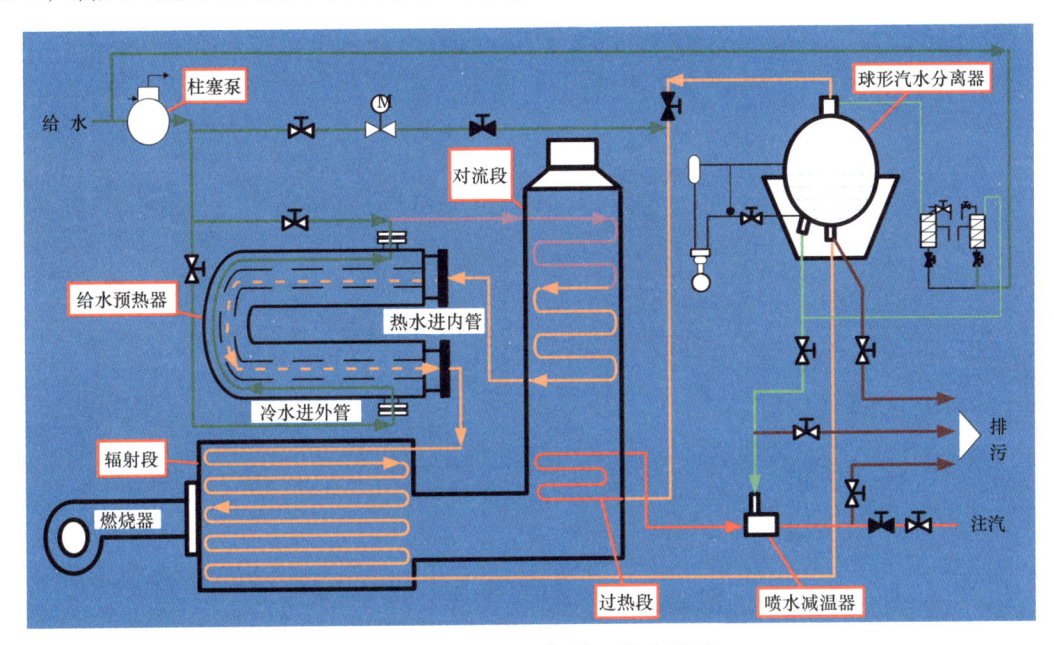

图 5-36 过热注汽锅炉工艺流程图

四、SAGD 举升工艺技术

辽河油田与新疆油田由于油藏埋深不同，对于举升工艺技术要求也截然不同。辽河油田重点在耐高温大泵深抽工艺上进步明显，新疆油田在井下举升管柱设计方面取得更大的进步。

1. 有杆泵举升工艺技术

SAGD 有杆泵举升系统基本满足了排液量 250～400t/d、最高耐温 250℃的油藏指标要求。塔式抽油机最大载荷 22tf，最大冲程 8m；抽油泵最大泵径 160mm，系统最大理论排量可达 693t/d，最高耐温 260℃，平均泵效达 65%，平均检泵周期为 374 天，最长达 1695 天，最高日产液 524t，满足了油藏对举升系统的要求。

1）大型长冲程抽油机

通过国内抽油机技术状况的广泛调研，确定将塔架式长冲程抽油机作为研究目标，通过近两年的现场试验和不断改进，最终开发出用于 SAGD 生产的 22 型塔架式长冲程抽油机，其型号为 CCJ22-8-48HF，其悬点最大载荷为 22tf，冲程 8m，最大冲次 4.2min^{-1}，减速箱输出扭矩为 48kN·m，电机配备功率为 110kW。并配备变频调速器，实现无级调速（图 5-37）。

2）耐高温大直径抽油泵

针对SAGD不同开采阶段与不同见效程度的举升需求，通过大泵的引进、消化吸收、创新完善，历经5代技术升级，形成了具有自主知识产权的高温大排量有杆泵举升技术，泵径增加到140mm，平均泵效65%（国际产品62.5%），平均检泵周期374天（国际产品376天），脱接器成功率98%（国际产品62%），最长检泵周期1695天，最高理论排量693t/d，各项技术指标均达到和超过国际同类产品水平，实现国产化应用填补了国内空白（图5-38）。

图5-37　塔架式长冲程抽油机外观图 　　　　图5-38　大直径管式抽油泵实物图

2. 电潜泵举升工艺技术

攻关研发了耐高温电潜泵，达到国外同类先进水平。主要技术参数：扬程800m，耐温250℃，井下压力3MPa，排量250m³/d（图5-39）。

图5-39　高温电潜泵室内试验实物图

3. 水平井举升管柱设计

根据水平段测温数据分析水平段热连通状况，为改善SAGD生产水平井段动用不均，提高水平井段利用率，减缓井间汽窜对SAGD井组生产影响，研制了水平段控液管柱，包括两种结构。

1）水平段下入衬管有杆泵抽油管柱结构

在水平段筛管内下入衬管，适用于水平段前端汽窜的生产水平井。在SAGD井生产一段时间、出砂量少时下入。衬管长度根据水平段连通状况设定，迫使水平段两端的流体向衬管尾端处流动，调整生产井产液剖面，提高水平段后端动用程度，从而提高井组产量（图5-40）。

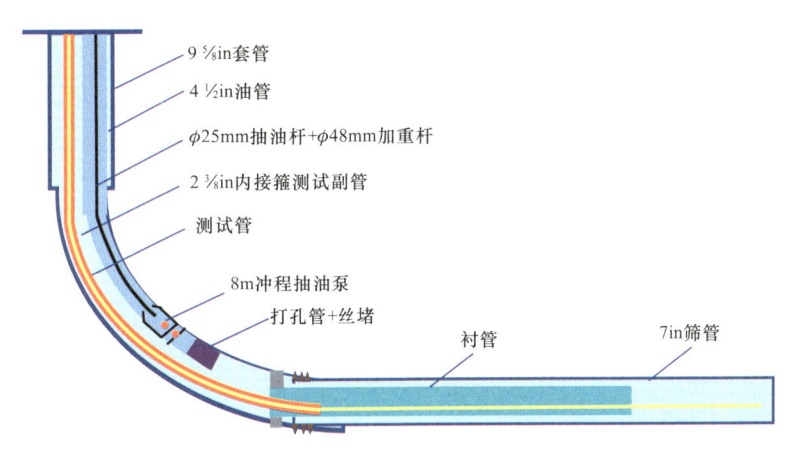

图5-40 SAGD生产水平井举升管柱结构示意图

2）泵下接尾管入水平段有杆泵抽油管柱结构

在泵下端接尾管下入水平段，适用于水平段前端连通段短或前端汽窜或者筛管悬挂器密封失效的生产水平井。在SAGD井生产一段时间、出砂量少时下入（图5-41）。

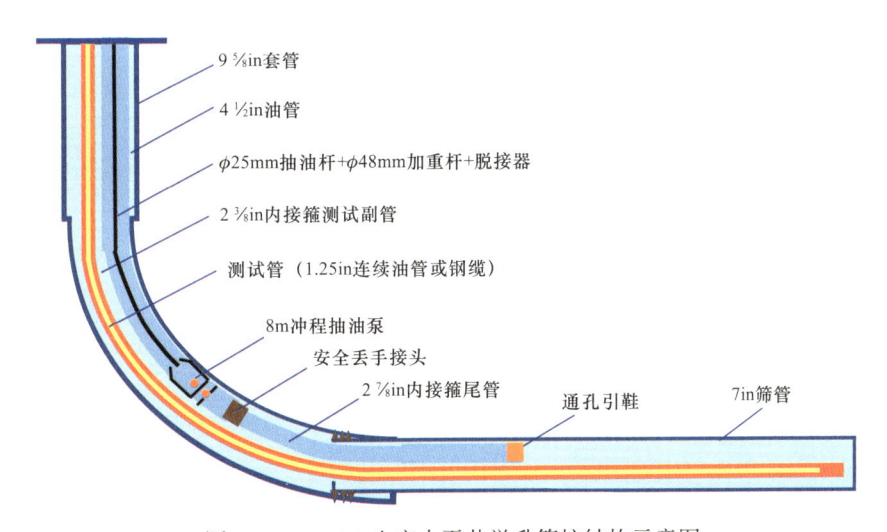

图5-41 SAGD生产水平井举升管柱结构示意图

五、火驱点火工艺技术

稠油油藏的点火方式主要有自燃点火、化学点火、电加热点火、气体或液体燃料点火器点火。国内稠油油藏原始地层温度大多不超过70℃，在这种情况下依靠油层本身的自燃点火所需要的时间通常要超过1个月甚至更长，而且无法保证地下充分燃烧。目前，国内较成熟的点火方式有两种：一种是蒸汽预热条件下的化学催化点火；另一种是大功率井下电加热器点火。辽河油田杜66块火驱试验初期普遍采用蒸汽辅助化学点火方式点火,该点火方式最大的优点是施工工艺相对简单,可以利用油田热采井场现有的主蒸汽锅炉及辅助设施,同时,成本也较小。缺点是起火位置不容易判断和控制。相比之下,电点火工艺尽管施工过程较为复杂,但对起火位置和燃烧状态的控制程度高,同时安全性也较好,是近些年来国内外普遍认可的高效点火技术。国内胜利油田及新疆红浅1井区火驱现场试验选用的均为电加热器点火方式。根据室内燃烧釜实验结果,点火温度应该控制在450℃以上。

从20世纪90年代开始,国内以胜利油田为代表就开始研发电点火器及配套工艺。第一代电点火器是将加热电缆捆绑在油管外的,在点火过程中经常发生点火电缆被烧毁的事故。第二代点火器采用全金属外壳的电缆,整个电缆从井口到加热棒之间只有一个接头,最大限度减少了电缆被烧毁的风险,但这种点火器和第一代点火器一样,也存在不能多次在井筒中起下的问题,也就无法多次使用,从而使点火成本居高不下。目前普遍使用的是第三代电点火器。该点火器从外形上看就是一根连续油管,点火电缆和电阻加热器都被包在这根连续油管中。第三代连续油管点火器不仅消除了在井下部分的所用薄弱环节,还可以实现带压在油管中起下。辽河晨宇集团研发的最新一代点火器可以在2500m的井下、40MPa的注气压力下实现起下,同时配合监测光线对井筒连续测温[28]。

第六节 矿 场 实 例

一、蒸汽驱开发矿场实例

1. 新疆浅层稠油工业化蒸汽驱

1)概况

新疆浅层稠油油藏自1984年九1区注蒸汽热采起至今已陆续开发了九$_1$、九$_2$、九$_3$、九$_4$、九$_5$、九$_6$、九$_{7+8}$、九$_9$、J230井区、六1、六东、克浅10、克浅109、红山嘴油田、风城油田等10多个区块,形成了大规模工业化热采局面。

其中,九$_1$—九$_5$区齐古组稠油油藏是最早转入蒸汽驱开发的区块。该区于1991年8月开始陆续转蒸汽驱生产,采用的100m×140m、反九点井网开发,至1995年底,除九$_2$区西部外,九$_1$—九$_3$区已全部转入蒸汽驱生产,九$_4$和九$_5$区部分井组也转入了蒸汽驱。共有井组209个,相关采油井672口。累计注汽862.7×10^{4}t,累计产油131.0×10^{4}t,累计产水874.7×10^{4}t,综合含水87.0%,回采水率94%,采出程度3.6%,累计油汽比0.152,采注比1.17。

截至2015年底累计转驱井组数1060个,蒸汽驱阶段采出程度19.2%,累计油汽比0.14。多采用70m反九点井网,如图5-42所示。

2)实施效果评价

新疆浅层蒸汽驱工业化取得良好效果。新疆浅层蒸汽驱工业化成功地建设了百万吨的生产规模,实现了吞吐后新疆油田的稠油稳产和上产。蒸汽驱高峰期产量达到95×10^{4}t,油汽比0.23,经济效益显著(图5-43)。

蒸汽驱的效果因油藏储层类型而差别较大。成功汽驱的油藏以砂岩普通稠油油藏、砂岩特稠油油藏为主,蒸汽驱比蒸汽吞吐提高采出程度20%以上;而对于砂砾岩普通稠油、特稠油的蒸汽驱提高采出程度仅在10%左右。

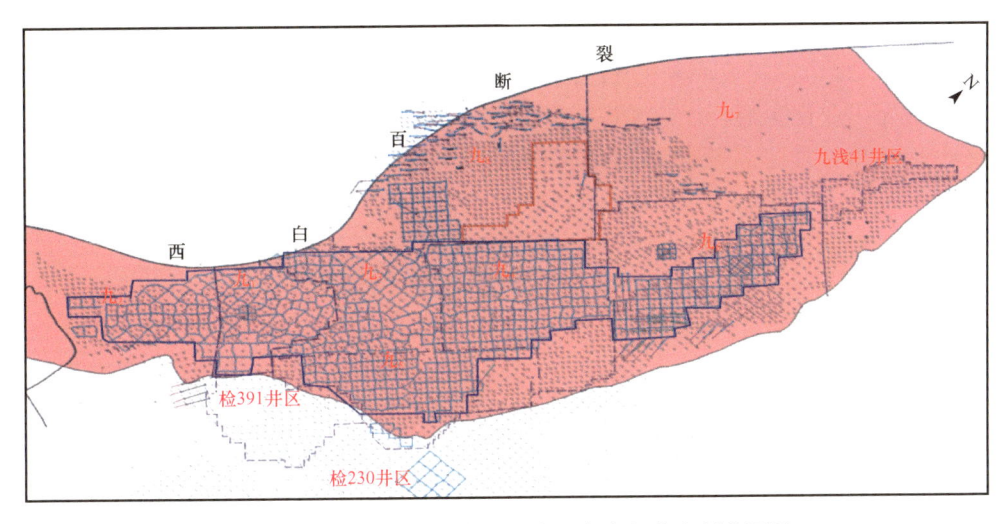

图 5-42　新疆克拉玛依油田九区齐古组蒸汽驱井网图

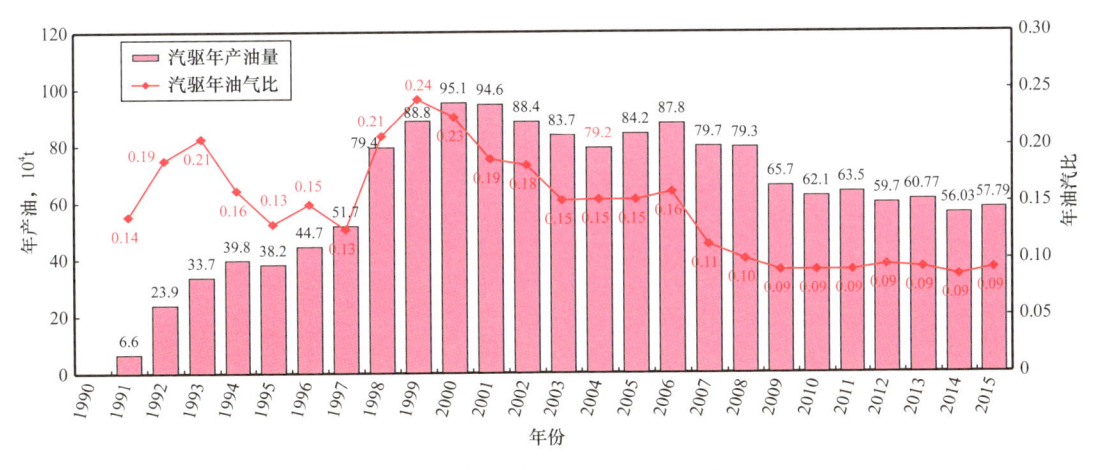

图 5-43　新疆油田蒸汽驱生产曲线图

2. 辽河中深层稠油齐 40 块工业化蒸汽驱

1）概况

齐 40 块构造上位于辽河断陷盆地西部凹陷西斜坡上台阶中段，构造面积 8.5km²。截至 2003 年底，探明含油面积 7.8km²，探明石油地质储量 3721×10⁴t。开发目的层为沙三下亚段莲花油层。油藏埋深 625~1050m，莲花油层岩心分析孔隙度平均 31.5%，渗透率平均 2.062D，属于高孔隙度、高渗透率储层，油藏为中—厚互层状油藏。地层压力 8.5MPa，温度 36.8℃。原油属高密度、高黏度、低凝固点稠油。原油密度为 0.9686g/cm³（20℃），50℃地面脱气原油黏度为 2639.0mPa·s，凝固点 2.2℃，含蜡量平均为 5.8%，胶质+沥青质含量为 32.7%。

齐 40 块自 1987 年采用蒸汽吞吐方式开采以来，其间经历了三次大的井网加密调整，井距由开发初期的 200m 先后加密为 141m，100m 和 70m。

2005 年 6 月，"辽河欢喜岭油田齐 40 块转蒸汽驱开发方案"通过中国石油天然气股份有限公司审批。于 2006 年 12 月开始规模转驱。2006 年 11 月到 2007 年 3 月主体部位转驱65个井组，2007年12月外围74个井组实施转驱，到2008年3月底，全块规模转蒸汽驱井组达到138个，加上原来的11个试验井组，全块蒸汽驱井组达到149个，实现了齐40块蒸汽驱工业化实施。

截至2017年6月底，齐40块转规模蒸汽驱开发10年，共有注汽井149口，开井98口，日注汽9353t，日产油为1237t，日产液8959t，瞬时采注比0.96，油汽比0.15，采油速度1.2%，阶段采出程度15.5%，总采出程度达到47.1%。

2）实施效果

齐40块蒸汽驱工业化实施取得了较好效果。齐40块于2008年3月实现149个井组规模转驱，经历了热连通、驱替和突破三个阶段后，目前处于第四阶段剥蚀调整阶段。日产油由转驱初期的1200t上升至驱替阶段的1931t，达到高峰，保持3年稳产后，蒸汽突破，日产油下降至1680t，进入剥蚀调整阶段，又经过3年产量的稳定后缓慢递减，日产油下降至1266t。随着产量的下降，注汽量也逐年下调，日注汽由高峰的17284t下调至8185t。截至2016年6月，区块汽驱阶段采注比0.99，油汽比0.13，采油速度1.46%，阶段采出程度14.6%，吞吐+汽驱采出程度达46.3%。

总体上，齐40区块总体采油速度由转驱前的1.25%提高至2.0%以上，较继续吞吐实现累计增油419×10^4t。齐40块已实现50×10^4t以上持续稳产8年，预计采收率可达60.1%，如图5-44所示。

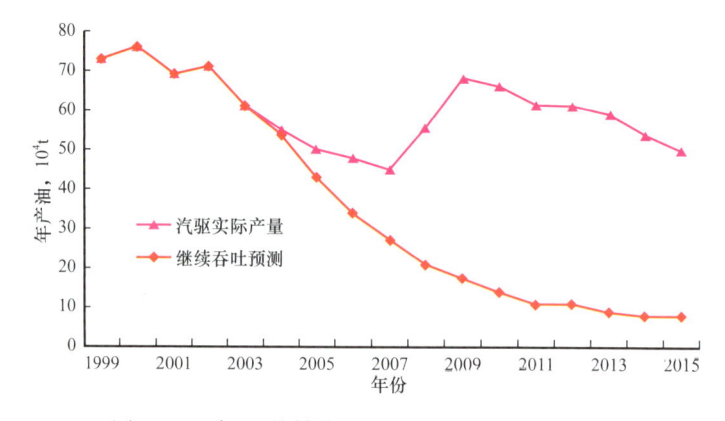

图5-44 齐40块转蒸汽驱与继续吞吐产量对比曲线

二、SAGD开发矿场实例

1. 辽河中深层稠油曙一区杜84块直井与水平井组合SAGD

直井与水平井组合SAGD开发在国外应用较少，国内辽河油田是世界首次将直井与水平井组合（注汽直井位于水平生产井斜上方）SAGD进行了工业化推广应用，并取得成功。

辽河油田世界首次将SAGD技术应用到蒸汽吞吐后中深层（埋深>600m）超稠油开发，并进行了工业化推广应用，SAGD年产油达到106×10^4t，采用直井与水平井组合SAGD开发主要因为目标区块原开发方式为蒸汽吞吐开发，井网完善，采用直井与水平井组合SAGD可充分利用原井网，降低操作成本。

辽河油田SAGD开发首先突破了SAGD技术油藏埋深的界限，实现了中深层超稠油油藏的SAGD开发，拓宽了SAGD开发技术应用领域，同时，首次采用斜上方直井与水平井组合SAGD开发方式，突破了传统双水平井SAGD调控难度大，对已动用油藏适应性差的局限，生产实践表明更适合于中深层超稠油油藏。

下面简述直平组合SAGD先导试验情况。

1）项目基本情况

杜84块隶属于辽河油田曙一区，构造上位于辽河盆地西部凹陷西部斜坡带中段。杜84块探明含油面积5.6km^2，探明石油地质储量8309×10^{4}t。油藏埋深550~1150m，目的层包括沙三上亚段、沙一段+沙二段和馆陶组三套地层，这三套地层属于不同沉积类型，且均以角度不整合接触。沙一段+沙二段和沙三上亚段两套地层合称为兴隆台油层，馆陶组称馆陶组油层。馆陶组油层为高孔隙度、高渗透率—特高渗透率，巨厚块状赋存边水、底水、顶水的超稠油油藏，20℃原油密度为1.001g/cm^3，50℃地面脱气原油黏度是23.19×10^{4}mPa·s。

杜84块的超稠油的开发可以分为3个阶段。第一阶段，即1996—1998年，为热采技术攻关阶段，针对超稠油的特点，深化了超稠油合理射孔原则、注汽工艺、排液、防排砂等蒸汽吞吐系列技术，拉开了超稠油产能建设的序幕。第二阶段，即1999—2002年，为应用蒸汽吞吐技术滚动开发阶段，通过对蒸汽吞吐参数优化、分选注、组合式吞吐、综合防治砂和水平井开发等方面取得进一步的完善，成功地实现了超稠油的规模开发。第三阶段，从2003年至今，为提高超稠油采收率的技术攻关阶段。这一期间重点发展和攻关的技术有组合式蒸汽吞吐技术，水平井吞吐技术以及SAGD开采技术。其中，2005年在杜84块馆陶组油层开展4个井组的直井、水平井组合SAGD先导试验，为超稠油开发方式转换和提高采收率提供依据。

2）直井水平井组合SAGD先导试验方案的设计要点

SAGD先导试验区位于杜84块馆陶油层的北部，含油面积0.15km^2，地质储量249×10^{4}t。试验区内构造简单，倾角2°~3°，区内无断层，油层连续分布，无隔夹层，油层埋深530~640m，平均厚度91.7m，为高孔隙度、特高渗透率储层，孔隙度36.3%，渗透率5.54D。

先导试验区采取直井与水平井组合SAGD开发方式，部署水平井4口，水平井部署在直井井间，射孔井段的侧下方，与直井射孔井段距离为5m，注采井距为35m，水平井井距为70m，水平段长度为350~400m，如图5-45所示。

注采参数设计井底蒸汽干度大于70%、注汽压力4~6MPa、单井注汽速度大于100t/d，根据水平段长度：馆陶组油层单水平井所需注汽量250~350t/d，排液量300~400t/d，产油量75~100t/d，油汽比0.25~0.33，采注比1.20以上。馆陶组油层SAGD先导试验方案设计生产水平井4口，注汽井16口。吞吐预热2~3轮后转入SAGD生产，生产期为15年，阶段注汽379.8×10^{4}t（80%注入地下），阶段产油94.3×10^{4}t，阶段产水299.3×10^{4}t，阶段油汽比0.25，采注比1.25，阶段采出程度37.87%，最终采收率56.1%，较吞吐提高采收率27.1%。

3）试验区的实施与跟踪调整

2003年，杜84块4个井组的SAGD先导试验区首先开始了预热工作。预热方式采取了直井与水平井组合蒸汽吞吐技术，经过二周期的吞吐预热及最后一轮注汽后，跟踪数值模拟垂直水平井方向的温度剖面反映出，直井与水平井间的热连通已经形成，具备了转SAGD生产的条件。

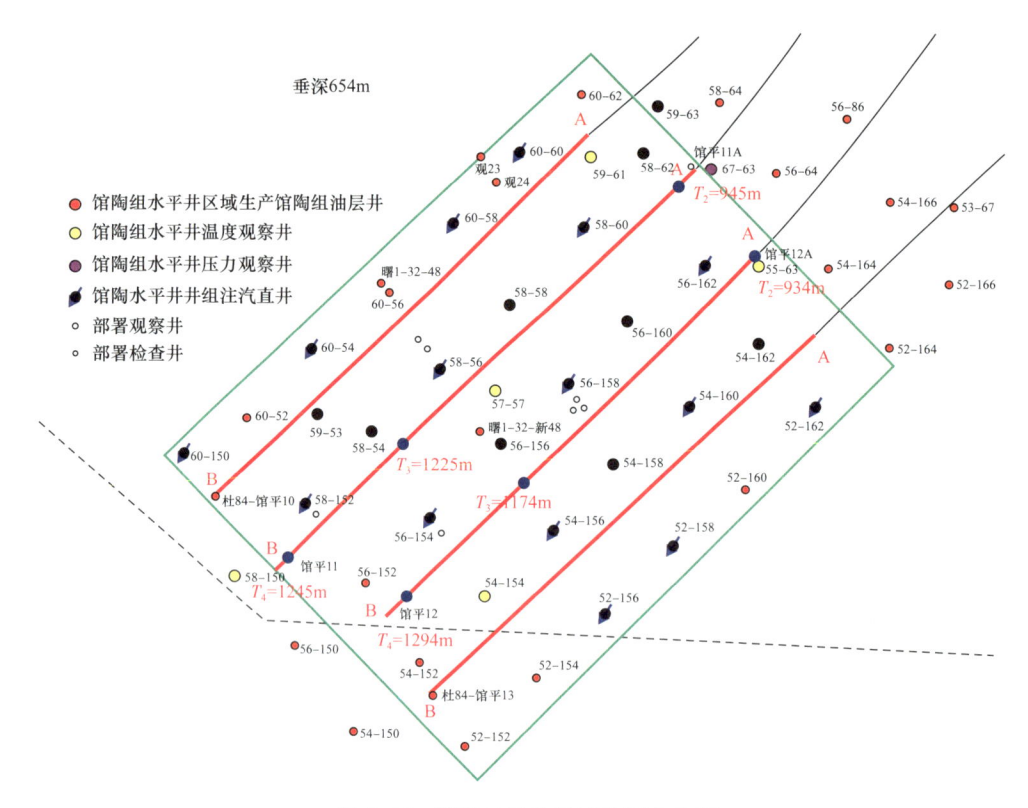

图 5-45　馆陶油层先导试验区井位图

2005年，先导试验区的馆平11、馆平12、馆平10和馆平13等4口水平井相继转入SAGD生产阶段。生产阶段在严格执行方案的基础上，针对生产过程中出现的问题，通过加强监测和动态研究及跟踪调整。在SAGD正常生产的初期，水平井产油主要以蒸汽驱替方式为主，调控的技术手段主要有提高注汽量、提高周边地层压力、更换注汽井点以及吞吐引效等，抑制蒸汽单点突破，改善水平段动用程度。经过大约12个月的蒸汽驱替后，蒸汽腔逐步形成并扩展，SAGD生产进入泄油生产阶段。泄油阶段的产液量、产油量大幅度上升，主要通过调整注采参数，进一步提高单井产量和油汽比，保证试验较快地进入了稳定的高产期。同时，在原先导试验区的外围，即馆平13井的下倾方向，又新完钻一口SAGD水平井，并完成了吞吐预热，纳入馆陶组SAGD先导试验区的生产管理中，这样辽河油田的馆陶组SAGD先导试验区达到了5个井组规模。

2017年3月，馆陶组的试验区5口SAGD水平井的平均单井日产液268t，平均单井日产油71.8t，其中先后有3口水平井单井日产达到100t的规模，高峰期产量达到150t/d以上，综合含水73.2%。近3年多，馆陶组SAGD先导试验区的总的日产油水平都在400t以上高位运行，采油速度4.9%，累计产油达到127×10^4t，且地质储量的采出程度已达到54%，阶段油汽比高达0.26，如图5-46所示。

4）直井水平井SAGD先导试验的效果评价

SAGD方式的驱油效率高。通过对位于蒸汽腔（测试温度为240℃）内取得的岩心的测试，确定泄油后蒸汽腔内的含油饱和度已降至12.7%，确定在实际油藏中驱油效率达到83.0%。

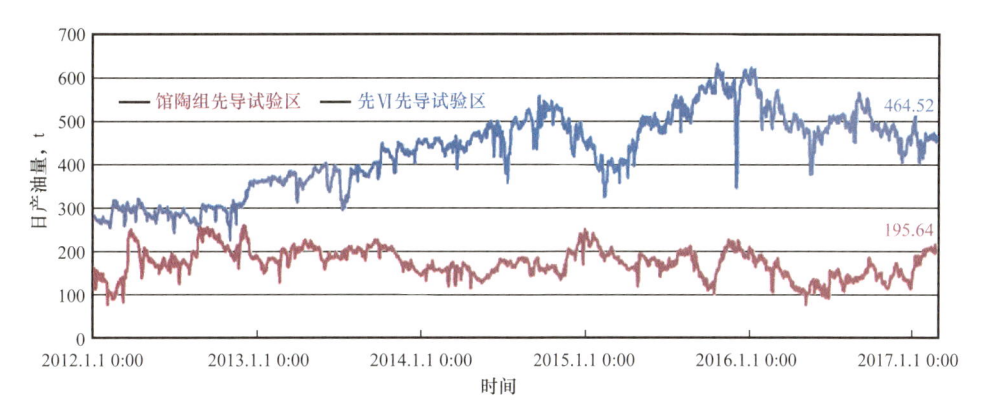

图 5-46　杜 84 块馆陶组 SAGD 先导试验区的生产曲线

SAGD 与蒸汽吞吐对比，增产效果明显。2005 年 2 月转入 SAGD 开发后，仅由 4 口水平井替代 40 口直井生产。生产阶段表现为日产量大幅上升，采油速度高。2005 下半年平均日产油即上升到 171t，2007 年下半年平均日产油为 302t，至 2016 年底一直维持在 400t/d 以上。与蒸汽吞吐相比，不仅产量大幅度回升，超过了蒸汽吞吐期间的最高水平，采油速度也由 2.18% 上升到 4.9%。

馆陶组 SAGD 先导试验生产阶段的日产油、含水、油汽比等指标参数都好于先导试验方案设计。2016 年底采收率为 54%，已接近方案预测值 56.1%。根据油藏工程方法和数值模拟重新测算，先导试验区的最终采收率可达到 65% 以上，比原方案设计采收率 56.1% 提高 9 个百分点以上，显示了良好的提高采收率前景。

通过杜 84 块 SAGD 先导试验区的效果评价认为：直井水平井组合 SAGD 方式是适合厚层超稠油油藏的有效开发方式，SAGD 能显著提高注蒸汽开发效果和经济效益，大幅度地提高最终采收率。

2. 新疆浅层稠油风城油田双水平井 SAGD

新疆油田公司风城油田超浅层稠油地质储量丰富，采用双水平井 SAGD 技术实现超稠油资源得到有效动用，目前 SAGD 已经初步实现了工业化，取得了较好的应用效果，为超稠油油藏高效开发奠定了基础，下面将介绍 2008 年先导试验与 2012 年工业化以来的进展与实施效果。

1）油藏概况

风城油田位于准噶尔盆地西北缘北端，在克拉玛依区东北约 130km 处，行政隶属新疆维吾尔自治区克拉玛依市。风城油田西部重 32 井区目的层 $J_3q_2^{2-1}$ + $J_3q_2^{2-2}$，底部构造形态为南倾单斜，地层倾角 5°，为一套辫状河三角洲相沉积，埋深 170～180m，地层厚度 48～63m，平均 60m；砂层厚度 32～60m，平均 40.3m；油层有效厚度 21.5～36.5m，平均 27.3m。为高孔隙度、高渗透率的浅层超稠油油藏。原油密度为 0.9587～0.9864g/cm³，平均为 0.9755g/cm³，50℃时原油黏度 20000～448000mPa·s，平均 70000mPa·s。

2）开发历程

新疆油田的 SAGD 技术发展及工业化推广应用历经三个阶段：（1）前期研究阶段（2006—2008 年），广泛调研了国内外 SAGD 技术应用情况，开展 SAGD 开采机理、油藏综合地质、开发筛选评价等多项基础研究，为 SAGD 开发试验提供技术支撑。（2）先导试验阶段（2008—2011年），该阶段主要为工业化应用开展技术攻关，形成配套技术。2007年在中国石油天然气股份有限公司的统一部署和支持下，确立了风城超稠油SAGD开发先导试验项目。2008—2009年先后开辟了重32井区和重37井区SAGD先导试验区，主要攻关目标是实现50℃原油黏度在$2×10^4$～$5×10^4$mPa·s的超稠油Ⅱ类油藏有效开发，并形成SAGD配套技术。(3)工业化推广应用阶段（2012年至今），依托先导试验取得的经验和技术，于2012年开始SAGD工业化推广应用。

截至2015年12月底，新疆风城油田已开发6个层块，实施SAGD井组169对，动用含油面积9.01km²，动用地质储量近$3000×10^4$t。2008年至2015年，SAGD累计建产能$131.79×10^4$t，累计生产原油$163.9×10^4$t，2016年生产原油$87.2×10^4$t，2017年SAGD产量突破$100×10^4$t。

3）先导试验实施情况

（1）重32先导试验方案要点。

2008年6月，完成了重32 SAGD先导试验方案。方案在重32井区$J_3q_2^{2-1}$+$J_3q_2^{2-2}$层连续油层厚度大于15m区域部署6对双水平井井组，16口观察井，计划优选实施4个SAGD井组和12口观察井（图5-47）。

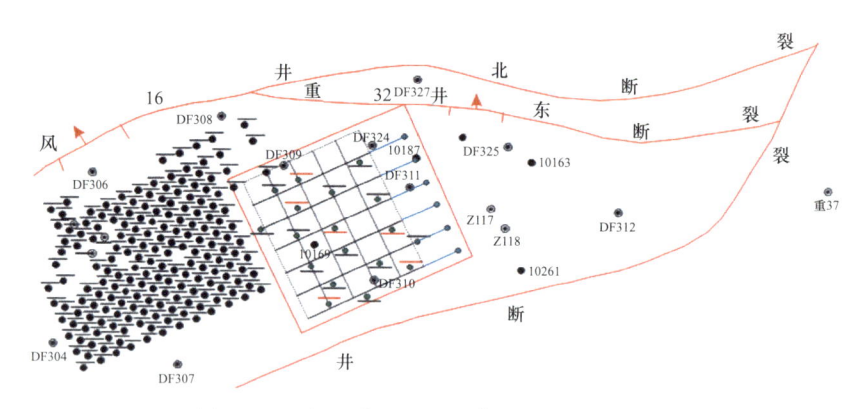

图5-47 重32井区SAGD先导试验井位部署图

（2）试验区的实施情况。

根据试验方案，2008年在位于风城重32井区实施了4个井对的双水平井SAGD，水平段长度400m，井距100m，观察井14口，总井数22口。试验区目的层位J_3q^2层。试验区含油面积0.2km²，核实动用地质储量$106.7×10^4$t。SAGD水平井完井方式采用$9\ 5/8$in技术套管加砂水泥固井、水平井段下7in筛管完井，筛管缝宽0.35mm。重32试验区FHW103I、FHW104I、FHW106I井组采用单管注汽，注汽水平井下入均匀配汽短节，FHW105I采用双管注汽。

4个双水平井SAGD井对于2009年1月开始循环预热，于2009年5月陆续转入SAGD生产。初期先导试验由于受循环预热、注汽参数、储层非均质性的影响，4个SAGD先导试验井组转生产初期日产量波动较大，井对之间的生产效果逐渐出现了差异，2011年10月调整注采管柱后，产液量、产油量及注汽速度逐渐上升并趋于稳定（图5-48）。截至2015年12月底，累计生产2294～2426d，累计注汽$88.23×10^4$t，累计产液$83.66×10^4$t，累计产油$22.77×10^4$t，油汽比0.26。试验区平均日产油93.4t，单井组平均日产油17.7～31.9t。

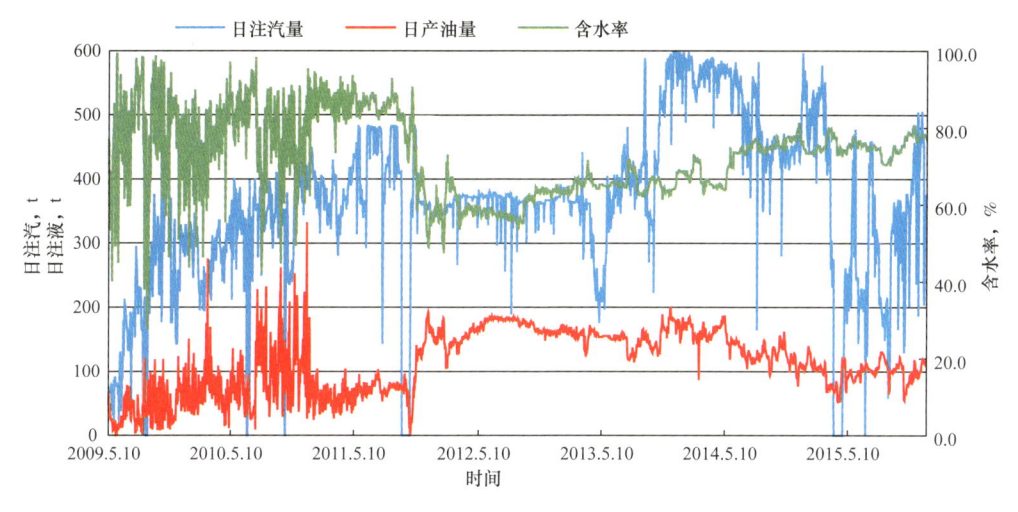

图 5-48 重 32 井区 SAGD 先导试验采油曲线图

4) 试验区效果评价

风城先导试验区储层非均质性强、油层薄、夹层发育、原油黏度高，但试验区稳产阶段平均日产油达到了 32.0t，油汽比达到了 0.34，其中一类井日产水平达到 50t 以上，取得了较好的生产效果。

以上成果表明，风城超稠油油藏采用双水平井 SAGD 方式开发，可取得较好的开发效果。

三、火驱开发矿场实例

辽河油田、新疆油田开展火驱试验与推广应用已有十几年的历史，先后在杜 66 块、红浅 1 井区等区块开展了火驱试验工业应用。

1. 新疆浅层超稠油红浅火驱

1) 红浅 1 火驱先导试验概况

红浅 1 火驱先导试验区（图 5-49 中倾斜的红色方框内为先导试验区及其井网）面积 0.28km²，地质储量为 32×10⁴t。目的层 J_1b 组为辫状河流相沉积，储层岩性主要为砂砾岩。平均油层有效厚度 8.2m，平均孔隙度 25.4%，平均渗透率为 720mD。油藏埋深 550m，原始地层压力 6.1MPa，原始地层温度 23℃。地层温度下脱气原油黏度为 9000~20000mPa·s。地层为单斜构造，地层倾角 5°。在火驱试验前经历过多轮次蒸汽吞吐和短时间蒸汽驱。其中蒸汽吞吐阶段采出程度为 25.6%，蒸汽驱阶段采出程度为 5.1%。注蒸汽后期基础井网为正方形五点井网，井距 100m。由于注蒸汽开发后期的特高含水，火驱试验前该油层处于废弃状态。数值模拟历史拟合结果表明，经过多年注汽开发，油层平均含油饱和度由最初的 71% 下降到 55%。先导试验采用平行排列的正方形五点面积井网启动，注气井排平行于构造等高线。待相邻各井组火线相互联通后转为由构造高部位向低部位推进的线性井网火驱。先导试验于 2009 年 12 月开始点火，截至 2016 年 12 月试验区累计产油 8.15×10⁴t（如加上外围受效井增产量，则累计产油 10.7×10⁴t），累计空气油比（AOR）为 2180m³/m³。火驱阶段采出程度 25.2%，采油速度达到 3.6%，预期最终采收率65.1%。由于火线沿着砂体和主河道方向推进速度明显快于其他方向，致使原先设想的注气井排火线连成一片的时间比方案预期晚3~4年，在试验的大部分时间里没有实现真正意义上的线性火驱。这主要是由于垂直于主河道方向一定范围内分布着规模不等的渗流屏障。另外，个别老井试验过程中还出现了套管外气体窜漏的现象，后来得到有效治理。先导试验其他各项运行指标与方案设计基本吻合，证实了砂砾岩稠油油藏注蒸汽后期转火驱开发的可行性，具备了火驱工业化推广的条件。图5-50所示为红浅1火驱试验区各阶段采油曲线。

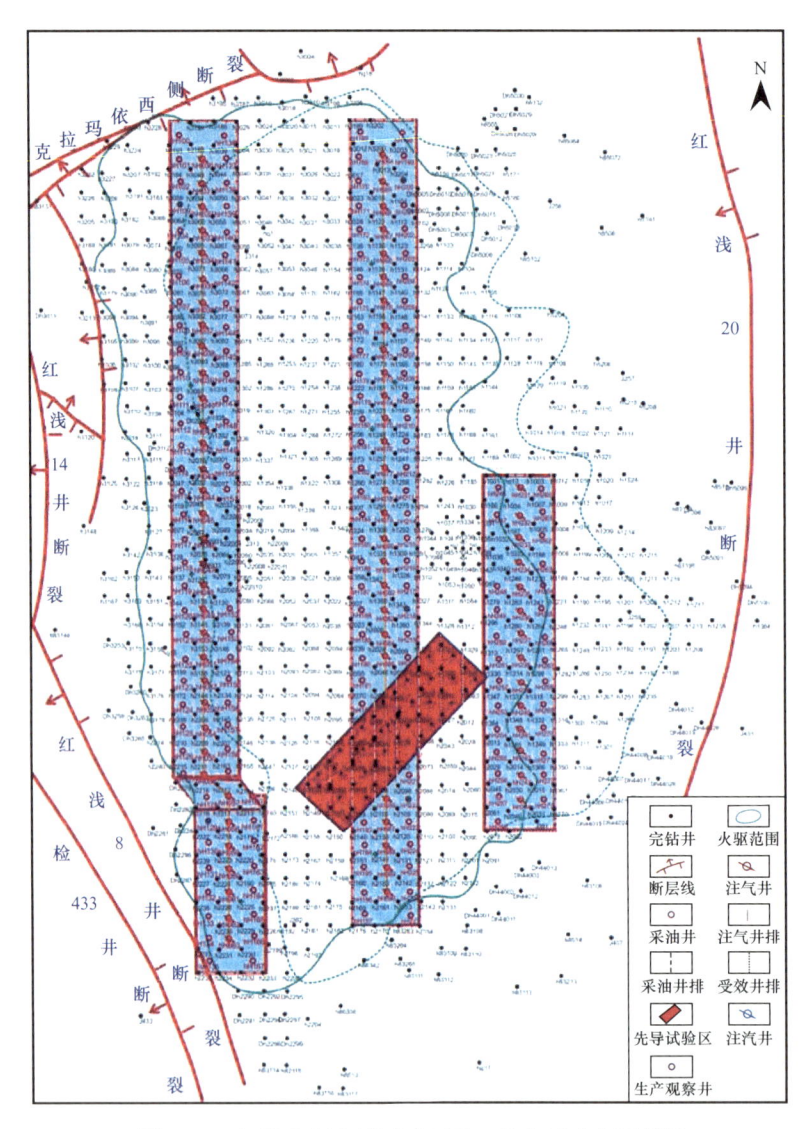

图5-49 红浅火驱先导试验区及工业化试验井网部署

2）红浅火驱工业化试验井网选择及方案概况

红浅火驱工业化试验的目的层与先导试验区处于同一油层。其构造、沉积特征、储层岩性物性及流体性质与先导试验区类似。油藏蒸汽吞吐和蒸汽驱阶段累计采出程度32.3%，目前注蒸汽开发已无经济效益。火驱工业化试验区动用含油面积6.8km²，动用地质储量 870×10⁴t。以 100m 井距计算单井平均剩余油储量 9000t，油层平均剩余油饱和度 51%。方案的井网部署如图 5-49 所示，共包括注气井总井数 75 口，均为新井。采油井总数 863 口，其中加密新井 155 口，老井 708 口。另外，为获取更多动态监测数据，设置了 16 口生产观察井。为保证能够在长时间内持续有效地进行动态数据监测，火驱观测井优先在新钻加密井范围内部署。

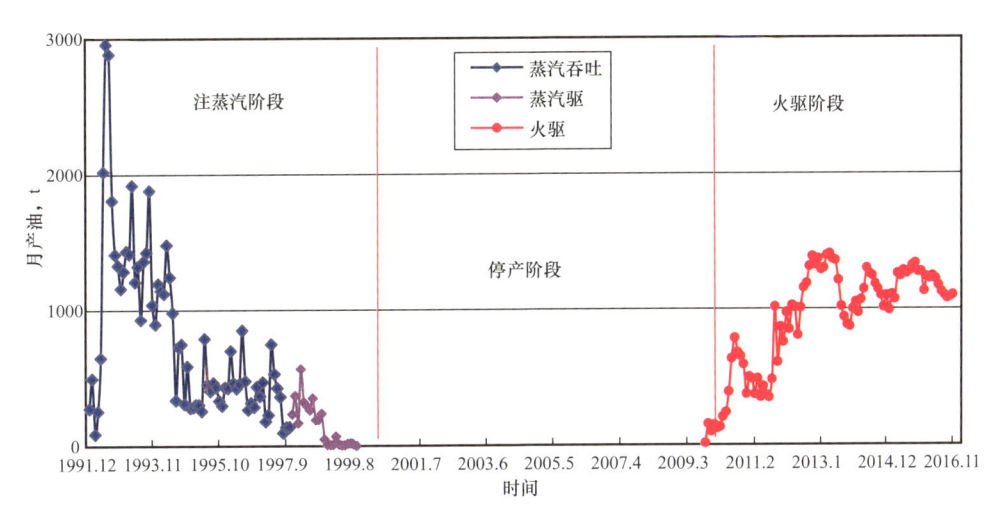

图 5-50 红浅 1 火驱先导试验区各阶段采油曲线

2. 辽河中深层稠油杜 66 块多层火驱

1）概况

曙光油田杜 66 块开发目的层为古近系沙河街组沙四上亚段杜家台油层。顶面构造形态总体上为由北西向南东方向倾没的单斜构造，地层倾角 5°～10°。储层岩性主要为含砾砂岩及不等粒砂岩，孔隙度 26.3%，渗透率 774mD，属于中高孔隙度、中高渗透率储层。油层平均有效厚度 44.5m，分为 20～40 层，单层厚度 1.5～2.5m，20℃原油密度为 0.9001～0.9504g/cm³，油层温度下脱气油黏度为 325～2846mPa·s，为薄—中互层状普通稠油油藏。

杜 66 块于 1985 年采用正方形井网、200m 井距投入开发，经过两次加密调整井距为 100m，主要开发方式为蒸汽吞吐。于 2005 年 6 月开展 7 个井组的火驱先导试验；2010 年 10 月，又扩大了 10 个试验井组；2013 年又规模实施 84 个井组，现有火驱井组达到 101 个。

2）实施效果

杜 66 块杜家台油层上层系自 2005 年 6 月开展火驱先导试验、扩大试验和规模实施，截至 2016 年 6 月，已转注气井 101 口，开井 76 口，油井 508 口，开井 321 口，日注气 69.82×10⁴m³，综合含水 80.8%，火驱阶段累计产油 100.1×10⁴t，累计注气 91165×10⁴m³，瞬时空气油比为 1592m³/t，累计空气油比为 912m³/t，从各项开发指标看取得了较好的开发效果，如图 5-51 所示。

图 5-51 杜 66 块火驱生产曲线

（1）火驱产量有所上升，空气油比持续下降。

火驱日产油从转驱前的 478.1t 上升到 735.3t，平均单井日产油从 1.4t 上升到 2.3t，开井率由 25%～44% 提高到 71%～82%。空气/油比从转驱初期的 2565m³/t 下降到 852m³/t。

（2）地层压力稳步上升，地层温度明显上升。

地层能量逐渐恢复，地层压力由 0.8MPa 上升到 2.7MPa。水平井光纤测试温度从 48～70℃ 上升到 135～248℃。

（3）多数油井实现高温氧化燃烧。

根据产出气体组分分析，CO_2 含量为 14.3%～16.9%，氧气利用率为 85.7%～91.3%，视氢碳原子比为 1.8～2.3，N_2/CO_2 比值为 4.6～5.2，69.5% 油井符合高温氧化燃烧标准。

参 考 文 献

[1] 刘文章．中国稠油热采技术发展历程回顾与展望 [M]．北京：石油工业出版社，2014．

[2] 吴奇，等．国际稠油开采技术论文集 [M]．北京：石油工业出版社，2002．

[3] 廖广志，马德胜，王正茂．油气田开发重大试验与认识 [M]．北京：石油工业出版社，2018．

[4] 张义堂，等．热力采油提高采收率技术 [M]．北京：石油工业出版社，2006．

[5] 龚姚进，王中元，赵春梅，等．齐 40 块蒸汽吞吐后转蒸汽驱开发研究 [J]．特种油气藏，2007，14（6）：17-21．

[6] 钱宏图，刘鹏程，沈德煌，等．尿素泡沫辅助蒸汽驱物理模拟实验研究 [J]．油田化学，2013，30（4）：530-533．

[7] 张忠义，周游，沈德煌，等．直井-水平井组合蒸汽氮气泡沫驱物模实验 [J]．石油学报，2012，33（1）：90-95．

[8] 张义堂，李秀峦，张霞．稠油蒸汽驱方案设计及跟踪调整四项基本准则 [J]．石油勘探与开发，2008，35（6）：715-719．

[9] 刘喜林，范英才．蒸汽驱动态预测方法和优化技术 [M]．北京：石油工业出版社，2012．

[10] Roger Butler．日臻完善的 SAGD 采油技术 [J]．张荣斌，陈勇．译．国外油田工程，1999（11）：15-17．

[11] 刘尚奇，王晓春，高永荣，等．超稠油油藏直井与水平井组合 SAGD 技术研究 [J]．石油勘探与开

发, 2007, 34（2）: 234-238.

[12] 杨立强, 陈月明, 王宏远, 等. 超稠油直井－水平井组合蒸汽辅助重力泄油物理和数值模拟[J]. 中国石油大学学报: 自然科学版, 2007, 31（4）: 64-69.

[13] 马德胜, 郭嘉, 昝成, 等. 蒸汽辅助重力泄油改善汽腔发育均匀性物理模拟[J]. 石油勘探与开发, 2013, 40（2）: 188-193.

[14] 李秀峦, 刘昊, 罗健, 等. 非均质油藏双水平井SAGD三维物理模拟[J]. 石油学报, 2014, 35（3）: 536-542.

[15] 高永荣, 刘尚奇. 氮气辅助SAGD开采技术优化研究[J]. 石油学报, 2009, 30（5）: 717-721.

[16] 霍进, 桑林翔, 杨果, 等. 蒸汽辅助重力泄油循环预热阶段优化控制技术[J]. 新疆石油地质, 2013, 34（4）: 455-457.

[17] 席长丰, 马德胜, 李秀峦. 双水平井超稠油SAGD循环预热启动优化研究[J]. 西南石油大学学报: 自然科学版, 2010, 32（4）: 103-108.

[18] 吴永彬, 李秀峦, 赵睿, 等. 双水平井SAGD循环预热连通判断新解析模型[J]. 西南石油大学学报: 自然科学版, 2016, 38（1）: 84-91.

[19] 杨智, 赵睿, 高志谦, 等. 浅层超稠油双水平井SAGD立体井网开发模式研究[J]. 特种油气藏, 2015, 22（6）: 104-107.

[20] Gao Yongrong, Liu Shangqi, Zhang Yitang. Research Institute of Petroleum Exploration & Development, Implementing Steam Assisted Gravity Drainage through Combination of Vertical and Horizontal Wells in a Super-heavy Crude Reservoir With. Top-Water, [R]. SPE 77798.

[21] 张小波, 郑学男, 孟明辉, 等. SAGD添加非凝析气研究[J]. 西南石油大学学报, 2010, 32（2）: 113-117.

[22] Gao Yongrong, Liu Shangqi, Shen Dehuang, et al. Improving Oil Recovery by Adding N_2 in SAGD Process for Super-heavy Crude Reservoir with Top-Water[C]. SPE 114590, 2008.

[23] 张霞林, 关文龙, 刁长军, 等. 新疆油田红浅1井区火驱开采效果评价[J]. 新疆石油地质, 2015, 36（4）: 465-469.

[24] 王元基, 何江川, 廖广志, 等. 国内火驱技术发展历程与应用前景[J]. 石油学报, 2012, 33（5）: 168-176.

[25] 关文龙, 马德胜, 梁金中, 等. 火驱储层区带特征实验研究[J]. 石油学报, 2010, 31（1）: 100-104, 109.

[26] 关文龙, 梁金中, 吴淑红, 等. 矿场火驱过程中燃烧前缘预测与调整方法[J]. 西南石油大学学报: 自然科学版, 2011, 33（5）: 157-161.

[27] 梁金中, 关文龙, 蒋有伟, 等. 水平井火驱辅助重力泄油燃烧前缘展布与调控[J]. 石油勘探与开发, 2012, 39（6）: 720-727.

[28] 陈莉娟, 潘竟军, 陈龙, 等. 注蒸汽后期稠油油藏火驱配套工艺矿场试验与认识[J]. 石油钻采工艺, 2014, 36（4）: 93-96.

第六章　注气提高采收率技术

注气提高采收率技术指自地面向油层中注入气体作为驱油剂增加产油量的采油技术。按照驱油机理、驱油介质和驱油方式等不同，可对技术进行不同的分类。按驱油机理分为混相驱、近混相驱和非混相驱；按驱油介质分为烃类气驱和非烃类气驱，其中烃类气驱主要包括液化石油气（LPG）驱、富气驱、贫气（干气）驱，非烃类气驱包括CO_2驱、N_2驱、烟道气驱；按驱油方式分为连续气驱、水气交替驱（WAG）、气水混合驱、脉冲注气驱、顶部稳定重力驱等。从严格意义上说，注空气驱油也应属注气提高采收率技术，但由于其驱油机理近似热力采油，因此一般将其归于热采考虑。

中国石油对注气提高采收率技术发展高度重视，自 2006 年以来，根据不同类型油藏对提高采收率技术的需求，结合各油田气源情况，通过牵头承担国家 973、国家 863、国家科技重大专项等一批国家重大项目，并配套设立公司重大科技专项和重大开发试验支持技术攻关、先导试验与工程示范，在驱油机理、潜力评价、油藏工程方案设计、工程配套技术等各方面均取得重大进展。其中，在 CO_2 驱油技术方面，创新形成了适合我国陆相沉积油藏特点的 CO_2 驱油与埋存理论技术系列，进入工业化试验与推广阶段；在天然气驱油技术方面，现场试验取得重要突破，处于工业试验阶段。根据中国石油在气驱技术方面发展的实际，本章以 CO_2 驱油与埋存技术的成果进展介绍为主，部分涉及天然气驱技术成果进展。

第一节　概　　述

一、CO_2 驱油技术发展历程及应用现状

CO_2 驱油技术研究起始于 20 世纪 50 年代，国外历经 30 年攻关试验，到 20 世纪 80 年代形成应用技术并逐渐商业化推广。截至 2015 年底，全球 CO_2 驱油项目超过 140 个，其中 121 个项目在美国，CO_2 驱油技术主要在美国得到大规模工业应用。美国经过 60 多年发展，CO_2 驱油各项配套技术基本成熟，年产油量持续 7 年在 1500×10^4t 左右，提高采收率 7%~22%，已成为其第一大提高采收率技术。近年来，美国以提高采收率 25% 为目标，积极研发新一代 CO_2 驱油技术。例如，美国能源部国家能源技术实验室资助的"纳米颗粒稳态 CO_2 泡沫扩大波及体积技术研究""增加 CO_2 驱油流度控制的硅酸盐聚合物凝胶研究""CO_2 驱油与埋存规划软件研究""CO_2 驱油中的流度控制与地质力学模拟器研究""用于改善流度控制的小分子缔合 CO_2 增稠剂研究"等。从规模推广原因看，CO_2 驱油技术在美国能持续发展并大规模推广应用，主要原因是其有稳定低廉的 CO_2 气源、油藏以海相沉积为主、储层物性连续性较好。美国 CO_2 驱油气源以天然 CO_2 气藏为主，占 80%；含 CO_2 天然气藏分离 CO_2 占 15%；工业排放 CO_2 占 5%；总量约 5800×10^4t/a，总体供给稳定。美国 CO_2 输送以管道为主，建成运营的干线总里程约 6000km，为提供价格

低廉CO_2气源奠定了坚实基础，气源至井口成本低于250元/t。此外，美国CO_2驱油藏以海相沉积为主，储层物性好、连续且均质，原油更易与CO_2混相，这使得CO_2驱油效果较好，也是技术得以大规模推广应用的主要原因。从技术发展趋势看，CO_2驱油与埋存相结合是应对全球气候变化的主要方式和方向，也是油田水驱开采后的主体接替技术，可有效延长油田商业寿命，世界主要发达国家皆投入大量资金开展相关技术研发和示范。20世纪80年代末，气候变化问题引起全球关注，西方发达国家基于CO_2驱油的特点，将其与碳捕集与封存技术（CCS）相结合，即CCS-EOR。从全球开展的CCS项目数和埋存量上看，CCS-EOR是主要方式和方向，单纯的CCS项目受政策变化和经济效益影响难以为继，部分规划项目已被迫终止。目前，世界上最大、最成功的CCS-EOR示范项目是加拿大Weyburn项目。该油田于1952年投入开发，1962年油田开始注水开发。在油田开发期间，经过初采和水驱，经过44年开发，采出程度超过25%，原油产量开始逐年降低。使用了包括直井加密和水平井加密等措施，但都无法遏制产量持续递减，已处于水驱开采末期。因此，EnCana公司等在政府和联合国的资助下，于2000年开始从美国北达科他州的一个煤化工厂Beulah ND购买CO_2，年捕集185×10^4t CO_2，通过320km的长距离输送管线输运至Weyburn油田用于提高采收率，预期可从枯竭油藏中采出原油1300多万桶，延长油田寿命25年。

国内早在20世纪60年代就开始在大庆油田探索CO_2驱油技术，到20世纪70年代，由于受气源限制，试验基本都停止，只有胜利油田在室内还进行了一些最低混相压力的测定和混相机理研究。20世纪80年代，在苏北黄桥、吉林万金塔、大港等地区相继发现了一些天然CO_2气源，为此，自1985年开始，CO_2驱油又重新开展起来。2000年以前，国内CO_2驱油技术整体发展缓慢，首要原因是当时缺乏充足的气源；其次是当时国内提高采收率技术研究主要集中在聚合物驱和化学驱方面。2000年以后，松辽盆地含CO_2天然气藏的发现，使得吉林油田和大庆油田的CO_2驱油研究与试验得以迅速开展起来。与此同时，2000年后油价的大幅上涨、大规模低渗透、低品位储量急需找到更有效的动用方式，应对气候变化对碳减排技术的需求也都是影响和推动因素。此外，按国外已有理论认识评价，我国大部分油藏无法实现CO_2混相驱油，技术应用效果差、潜力小。由于CO_2遇水腐蚀和不同温压下的相变特性等，应用CO_2驱油对油田腐蚀防护、动态监测与开发调整技术要求高，系统复杂，国外公司对核心技术垄断，只提供产品和服务，"十一五"前国内一直没有大规模成功应用的工程实践先例。

中国石油通过近10年集中攻关，创新形成了适合我国陆相沉积油藏的CO_2驱油理论和配套技术系列，吉林油田和大庆油田已进入工业试验阶段，在技术研发、现场工程示范、试验基地和创新能力建设等方面取得了重大进展。早在2005年，中国石油与中国科学院等单位联合发起了"中国的温室气体减排战略与发展"香山科学会议，首次提出CO_2驱油利用与埋存结合（CCUS）的概念和技术发展倡议，标志着我国企业界与学术界开始联合开展CO_2驱油与埋存技术攻关。2006年以来，中国石油先后牵头承担了多项CO_2驱油与埋存方面的国家973、863项目和国家科技重大专项等。中国石油还设立了CO_2驱油与埋存集团公司重大科技专项和重大开发试验，在吉林、大庆等油田进行了CO_2驱油与埋存现场试验，创新形成了CO_2捕集、驱油与埋存核心配套技术系列，在吉林油田成功建成国内首个CO_2捕集、驱油与埋存国家科技示范工程，打破了国外公司技术垄断，完整实践了捕集、输送、注入、采出流体集输处理和循环注气全流程，并工业推广到黑46等区块，实现了CO_2驱油与埋存的理论创新、技术研发、工程应用的跨越式发展，探索出一条适合我国低渗透油田效益开发和CO_2减排的有效途径，取得了良好的试验效果，展示了广阔的应用前景，整体达到国际先进水平。中国石油在吉林油田形成的CO_2减排增效一体化模式受到国内外广泛关注，提升了我国在CO_2减排领域话语权。

与此同时，中国石油根据CO_2捕集、驱油与埋存技术研发的需要，加快创新平台和人才队伍建设，有效提升了科技创新能力和技术研发水平。2012年7月，在国家发展和改革委员会支持下，国家能源CO_2驱油与埋存技术研发（实验）中心落户中国石油。依托研发中心平台，集中国内外优势力量开展理论技术攻关，引领和推动了我国CO_2捕集、驱油与埋存产业技术的快速发展。2013年12月，在国家科技部的组织下，中国石油与中国华能集团有限公司、中国石化、中国国电集团公司、神华集团有限公司等30多家企业、高校、研究院所，共同筹建了CO_2捕集利用与封存产业技术创新战略联盟，在共同推进我国CO_2捕集利用与封存产业技术发展进程中，发挥了非常重要的作用。

二、天然气驱技术发展历程及应用现状

天然气驱技术最早实施可追溯到1890年左右，地点位于美国宾夕法尼亚州维南戈县，该项目是将一个已经部分枯竭的砂岩油藏与另外一个位于其下部的尚未枯竭的砂岩气藏沟通，实现保持油藏压力的目的。此后40年间，美国又陆续在佛吉尼亚州西部、俄亥俄州、肯塔基州、伊利诺伊州、俄克拉何马州、堪萨斯州和得克萨斯州等地开展了天然气驱项目，主要对象为枯竭油藏，目的是保持油藏压力。到20世纪60年代，加拿大、苏联、阿尔及利亚、智利、利比亚、波兰等国家也相继开展了天然气驱，到70年代，烃气混相驱达到顶峰。此后，印度尼西亚、委内瑞拉、阿曼、挪威、巴西等国家也相继开展了天然气驱项目，并取得较好开发效果，提高采收率达11.5%~66%。由于天然气是一种优质能源，也是重要的化工原料，到20世纪90年代后期，注天然气项目开始减少。据2014年世界EOR调查统计，世界上烃气驱项目占EOR项目总数的11%，产量占比9.7%。加拿大是世界上烃气驱项目最多的国家，2014年拥有20个烃气驱项目，占世界烃气驱项目总数的56%。加拿大在注天然气混相驱机理、开采工艺、矿场应用等方面形成了较为完善的技术体系，积累了丰富的现场经验。近年来，国外也尝试天然气非混相驱和近混相驱的研究和现场试验。

我国由于受气源和压缩机装备等制约，开展天然气驱研究和实践都相对较晚且发展缓慢，较长一段时期仅限于室内研究和小型矿场实验。我国于1983年3月，针对大庆油田非均质正韵律厚油层分别在北二区东部和北一区断东开展了水与天然气交替注入非混相驱先导试验；1998年9月在吐哈葡北实施了我国第一个注天然气混相驱现场试验；2003年7月在温吉桑油田温五区块油藏顶部实施注天然气水气交替注入非混相驱试验，这些项目均取得良好开发效果。另外，我国于2000年在塔里木牙哈凝析气田采油循环注天然气开发方式，取得显著效果，凝析油采收率达60%以上，成为国内外凝析气田循环注气开发的典范。近10年来，随着注气工艺技术的发展，天然气驱技术有了一定发展，迄今，已在大庆、吐哈、长庆、中原、新疆、大港等油田进行了矿场试验，主要应用水气交替驱、泡沫复合驱、混相驱、顶部注气重力稳定驱等。

中国石油根据西部油田天然气资源较为丰富的实际，近年来针对构造倾角较大的油

藏和低渗透油藏开展了天然气混相驱开发试验。其中,以2013年在塔里木东河塘油田设立的天然气重力混相驱试验最具代表。东河塘油田DH1CⅢ油藏构造倾角较大、储层厚度大、注水效果差,采用油藏顶部注天然气重力稳定混相驱油技术,室内评价注气驱油效率为89%,比水驱提高34%,方案预计试验区期末采出程度可达49.1%,比注气前提高28.9%,现场试验见到良好效果,油藏产量止跌回升。

第二节 气驱驱油机理及潜力评价

一、气驱实验技术

在一批国家重点项目支持下,依托提高石油采收率国家重点实验室,中国石油创新研发了核磁扫描、CT扫描、声波识别、微观可视模型等一批气驱实验新装置,完善了低渗透、特低渗透油藏气驱油物理模拟实验方法,丰富了气驱应用基础研究手段,形成了较完备的气驱基础研究平台和系列实验技术(图6-1和图6-2),实现了以先进设备为支撑,国家标准、行业标准和计量认证等为资质的综合研究能力,为气驱技术取得创新突破奠定坚实基础。

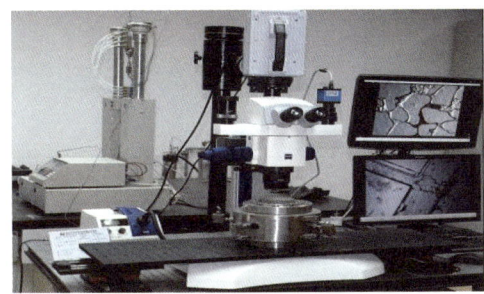

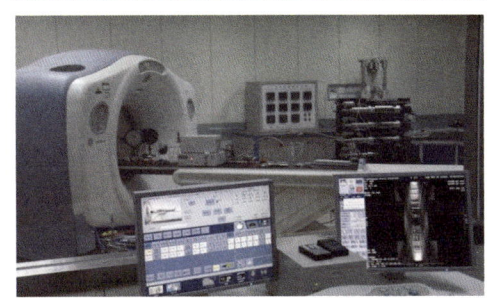

图6-1 气驱技术基础研究主要实验设备

图6-2 低渗透、特低渗透油藏气驱油物理模拟实验技术系列

二、驱油机理认识

国内外传统的观点是陆相沉积原油与CO_2混相难，CO_2非混相驱提高采收率只有5%左右，经济效益差。通过系统研究，发现原油中中分子量烃组分对油气体系混相也有重要贡献、CO_2超临界特性可显著降低储层渗流启动压力、快速补充地层能量等现象，丰富发展了陆相沉积油藏CO_2驱油机理认识。此外，通过微观实验研究，初步明确了顶部注气重力稳定驱界面运移控制机理。

（1）首次提出C_7—C_{15}组分对CO_2—地层油体系的混相也有重要贡献的观点，将CO_2—地层油体系混相的烃组分范围由国际公认的C_2—C_6扩展到C_2—C_{15}。

研究攻关前，国内外共识是C_2—C_6组分是CO_2—地层油体系混相的关键组分，缺少中分子量烃组分对油气体系混相影响的定量描述。陆相和海相地层油组分组成分布存在显著差别（图6-3和图6-4），且陆相沉积油藏地温梯度高，造成CO_2—地层油混相压力高。国内不同油区烃组分含量随碳数增加先降低再升高，在C_8左右出现峰值，随后持续降低。与海相原油对比，陆相原油C_2—C_6组分（强传质，易混相）明显偏低，C_{11+}和胶质沥青质组分（弱传质，难混相）较高，基于C_2—C_6是影响混相关键组分的认识而形成的理论，不能完全适应陆相原油。

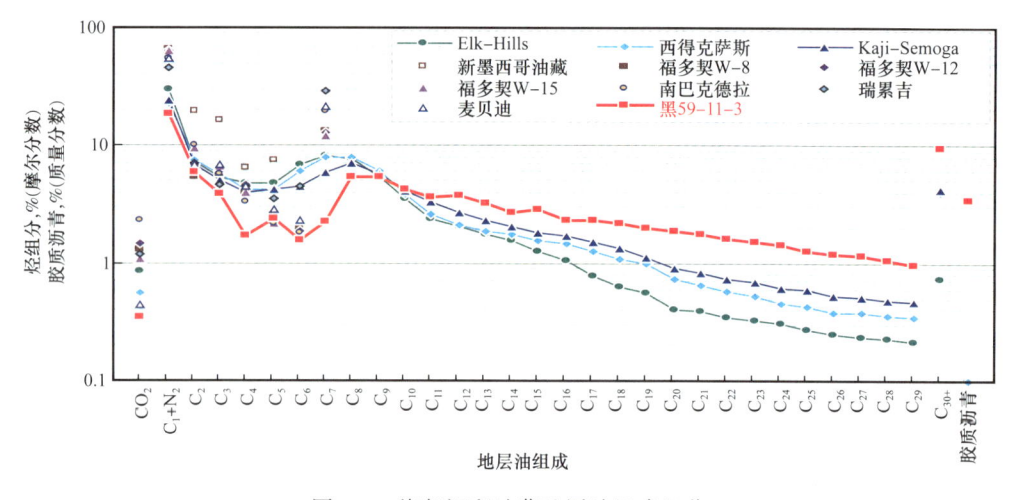

图6-3 海相沉积油藏地层油组成组分

综合多种实验方法探索了CO_2—地层油体系的组分传质特征，通过富烃过渡相组分混相实验证实，除C_2—C_6外，C_7—C_{15}也有较强的相间传质能力，有利于混相（图6-5）。此外。国外将原油组分划分为4段：C_1+N_2，C_2—C_6，C_7—C_{30}和胶质沥青，通过攻关研究，结合我国陆相沉积原油特点，提出碳数6段划分方法，并根据最小混相压力（简称MMP）与原油组分的相关性（图6-6），进一步验证了C_2—C_{15}是有利于混相的烃组分。首次提出C_7—C_{15}组分对CO_2—地层油体系的混相也有重要贡献的观点，将CO_2—地层油体系混相的烃组分范围由国际公认的C_2—C_6扩展到C_2—C_{15}，丰富了陆相沉积原油混相机理认识。

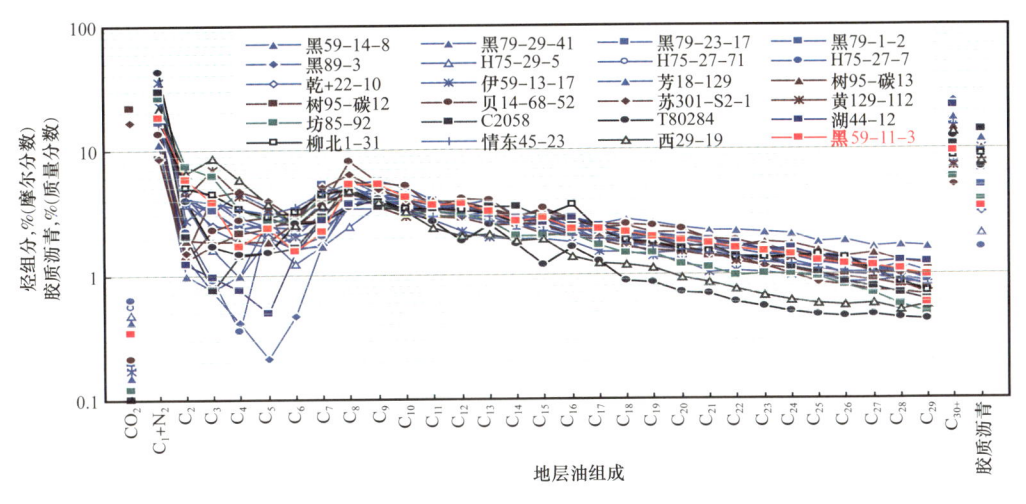

图 6-4　陆相沉积油藏地层油组成组分

图 6-5　富烃过渡相组分混相机理示意

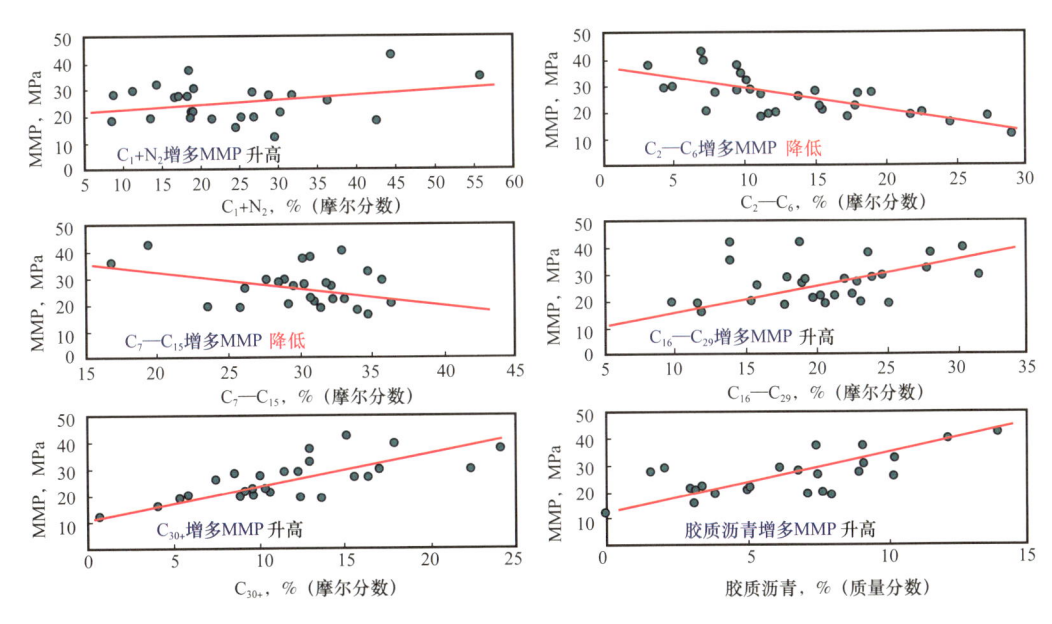

图 6-6　不同原油组分分段与 MMP 的相关性

（2）明确了孔隙空间与PVT筒空间中CO_2—地层油体系相态特征的同异，丰富发展了相态理论。

原来用PVT筒测试CO_2—地层油体系相态，比较直观，但无法考虑孔隙介质的影响。应用新建实验方法对CO_2—地层油体系在孔隙介质中相态进行了实验研究，在CO_2—地层油体系相态特征研究中，实验辨析了孔隙空间与PVT筒空间中CO_2—地层油体系相态特征的同异，通过定量和半定量的实验数据分析和现象辨识，取得系统认识。例如基于非均质孔隙模型实验，首次量化表征了微观孔隙中动态混相与孔隙尺度的相关性（图6-7）。在不同尺度孔隙中CO_2驱油，均存在一个动态混相的临界界面张力值（IFT_c）；IFT_c随孔隙半径减小而降低并存在拐点，混相驱动压力随孔隙半径减小而升高；10μm孔隙中的动态混相最低压力比100μm升高4.5%。新认识为优化CO_2驱注采参数、改善开发效果提供了理论依据。

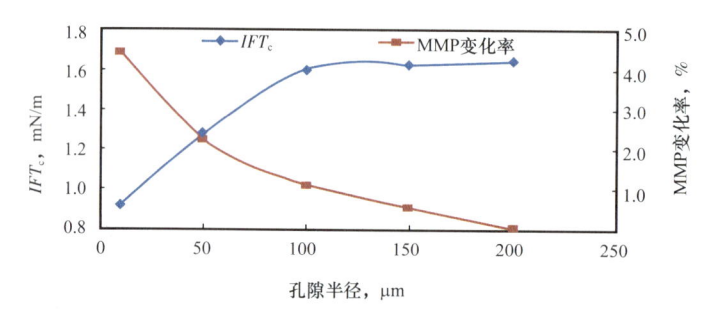

图6-7 不同孔隙半径中IFT_c和MMP变化规律

（3）定量分析了CO_2—烃组分体系关键物性参数及其变化规律，完善了CO_2—地层油体系状态方程（EOS）和关键物性参数的表征方法。

在CO_2—地层油体系关键物性参数及其变化规律研究中，基于系统的CO_2—烃组分体系关键物性参数实验成果（图6-8），建立了典型原油组分的劈分方法，提出了代表并覆盖我国主要油区原油特征的关键烃组分组成，系统构建了实验研究CO_2—地层油体系关键物性参数的CO_2—烃组分体系，系统实验并定量分析了上述CO_2—烃组分体系关键物性参数及其变化规律，建立了基于CO_2—烃组分体系关键物性参数及其变化规律的CO_2—地层油体系关键物性参数表征关系，完善和丰富了CO_2—地层油体系状态方程（EOS）和关键物性参数的表征方法。

（4）建立了适应国内原油特点的CO_2—地层油体系基础参数数据库，形成一套多功能的查询分析软件，可为CO_2驱油规模化应用提供基础数据支持。

结合我国25个油田区块103套基础实验数据，拟定了原油关键组分与CO_2—地层油体系混相能力的相关性，建立了新的预测CO_2—地层油体系的混相压力、密度、黏度等关键物性参数表达式，为实验成果向工程应用转化奠定了基础（图6-9）。经应用检验，新建立的表达式适用于我国陆相沉积原油，比国外原有的表达式提高预测精度1个数量级以上，为我国数百亿吨难动用储量采用CO_2驱油有效动用提供了理论依据。

（5）发现了CO_2超临界特性可显著降低储层启动压力、快速补充地层能量等现象，找到了特低渗透储层建立有效驱替系统的技术途径。

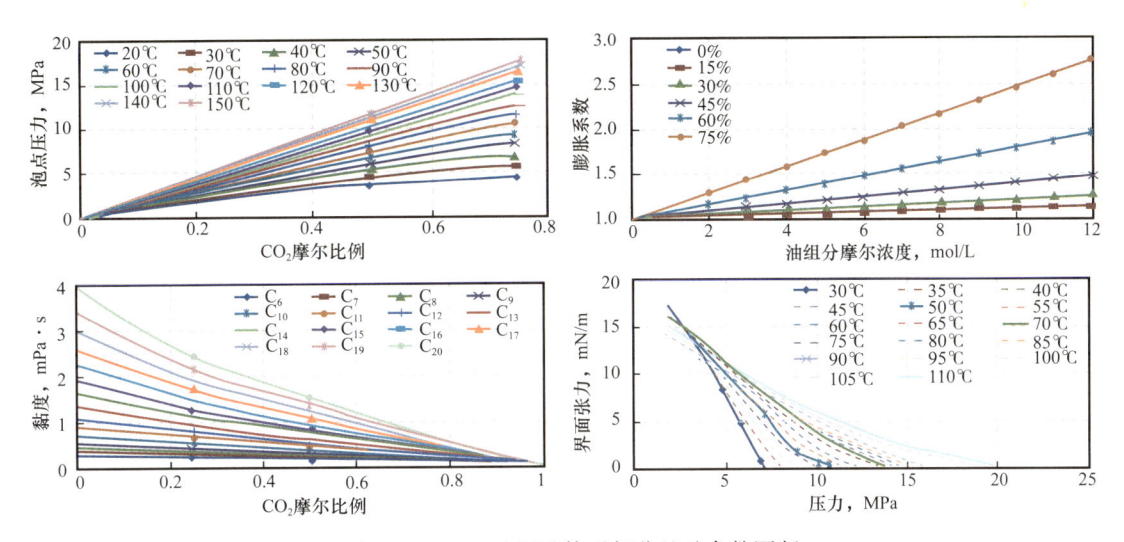

图 6-8 CO$_2$—地层油体系部分基础参数图版

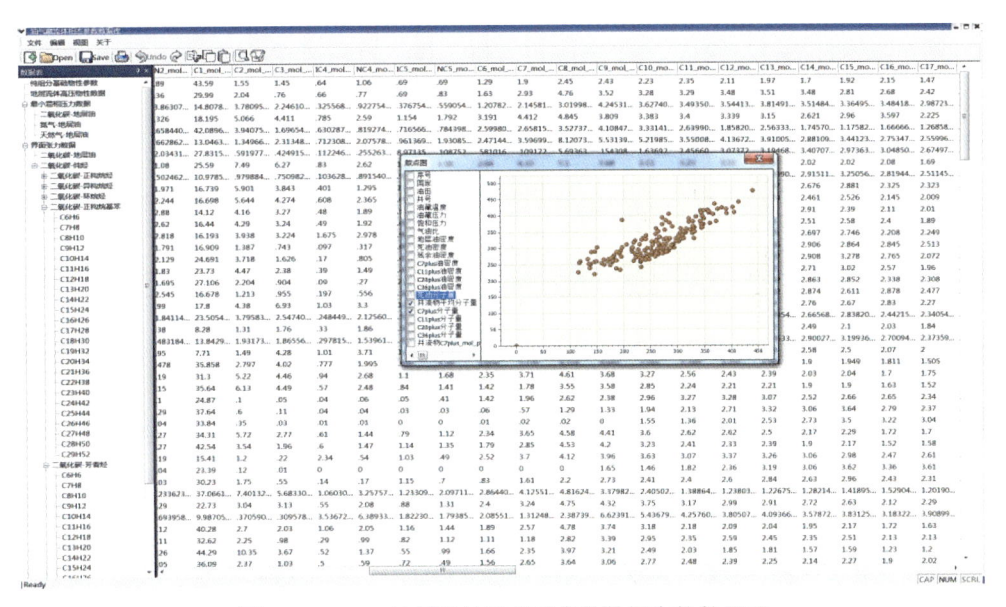

图 6-9 CO$_2$—地层油体系基础参数数据库软件界面

我国特低渗透储层注水开发过程中普遍存在启动压力梯度高的问题，导致建立有效驱替系统难、生产井距小、建产成本高。通过大量 CO$_2$ 驱油与水驱油实验对比发现，CO$_2$ 的超临界特性可使特低渗透油藏更容易建立有效驱替系统（图 6-10），且采出程度比水驱提高幅度 5%～30%。

现场试验也证实，CO$_2$ 驱注入井注入能力显著好于水驱，吸气指数一般是吸水指数的 5 倍以上。多年注水开发的特低渗透油藏，其地层压力只能维持在原始地层压力的 70% 以下，但注 CO$_2$ 1—3 个月后，地层压力就可以达到混相压力（图 6-11），并保持在原始地层压力附近，注 CO$_2$ 解决了特低渗透油藏能量补充难的问题，为陆相沉积特低渗透油藏的有效动用找到了新的技术途径。

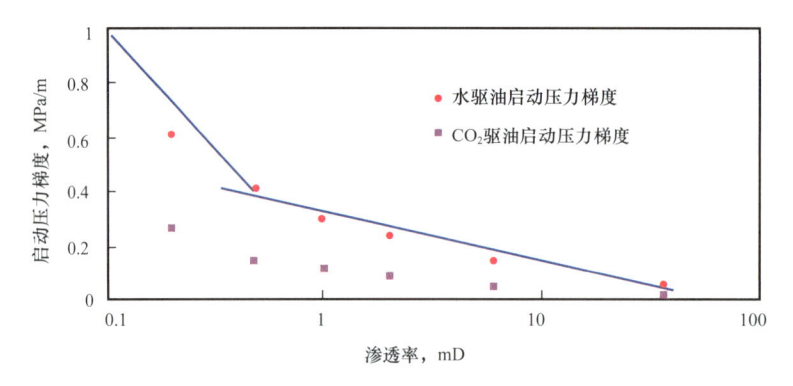

图6-10 不同状态原油启动压力随渗透率变化

图6-11 黑59区块CO₂驱油地层压力对比柱状图

（6）开展不同类型物模实验研究，深化了低渗透油藏CO_2驱油提高采收率的机理认识。

通过可视化CO_2驱物理模拟实验，明确了CO_2驱可通过相间传质、改变润湿性、润滑壁面、突入盲端等方式提高驱油效率的机理；通过低渗透油藏高含水期长岩心CO_2驱油实验，明确水驱后低渗透岩心中CO_2可通过贾敏效应，提高渗流阻力、抑制水相渗流、大幅提高油相流动能力，在水驱基础上，CO_2驱提高采收率20%以上（图6-12）；利用核磁共振检测CO_2驱残余油，证实了CO_2混相驱可动用储层小孔喉内残余油，拓宽油相渗流空间，提高低渗透油藏开发效果，为探索低渗透储量动用试验部署提供了理论依据。

（7）初步明确了注气重力稳定驱界面运移机理。

注气重力稳定驱技术指将气体通过油藏顶部的直井或水平井不断注入油藏顶部，形成稳定运移的气油界面，慢慢向油藏底部的生产井驱替，实现剩余油富集（图6-13），从而提高采收率。其技术关键在于控制合理注气速度，形成稳定的气液界面，实现剩余油聚集。通过微观实验研究发现，垂向注气时，储层在不同孔喉半径影响下，真实气液界面以气油饱和度逐渐过渡的形式表现;稳定气液界面状态下,不同孔喉半径内气液界面以一定高度差、同速/近同速运移(图6-14),为顶部注气重力稳定驱开发设计提供指导。

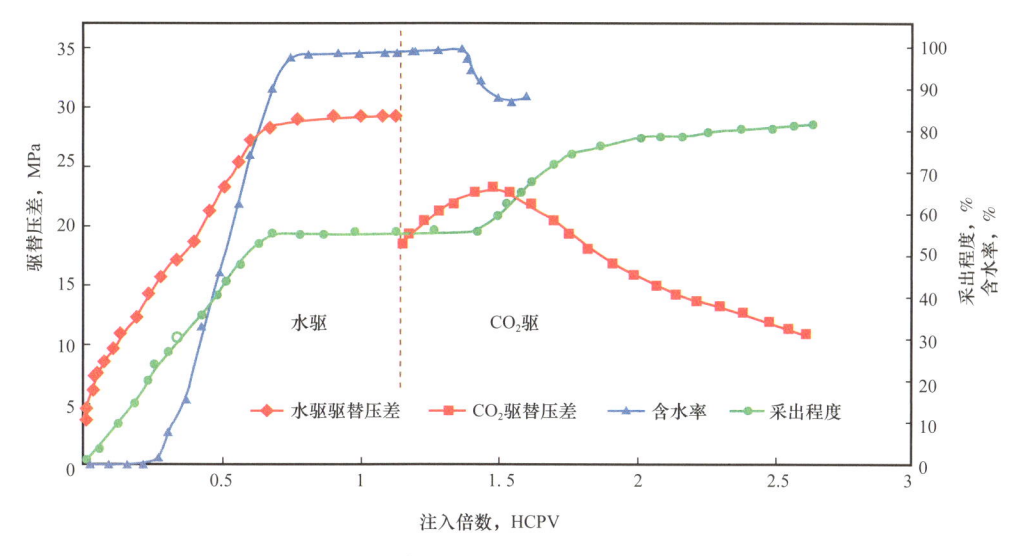

图6-12 低渗透岩心水驱后CO_2驱替特征曲线

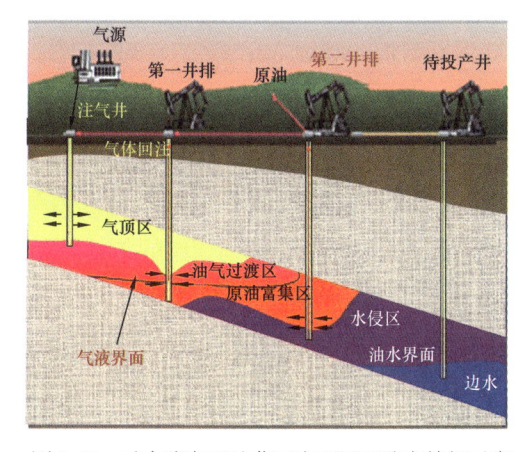

图6-13 重力稳定驱油藏尺度下界面稳定特征示意

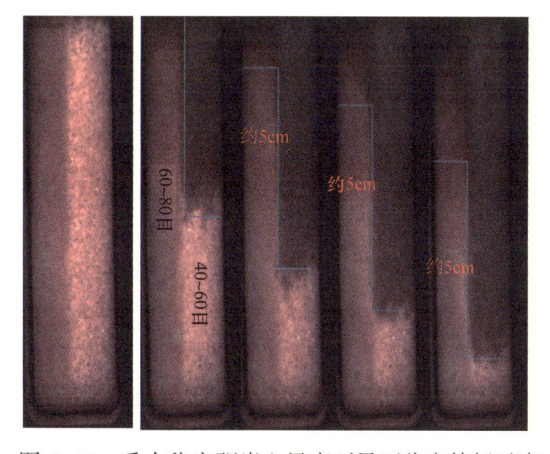

图6-14 重力稳定驱岩心尺度下界面稳定特征示意

三、CO_2驱油与埋存潜力评价

建立科学规范的CO_2驱油与埋存潜力评价方法,明确我国开展CO_2驱油与埋存的资源和减排潜力十分必要,将为我国CO_2捕集利用与封存产业布局及发展提供决策依据。

(1)首次确定油藏地质体的CO_2"体积置换、溶解滞留、矿化反应"等埋存机理表征方法与贡献程度。

基于国内陆相油藏地质特点及开发现状,按照油藏早期注CO_2开发、水驱后油藏注CO_2提高采收率、衰竭后油藏埋存CO_2等三种埋存方式,实验证实了油藏在注CO_2驱提高采收率的同时可实现CO_2埋存。确定了油藏地质体埋存CO_2的主要机理为体积置换、溶解滞留、矿化反应等，首次量化了不同埋存方式下各种埋存机理的贡献程度（图6-15）。首次提出了水驱开发油藏中CO_2通过在注入水中溶解滞留实现永久埋存的机理，并确定了相应的溶解埋存系数。针对已有评价方法中未考虑地层高温高压环境下CO_2与油水、地层岩石相互作用机理的不足，首次以埋存系数形式量化了不同埋存机理CO_2埋存贡献程度，建立了更加科学的CO_2埋存量潜力计算方法体系。

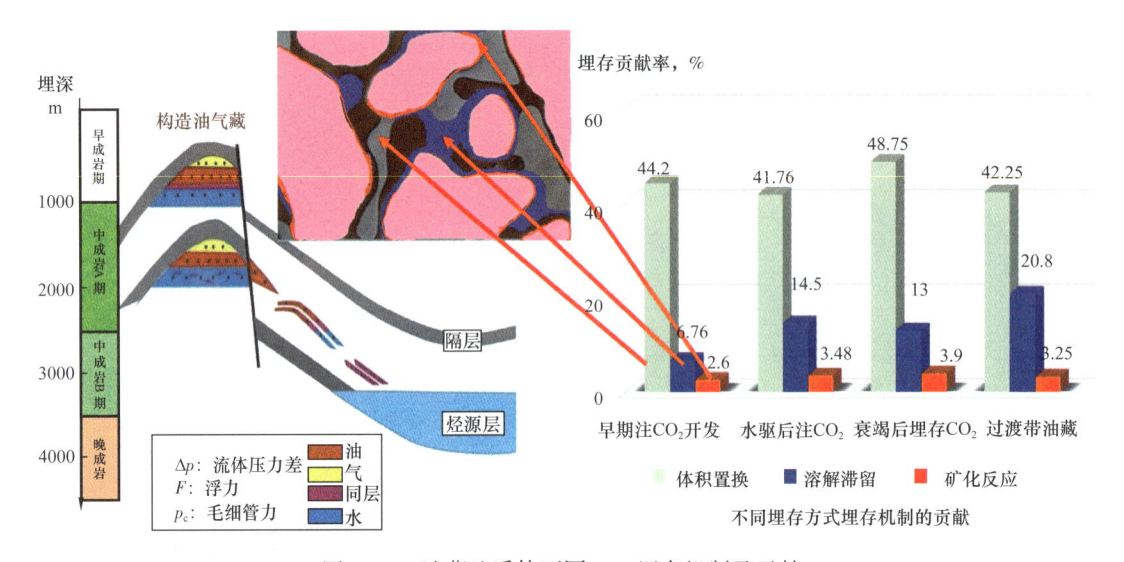

图6-15 油藏地质体不同CO_2埋存机制及贡献

（2）创新完善了适合CO_2驱油与埋存的油藏地质体筛选标准，拟定了CO_2埋存的主控因素及实施条件。

首次通过系统的基础实验和资料分析，综合考虑安全性、埋存量和可操作性等因素，建立地质特征评价指标体系。通过对CO_2埋存机理及主控因素的认识，提出按照油藏地质体规模、资料适用程度、埋存工程可实施程度等分级别开展埋存地质体筛选评价的流程，厘定出满足CO_2埋存的盆地条件和地质体条件。科学确定了不同埋存方式下CO_2驱油与埋存的评价指标体系及筛选标准（表6-1），并定量得到CO_2埋存系数，为CO_2驱油与埋存的油藏筛选评价提供了方法手段，方法可靠而实用。

（3）建立了潜力评价方法流程和评价指标参数准确快速取值方法，完成全国范围内CO_2驱油与埋存潜力评价。

建立了包括油藏筛选、评价指标参数快速取值、增油潜力计算、埋存潜力计算等内容的CO_2驱油与埋存潜力评价的方法流程，提高了潜力评价的科学性及实用性。建立了针对国内陆相油藏特点的最小混相压力预测和埋存系数取值的便捷方法，发展完善了油藏CO_2驱油潜力的计算方法。以此方法为基础，系统分类评价了我国主要油区的CO_2驱油与埋存潜力，分析了潜力分布特征，编制了包含国内工业CO_2源及油气藏潜力分布的系列图册，为我国CO_2捕集利用与封存产业布局与发展提供了决策依据。

表 6-1 CO_2 驱油与埋存的油藏筛选标准

	筛选项目	混相驱	非混相驱	枯竭油藏	对应因素
原油性质	原油重度，°API	>25	>11	>11	混相能力
	原油黏度，mPa·s	<10	<600	—	混相特征、注入能力
	原油组成	C_2—C_{10} 含量高			混相能力
储层特征	油藏深度，m	900～3000	>900	>900	混相能力
	平均渗透率，mD	不考虑			注入能力
	油藏温度，℃	<90			混相能力
	含油饱和度，%	>30	>30		EOR 潜力
	变异系数	<0.75	<0.75	—	波及效率
	纵横向渗透率比值	<0.1	<0.1	—	浮力效应
	地层系数，m³	10^{-14}～10^{-13}	10^{-14}～10^{-13}		可注入性
	含油饱和度·孔隙度	>0.05	>0.05		埋存能力
	油藏压力，MPa	原始注入 p_i>MMP	水驱后注入 $p_{current}$>MMP	—	—	混相条件
盖层特征	盖层封闭性	盖层裂缝不发育			安全性
	盖层逸出量	—			安全性
经济因素	CO_2 成本	—	—	—	经济可操作性
	运输成本	—	—	—	经济可操作性
	地面成本	—	—	—	经济可操作性

注：p_i——原始地层压力；$p_{current}$——目前地层压力。

第三节 气驱油藏工程方案设计与调控技术

气驱油藏工程设计是保障气驱项目成功的关键环节。"十一五"前，国内已实施的 CO_2 驱试验项目中，油藏工程设计仍主要基于水驱的方法和思路，适合 CO_2 驱开发特点的油藏工程设计方法尚未形成。针对我国陆相沉积油藏 CO_2 驱油特点，形成了 CO_2 驱油藏数值模拟、地质建模、方案设计优化技术及动态分析方法等，为试验区方案设计、动态分析与调整提供支撑。

一、CO_2 驱油藏工程优化设计技术

（1）自主研制了 CO_2 驱油与埋存油藏数值模拟软件。

针对国外软件流体相态参数计算不适合我国陆相油藏及计算速度慢等问题，基于实验认识，建立 CO_2—地层油体系相态、流体特征及相对渗透率等关键参数表征方法，形成 CO_2 驱油多相多组分数学模型及高效求解方法，研制形成具有自主知识产权的 CO_2 驱油与

埋存数值模拟软件（图6-16），主要改进内容见表6-2。其中，与国外软件对比，流体物性参数计算精度提高1个数量级以上，运算速度提高30%。

表6-2 CO_2驱油与埋存油藏数值模拟器改进内容

技术模块	改进内容
CO_2—地层油体系相态平衡及计算PVT	建立CO_2—地层油基础数据库及图版
	改进相态参数计算方法
	改进CO_2驱相态计算模型
	改进CO_2驱相态计算包
CO_2—地层油体系三相相对渗透率SCAL	不同CO_2驱方式的三相相对渗透率
	不同油藏位置的三相相对渗透率
CO_2驱方案设计 GRID SCHEDULE	CO_2驱工程应用参数界限
	分地质单元设计与模拟

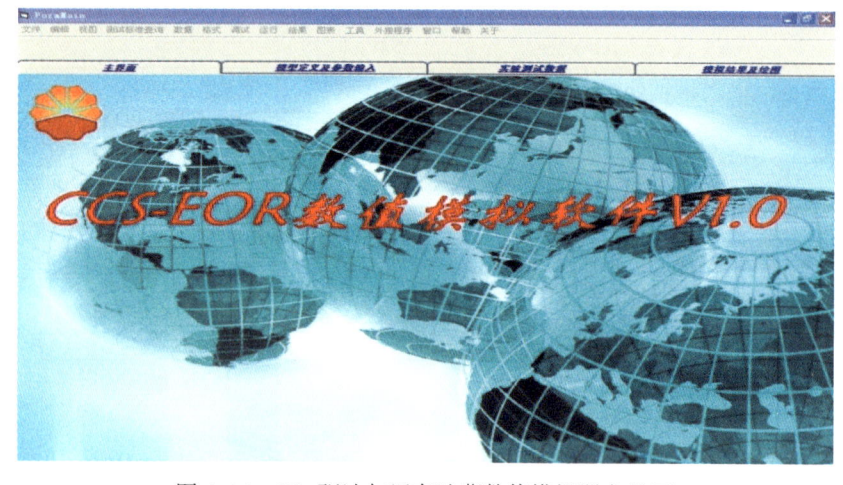

图6-16 CO_2驱油与埋存油藏数值模拟器主界面

CO_2驱油涉及相间组分传质，需用组分模型数值模拟器来描述和模拟驱油过程，建立合格的流体模型是进行模拟的基础。图6-17是建立流体模型的流程图，其中流体组分分组和状态方程调整是关键。

（2）建立了适合低渗透油藏CO_2驱油的精细油藏描述流程和方法。

影响低渗透油藏CO_2驱油开发效果的关键地质因素包括单砂体的连通性、储层非均质性、裂缝和高渗透带。其中，砂体连通性是低渗透油藏CO_2驱油开发的基础，而裂缝和高渗透带的分布是决定CO_2驱油波及体积的关键。尤其是砂体连通性和裂缝之间的相互匹配关系，对CO_2驱油开发效果影响更为显著。基于国内多个CO_2驱油试验区储层的精细描述及动态分析，形成了适合低渗透油藏CO_2驱油藏非均质性描述的地质建模方法（图6-18），包括非均质特征厘定、非均质形成机理、非均质类型识别和非均质表征等4个步骤15个环节。

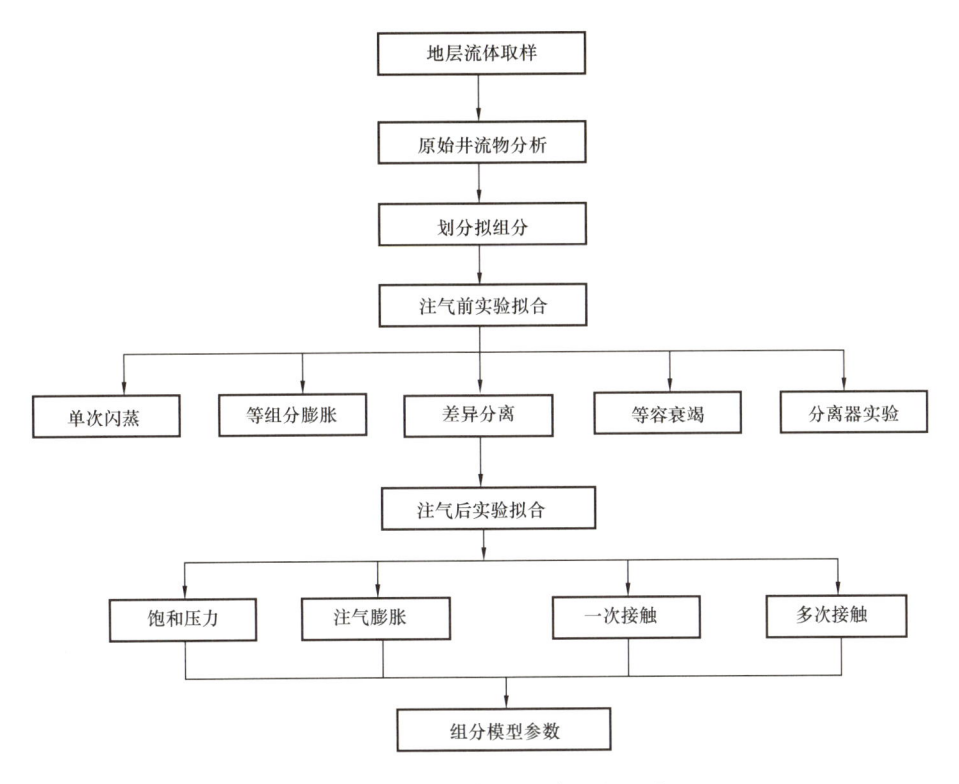

图 6-17　油藏流体模型建立流程图

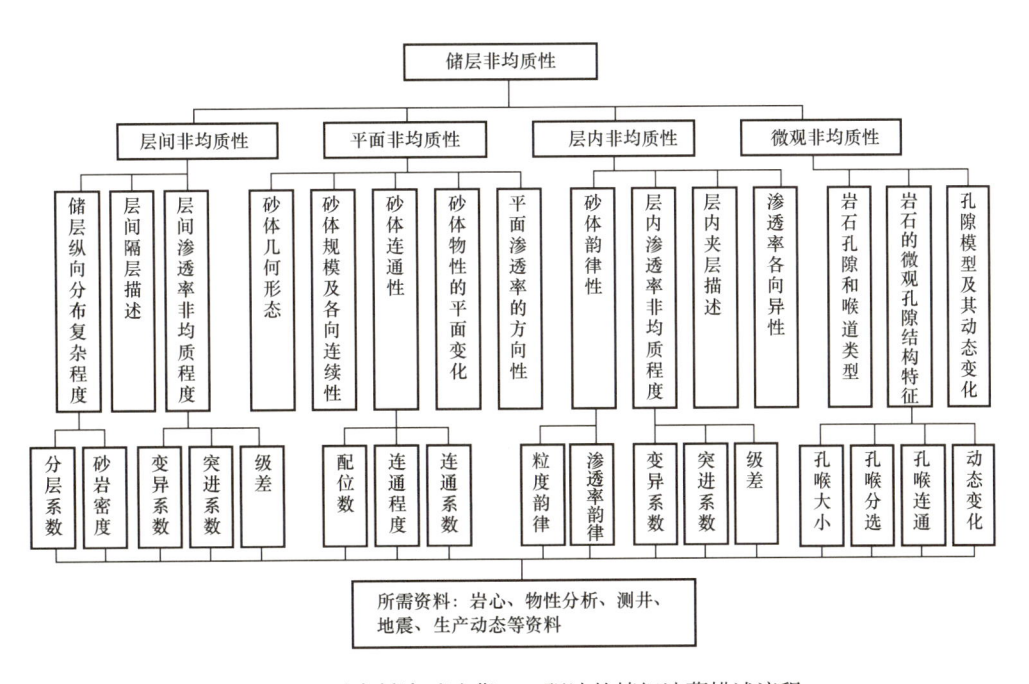

图 6-18　适合低渗透油藏 CO_2 驱油的精细油藏描述流程

高渗透带是指由于沉积、成岩或构造因素在储层中局部形成的低阻渗流通道，它们往往是流体流动的优势通道。当储层非均质性较强时，储层物性差异变化引起的 CO_2 窜流比注水更严重。在同一砂体内部，渗透性相对较高的部分容易成为 CO_2 快速流动的"高速公路"，注入 CO_2 气体容易沿此通道产生气体突破，从而影响低渗透油藏注气开发效果。因此，描述低渗透储层相对高渗透带的展布对指导注气开发具有重要意义。CO_2 驱高渗透带精细刻画研究流程如图 6-19 所示。

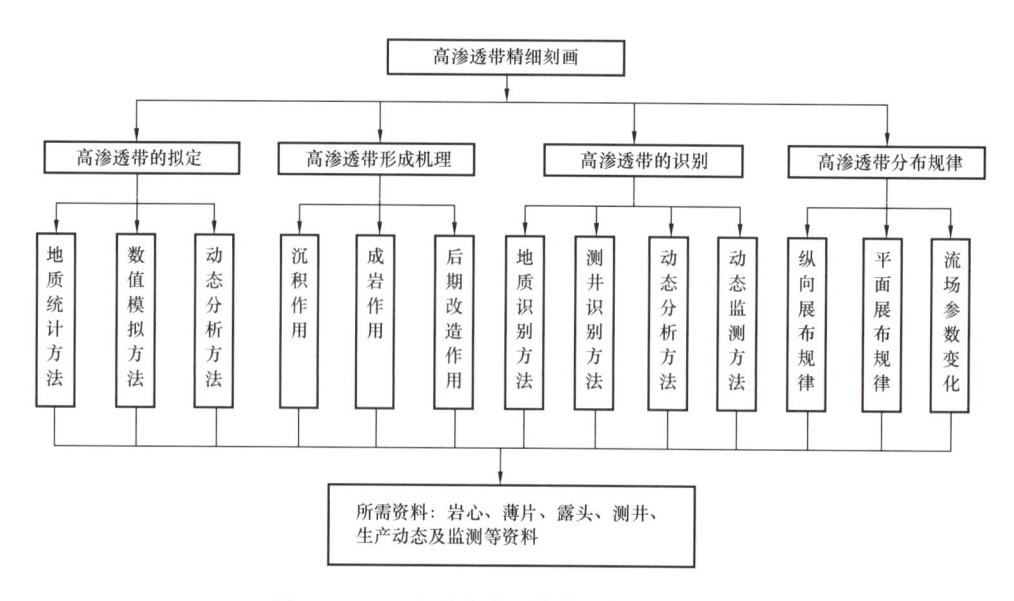

图 6-19　CO_2 驱油高渗透带精细刻画研究流程

（3）形成 CO_2 驱油藏工程方案设计与优化技术。

在实验室研究及三维精细地质模型建立的基础上，发展形成以井筒—二维机理—三维油藏一体化组分拟合数值模拟技术为载体的油藏工程研究技术方法，明确了影响 CO_2 混相驱开发效果的关键因素，建立了以压力保持为前提，以完善井网、优化注入、调控生产流压实现均衡驱替为核心、以不规则 WAG 扩大波及体积为重点的 CO_2 驱油藏工程方案优化设计模式（图 6-20），有效指导试验区方案设计与实施。

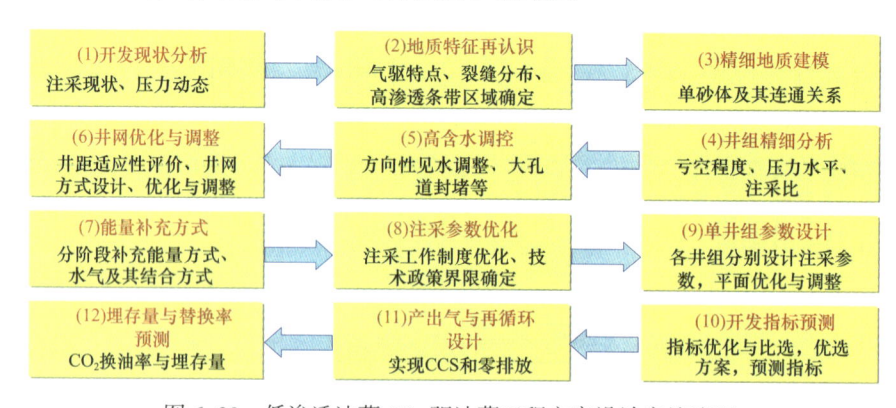

图 6-20　低渗透油藏 CO_2 驱油藏工程方案设计实施流程

二、CO_2驱油开发调控技术

（1）形成CO_2驱油动态分析方法，初步明确CO_2驱油开发规律。

针对CO_2驱油特点，基于实验和数值模拟研究，结合CO_2驱试验区动态，形成了以混相分析为核心、"单井、井组、区块一体化"的CO_2驱油藏动态分析方法（图6-21），初步明确了陆相低渗透油藏CO_2驱开发特征与规律，指导了CO_2驱油试验现场调控方案制订。

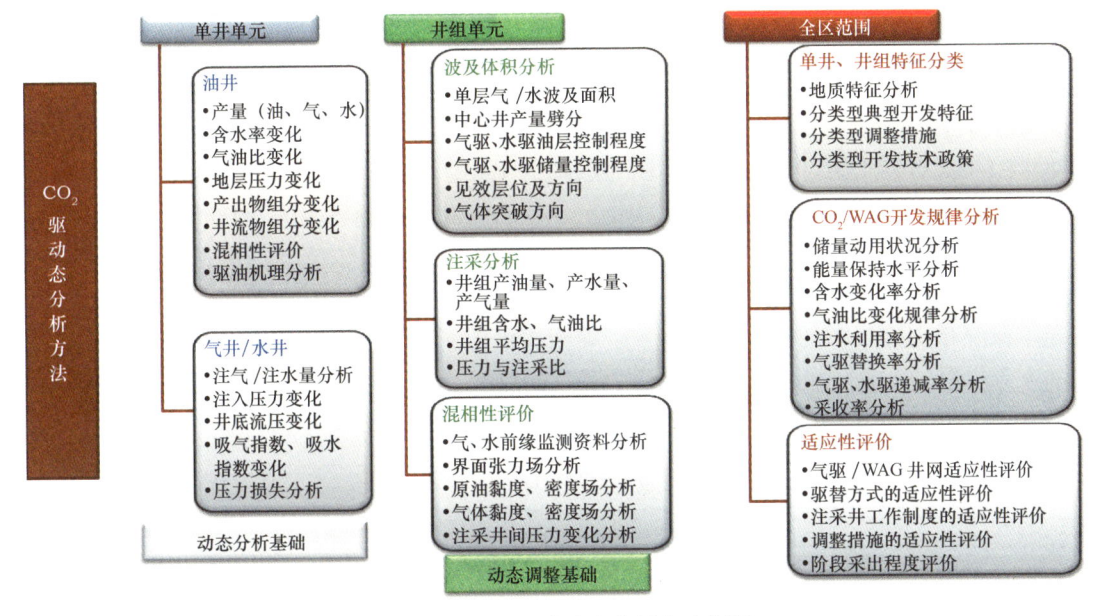

图 6-21　CO_2驱油动态分析方法框图

（2）提出了"保混相、控气窜、提效果"的调控理念，集成了"稳压促混、水气交替、化学调剖"综合调控技术与方法。

针对陆相低渗透油藏地混压差小、非均质性强、储层物性差的特点，创新提出了"保混相、控气窜、提效果"的调控设计理念，建立了针对不同生产特征油井的控流压、周期生产等稳压促混方法，量化了注采比及水气交替段塞等注采调控关键参数，研发了适合高温油藏调堵的凝胶及泡沫体系，形成了全过程控制与阶段调整相结合的扩大波及体积调控方法（表6-3、表6-4），明确了CO_2驱油藏管理与注采调控基本途径。

表 6-3　陆相低渗透油藏CO_2驱开发调控技术政策

策略	技术方法	目的	应用成果
全过程控制	注采协调	保持混相 促进非均质油藏均匀见效	量化了注采井动态调控技术参数 建立了油藏监测与方案调整技术规范
	水气交替	降低气相流动能力 保持前缘均匀推进	优化了段塞组合方案设计 完善了切换工艺技术流程

续表

策略	技术方法	目的	应用成果
阶段调整	分层控制	减缓层间矛盾 扩大纵向波及体积	形成了分层注气和验窜测试工艺 配套了封堵工具
	剖面调整	封堵优势通道 控制CO_2指进气窜	研发了四种适用的调剖体系 形成了配套的调剖工艺技术

① 保混相的方法。通过合理调控注采比，使地层压力保持在最小混相压力之上，尽可能提高原油流动压力，促进并保持混相。

② 控气窜的方法。利用改善相对渗透率的原理，考虑多次接触混相的特点，以气油比 $390m^3/m^3$ 作为混相的控制指标，扩大 CO_2 波及体积。一是利用水锁效应，水是强润湿相，水的存在占据了大部分孔道，可以通过降低气相渗透率，抑制气的推进；二是制订合理的气油比控制界限，通过室内实验，确定合理的气油比控制界限为 $390m^3/m^3$。

③ 控气窜的技术。一是应用水气交替技术，通过实验、数值模拟与矿场相结合，优化气水段塞比，防气窜的气水比为 2:1，控气窜的气水比为 1:1 或 1:2，在矿场试验中实现了保混相与控气窜的双重目的；二是周期注采控制技术，提高地层压力，保证 CO_2 与原油充分接触，实现混相。在矿场试验中通过封堵气窜层、周期生产，促使油井产液、产油上升，含水下降。

表 6-4 黑 59 试验区 CO_2 驱油调控对策

储层类型	主控因素	平均渗透率 mD	压力恢复水平 MPa/m	连通性评价	开发动态	调整技术方向
天然裂缝	断层附近，受局部应力影响，裂缝及微裂隙发育	>3	2.5	受裂缝控制易气窜	见效早气体易突破	弱凝胶泡沫
高渗透条带	处于河道主体部位	>1.5	1.25	连通性好	持续见效	WAG 泡沫
一般含油带	处于物性变化带，非均质较强	0.8~1.5	0.2~0.6	连通性较差	见到效果但不稳型	WAG
物性差的条带	储层物性差区域	<0.8	<0.2	连通性差	未见效	

吉林油田现场实施水气交替、采油井调整等大型综合调控措施 400 余井次，调控措施有效率 90% 以上，有效保障了试验区 CO_2 驱开发效果。

（3）建立了 CO_2 驱油开发效果评价标准及评价指标体系。

CO_2 驱油开发效果评价标准及评价指标体系主要包括：储量控制程度、油层动用程度、波及体积与驱油效率、采油速度、采收率、油井见效率、稳产期（无水采油期）、气油比变化升率、自然（综合）递减率、地层压力保持水平、注入流体利用率（换油率）、混相程度、埋存率等，涉及技术、经济和安全环保等 3 个类别 15 项指标（图 6-22，表 6-5）。

第六章　注气提高采收率技术

地混压力系数： $RMP = \dfrac{p}{MMP}$

吨气增油量： $\sum Q_{POt} = \dfrac{\sum Q_{PO}}{\sum Q_{IG}}$

含水下降幅度： $\Delta f_w = f_{ww} - f_{wc}$

阶段采出程度： $R_C = \dfrac{\sum Q_o}{Q_n} \times 100\%$

存气率： $R_C = \dfrac{\sum Q_{IG} - \sum Q_G}{\sum Q_{IG}} \times 100\%$

内部收益率： $\sum\limits_{t=1}^{n}(CI_t - CO_t)(1+FIRR_1)^{-t} = 0$

温室气体减排效益： $FIRR_{GHG} = FIRR_3 - FIRR_2$

腐蚀速率： $V_C = \dfrac{k(W_1 - W_2)}{Ft\gamma}$

累计增油量： $\sum Q_{PO} = \sum Q_{CO} - \sum Q_{WO}$

产量提高幅度： $R_q = \dfrac{q_c - q_w}{q_w} \times 100\%$

年采油速度： $V_o = \dfrac{Q_o}{Q_n} \times 100\%$

采收率提高幅度： $\Delta E_R = E_{RC} - E_{RW}$

新增储量效益： $FIRR_{NR} = FIRR_2 - FIRR_1$

开发寿命延长期： $\Delta T = T_C - T_W$

环境监测异常率： $R_{IN} = \dfrac{N_U}{N} \times 100\%$

图 6-22　CO_2 驱油开发效果评价指标体系

表 6-5　CO_2 驱油开发效果评价标准

评价指标	评价标准	备注
产量提高幅度	大于 100%，效果很好； 50%～100%，效果较好； 30%～50%，有效果； 小于 30%，效果较差	与水驱油对比
采收率提高幅度	大于 15%，效果很好； 10%～15%，效果较好； 5%～10%，有效果； 小于 5%，效果较差	与水驱油对比
吨气增油量	大于 0.50，较高； 0.25～0.50，中等； 小于 0.25，较低	一般也称为换油率
存气率	大于 0.65，较高； 0.35～0.50，中等； 小于 0.35，较低	一般也称为埋存率
内部收益率	大于 24%，效益很好； 18%～24%，效益较好； 12%～18%，有效益； 小于 12%，效益差	根据公司基准效益率

第四节　工业应用配套技术

一、CO_2驱油防腐工艺技术

我国低渗透油田单井产量低，完全采用国外高等级材料防腐的技术思路无法满足效益开发需要。针对低成本防腐需求开展了系统研究，自主研发了防腐固井水泥、复合型缓蚀剂体系，发展形成主体流程采用"常规材料+防腐药剂"、关键部位使用防腐材料的低成本防腐技术路线，主要成果和进展如下：

（1）建立了"室内+中试+矿场"一体化腐蚀评价方法，揭示了CO_2驱油与埋存各环节的腐蚀规律和主控因素。

厘定出CO_2驱油与埋存过程工况条件及工作介质因素，创建了国内首套全过程腐蚀模拟中试装置（图6-23），明确了复杂环境下CO_2驱腐蚀规律。例如CO_2、硫酸还原菌（简称SRB）二者共存时，协同作用促使腐蚀程度进一步加剧（图6-24），缓蚀剂也需要针对性优化调整；腐蚀与结垢共生时，减缓均匀腐蚀，加剧点蚀，药剂需要同时具备防腐和防垢功效；在CO_2存在条件下，含水是腐蚀的主要影响因素，随着含水逐渐上升，腐蚀加剧。

图6-23　CO_2驱油全过程腐蚀模拟中试装置

(a) 细菌腐蚀　　(b) CO_2腐蚀　　(c) CO_2+细菌腐蚀

图6-24　CO_2驱油不同环境下的腐蚀情况

（2）优化了缓蚀剂配方体系，配套了缓蚀剂加注制度，降低了加药成本。

优化了多因素复杂环境缓蚀剂配方，形成了阻垢、杀菌、防腐一体化药剂体系（图

6-25）；根据缓蚀剂缓蚀使用浓度、成膜性能、含水、CO_2 含量及残余浓度检测研究，优化了加注制度，降低了加药浓度，现场应用两年来共节约加药成本约 140 万元。

图 6-25　CO_2 驱油防腐药剂发展变化情况

（3）形成 CO_2 驱有效防腐的技术路线。
① 提高材料自身的抗腐蚀能力：选用耐蚀材料（合金钢、非金属）。
② 减弱介质的腐蚀性：加注缓蚀剂、降低分压。
③ 改善服役条件：使用工程技术方法减少 CO_2 与金属接触。
④ 加强腐蚀监测：通过监测优化缓蚀剂加注浓度和工艺。
⑤ 注采工艺与腐蚀防护一体化设计：主体采用加注缓蚀剂防腐，个别工况恶劣的部位采用不锈钢材质。

（4）集成 CO_2 驱腐蚀监测技术方法，腐蚀监测表明腐蚀防护技术满足矿场防腐需求，实现低成本防腐。

形成以缓蚀剂残余浓度检测技术为主的 CO_2 驱腐蚀监测技术系列，集成配套了移动式、固定式缓蚀剂加注技术，建立了存储与在线相结合的腐蚀监测技术和预警系统（图 6-26），及时监测现场腐蚀情况并发出预警。该系统具有对腐蚀检测结果进行采集、归纳、总结、查询以及预警的功能；系统分为区域信息、检测、分析评估、预警、报告管理等 7 个子模块；系统与油田生产信息系统结合使用，能更加有效地对腐蚀情况进行跟踪、管理。

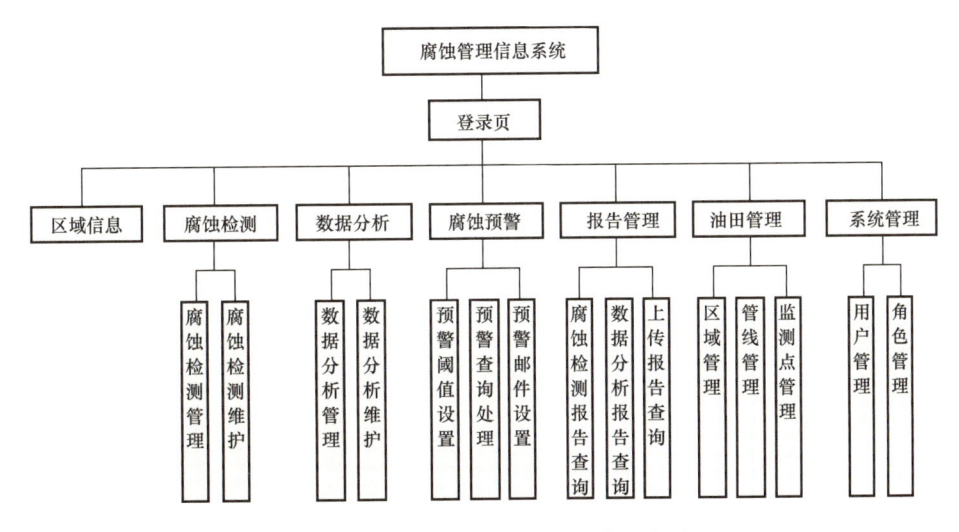

图 6-26　腐蚀管理信息系统架构示意图

试验区井下挂片挂环监测 95 余井次，取出 129 个监测点，腐蚀速率低于 0.076mm/a；从检泵情况看，柱塞、阀球等部件均无腐蚀，表明综合防腐措施满足现场需求；与国外防腐模式对比，"碳钢+缓蚀剂"比国外"涂层+缓蚀剂"防腐技术单井降低成本10万元（表6-6）。与先导试验相比，工业应用单井综合防腐成本降低30%以上，实施286口井，实现低成本高效防腐。

表6-6　不同防腐技术经济性对比

防腐路线	防腐工艺	单井防腐费用，万元
材质防腐	AISI410不锈钢（美国）	680
涂层+药剂防腐	涂层油管+缓蚀剂（加拿大）	101
常规材料+药剂防腐	碳钢+缓蚀剂（吉林油田）	89

二、CO_2驱油注采工艺技术

（1）形成CO_2超临界注入技术。

CO_2驱油注入工艺以液相注入和超临界注入为主。由于注入压力等级较高，液相注入由柱塞泵来增压，超临界注入由压缩机增压。小规模试验区主要采用液相注入工艺，由柱塞泵增压注入，该技术成熟可行；大规模推广应采用超临界注入，由压缩机或压缩机加柱塞泵增压注入，在国外有较多应用实例。

CO_2超临界注入技术是采用压缩机将CO_2从气态压缩至超临界态，经配注站和站外管网由注气井注入地层驱油的一种注入工艺技术。CO_2属于重气，分子量大，CO_2密度随温度、压力的变化较大，会使压缩机产生脉动，对压缩工艺设计和设备安全运行具有较大影响，CO_2超临界注入系统的关键问题是压缩工艺及相平衡分析。通过攻关研究，形成了CO_2气态压缩相变控制方法（图6-27），优化了超临界注入工艺及参数。通过绘制泡露点曲线，修正级间参数，确保各级入口处于非两相区和非液相区。吉林油田现场应用表明CO_2气态压缩、超临界注入工艺技术路线可靠，机组运行平稳。

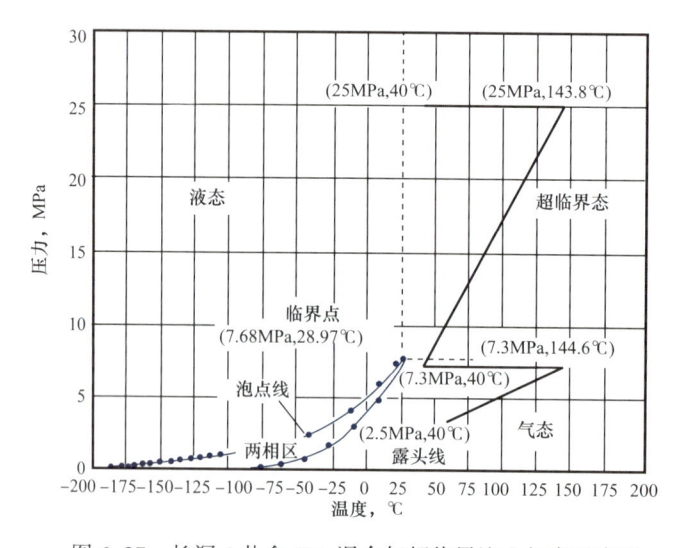

图6-27　长深4井含CO_2混合气超临界注入相态示意图

（2）形成 CO_2 驱油分层注气工艺技术。

CO_2 驱油时采用笼统注气工艺，各层吸气状况不均匀，储层层间矛盾导致部分油井出现 CO_2 单层过早突破现象，分层配注是调整注入剖面最有效的技术，可有效缓解层间矛盾，扩大 CO_2 波及体积。大庆油田和吉林油田都开展了 CO_2 驱油分层注气工艺技术研究，部分替代了笼统注入工艺管柱，可适用于连续注入或水气交替注入。

① 通过对 CO_2 驱油注气井井筒流体流动与相态变化机理研究，建立了 CO_2 驱油注气井井筒流体剖面动态模型、注入井吸气能力计算模型，形成了一套 CO_2 驱油分层注气优化设计方法（图 6-28 和图 6-29）。

② 自主研发了分层注气气嘴、分层注气井口、注气工艺管柱等（图 6-30 至图 6-33），并通过工具结构参数的进一步优化，形成满足三层以上分注需要的分层注入及测试技术，降低加工成本，实现产品系列化。

同心双管注气工艺：下入双层油管，实现两层分注。单层注气量在地面控制，直观、可调，且可根据油管压力变化判断封隔器密封性，无需单独验封。

单管分层注气工艺：利用下入的分注工具实现井下多个层位的分注；应用多级串联气嘴进行流量调节；并现场验证封隔器密封性能良好。

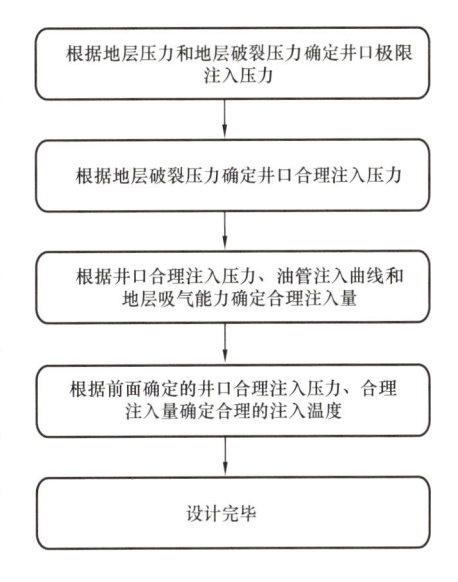

图 6-28 注气参数优化设计流程图

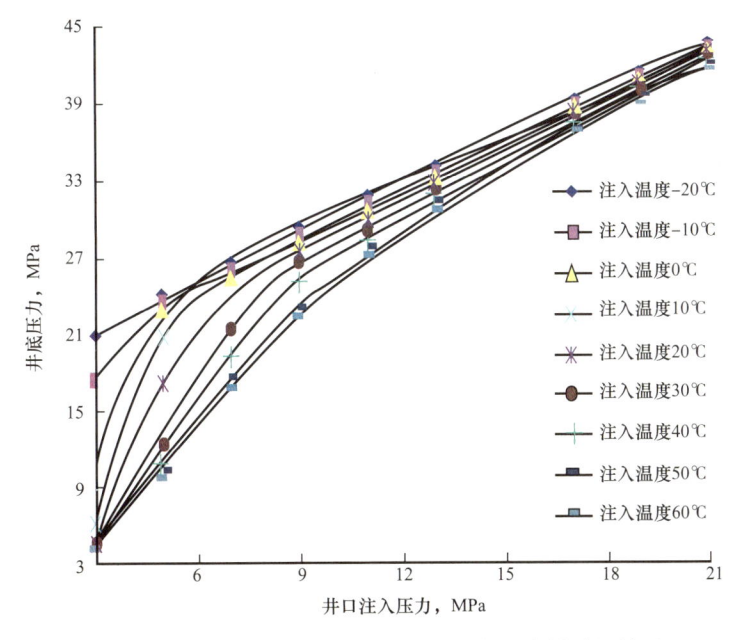

图 6-29 不同温度下注入压力与井底压力敏感性关系

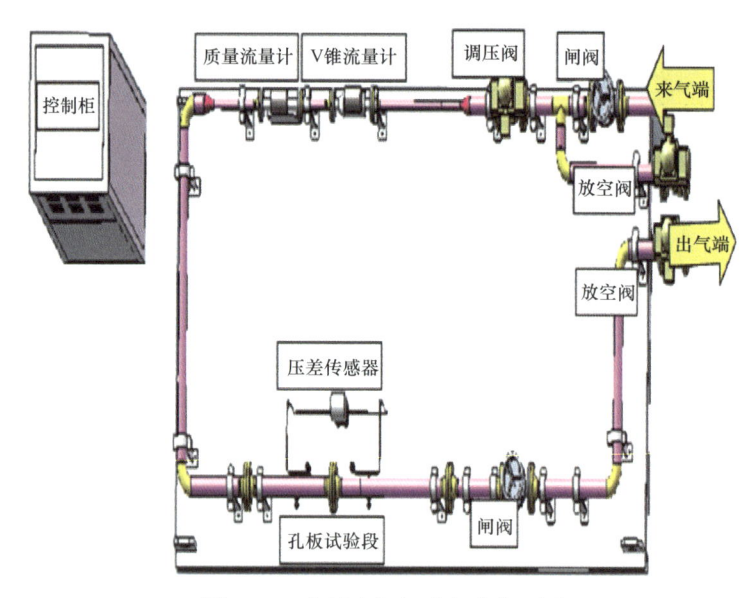

图 6-30　分层注气气嘴实验装置图

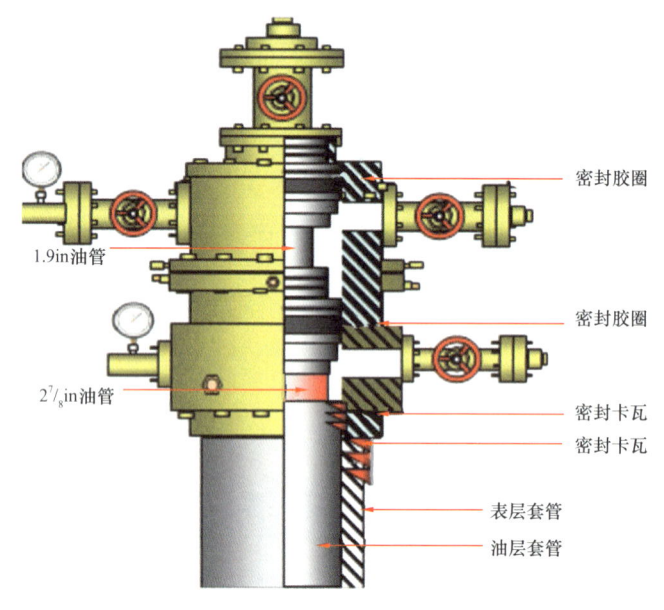

图 6-31　CO_2 驱油双管分层注气井口结构

（3）形成 CO_2 驱高效举升工艺技术。

随着 CO_2 驱油试验进行，采油井陆续见到驱油效果。受 CO_2 突破影响，采油井出现产出原油中 CO_2 含量升高、气油比升高、套压升高等问题，常规有杆泵机抽采油工艺对高气油比适应性较差，无法有效地保持生产能力。

根据高气液比井防气举升室内实验和现场试验效果，建立了不同气液比、产液量和沉没压力条件下的生产井防气举升工艺措施控制图（图 6-34 和图 6-35），建立了高气油比油井井筒流体动态模型，研发了新型气液分离器、控气阀及环空压力控套装置，形成了气举－助抽－控套一体化举升工艺，在高效举升的同时降低了环空带压风险。

图 6-32 同心双管注气工艺管柱

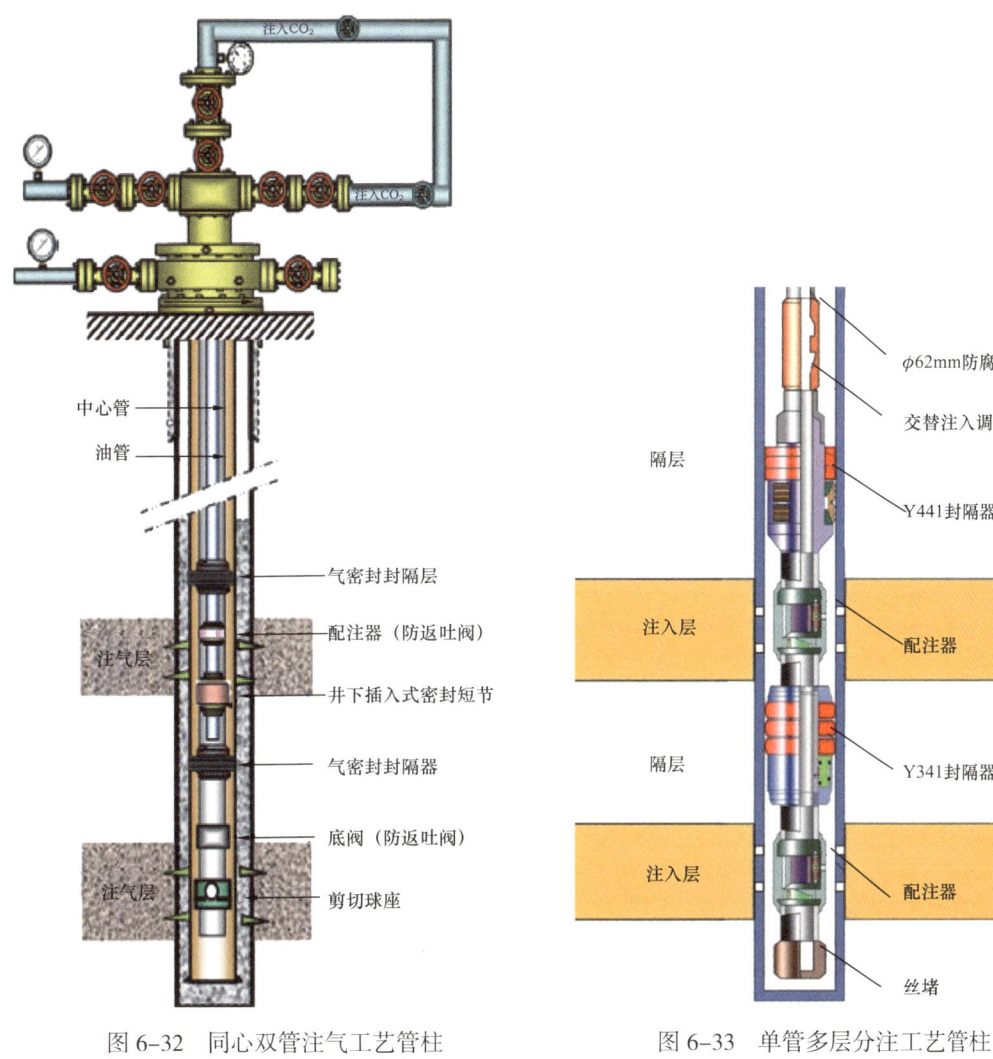

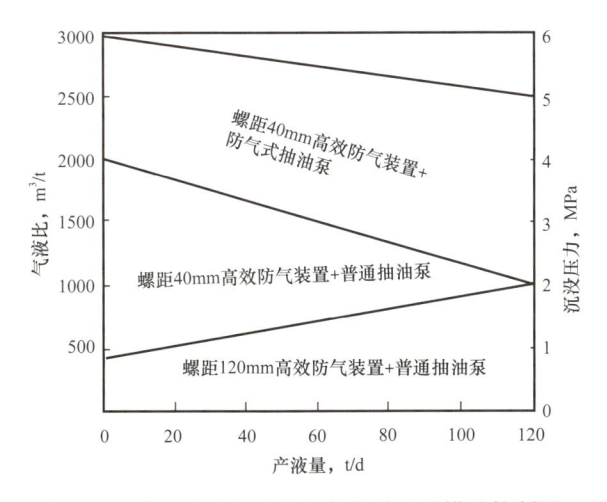

图 6-33 单管多层分注工艺管柱

图 6-34 高气液比生产井防气举升工艺措施控制图

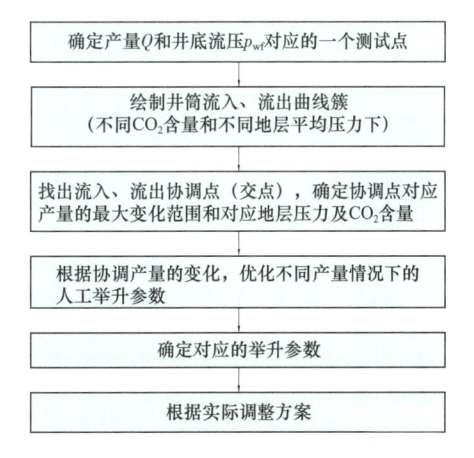

图 6-35 CO_2 驱油采油井举升参数优化设计流程

气举—助抽—控套一体化举升工艺初步解决了含 CO_2 高套压油井举升问题，但随着气油比的进一步增加，泵效明显降低，高气油比油井举升需要从提高泵效着手，研究解决防气举升问题，从而开发了防气泵举升工艺（图 6-36 和图 6-37）。中空管的设置给泵内气体开辟了通道，从而增加了工作筒内液体的充满系数，降低了泵内的气液比，排除了气体的干扰，有利于提高泵效。对 CO_2 驱油试验区块 4 口气油比高、泵效低的油井试验防气泵举升工艺，防气泵举升工艺实施后，从生产动态数据看，4 口井应用防气泵举升效果良好，满足 $400m^3/t$ 气液比油井正常生产，4 口井日增液 18.63t，日增油 6.61t，平均每口井的泵效提高 11.5%。

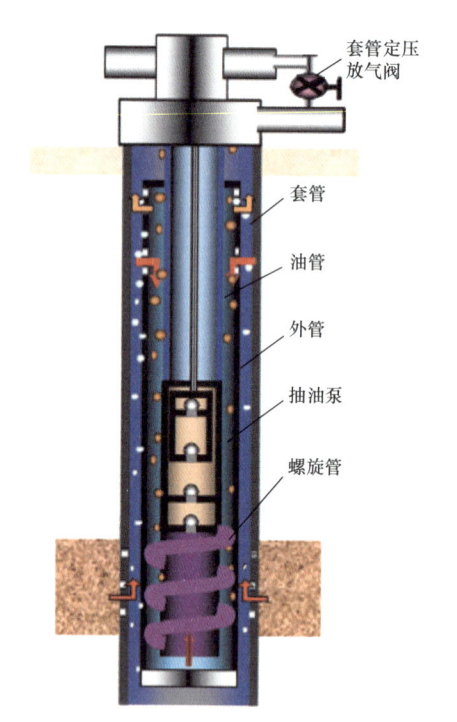

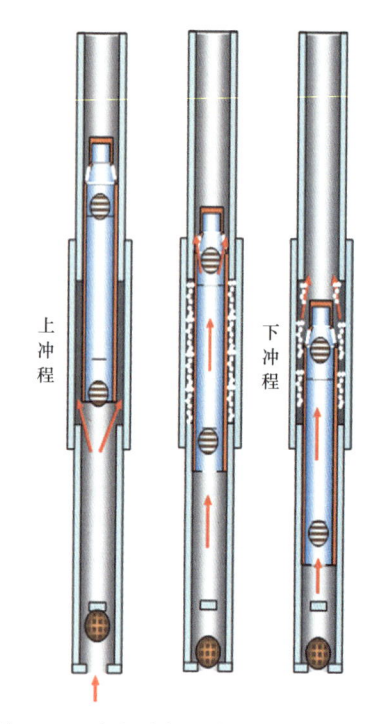

图 6-36 高气液比生产井举升工艺管柱　　图 6-37 中空防气泵举升工作原理

三、CO_2 驱油地面工程技术

吉林油田在 CO_2 驱油地面工程理论认识、关键技术、现场试验和试验区建设等方面开展了一系列工作，建立了系统化 CO_2 驱油工艺流程，开展了模式化的现场应用，走通了从气源到产出气循环注入的全流程，形成了设计手册、制定了企业标准，基本形成满足 CO_2 驱油工业化推广的地面工程主体技术。

（1）形成以含 CO_2 天然气胺法脱碳、CO_2 增压脱水和 CO_2 气田气单井集气、分子筛脱水等工艺为主的 CO_2 捕集分离技术。

① 建立了"理论建模 + 中试试验"的研究方法，明确了胺法、低温分馏法脱碳、变压吸附的技术条件和应用环境，确定变压吸附法进行 CO_2 分离提纯技术路线，优选了变压吸附 CO_2 分离提纯方法。

国内外从 CO_2 产出气中分离提纯的方法，大多依托天然气中脱除和回收 CO_2 技术，主要有变压吸附法、胺吸收法及低温分离法等（表6-7）。变压吸附法（PSA）是利用吸附剂的平衡吸附量随组分分压升高而增加的特性，进行加压吸附、减压脱附的操作方法。PSA已广泛用于气体分离领域，过去该技术大多用于分离难吸附组分，如制取回收纯氢，之后又陆续用于分离提纯易吸附组分，如制取CO_2、天然气净化及脱CO_2。胺吸收是利用CO_2和CH_4等气体组分，在胺吸收溶剂中的溶解度不同而进行分离的过程，适用于天然气中CO_2含量较低的情况。其优点是技术成熟、分离效果好、运行可靠；缺点是能耗大、再生复杂、分离成本高，天然气含饱和水需进一步净化；目前，仍是天然气脱CO_2的主要工艺技术。低温分离法利用CO_2和烃类等其他气体冷凝温度不同的特点，在逐步降温过程中，将较高沸点的烃类或其他气体冷凝分离出来的方法即为低温分离法。低温分离法最根本的问题是需要提供较低温度的冷量使原料气降温，根据提供冷量的方式，有外加制冷、直接膨胀制冷和混合制冷3种方法。

表6-7 CO_2捕集分离技术优缺点对比

技术	胺吸收法	低温分离法	变压吸附法
适用条件	工艺成熟可靠，受操作压力影响小，适合低浓度CO_2的工况	工艺较成熟，可满足高CO_2含量和流量，有一定波动范围的工况	可满足不同CO_2含量的工况
特点	有油田气应用案例；净化度高，可同时脱H_2S；烃回收率和CO_2纯度高等	水露点可满足外输要求	操作简单，自动化程度高
缺点	需串接脱水装置，操作较为复杂，溶剂腐蚀、降解、易污染，循环量大，能耗偏高	投资费用大，操作不慎CO_2易固化，能耗较高	对吸附剂要求高，易污染；多塔操作，阀门自控要求高

② 优选了变压吸附CO_2分离提纯工艺参数，首次采用变压吸附法分离提纯产出气CO_2，现场中试装置证实了技术的可靠性，应用并形成了变压吸附CO_2分离提纯新方法。

变压吸附技术特点为工艺简单（图6-38），控制水平高，装置操作弹性大，运行费用低，节能环保；适合原料气量和组成较大波动，可制取高纯度气体；原料气中有害微量杂质可做深度脱除；无溶剂和辅助材料消耗，正常吸附剂一般可用15年以上，对于天然气（及伴生气）脱CO_2而言，净化天然气露点低于-20℃，可省掉后续的干燥净化装置；无"三废"排放，对环境不会造成污染；缺点是占地面积稍大。PSA装置处理规模为从每小时数万立方米到数十万立方米。变压吸附提纯CO_2驱油产出气工艺在吉林油田黑79试验区得到成功应用。

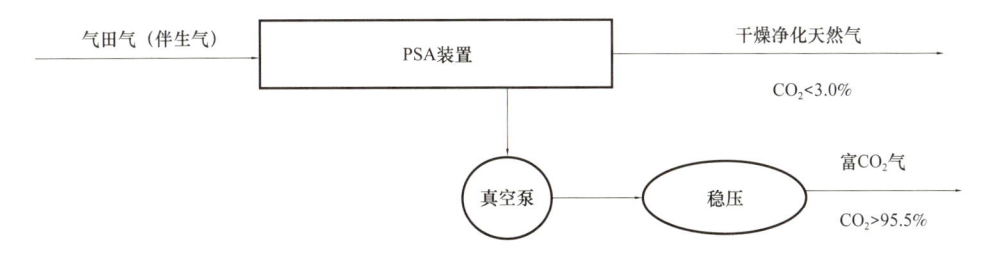

图6-38 变压吸附流程简图

（2）形成CO_2长距离管道输送优化设计和优化运行的CO_2输送技术。

CO_2的商业化输送主要有3种途径，分别是槽车、轮船以及管道。由于CO_2集气过程是连续不间断的，而车船运输是周期性的，需要在集气点建立CO_2临时储气库储存液化CO_2。比较3种输送途径，大规模海运CO_2的需求较少，液态CO_2的轮船输送并未形成规模，而槽车也仅适用于短距离、小规模的输送任务，因此管道输送是长距离大规模输送CO_2最经济常用的运输方式。由于CO_2的临界参数较低，其管道输送可通过气态、液态和超临界3种相态实现。通过研究发现，超临界输送方式在经济性和技术性两方面都明显优于气相输送和液态输送，超临界输送相比于气相输送而言，在成本上要节约近20%。另外，超临界输送管道末端的高压，可以使管道内CO_2在某些情况下直接注入地层，无须增设注入压缩机。具体采用何种输送方式最经济，需要根据CO_2气源距离、油藏位置实际情况优化研究而定。

① 建立了CO_2管道工程建设方案优化方法。

CO_2管道输送系统的组成类似于天然气和石油制品输送系统，包括管道、中间加压站（压缩机或泵）以及辅助设备。CO_2管道输送方式可以有多种设计方案，不同的方案对应着不同的管径、壁厚、保温层以及温度、压力等参数，不同方案所对应的投资建设费用也不一样。在调研国内外主要管材、压缩机、泵等设备的经济指标基础上，建立了CO_2管道输送优化设计模型和流程（图6-39），可结合目标函数、约束条件，采用灰色关联法进行方案比选，确定最优的设计方案。

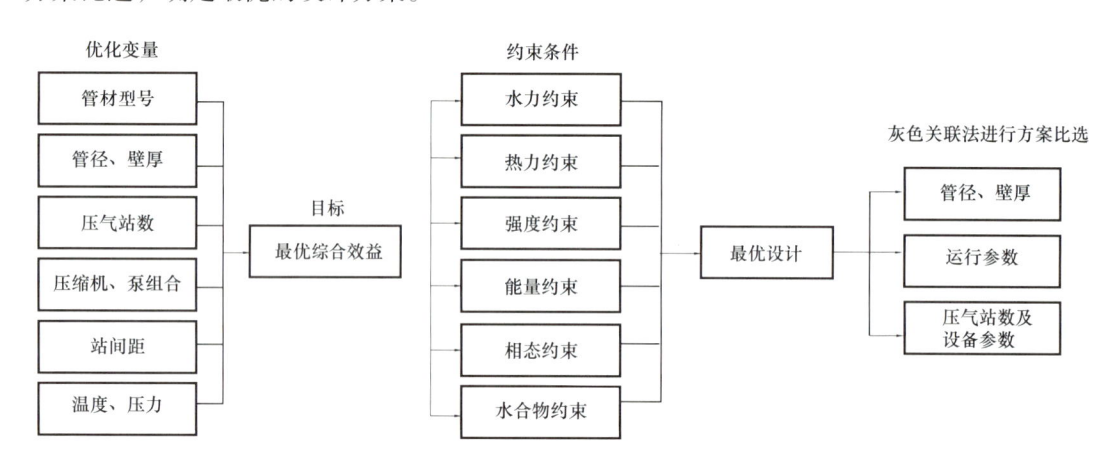

图6-39 CO_2管道输送优化设计流程

② 建立了CO_2管道最佳生产运行方案的优化方法。

对于已建成运行中的CO_2管道，其管径、壁厚、保温层等结构参数已经确定，但是温度、压力等参数是可以变化的，如何保证经济、合理的运行也是管理者所面临的一个问题，一个好的运行方案不仅能够保证管道系统安全运行，而且可以节省大量运行管理费用和燃料费用。CO_2输送管道优化运行方法是以管道节点的压力、流量和压缩机（泵）的运行方案等作为优化变量，以管道系统运行最大效益为目标，以压缩机（泵）的性能、管道的承压能力、管道的水力和热力平衡、压缩机（泵）站串并联方式等为约束条件，建立CO_2输送管道运行优化模型（图6-40）。CO_2输送管道的运行优化模型属于非线性优化问题。通过比较各种优化算法的优缺点，采用合理、可行、有效、快速的优化算法求解所建立的模型。在 CO_2 管道输送注入方案中，随着管道输送距离的增加，采用低压超临界输送、高压超临界注入方式经济性最优，其次是气态输送、超临界注入方式；采用高压超临界输送、直接注入方式，虽然输送效率高且流程简单，但只在较短输送距离内具有较高的经济性，且由于此方式要求较大的管线壁厚，随着输送距离增加，单位 CO_2 的输送注入费用迅速上升。

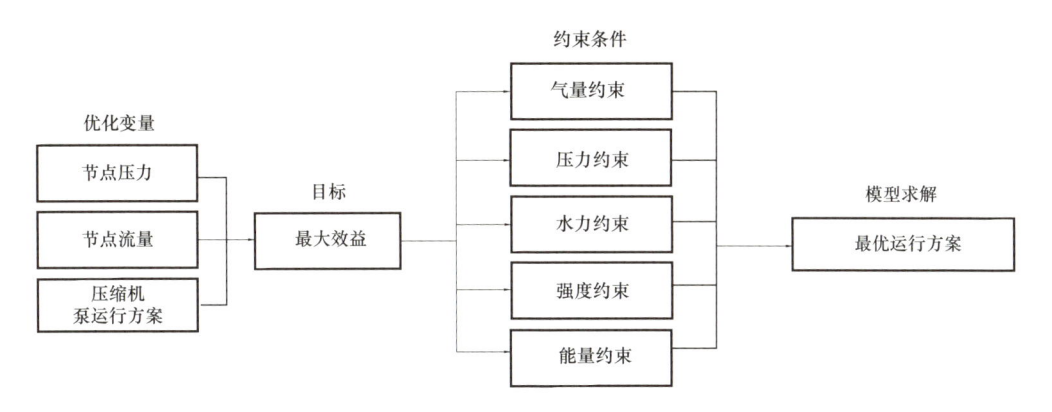

图 6-40　CO_2 管道输送优化运行模型的建立流程

（3）形成 CO_2 驱油采出流体集输处理技术。

在大量实验和先导试验的基础上，认识了 CO_2 驱采出流体物性特点，研究形成了环状掺水、气液混输、集中分离和计量等技术和方法；改进了立式翻斗、卧式翻斗、三相计量、气液分离后流量表计量等多种计量方法；试验形成了满足工业化推广应用的密闭集输流程；优选出了 CO_2 驱产出液高效破乳剂，形成了污水处理最佳絮凝剂复配方案。具体的有：

① 建立 CO_2 驱油集输管道压降计算方法。把温度和压力对 CO_2 溶解度的影响转化为对截面含气率的影响，推导出了含 CO_2 集油管道压降和温降的计算公式，对管线划分节点，采用计算机编程，模拟压降（压力）、溶解度以及截面含气率的耦合作用。计算结果表明，由于集输管道长度短、压降及温降较小，从工程应用角度看，逸出的 CO_2 对温降和压降的影响可以忽略不计。

② 建立 CO_2 驱油的气液准确计量方法。黑 59 区块先导试验中单井计量采用常规翻斗计量，出现了分离精度不够、气中带液、气相计量不准等问题。针对这一问题，在黑 79 区块扩大试验的单井计量上采用分离器加仪表计量组合方式。单井产液进入计量分离器，分离出的气液相分别采用计量仪表计量，解决了黑 59 区块出现的气液计量问题。

③ 形成 CO_2 驱油采出液脱水处理技术。由于 CO_2 驱油采出液处理难度大于水驱油采出液处理难度，与水驱油采出液相比，在水驱油的处理设备条件不变的条件下，可以采用延长处理时间、加大破乳剂浓度、升高处理温度等方法以保证处理效果，对于处理难度过大的采出液，采用化学沉降 + 电脱水的处理方法。

④ 形成 CO_2 驱油采出污水处理技术。CO_2 驱油采出污水的稳定性比水驱油采出污水的稳定性强，针对 CO_2 驱油采出污水，采取适当增加除油罐及过滤罐的容量，或加入少量的絮凝剂以加速污水中油滴上浮及悬浮物沉降。

（4）形成伴生气低成本循环注入技术。

创新实践了超临界状态下伴生气直接回注、与 CO_2 混掺回注、分离提纯后回注三种循环注入模式。以保持油藏混相状态和降低成本为目标，研究了多因素下的最小混相压力敏感性（图 6-41），首次量化了 CO_2 纯度对驱油效果的影响程度，提出并实践了工业化应用的伴生气不分离低成本超临界循环注入技术（图 6-42），填补了国内空白。CO_2 超临界循环注入综合成本 166 元 /t，较液态注入降低 20%。

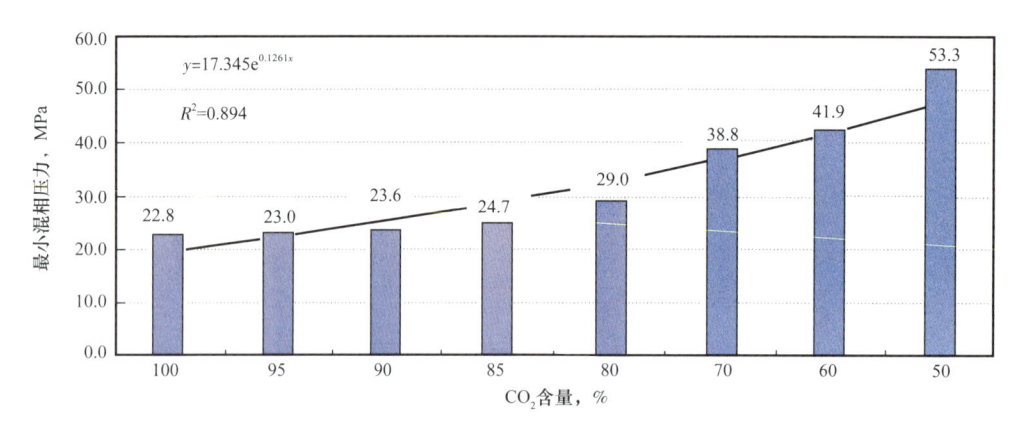

图 6-41　CO_2 驱油产出气组成与最小混相压力实验对比

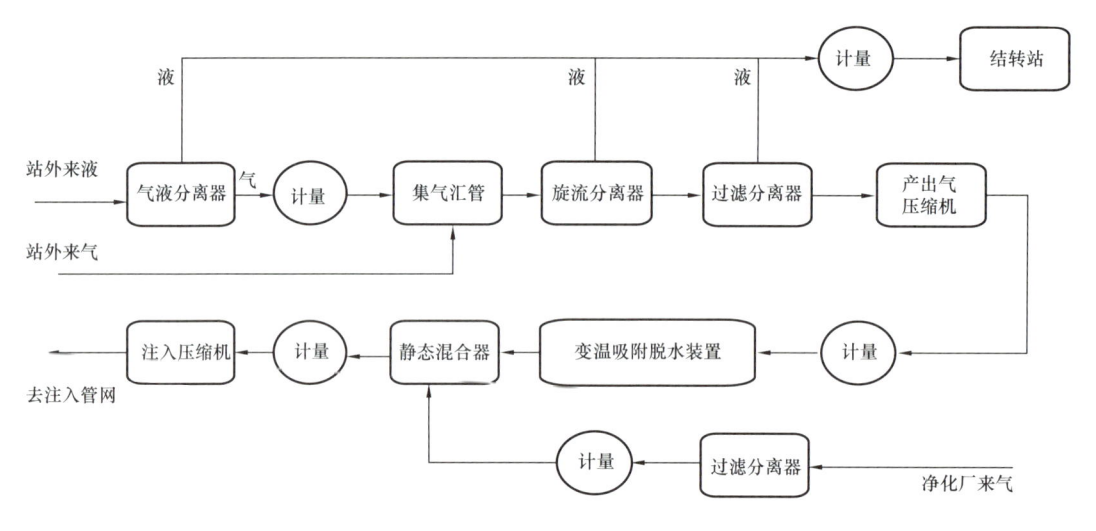

图 6-42　黑 46 区块 CO_2 循环注入系统流程示意图

（5）集成创新了 CO_2 驱油与埋存油藏监测技术。

当一个区块实施 CO_2 驱油之后，与水驱油一样，相应地需要对该区块进行油藏监测、动态分析评价和注采调控。与水驱油不同的是，CO_2 驱油存在混相不稳定、流体运移难控制、腐蚀问题突出、安全环保要求高等问题。为解决这些问题，在油藏监测方面相应需要增加一些特殊项目，主要有吸气剖面监测、直读压力监测、井流物分析、气相示踪剂、腐蚀监测和环境监测等。通过攻关研究与现场试验，形成了适合 CO_2 驱油开发特点的油藏动态监测技术。一是形成了大地电位监测、井下微地震、示踪剂检测等多种气驱前缘监测方法，集成地层压力监测、井流物分析、试井解释等方法，建立了 CO_2 驱混相判别和描述方法，完善建立了 CO_2 驱油藏监测技术系列，指导了 CO_2 驱开发动态规律认识；二是围绕 CO_2 驱油与埋存关键环节可控和长期安全等问题，研究建立了腐蚀防控监测及 CO_2 埋存状况监测技术；三是依据监测方法应用的效果及矿场实际需要，明确了不同监测技术的适应性，确定了工业化应用监测方案设计原则，优化了 CO_2 驱油与埋存油藏监测项目。

① 混相状况监测：通过组合试井解释、井流物检测等方法，分析混相状况。形成矿场全过程井流物检测与分析技术，建立了矿场混相识别标准；建立了试井三区复合模型，可以定量描述 CO_2 驱混相程度及混相带长度。

② 注采状况监测：应用参数直读测试方法，监测井筒流态和生产动态。研发了套气组分、动液面自动测试装置，建立了生产参数实时监测分析系统；研发了残余浓度快速检测技术，设计了挂片/环腐蚀监测工具，形成了井筒腐蚀监测技术。

③ 流体运移监测：集成微地震、示踪剂等方法，监测 CO_2 运移和驱替前缘。研发了 5 种气相示踪剂，可满足 5 口以内的多井组 CO_2 驱前缘同步监测。

④ CO_2 埋存状况监测：利用碳通量、CO_2 同位素等方法，判断 CO_2 泄漏状况。形成了"土壤碳通量+碳同位素"监测技术，针对不同监测需求，优化设计了直线布点和网状布点两种监测方法，地表碳通量监测表明，埋存的 CO_2 未发生泄漏；利用已封井作为井筒和地表 CO_2 泄漏观察井，长期监测分析评价井筒安全性。

（6）形成 CO_2 驱油地面工程系统风险控制对策。

① 建立了井筒完整性风险评价和控制方法。

建立了井筒泄漏分析模板和风险评价流程，形成风险评价方法；设计应用了注气井环空带压测试装置，建立了环空带压定性评价方法；形成从方案设计、施工质量到生产管理全流程风险评价和控制方法。

② 明确 CO_2 管道泄漏影响范围，评估了 CO_2 管道泄漏破坏机理及安全距离。

分析认为，CO_2 超临界注入管道存在爆炸破坏风险，表现为 CO_2 物理爆炸，具体爆炸类型为沸腾液体扩展蒸气云爆炸，主要来自压缩能和相变能。在不考虑土壤限制的条件下，CO_2 注入管发生相变爆炸后其冲击波造成的破坏范围如下：死亡半径为 10m；重伤半径为 28m；轻伤半径为 50m；财产损失半径为 19m；建筑物全部破坏半径为 13m；破片的最大抛射距离可达 1300m。

③ 提出风险辨识及控制措施，制定了相关标准、生产操作规程、HSE 体系文件。

通过借助风险评价方法进行适用性分析，考虑吉林油田含 CO_2 天然气集输处理系统风险评价的需要，借助 HAZOP 法和安全检查表法，对生产全流程的风险进行辨识和分级，CO_2 驱油地面工程系统涉及的危险源辨识及控制措施见表 6-8。同时，结合吉林油田 CO_2 驱油地面系统的生产实际，建立 HSE 管理体系，编制"两书一表一卡"等体系文件和作业文件，编制安全规程，研究安全标志设置方案，为管线和站场管理提供支持。编制了 1 本管理手册、27 个程序文件、40 个作业文件、7 个岗位作业指导书、2 类站队现场检查表、64 种操作项目作业指导卡。

表 6-8　CO_2 驱油地面工程系统涉及的危险源辨识及控制措施表

序号	危险源	主要危险物质	危害因素	主要后果	控制措施
1	地面集输及处理	CO_2 气体、污水、废气、废渣	腐蚀穿孔、人为破坏、自然灾害、"三违"	爆炸、中毒、冻伤、环境污染	正常状态下，严格执行操作规程和作业指导书，杜绝"三违"现象，及时整改隐患，按时巡检，从人和物两个方面削减风险
2	注气管线	液态 CO_2	腐蚀穿孔、人为破坏、自然灾害、"三违"	窒息、冻伤、环境污染	
3	注入泵房	液态 CO_2、NH_3	腐蚀穿孔、机械故障、人为破坏、"三违"	爆炸、中毒、冻伤、触电、机械伤、环境污染	
4	仪表工作室	CO_2 气体	设备故障、人为破坏、自然灾害、"三违"	火灾、中毒、环境污染	突发事件可控时，按操作规程及 HSE 作业文件、相应响应程序进行；不可控时，启动相应应急救援预案
5	变压器	变压器油	腐蚀穿孔、人为破坏、自然灾害、"三违"	火灾、触电、电力中断、环境污染	
6	污油池	含油污水	自然灾害、人为破坏	火灾、人员中毒窒息、环境污染	

第五节　矿　场　实　例

一、吉林油田 CO_2 驱油试验

吉林油田从 2008 年开始在大情字井油田黑 59 区块开展 CO_2 驱油先导试验，2009 年在黑 79 区块开展扩大试验，2012 年建立黑 79 小井距试验区，2013 年建设黑 46 工业化试验区，吉林大情字井油田 CO_2 驱规划部署如图 6-43 所示。

1. 黑 59 区块 CO_2 驱油先导试验

1）油藏概况

黑 59 区块位于吉林大情字井油田中央断裂带西侧，在次一级北西向断裂带的断垒带上。断层相对发育，周围有大小 4 条向西或西南倾反向正断层，近南北向延伸，延伸长度 1~3km 不等，断距一般在 10~45m 之间。裂缝相对发育，天然裂缝以东西向为主。区块构造受控于首尾相接的两条近南北向的反向正断层，在这两条断层的控制下，形成以岩性控制为主的断层岩性油藏。黑 59 油藏基础数据见表 6-9，油藏顶面构造如图 6-44 所示。

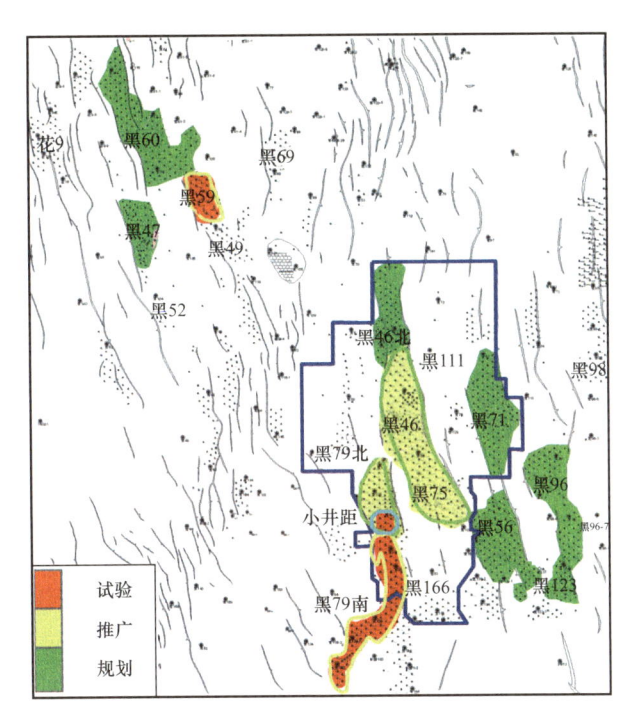

图 6-43 吉林大情字井油田 CO_2 驱规划部署图

表 6-9 吉林黑 59 区块油藏基础数据

参数	数值
含油面积，km^2	2.3
动用储量，$10^4 t$	102
油藏中深，m	2400
平均油层厚度，m	14.3
平均孔隙度，%	11.4
平均渗透率，mD	2.65
原始油藏温度，℃	98.9
原始油藏压力，MPa	24.2
油藏饱和压力，MPa	7.5

2）试验进展

黑 59 试验区为原始未开发油藏直接转气驱，规模注气井 6 口，采油井 25 口，反七点面积井网，井排距 440m×140m。试验区于 2008 年 3 月陆续开始注气，稳定阶段日注气 120~164t，月注气 $0.36×10^4$~$0.49×10^4 t$，年注气 $4.32×10^4$~$5.9×10^4 t$，累计注气 $27.3×10^4 t$，折合烃类孔隙体积 0.33HCPV，2014 年受气源等因素影响停止注气，转为注水开发。

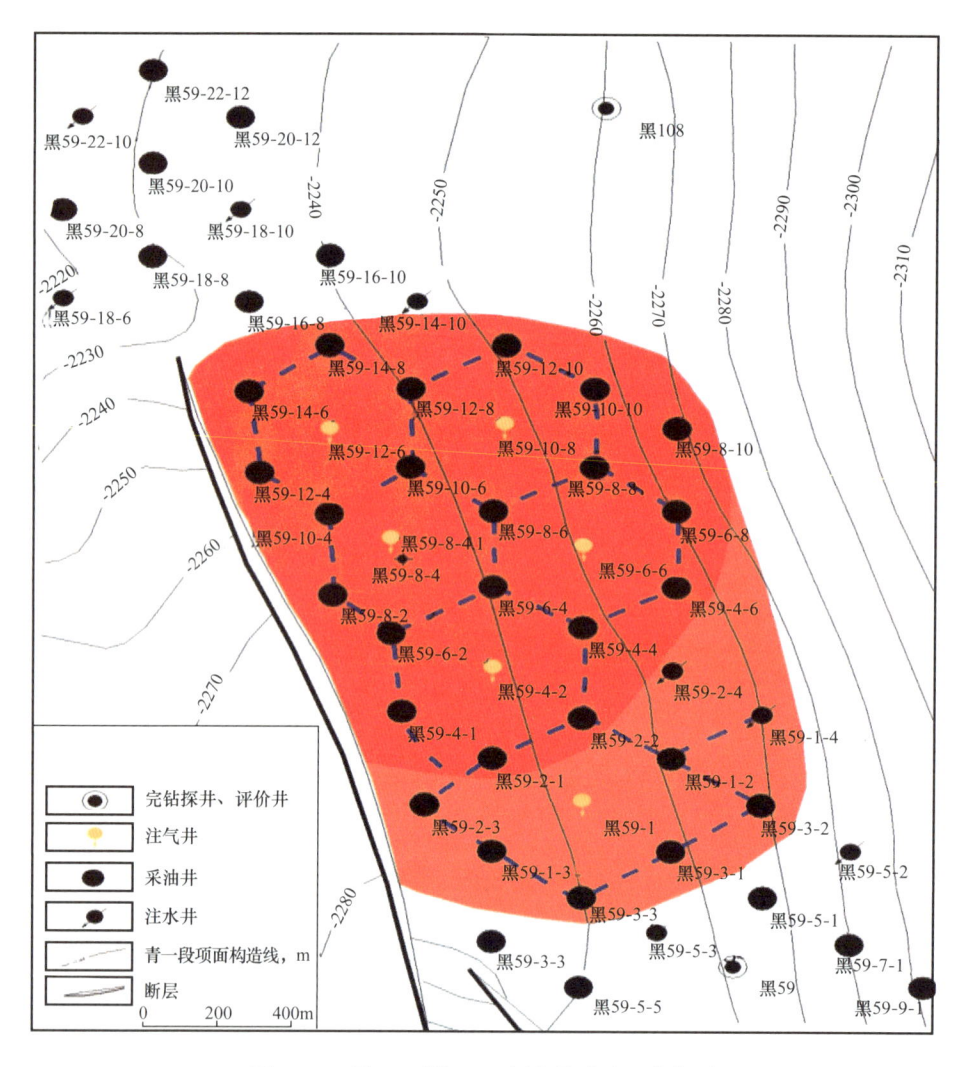

图 6-44 黑 59 区块 CO_2 驱先导试验区井位图

3）实施效果

注气前日产液 140.7t，日产油 66t，含水 53.1%，累计产油 $3.6×10^4$t，采油速度 1.7%，采出程度 3.5%（图 6-45）。注气初期部分油井关井恢复能量，2009 年 1 月所有油井开抽生产，初期日产液 145.3t，日产油 70.3t，含水 46.0%，气油比 119.5m³/t，CO_2 含量 51.3%，年产油 $2.6×10^4$t，采油速度 2.5%。注气结束时日产液 146.3t，日产油 38.2t，含水 73.9%，累计产油 $17.4×10^4$t，采油速度 1.3%，采出程度 17.1%，注气阶段采出程度 13.6%，数值模拟预测较水驱提高采收率 10.4%。

2. 黑 79 南 CO_2 驱油扩大试验

1）油藏概况

黑 79 南区块位于吉林大情字井油田向斜构造的东坡，为断层不发育的单斜构造，主要目的层青一段 2 号小层，条带状单砂体沿单斜上倾方向延伸，并向两侧及上倾方向尖灭，受沉积影响物性变化较大，形成上倾尖灭岩性油藏。黑 79 南区块油藏基础数据见

表6-10，试验区为高含水油藏转CO_2驱，储层孔隙度18%，渗透率19.8mD，地质储量$240×10^4t$，黑79南扩大试验区井位图如图6-46所示。

图6-45 黑79CO_2驱油先导试验区增油对比曲线

表6-10 吉林黑79南区块油藏基础数据

参数	数值
含油面积，km^2	7.6
动用储量，10^4t	240
油藏中深，m	2350
平均油层厚度，m	9.4
平均孔隙度，%	18
平均渗透率，mD	19.86
原始油藏温度，℃	97.3
原始油藏压力，MPa	24
油藏饱和压力，MPa	7.5

2）试验进展

试验区于2010年6月陆续开始注气，试验规模注气井18口，采油井62口，注气层位青一段2号小层，北部压裂区采用480m×160m反七点面积井网，南部复合射孔区采用480m×160m菱形反九点面积井网。根据长岭气田CO_2供应量调节注气井数，2010年注气井数为8口，平均日注气146.7t，月注气$0.44×10^4t$，年注气$2.64×10^4t$，至2014年注气井组达到17个，平均日注气232.8t，月注气$0.7×10^4t$，年注气$8.38×10^4t$。2014年11月，受注入水质等因素影响，南部13个井组停止注气，北部5个井组继续注气，作为黑46工业化应用区块气量调剂区块；截至2015年12月日注气145.3t，月注气$0.44×10^4t$，区块累计注气$41.2×10^4t$，折合烃类孔隙体积0.214HCPV。

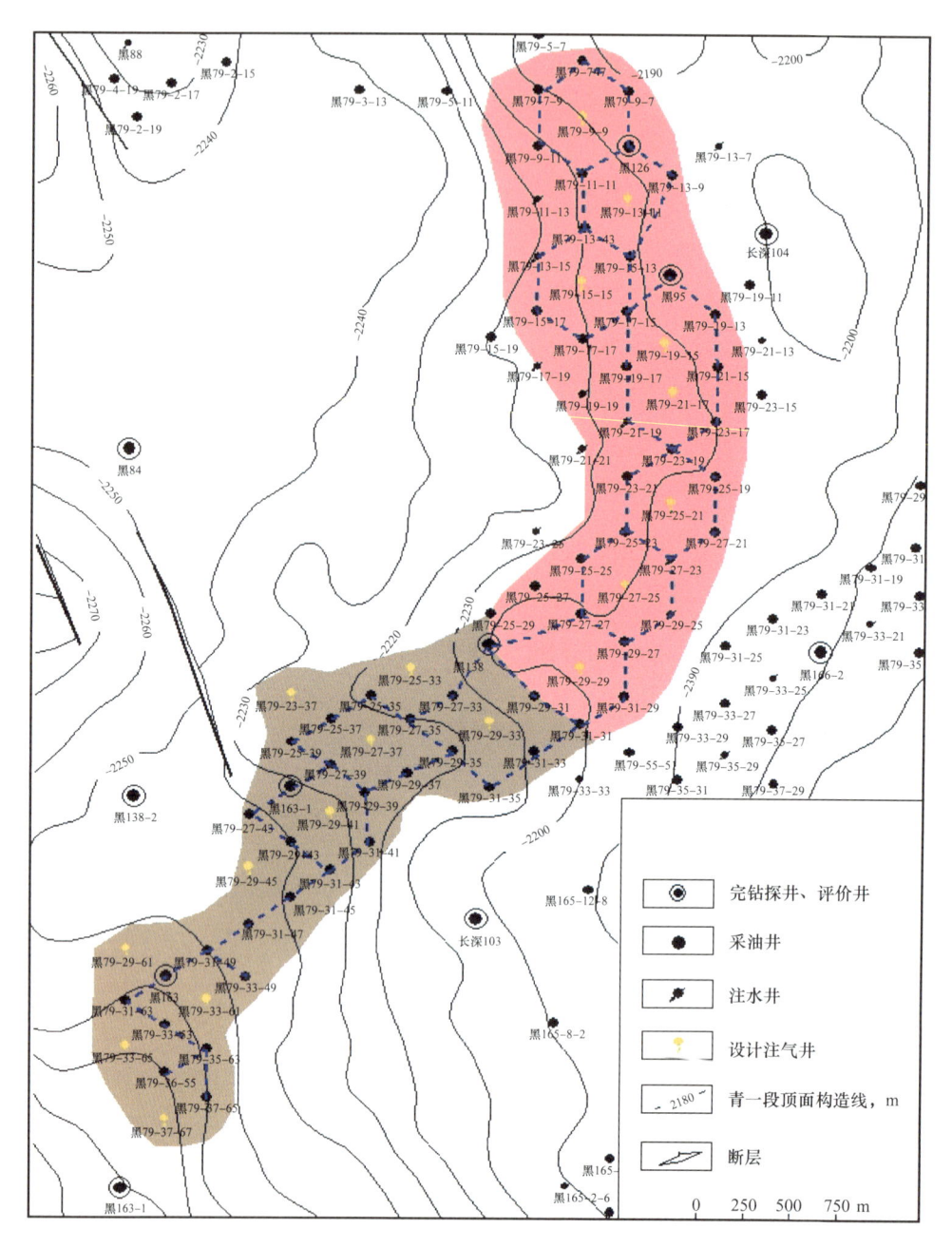

图 6-46　黑 79 南扩大试验区井位图

3）实施效果

注气前日产液 362.3t，日产油 179.3t，含水 50.5%，采油速度 2.7%，采出程度 17.8%，注气后初期日产液 383.2t，日产油 183.4t，含水 52.1%。2015 年 12 月日产液 326.1t，日产油 101.4t（图 6-47），含水 68.9%，采油速度 1.5%，采出程度 30.2%，模拟预测较水驱提高采收率 14.5%。

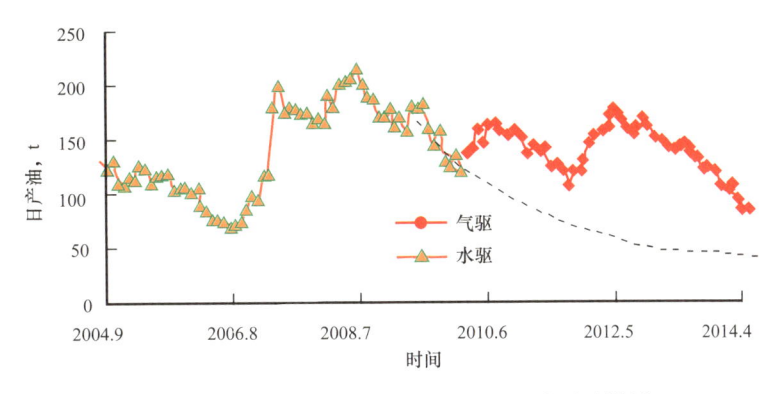

图 6-47 黑 79 南扩大试验区 CO_2 驱油开采效果

3. 黑 79 北小井距 CO_2 驱油试验

1）油藏概况

黑 79 小井距试验区为高含水油藏转 CO_2 驱，主要目的是快速认识 CO_2 驱全过程开发规律。黑 79 小井距试验区平均渗透率 4.5mD、孔隙度 13%。试验规模注气井 10 口，采油井 27 口，试验层位为青一段 11 号和 12 号小层，井网为 240m×80m 反七点（图 6-48）。

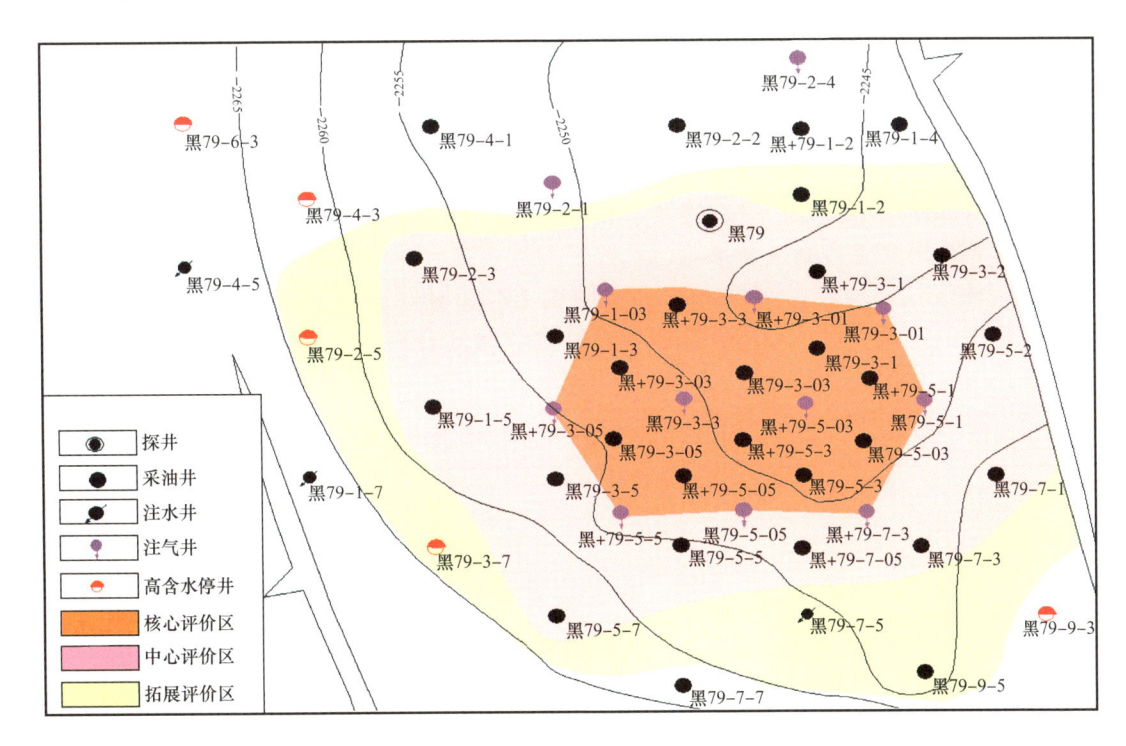

图 6-48 黑 79 南扩大试验区井位图

2）试验进展

黑 79 小井距转注前是高含水油藏，采出程度 25%，综合含水 81%，单井日产量 0.8t，于 2012 年 7 月开始注气，10 注 23 采，注采井距 150m，经历了连续注气、水气交替、综合调控三个阶段。

3）实施效果

黑79北小井距核心评价区已较水驱提高采出程度15.6%，预测可提高采收率20%以上（图6-49）。

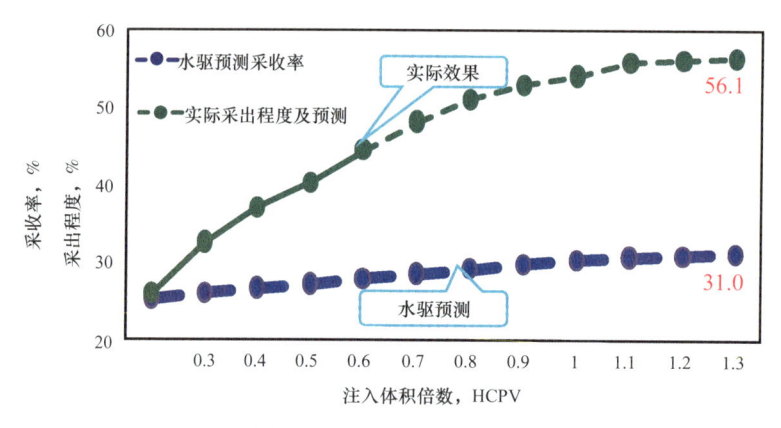

图6-49 黑79小井距试验区CO_2驱油开采效果

二、大庆油田CO_2驱油试验

1. 树101区块CO_2驱油试验

1）油藏概况

树101区块位于徐家围子向斜东翼，由两组反向正断层围限。构造相对平缓，构造高差20~60m。树101井区地层倾角变化在2°~4°，构造幅度差约为60m。区块封闭性较好且内部断层不发育，微裂缝发育相对较差，平均面密度仅为0.012条/m。从试验区附近树113探井应力测试结果看，该区平均最大主应力方向为NE77°。树101区块为特低渗透储层，平均渗透率1.16mD、孔隙度10%，有效厚度12.1m，全区由4条断层构成较封闭的区域。树101注气区块油藏基础数据见表6-11，油藏顶面构造如图6-50所示。

表6-11 树101注气区块油藏基础数据

参数	数值
含油面积，km^2	1.57
动用储量，10^4t	109
平均油层厚度，m	22.4
平均孔隙度，%	10.65
平均渗透率，mD	1.06
原始油藏温度，℃	108
原始油藏压力，MPa	22.05

2）试验进展

为解决榆树林油田扶杨三类储层水驱注入难、采出难的问题，2007年在树101区块开展了CO_2驱先导试验，采用矩形五点井网，井距300m和250m、排距250m，2014年在树101和树16区块开展CO_2工业化推广试验。

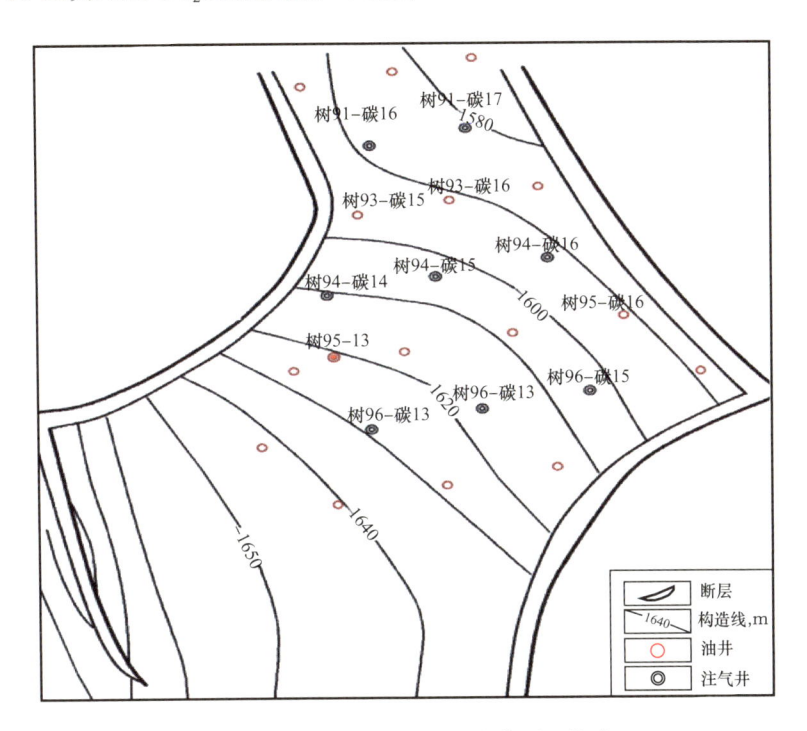

图6-50 树101注气区块油藏顶面构造

3）实施效果

10年来，试验区注入压力保持稳定，目前平均单井日产油1.6t，明显高于水驱，累计注气$26.11×10^4$t，累计产油$8.79×10^4$t，气油比控制在150m³/t以内，预测采收率比水驱提高9%（图6-51）。

2. 贝14区块CO_2驱油试验

1）油藏概况

贝14区块试验区为一个"南北地垒、东西断阶"的独立断块，呈不规则断鼻构造，南高西低，构造倾角15°～25°，Ⅰ油组顶面发育4条小断层，断距在30m左右，构造高点海拔-875m，低点海拔-1180m；Ⅱ油组顶面形态与Ⅰ油组相似，不发育断层，构造高点海拔-1000m，低点海拔-1200m。试验区平均单井钻遇有效厚度34.9m，Ⅰ油组14.5m，Ⅱ油组20.4m。岩心观察表明，试验区目的层天然裂缝不发育。贝14区块最小混相压力16.59MPa，在原始地层压力17.6MPa条件下，地层油与CO_2能够达到混相驱替。原始地层压力下，原油体积膨胀最大可达1.4倍，原油黏度下降40%，实验表明CO_2对原油有很强的膨胀和降黏作用。贝14注气区块油藏基础数据见表6-12，油藏顶面构造如图6-52所示。

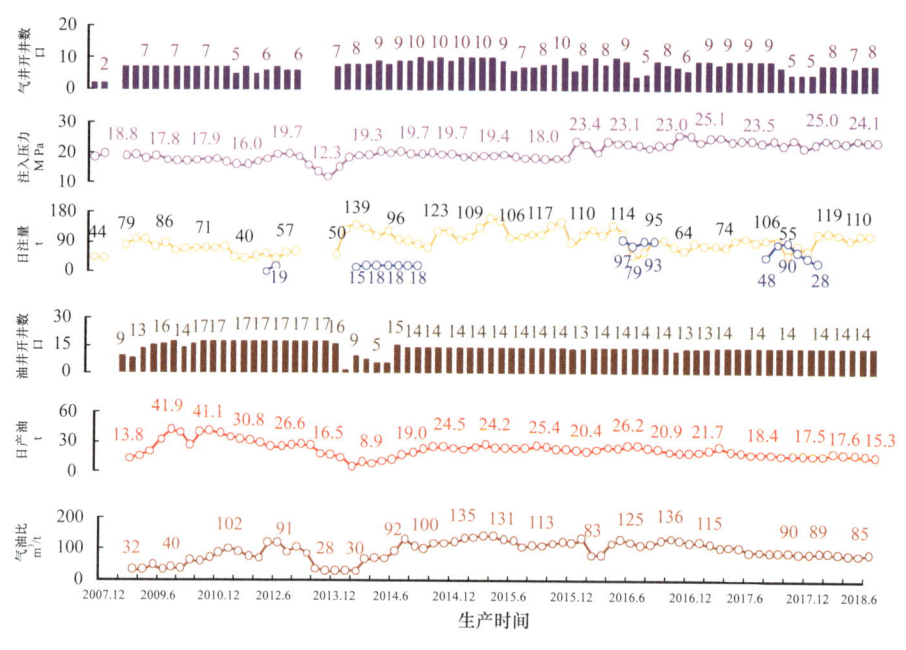

图 6-51 树 101 试验区生产曲线

表 6-12 贝 14 注气区块油藏基础数据

参数	数值
含油面积，km²	1.57
动用储量，10⁴t	109
油藏顶深，m	1600
平均油层厚度，m	22.4
平均孔隙度，%	10.65
平均渗透率，mD	1.06
原始油藏温度，℃	108
原始油藏压力，MPa	17.6
地层原油黏度，mPa·s	4.7

2）试验进展

为解决油田强水敏储层注水难的问题，2011 年在贝 14 区块开展了 CO_2 驱现场试验。

3）实施效果

试验区注入压力稳定，平均单井日产油由水驱的 1.3t 上升到受效后的 3t，部分井开采方式由抽油转为自喷，累计注气 25.7×10^4t，累计产油 10.87×10^4t，阶段增油 3.89×10^4t（图 6-53）。

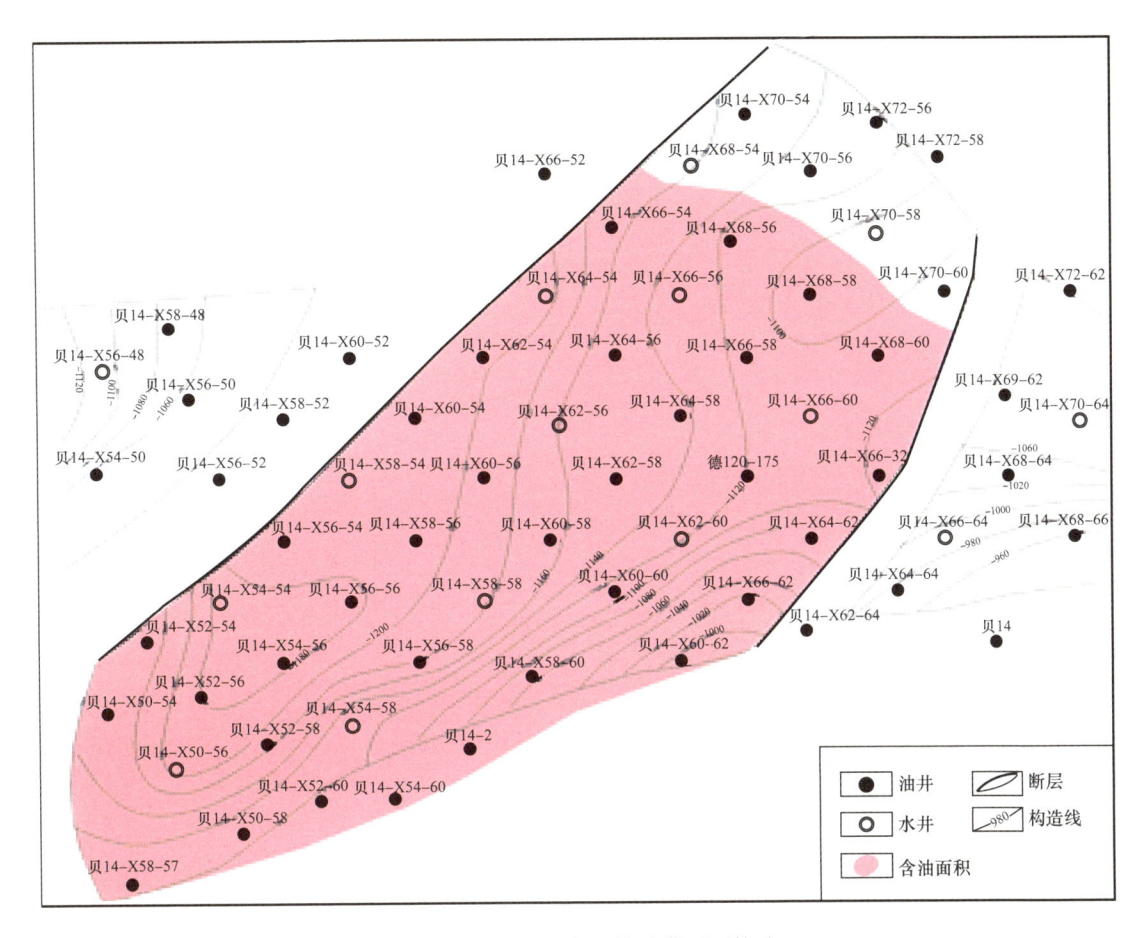

图 6-52　贝 14 注气区块油藏顶面构造

图 6-53　贝 14 试验区生产曲线

三、塔里木东河塘天然气辅助重力驱试验

1）油藏概况

东河塘油田东河 1 井区地处新疆维吾尔自治区库车县东河塘乡西南 5~9km 处，目的层为石炭系东河砂岩段，储层整体为中孔隙度、中渗透率储层，储层平均孔隙度 15.1%，平均渗透率 68.1mD。原油具有低黏度、低凝固点、低含硫和中密度、中

含蜡的特点。地面原油黏度 5.23~12.47mPa·s（20℃）。地层水矿化度高，总矿化度 23.4×10⁴mg/L，水型为 CaCl₂ 型。油藏原始地层压力 62.38MPa，压力系数 1.12，属正常压力系统。原始地层温度 140℃，温度梯度 2.4℃/100m，属正常温压系统。东河砂岩厚度大，油层段无稳定的泥岩隔岩，仅具数十条含泥质（灰质）粉细砂岩物性夹层，夹层分布局限，不能在全油田形成统一的稳定隔层。自下而上依次为水层、稠油带、稀油层，各流体界面基本统一（图 6-54）。特殊的油藏类型，为天然气辅助重力驱提供了理想的条件。

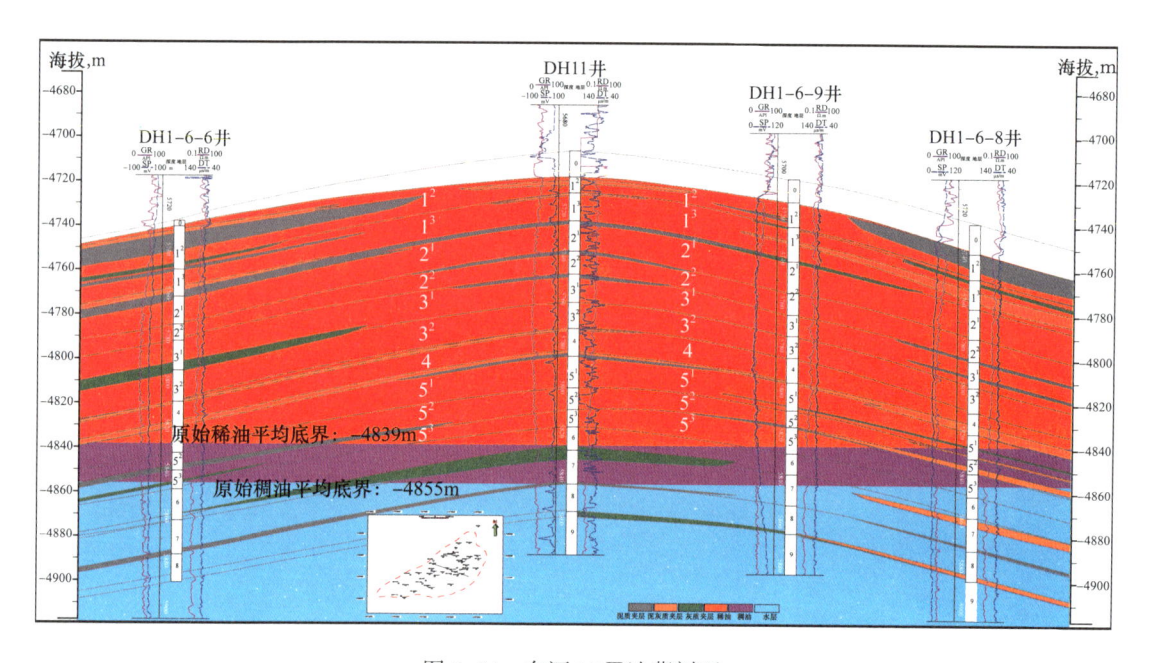

图 6-54 东河 1CⅢ油藏剖面

2）试验进展

试验区为 -4775m 以上区域，纵向上 0~31 小层，面积 2.98km²，动用储量 604×10⁴t。注气方式为顶部注气辅助重力驱。注采层位为 1 砂层组 12+13 小层注气，1 砂层组边部与 2 砂层组中下部采油。试验区总井数 29 口，注气井 4 口（新井 4 口），采油井 14 口（新井 3 口），生产观察 11 口。注气规模为日注气 40×10⁴m³，注气压力 48MPa，注气 5 年。预计试验区年产 14×10⁴t，稳产 5 年，期末累计增油 101×10⁴t，采出程度 45.95%，比水驱采收率提高 17.7%。

3）实施效果

2013 年底通过方案审查，进入实施阶段。到 2015 年底，已完钻注气井 2 口（DH1-6-10J 井、DH1-1GH 井）、采油井 3 口（DH1-10H 井、DH1-H11 井和 DH1-H12 井），老井封窜治理 5 口，建成注气橇 1 座，注气站建设稳步推进。注气井 DH1-6-10J 井累计注气 1976×10⁴m³，井口注气压力 40.5MPa，日注气 6×10⁴m³，注气稳定。注气井组初见增油 3.0×10⁴t，东河油田开发被动局面得到扭转（图 6-55）[14]。

图6-55 天然气顶部注气辅助重力试验区计划及实际年产油

年份	2011	2012	2013	2014	2015	2016	2017	2018
计划	26.01	22.8	20.55	15.15	16.58	18.16	19.41	20.78
实际	25.98	21.37	17.78	15.58	17.73			

参 考 文 献

[1] 沈平平,廖新维.二氧化碳地质埋存与提高石油采收率技术[M].北京:石油工业出版社,2009.

[2] 袁士义.二氧化碳减排、储存和资源化利用的基础研究论文集[M].北京:石油工业出版社,2014.

[3] 袁士义.注气提高采收率技术文集[M].北京:石油工业出版社,2016.

[4] 秦积舜,韩海水,刘晓蕾.美国CO_2驱油技术应用及启示[J].石油勘探与开发,2015,42(2):209-216.

[5] 胡永乐,郝明强,陈国利,等.注二氧化碳提高石油采收率技术[M].北京:石油工业出版社,2018.

[6] 何江川,王元基,廖广志.油田开发战略性接替技术[M].北京:石油工业出版社,2013.

[7] 廖广志,马德胜,王正茂,等.油田开发重大试验实践与认识[M].北京:石油工业出版社,2018.

[8] 刘玉章,陈兴隆.低渗透油藏CO_2驱油混相条件的探讨[J].石油勘探与开发,2010,37(4):466-470.

[9] 宋新民,杨思玉.国内外CCS技术现状与中国主动应对策略[J].油气藏评价与开发,2011,1(1/2):25-30.

[10] 程杰成,雷友忠,朱维耀.大庆长垣外围特低渗透扶余油层CO_2驱油试验研究[J].天然气地球科学,2008,19(3):402-409.

[11] 庞彦明,郭洪岩,杨知盛,等.国外油田注气开发实例[M].北京:石油工业出版社,2001.

[12] 李士伦,郭平,王仲林,等.中低渗透油藏注气提高采收率理论及应用[M].北京:石油工业出版社,2007.

[13] 杨永智,沈平平,张云海,等.中国CO_2提高石油采收率与地质埋存技术研究[J].大庆石油地质与开发,2009,28(6):262-267.

[14] 李实,张可,马德胜,等.地层油关键组分与CO_2与混相能力的相关性研究[J].油气藏评价与开发,2013,3(5):30-33.

第七章 微生物提高采收率技术

微生物提高采收率技术（Microbial Enhanced Oil Recovery，简称 MEOR）是指利用微生物及其代谢产物作用于油藏和油层流体，实现提高原油采收率的一系列技术的统称[1,2]。该技术因其"成本低廉、环境友好、工艺简便、适应广泛"等特点，在常规水驱后油藏和枯竭油藏强化采油方面具有巨大的应用潜力。

本章重点论述了新疆油田空气辅助微生物驱、大庆油田聚合物驱后油藏微生物驱、华北油田地面地下一体化循环微生物驱的基本情况、方案、进展、成果与认识，分析了面临的主要问题及应用前景。

第一节 概　　述

20世纪初期，美国科学家首先提出了"在储油层利用微生物提高原油采收率"的设想并通过实验研究证明细菌可以从砂岩中释放原油[3]。20世纪七八十年代，中国和苏联科学家也开展了大量的现场实例研究[4]。直到20世纪末，微生物采油概念扩展到微生物作用下油藏残余油气化提高采收率的研究[5,6]。目前，微生物采油采用的工艺技术有：微生物油井吞吐、微生物清防蜡、微生物驱油、生物表活剂驱油、微生物调剖封堵等。

2006年之后，微生物驱油技术得到了国家"863""973"项目以及中国石油天然气集团公司及各油田分公司鼎力支持，室内研究与现场紧密结合，围绕微生物驱油理论认识、关键技术、现场试验与应用开展多学科联合攻关，形成了由油田、高校、研究院所组成的专业优势互补的产学研攻关团队，基础研究方面取得了一系列的突破，现场试验见到了明显的增产实效，具备了进一步发展成为长效、低成本开发技术的基础。

一、发展历程

1926年，美国科学家 Beckmann[7] 首先提出了"在储油层利用微生物提高原油采收率"的设想。苏联的 Kuznetsov，Andreyevsky，Shturm 和 Senyukov 等学者[8] 推动完成了"油田水微生物生态"的系统研究，从而奠定了地质微生物学科的发展基础。20世纪60年代至90年代是微生物采油技术研究得到迅速发展的时期。20世纪90年代至今，通过探索与不断的实践，微生物单井吞吐和微生物清防蜡作为生产维护和增产措施已经得到油田广泛应用[9]。目前国际上主要形成外源微生物驱和内源微生物驱两大技术思路，外源微生物驱技术是利用从油藏以外的各种环境（土壤、污水、海水）中分离筛选出适宜的菌种，将其注入地下，利用其繁殖效应和代谢产物的作用增加原油产量；内源微生物驱油技术是以地层已有微生物为激活对象，将剩余油作为碳源，在注水中引入空气和含磷、含氮的无机或有机物质，在油藏内部通过微生物的生长代谢作用原油来提高原油采收率的一项生物采油技术，该技术适应性好，减少了地面筛选和发酵生产等环节，是近年微生物驱油技术发展的主要方向[10]。

"九五"期间，国家科学技术部在国家重点科技攻关项目"复合驱成套技术研究及矿场试验"中开设专题"微生物驱油探索研究"，由大庆油田、胜利油田和大港油田共同承担，在菌种筛选和矿场试验等方面进行了系统的探索研究[11]；2000年后，在国家"973"项目中设立专题"微生物驱提高采收率基础研究"，围绕油藏微生物群落、采油功能菌的功能基因解析、驱油机理等内容开展了深入研究；2009年起，国家科技部分两期设立"863"攻关项目——"内源微生物驱油技术研究"和"微生物采油关键技术研究"，由中国石油牵头，联合中国石化、北京大学、南开大学、华东理工大学等高校，在油藏微生物多样性研究、菌种优选评价与菌剂制备、激活体系研发、代谢规律及代谢产物研究、微生物驱油模拟与评价、现场监测、现场动态调整及效果评价等方面取得一系列重要成果，为微生物采油技术的进一步发展和应用打下良好的基础。与基础研究相配合，在中国石油天然气集团公司及各油田分公司的支持下，包括大庆、新疆、华北、大港、吉林等10多个油田陆续开展了一系列规模不等的矿场试验，大多数都见到了明显的增产效果，获得了第一手的资料信息，积累了宝贵经验。总体来看，微生物驱油矿场试验数量少、规模小，注入量远低于其他三次采油技术，试验效果未能真实反映该技术的应用潜能。

国内微生物采油技术目前已呈现单井到多井组和整装区块、外源微生物注入到内源微生物地下调控的发展趋势。从系统研究和技术集成、矿场试验规模和效果上都处于国际先进水平。

二、研究及应用现状

俄罗斯是内源微生物采油技术主要研究和应用国家之一，在室内研究和矿场应用方面都取得了突出的成就。截至2003年底，俄罗斯开展了20多个油田区块的内源微生物驱油试验，共涉及134口水井和325口油井，累计增原油60×10^4t[12]。美国、加拿大、澳大利亚、英国、马来西亚、印度尼西亚和印度等国多年以来相继开展了外源微生物采油现场试验，据文献记载仅美国就开展了微生物采油现场试验400案例[13-15]。

20世纪80年代，我国微生物采油技术进入系统研究和试验中。大庆油田为中国开展微生物采油技术的先驱，研究试验对象是水驱后期高含水、低黏度的低产油井。随后，大港油田、吉林油田、华北油田、青海油田和新疆油田也先后开展了微生物采油相关的研究，现场试验效果均令人鼓舞。

根据微生物采油技术发展的形势需要，中国石油天然气集团公司于2002年在中国石油勘探开发研究院成立了微生物采油专业研究室，并于2006年纳入中国石油三次采油重点实验室的建设与运行，牵头中国石油微生物采油技术攻关和指导油田现场试验与应用。

我国的微生物采油技术历经理论探索、消化吸收和创新三个阶段的发展。目前已经从外源微生物转向以内源微生物采油为重点，近年来，中国石油天然气集团公司在国家863项目和973项目的支持下，该技术在下述5个方面取得重要突破：

（1）驱油机理认识得到深化。研究表明，微生物具有极强趋化性和原位繁殖效应，能够富集到油水界面，界面生物表面活性剂浓度达到2.87%。同时，现场产出液中检测到了生物表面活性剂，甲烷等微生物代谢产物，证实了乳化分散、产气为主要驱油机理。

（2）逐步明确了油藏内部假单胞菌、芽孢杆菌和不动杆菌等烃氧化菌是微生物采油主要有益菌，油井增油效果与有益菌浓度正相关，充分证明现场增油降水效果是微生物的驱油作用。解决了困扰微生物采油几十年的目标核心菌种问题，为驱油体系构建与优化指明了方向。

（3）油藏内部微生物激活技术取得突破，形成了系列适合不同油藏条件的微生物激活体系。通过选择性激活，采油有益菌数量提高10万倍以上，现场油井产出液中有益菌浓度提高1万~10万倍，假单胞菌、芽孢杆菌等有益菌浓度比例增加并稳定在60%以上。

（4）室内物理模拟驱油效率大于16%，预测现场试验在注入0.3PV（孔隙体积）以上情况下，提高采收率幅度均能达到10%以上。按照中国石油适宜微生物驱的资源量$73.58×10^8$t计算，增加可采储量$7.36×10^8$t，潜力巨大。

（5）现场应用效果显著。

据对新疆、华北、大庆、大港等多个油田历年来应用微生物采油的不完全统计结果显示，累计增油约$51×10^4$t。其中新疆油田在七中区克上组油藏开展了4注11采的先导试验，在注入量仅为0.1PV（孔隙体积）营养剂的条件下，考虑递减累计增油17375t，营养剂折合吨聚合物增油78t，微生物驱综合成本低于20美元/bbl，较聚合物驱油综合成本低47%，经济效益显著；华北二连油田微生物驱油现场试验已形成一定规模，实现了采出液的循环利用，为油田3年稳产$25×10^4$t/a、油田综合含水稳定控制在85%以内提供了技术保障；大庆油田在南二东聚合物驱后油藏开展了1注4采现场试验，在注入0.0785PV营养剂的条件下，油藏微生物被有效激活，油井产生大量的生物气（CH_4、CO_2和H_2），累计增油6243t，提高采收率3.93%，显示了聚合物驱后应用微生物驱进一步提高采收率的应用潜力[16-18]。

第二节　微生物驱驱油机理新认识

微生物采油技术是现代生物技术在采油工程领域中创新性的应用，是未来采油技术的发展方向。此项技术以费用低廉、环境友好、科技含量高、发展迅猛而著称，目前主要针对高含水和接近枯竭的老油田实施应用。近年来，中国石油天然气集团公司在微生物采油机理研究方面获得了新的认识，相信在不久的将来，把微生物采油技术应用于采油初期或与其他采油技术联合，一定能达到最佳采油投入产出比，大大延长油田寿命。

一、微生物采油主要影响因素

随着对微生物采油提高采收率机制的深入研究，对微生物代谢途径、代谢产物以及微生物代谢过程对油藏的影响程度的分析表明，微生物采油有以下主要影响因素。

1. 菌种

微生物菌种是微生物采油技术发挥作用的根本和物质基础。菌种代谢产物的浓度、稳定性和代谢速度以及菌种对油藏环境的适应性是评价菌种性能的主要指标。因此，开展微生物提高采收率技术研究首先要考虑获得适应油藏环境、遗传性状稳定并且采油效果良好的菌种。

2. 油藏的微生物群落结构

油藏中的微生物群落结构复杂，并存在动态变化的过程，而且种类繁多的微生物彼此之间存在相互作用，因此对油藏微生物群落进行有针对性和可操作性的调控已经成为关乎微生物采油技术成败的主导因素。目前，对油藏微生物的调控还远未达到预期效果。

3. 油藏温度

温度对于微生物生存和生长都是关键甚至是致命的因素。虽然在一些极限温度下少量微生物可以生存，但这对于进行微生物驱油需要的数量和浓度来讲是远远不够的。随着温度的升高，微生物的生长和代谢速度变慢。目前公认的微生物采油的适用油藏温度是在20～80℃。

4. 油藏微生物生态环境

经过开发，油藏存在相对稳定的微生物生态系统。采油功能菌与已有的微生物生态系统能否兼容，注入的营养对微生物生态系统有什么影响，以及由此引发的一连串反应都能在很大程度上影响微生物采油过程。

5. 营养组成

注入地层的微生物所需的营养物质应当在地层条件下具有良好的热稳定性和化学稳定性，而且不会与地层液体中的无机盐发生反应而沉淀。这些营养物质应该能够同时满足多种微生物繁殖的要求，又能够使它们在较短的时间里繁殖达到最大密度和具有较强的活性。

6. 油田用化学剂

油田开发中使用的化学剂包括钻井、修井、完井、压裂、堵水、调剖和固砂过程使用的化学剂、生产过程中使用的缓蚀剂、防垢剂、除垢剂和杀菌剂以及油田开发后期化学驱使用的驱油剂，包括聚合物、表面活性剂、发泡剂等。其中对微生物影响最大的是杀菌剂和化学驱油剂。

7. 流体性质

影响微生物采油效果的油藏流体性质包括：地层水矿化度和原油理化性质。一般来说，比较低的矿化度，有利于微生物生长代谢，而高矿化度对微生物繁殖代谢影响较大。原油中的蜡质成分可被微生物利用，而稠油中胶质、沥青质等组分通常难以被利用。

8. 施工工艺

注入周期和气液比例是微生物驱油工艺中最重要的因素。因此，在进行现场试验前必须针对油藏的温度、渗透率、孔隙度、原油性质、储层岩性、注水周期等设计注入周期，优化最佳气液比例以达到理想的增油效果。

二、提高采收率机理

微生物采油技术科技含量高，属于微生物学和油藏工程交叉学科。该项技术不仅包括微生物的繁殖和代谢等生物化学过程，而且包括这些具有生命特征的微生物在油藏中的运移以及与岩石、油、气、水的相互作用及相互作用后引发的岩石、油、气、水物性的改变。

"十二五"期间，中国石油勘探开发研究院通过大量的实验研究和现场试验验证，深化了微生物采油机理。

1. 微生物驱油的主要机理之一——微生物对原油的乳化分散携带

研究表明，微生物表现出极强的趋化性和原位繁殖效应，定向附着于油相表面并分散乳化成小油珠，疏水细胞占据在油珠的表面，形成一层保护层，防止了乳化油珠的再次聚并，起到了稳定乳状液的作用。与化学乳状液相比，生物乳状液中原油分散程度更高，稳定性更好。化学乳状液液滴的粒径较大，分布范围广，在20～80μm都有分布，液滴的位置和大小随时间的变化而变化，发生聚并。而生物乳状液液滴半径范围分布较窄（3～25μm），并且多集中在小粒径区域（小于8μm粒径的液滴较多），液滴的粒径不随时间变化，如图7-1和图7-2所示。物理模拟驱油实验表明，提高采收率的幅度和生物表面活性剂的浓度密切相关。生物表面活性剂的浓度为500mg/L以下时对提高采收率贡献不大。随着生物表面活性剂的浓度不断增加，其驱油效果越来越好。

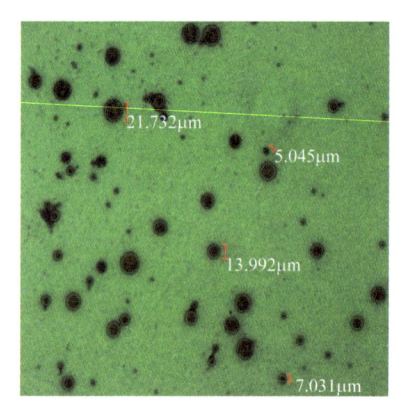

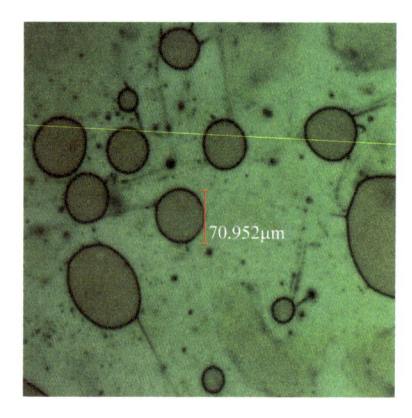

(a) 生物乳状液，不稳定系数为0.88　　(b) 化学乳状液，不稳定系数为74.5

图7-1　生物乳状液和化学乳状液的区别

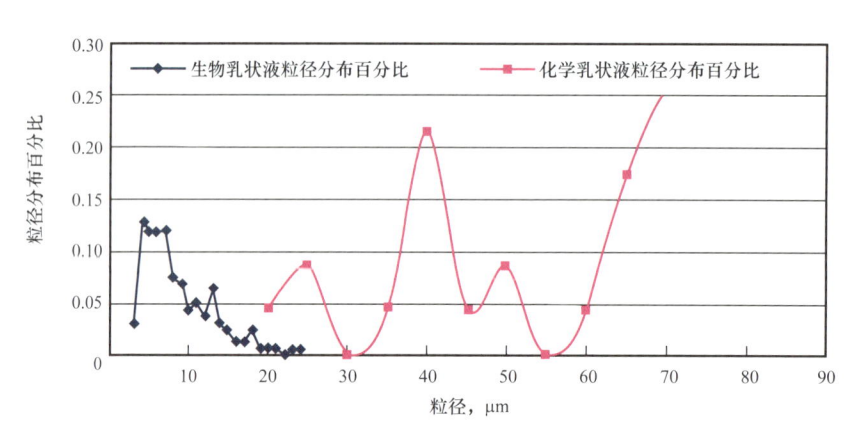

图7-2　生物乳状液和化学乳状液粒径分布百分比

2. 生物气提高采收率机理

微生物在地下发酵过程中能产生各种气体，如CH_4，CO_2，N_2和H_2等，这些气体溶解在油中降低原油黏度，提高原油流动能力；这些气体以小气泡存在时，可增加油层压力（图7-3），减小残余油饱和度；原油在生物气泡表面向前滑动而降低渗流阻力；大孔隙中的大气泡对液流形成一定阻力，造成"贾敏效应"；同时，气泡的贾敏效应还会增加水流阻力，提高注入水波及体积；微生物还可利用残余油通过不同途径转化为甲烷。

3. 微生物会产生大量有机酸改善地层参数

微生物在代谢过程中产生大量的有机酸,如甲酸、乙酸、丙酸、丁酸、戊酸等(图7-4)。有机酸可以使岩石中的碳酸盐岩成分溶解增加岩石孔隙度,改善渗透率,驱油效果得到改善。

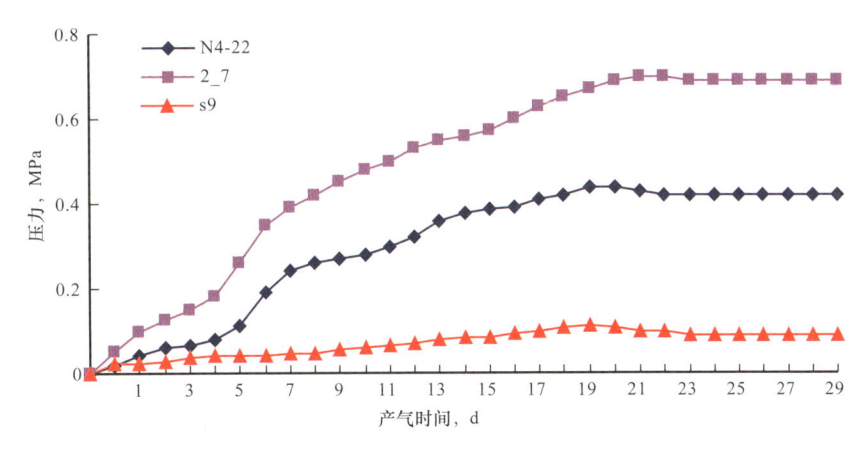

图7-3 在三种不同培养基条件下微生物培养期间压力变化情况

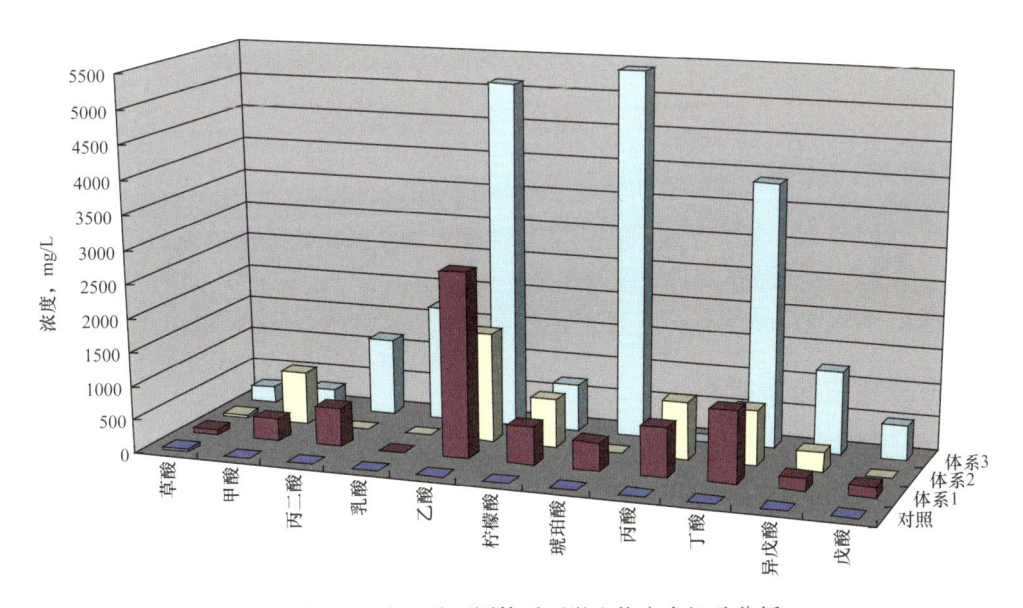

图7-4 在三种不同体系下微生物产有机酸分析

4. 微生物代谢生物聚合物调剖提高采收率机理

微生物代谢生成的大分子生物聚合物与菌体一起增加了水相黏度,改善水油流度比,缓解水驱油时常见的指进现象。生物聚合物还能起到调整注水油层吸水剖面的作用,从而降低高渗透层的吸水量,增加低渗透层的吸水量,扩大水驱油波及体积,提高原油采收率。常见的生物聚合物主要有黄胞胶、核菌葡聚糖以及杂多糖等(图7-5)。

总之,微生物驱油过程和提高采收率主要机理都比较复杂,近10年这些新认识对后续的激活体系研究与现场试验方案制订具有指导作用。

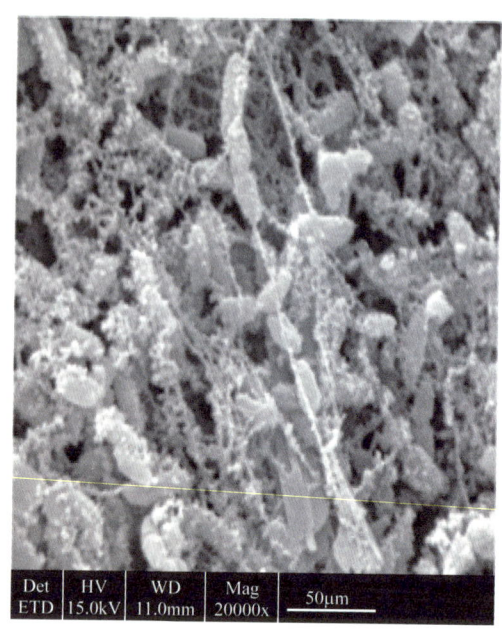

(a) 以甘油为培养基的培养结果　　(b) 以糖蜜为培养基的培养结果

图7–5　微生物利用不同营养产水不溶性多糖的扫描电镜图

第三节　油藏微生物研究

油藏微生物是微生物采油技术的基础。在微生物采油过程中，原油采收率的提高依靠油藏微生物自身的活动以及它们的代谢产物，因此对油藏微生物的研究就显得尤其重要。近10年来，中国石油勘探开发研究院利用分子生态学技术方法研究了不同油田的油藏微生物生态结构，并在此基础上形成了具有针对性的激活剂配方。

一、微生物生态多样性

群落指生态学中在一个群落生境内相互之间具有直接或间接关系的所有生物。生物群落中，各个种群占据了不同的空间，使群落具有一定的结构。群落结构总体上是对环境条件的生态适应。油藏内源微生物的群落指的是油藏空间范围内的所有的内源微生物和适应油藏环境生存下来的外源微生物的总和，不同种群占据不同空间以及种群间的亲缘关系称为油藏内源微生物的群落结构。油藏环境的差异决定了微生物群落多样性。较低的油藏温度和地层水矿化度，以及较高的油藏渗透率和长期注水，会显著提高内源微生物群落的多样性。因此，不同油藏微生物结构既有相似之处，也有明显差异。

油藏内源微生物是驱油技术的物质基础和主要研究对象。深入、系统地调查和分析油藏中微生物群落，确定功能微生物及其影响因素是微生物采油技术的关键内容。油藏内源微生物群落结构的分析是进一步开展微生物采油的基础数据。但由于起步较晚加上油藏的极端环境，相对环境修复等领域的研究较为滞后，仍处在描述性阶段，尚未全面进入动态机理研究水平。内源微生物涵盖细菌和古菌种群。利用最先进的分子生物学手段可以研究考察油藏微生物生态群落，各个国家都相继针对油藏环境开展了微生物群落的调研工作，在不同油藏中发现并鉴定出多种好氧、厌氧微生物。

传统的油藏微生物群落分析是建立在对已经在实验室被培养出来的油藏微生物基础上，而微生物对环境、营养条件以及与其匹配的生态系统的要求十分苛刻，实验室内只有少部分微生物能够被富集培养，研究人员现在还无法完全认知油藏微生物的营养条件和生长规律，也不能完全模拟油藏营养条件和氧环境，因此油藏中能够被培养出来的微生物仅占油藏微生物的0.1%~15%，大部分无法在实验室条件下生长繁殖的微生物也就无法被认识和研究。随着微生物分子生态学方法的快速发展和建立，尤其是基于细菌16SrRNA的PCR扩增技术，为认识各种生态系统中的微生物群落结构提供了手段和方法。将微生物分子生态学方法应用于油藏微生物群落研究是近些年迅速发展的克服对传统培养方法依赖的有效研究方法。

分子生态学方法以微生物核糖体DNA/RNA中保守序列的进化史为主要研究对象来研究微生物系统生态组成，这种方法对微生物系统的研究不需要建立在对微生物系统的培养和富集的基础上，不受微生物状态影响。微生物DNA/RNA中存在进化中的保守序列和特异性序列，生态学方法通过保守序列来设计扩增引物，通过对特异性序列和其数量的检测来反映油藏微生物系统的组成和比例。提取环境中微生物总DNA，通过保守序列扩增其16SrRNA片段，通过对其特异性序列种类和相对量的研究，比较全面客观地了解油藏微生物系统的组成。分子生态学研究微生物生态系统的群落组成，不仅避免了传统富集培养对培养环境的高度依赖性和繁重工作量，而且其获得信息量大，准确全面的优点非常适合用在油藏微生物生态系统的检测中。

近年来，利用微生物分子生物学检测技术，分别对新疆、大港、大庆、华北、胜利等油田不同类型油藏注入水和采出水样进行了微生物分子生态分析，得到了各自的微生物群落信息[19-23]。由此揭示了各区块各井的基于微生物属水平的细菌和古菌群落结构，从而对各区块和各油井间的细菌和古菌群落结构的共同性和差异性有了明确的了解。

1. 细菌群落结构特征

研究结果表明，各油藏微生物细菌群落结构在区块间呈现出一定的区块特异性，且同一区块的采样井之间也存在着一定的差异性。从各区块细菌优势菌汇总结果（图7-6）可以看出，各区块油井优势菌株存在明显差异，注入井水中微生物对区块油井的优势菌有一定影响，但并不是唯一因素。新疆油田六中区油井主要优势细菌为弓形杆菌；同时，假单胞菌、泥土杆菌和嗜油菌比例也较高；华北B19区块各油井优势细菌不完全一致，B18-43井优势细菌为弓形杆菌，而B18-44井和B18-45井优势细菌为假单胞菌和不动杆菌；华北蒙古林区块油井主要优势细菌为弓形杆菌和假单胞菌；胜利沾3区块油井的主要优势细菌为假单胞菌。对同一区块不同时间点的样品，细菌群落间有较明显差异，即同一油井内的微生物群落会随着时间发生波动。烃氧化菌、硝酸盐还原菌、硫酸盐还原菌、发酵菌、产甲烷菌在各区块基本都有检出，但各类菌的相对丰度以及种类随区块有明显差异。油藏矿化度、温度、深度和渗透率是影响细菌种类分布的重要因素，各油藏物化参数对细菌和古菌的影响规律不同，同一参数对不同种类的微生物影响程度有差异，对某些种类微生物有促进作用的同时会抑制其他种类微生物的数量。内源微生物采油技术的研发需要根据各目标油藏内源微生物群落结构的特点建立相应的激活配方，激活采油功能微生物，形成优势微生物群落，才可能真正发挥内源微生物采油的优势。

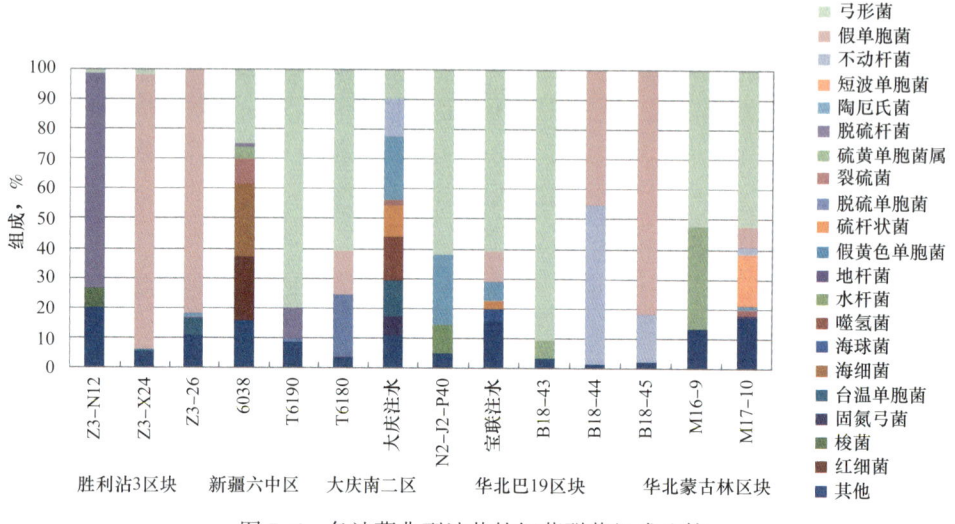

图 7-6　各油藏典型油井的细菌群落组成比较

2. 古菌群落结构特征

从各油井均检测到产甲烷菌，尽管区块间产甲烷菌差异比较明显，但同一区块各油井间的产甲烷菌种类基本相似（图 7-7），该结果表明油藏环境甲烷转化的存在；同时，也表明产甲烷过程的激活也将是内源微生物激活的一个重要目标。各油井均检测到多种类型产甲烷菌，其区块间差异较明显，同一区块油井间产甲烷菌类型相似，显示出一定的区块特异性。其中，利用乙酸的产甲烷菌有甲烷鬃菌，利用氢和二氧化碳产甲烷的甲烷囊菌、甲烷卵圆形菌、甲烷粒菌、产甲烷菌、甲烷绳菌、甲烷球菌、甲烷热杆菌，以及利用甲基化合物产甲烷的甲烷叶菌、食甲基菌。

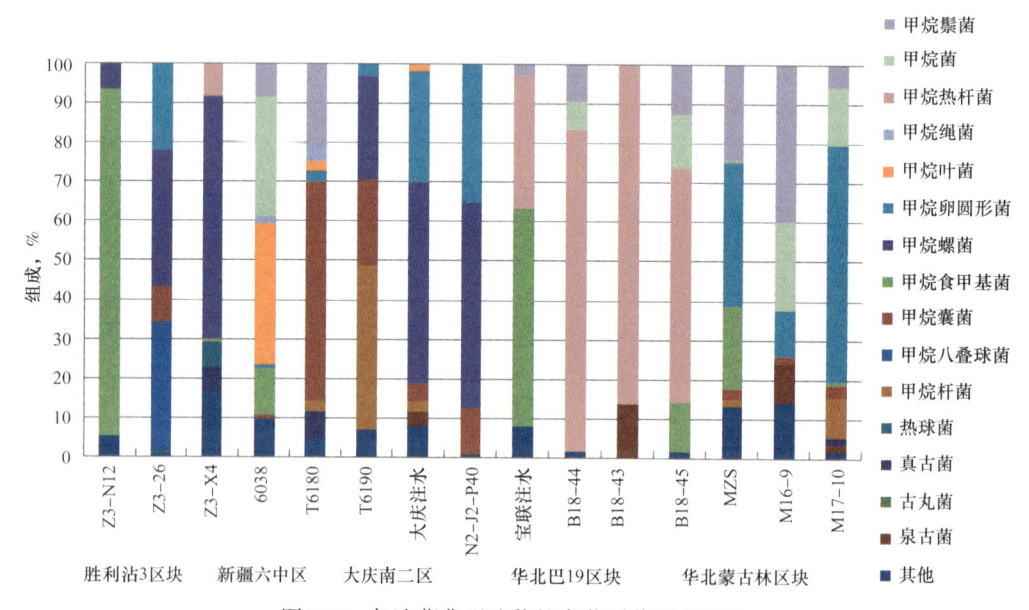

图 7-7　各油藏典型油井的古菌群落组成比较

经过多年的室内研究以及现场先导、扩大试验,微生物采油技术已在多个油田见到不同程度的效果,人们对油藏中微生物结构、作用的认识逐步深入,发现将油藏环境中所有微生物种群组成的群落整体作为研究对象,更有利于提高研究的理论水平,以及现场调控的针对性和操作性,从而提高微生物的性能和最终的驱油效果。微生物采油的实质是通过人为的干预调整油藏微生物生态,逐步形成有利于提高原油采收率的油藏生态环境。

二、采油功能菌及代谢特征

依照功能可将采油菌分为:腐生菌、硝酸盐还原菌、硫酸盐还原菌、产甲烷菌和烃氧化菌。腐生菌(TGB)指从已死的动、植物或其他有机物吸取养料,以维持自身正常生活的一种细菌。腐生菌菌群繁殖时产生的黏液极易因产生氧浓差而引起电化学腐蚀,会促进硫酸盐还原菌等生物的生长和繁殖,导致水质恶化、油层破坏和设备腐蚀等,属于油藏内有害细菌。硝酸盐还原菌是完成硝酸盐还原反应的微生物,该反应是生物体内的一种氧化还原反应,即硝酸盐受硝酸还原酶的作用,还原成亚硝酸的反应。硝酸盐广泛存在于土壤中,厌氧性硝酸还原细菌能以硝酸盐作最终受体氧化有机化合物,并利用其能量而生长。硝酸盐还原菌有抑制硫酸盐还原菌生长代谢的作用。硫酸盐还原菌是一种厌氧的微生物。广泛存在于地下管道以及油气井等缺氧环境中,易于腐蚀设备管道、破坏地层,生成有害气体硫化氢。属于有害菌。顾名思义,产甲烷菌就是生产甲烷的细菌,属于古菌。产甲烷菌有革兰氏阳性菌和革兰氏阴性菌,它们的细胞壁结构和化学组分有所不同。也是与真细菌的区别点,属于有益菌。

其中对微生物采油贡献最大的是烃氧化菌(HOB)。研究表明,烃氧化菌对于石油各组分的降解能力:饱和烷烃>芳烃>环烷烃>胶质沥青质。它能够利用烃类作为碳源和能源物质生长的微生物,以氧气作为电子受体进行好氧呼吸,通过氧化烃类物质获得能量,或者,此类微生物中的某些具有硝酸盐还原作用的种类可以通过硝酸盐作为电子受体。烃氧化菌通过代谢烃类降解酶,裂解重质烃类,将烃类中的大分子物质转化成小分子物质,降低原油的黏度,提高原油的流动性能。胜利油田调研的数据表明,几乎所有研究区块的微生物群落结构中都含有石油烃氧化菌[22]。

中国石油勘探开发研究院科研人员在明确了假单胞菌在微生物驱油各阶段的重要地位后发现,芽孢杆菌在整个驱油过程中所占的比例基本不变,而无色杆菌、盐单胞菌所占的比例先随着氧化还原电位的升高而升高,而后又随着氧化还原电位的降低而降低,如图7-8和图7-9所示。

研究还发现,表面活性剂产生菌群在限氧阶段和无氧阶段的数量分别比有氧阶段的数量减少35.9%和62.1%(图7-10)。在有氧阶段,糖脂和脂肽类表面活性剂合成量分别是限氧阶段和无氧阶段的3.56倍和10.7倍(图7-11)。

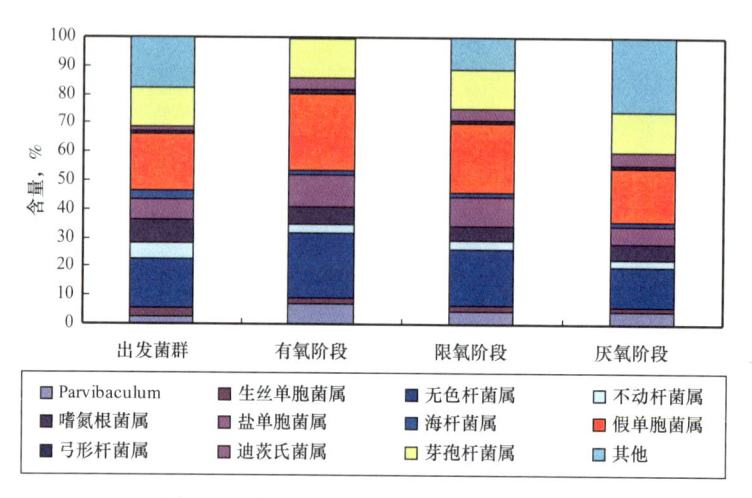

图 7-8 微生物驱油各阶段菌群变化规律

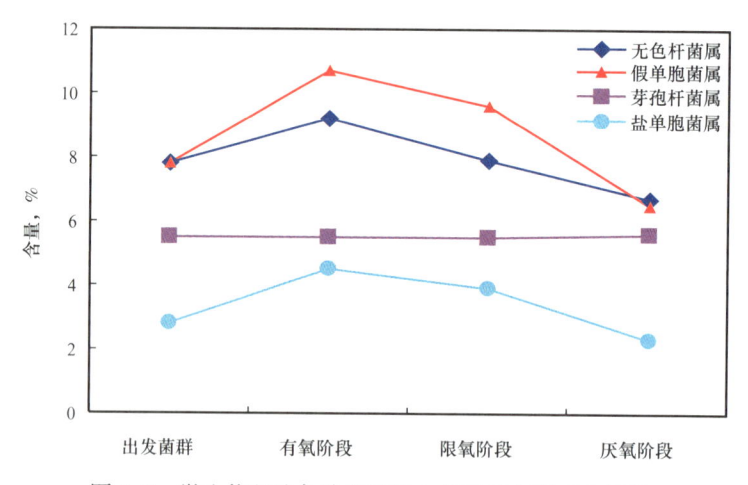

图 7-9 微生物驱油各阶段四种主要烃氧化菌变化规律

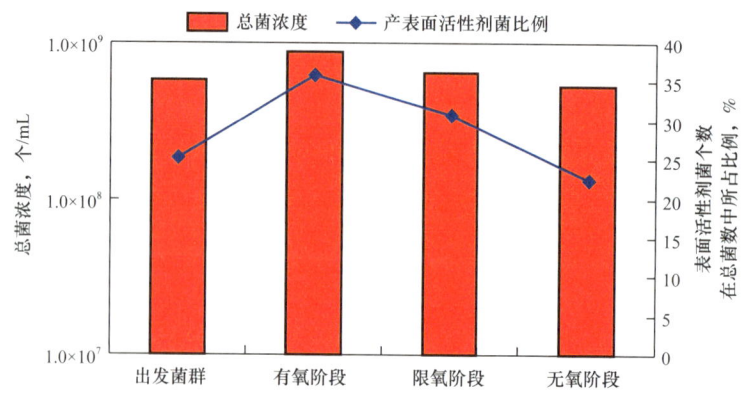

图 7-10 表面活性剂产生菌在微生物驱油各阶段的变化规律

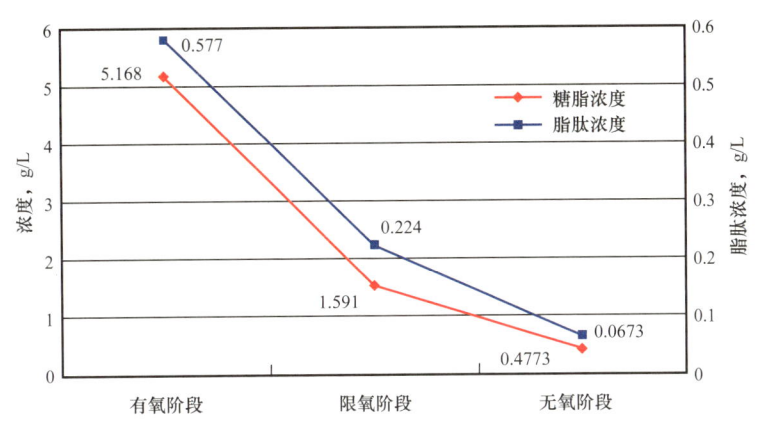

图 7-11 微生物驱油各阶段两种生物表面活性剂的产量变化规律

第四节　油藏微生物激活技术研究

长期注水开发的油藏，环境中含有丰富的微生物群落，只要注入适当的营养剂就能促进有益菌的大量繁殖，抑制有害微生物的生长。功能菌激活技术是通过大量的菌群种类及丰度分析结果，筛选确定合适的营养剂，在油藏中形成稳定的有益微生物及代谢产物浓度场，进而发挥驱油作用，达到提高采收率的目的。

进行好氧乳化激活时，除了需要补充电子受体，如空气（最常用）、H_2O_2 等，常见的激活剂组成还包括磷酸盐、铵盐和微量元素液。激活剂组成主要有 3 种类型：（1）无机盐（磷酸盐、铵盐、电子受体和微量元素液）+ 空气，该激活体系激活速度较慢，主要激活的为烃氧化菌，需要足够的电子受体作为补充。（2）无机盐 + 空气 + 速效碳源，与前一体系的主要区别是加入了速效碳源，加强了腐生菌的激活，提高了乳化启动的速度，厌氧阶段仍然能够继续激活厌氧或严格厌氧菌。（3）无机盐 + 空气 + 缓释碳源，以农业、牧业加工副产品为主，具有封堵高渗透层和为微生物提供多种营养的功能，激活的主要为烃氧化菌和腐生菌，能够延缓碳源的利用速度；同时，具有明显的调堵作用，能够改善洗油效率，更能有效扩大波及体积，厌氧阶段仍然能够继续激活厌氧或严格厌氧菌。

进行厌氧产气激活时，常见的激活剂主要为碳水化合物，其组成为：丰富而廉价的可供微生物发酵的营养物质，主要是一些工、农业副产物，如糖蜜、玉米浆、淀粉工业废液废渣、造纸工业废液等，同时还应补充少量的氮源、磷源和生长因子。由于微生物发酵作用的单位反应能量产量较低，因而，厌氧发酵型微生物生长过程中往往会消耗大量的底物发酵来产生能量，因此，厌氧激活剂的碳氮比往往较高（C/N＞15），通常情况下，厌氧产气型微生物驱采油技术的激活剂浓度（折算葡萄糖）为 10～20g/L。

中国石油勘探开发研究院根据油藏特点，确定不同油藏中对驱油起主要作用的功能微生物种群。在对驱油机理认识的指导下，在掌握了油藏微生物的营养需求和氧气需求特征基础上，研制出能够满足不同需求的激活体系（表 7-1），为微生物驱全面见效提供了物质基础。

表 7-1 微生物驱油体系及功能

体系	乳化功能菌激活体系	调驱营养体系
作用	激活产表面活性剂功能菌，实现对原油的乳化，提高洗油效率	封堵大孔道、缓释营养、提高波及体积和洗油效率
激活目标	假单胞菌、芽孢杆菌等产生物表面活性剂的功能菌	假单胞菌、不动杆菌、肠杆菌等产生物表面活性剂和生物聚合物的功能菌
激活效果	室内和现场试验过程中菌浓均能提高 1 万倍，菌浓达到 10^8 个/mL，驱油效率 14.51%	促生长和调驱作用，功能菌浓度能达到 10^8 个/mL，封堵率 88%，提高驱油效率 12.7%

研究得到的激活体系表现出突出的定向激活乳化功能菌的作用，新疆七中区水样中通过激活，原优势属中弓形菌属、海杆菌属、不动杆菌属的比例降低，假单胞菌属、芽孢杆菌属和无色杆菌属成为新的优势属，如图 7-12 所示。

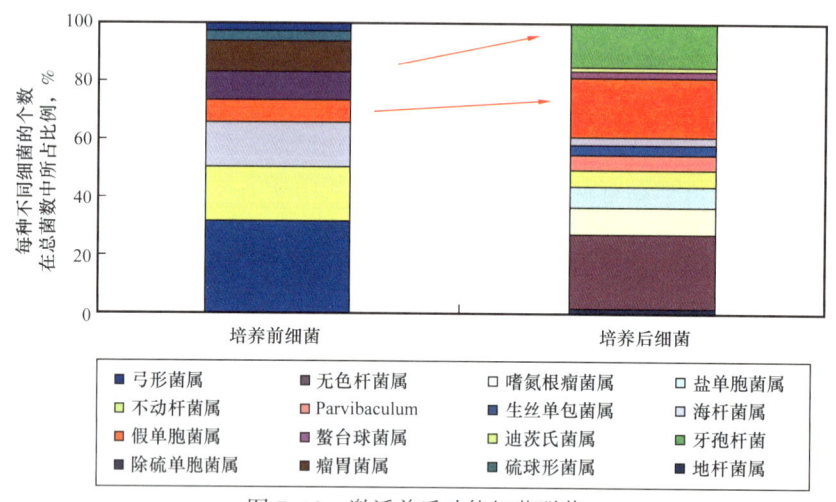

图 7-12 激活前后功能细菌群落

古菌中原优势属甲烷球菌属和甲烷粒菌属比例降低，原优势属甲烷鬃菌属的比例继续增加，甲烷囊菌属和甲烷八叠菌属出现也成为优势属，如图 7-13 所示。

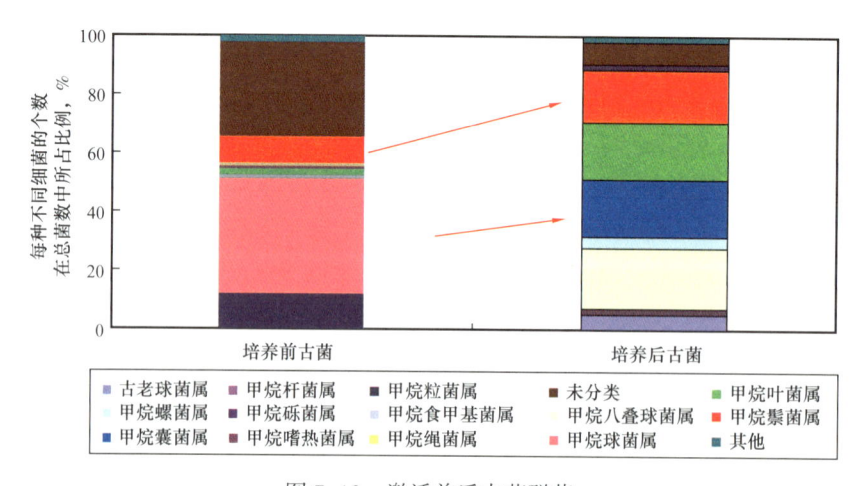

图 7-13 激活前后古菌群落

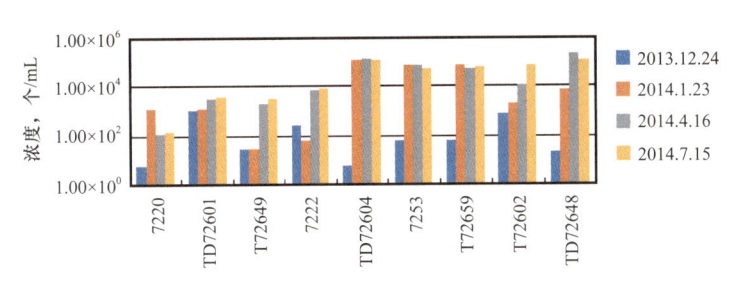

七中区现场产出液中有益菌 HOB 浓度提高 1 万～10 万倍（图 7-14），激活后假单胞菌等功能菌比例也大幅度提高。

图 7-14　七中区产出液 HOB 浓度变化

第五节　数值模拟及方案优化设计技术

数值模拟是确定微生物驱油矿场试验方案的重要依据。发展和完善微生物数值模拟技术可以降低微生物采油现场实施的风险，确定科学合理的实施方案，从而使现场试验达到良好的效果。随着近年来微生物采油技术在世界范围内的飞速发展，国内外在微生物数值模拟方面的研究也取得了长足的进步。中国石油勘探开发研究院经近 10 年攻关研究，在内源微生物级联代谢规程模拟、外源微生物与内源微生物相互作用关系模拟及微生物渗流规律、驱油机理及软件研制等方面均取得了长足的进步。

一、数值模拟技术

油藏数值模拟工作将集成上游多学科成果、认识于一身，以现代计算机技术为依托，帮助油藏工程师完成油藏产能评价、剩余油分布研究、开发方案制订与调整工作并承担向钻采工程及经济评价环节提供基础数据的任务。

从 20 世纪 80 年代末，在微生物采油机理研究的基础上，开展了微生物采油数值模拟研究，它是对其作用机理的定量分析和描述。因为数值模拟具有费用低和可重复进行的优点，所以数值模拟是确定微生物提高采收率现场实施方案和提供科学决策的一个重要手段。在油田开发过程中，通过开展数值模拟研究可以建立一套合理的开发方案，降低微生物采油现场实施的风险，确定科学合理的工作制度。

通过对国内外典型模型进行分析，可将微生物驱油数学模型研究分为三个阶段：

第一阶段，考虑油、气、水、微生物和营养物 5 组分的微生物驱油数学模型，微生物生长动力学建立在确定论非结构模型基础上，假设产物生成与菌体生长符合相关模型，微生物增产原理直接与菌浓相关。

第二阶段，详细考虑了产物生成动力学，考虑了代谢产物组分，模型反映出了产物生成速率与菌体生长速率之间的关系，能够分别体现出菌体及代谢产物的增产原理。

第三阶段，详细考虑了多种限制性底物、诱导物、阻遏物等微生物生长的影响，加强了微生物生长动力学的研究，同时也增加了菌体及代谢产物的协同作用研究。

各个阶段的微生物驱油数学模型除了组分发生明显变化外，还体现在微生物、营养物和代谢产物的对流扩散、吸附与运移机理的描述，各模型间存在一定差异。多数模型都对微生物增产机理进行了阐述，不同的模型适用于不同种类菌种及不同施工工艺。目前，还未形成一个能够全面反映微生物驱油机理的数学模型，若进一步完善数学模型，需要对微生物、营养物和代谢产物的运移规律进行准确阐述，同时，反映出微生物提高采收率的主要作用机理。中国石油勘探开发研究院近10年在微生物驱油数值模拟技术方面进展如下。

1. 内源微生物级联代谢过程模拟

内源微生物采油是利用地层中原有的微生物群落，通过向地层中添加激活剂，并附加注入一定量的空气，直接激活地下的有益微生物群落，利用这些微生物及其代谢产物来提高原油采收率[24]。目前，国内外微生物驱油数学模型主要是在黑油和组分模型基础上发展起来的，主要研究了微生物及其代谢产物对渗流场中物性参数的影响[25]，侧重于渗流场的研究，对于微生物场的阐述较为简单，多用于外源微生物驱油数值模拟，无法体现出本源微生物驱油的两步激活理论。在本源微生物驱油过程中，微生物、营养物及代谢产物除了受到对流—弥散作用外，还受到油藏系统的筛分、架桥堵塞、界面吸附、黏附和聚集堵塞等作用的影响；同时，渗流场又受到微生物及其代谢产物的作用。这个复杂的过程与水流污染及活性污泥处理相似，均属渗流场—生物场耦合问题，而本源微生物驱油数值模拟的研究核心是油藏内渗流场及生物场之间的耦合关系。因此，首次运用了渗流场—微生物场耦合理论对本源微生物驱油机理进行了定量描述；同时，针对油藏微生物生态系统的代谢过程建立了相应的方程。因此，修建龙等人首次运用了渗流场—微生物场耦合理论对内源微生物驱油机理进行了定量描述；同时，针对油藏微生物生态系统的代谢过程建立了相应的方程[26]。

2. 外源微生物与内源微生物相互作用关系模拟

油藏环境经过长期水驱后，含有种类丰富的内源微生物资源，可形成较为稳定的微生物群落，无论是内源微生物驱油还是外源微生物驱油，油藏固有微生物均会起到非常重要的作用，内源菌种类丰度高，会对注入的外源菌产生作用。外源微生物驱油过程中，随着外源菌和营养物的注入，原有的油藏微生物群落组成及结构可能会被打破，外源菌和内源菌可能存在偏利共生、互惠共生或群体感应等相关关系。油藏研究方面，目前研究较多的是硝酸盐还原菌对油藏中硫酸盐还原菌的竞争性抑制作用，目前常用的主要功能菌如铜绿假单胞菌、芽孢杆菌等在疾病防治及生物防治等方面研究多，与油藏内源微生物的相互作用研究较少。王大威等人通过实验证明培养基与外源菌同时添加的情况优于只加营养物的效果，说明外源菌具有很好的配伍性，并能起到驱油促进作用。张忠智等人通过境界试验得出外源菌与油层本源微生物之间存在竞争关系。马子健等人通过现场试验发现，外源单菌注入后很难被检测出来，而内源菌被大量激活，外源菌对内源菌起到了激活作用。伊丽娜利用T-RFLP方法证明了功能单菌与驯化菌群间存在竞争及抑制作用。因此，外源菌与油藏内源菌间的竞争关系与微生物驱油效果密切相关，微生物驱油数值模拟过程中，外源菌与内源菌的营养竞争关系研究至关重要。

目前，国外比较典型的外源微生物驱数学模型有Islam模型、Zhang模型和Chang模型。前两种模型主要用于理论和岩石模型研究，难以用于现场的微生物驱油模拟，而Chang模型对微生物和营养物在油藏中的生长、死亡、吸附、趋化性、营养物利用进行了详细地描述，反应动力学模型方程阐述较为简单。国内的微生物驱数学模型多是在国外模型基础上进行的改进和提高，其中朱维耀提出了适合于两种微生物的多组分数学模型，该模型阐述了诱导物及阻遏物对微生物生长的影响，重点阐述了两个微生物组分受营养物的限制性影响，未阐述两个微生物组分间的相互作用。所有外源微生物驱油数学模型均未涉及注入功能菌与油藏内源菌的配伍性。注入功能菌的油藏配伍性主要体现微生物的活性，是能否成功提高采收率的决定性因素。因此，修建龙等人对注入外源菌与内源菌的相互作用进行了详细阐述，并建立了相应的模型方程。

3.微生物吸附滞留及不可及孔隙体积计算

目前，微生物采油应用技术主要分为：微生物单井吞吐、微生物清防蜡、微生物调剖、微生物驱等。其中，微生物单井吞吐、微生物调剖、微生物驱等在油田现场应用过程中都涉及到微生物菌液的注入和运移。Ostwald提出胶体是一种尺寸为1~1000nm的不均匀分散体系，而微生物具有一定的个体尺寸，一般菌体长度在0.5~10μm，宽度（直径）在0.5~2μm，微生物菌体的大小与胶体分子大小相近，在研究菌体的运移过程中，通常将其等效成胶体颗粒。胶体颗粒具有水动力学尺寸[27]，研究微生物的水动力学尺寸有助于研究菌体和孔喉的匹配关系，确定菌体的不可入孔隙体积，有利于驱油体系的筛选及其在地层中的运移分布。张瑞玲根据菌体的体积计算菌的平均体积水力学当量半径[28]，忽略了菌体的运动特征。另有研究发现，杆状细菌的有效粒径与其进入孔隙入口的方向有关[29]，忽略了菌体的柔性变形。因此，这些研究描述了单个菌体的等效尺寸，不能体现微生物在油藏运移过程中的宏观大小。为了能够直观体现菌体在随水流运动通过孔喉过程中所呈现的大小，毕永强等人以两株典型驱油功能菌铜绿假单胞菌WJ-1和枯草芽孢杆菌SLY-3为研究对象，系统研究了菌体大小和多孔介质喉道的匹配关系、不可及孔隙体积和吸附特征，分析其对微生物在多孔介质中运移过程的影响。建立了微生物在多孔介质运移过程中的水动力学尺寸的求取方法，研究了不同渗透率岩心的不可入孔隙体积。

4.微生物驱油数值模拟软件研究

目前广泛应用的MEOR数值模拟软件主要有三个：（1）由得克萨斯州大学开发的UTCHEM模块基于组分化学驱模型，将微生物降解与多相流相结合，主要描述了功能菌的生长、吸附、好氧生化反应及质量传递，适合MEOR的吞吐及强化水驱机理方面的分析和预测。（2）美国能源部开发的DOE-MTS模型是在虚拟DOS界面下运行的数模软件，无需前后处理程序。该模型着重描述了微生物作用前后孔隙度、渗透率和渗流阻力的变化，并且对各种MEOR机理考虑较为全面，计算参数繁多，目前商业化程度较低。（3）CMG公司提供的STARS模拟器：① 前、后处理完善，计算能力强，能够满足现场需求；② 提高采收率原理较全面，不但能够反应菌体本身的作用机理，同时还能够反应一种或几种代谢产物的增产原理；③ 通过与室内激活剂筛选实验相结合，能够实现矿场培养基优化；④ 能够实现以原油为碳源的微生物生长，并能够模拟产气过程；⑤ 能够模拟好氧和厌氧微生物生长过程；⑥ 内源微生物场的形成可以通过前期注水过程实现，形成内源微生物场；⑦ 能够模拟水气交替注入过程。

目前，国内应用的大多数MEOR数模软件均基于对国外软件的改进与升级，软件的附属功能、运算能力及可操作性等水平较低，应用范围极为有限。中国石油勘探开发研究院经过近10年持续攻关，编制了微生物驱油数值模拟软件，能够模拟油藏岩石、流体等性质随微生物及其代谢产物浓度变化，微生物场组分浓度会随水相渗流速度以及饱和度不断变化而变化，实现了微生物驱油效果的预测，给出了最大比生长速率、微生物吸附常数、趋化性系数以及代谢产物得率对微生物驱油的影响，进一步揭示了微生物提高采收率的作用机理。

二、方案优化设计技术

采油功能菌在油藏环境下被激活、繁殖、扩散等一些列行为决定着MEOR矿场试验的效果。因此，对于不同功能菌种及目标油藏条件采取针对性强的施工方案设计，是提高MEOR技术应用效果和经济性的必要手段。

1. 油藏筛选

微生物驱油油藏筛选标准是各国依据各自的研究工作特别是矿场试验的结果提出的，随研究的深入和矿场试验的广泛程度不同，各筛选标准的参考价值也不同。其中美国能源部国家石油能源研究所提出的筛选标准抓住了主要因素，常为其他国家或企业所参考或引用。俄罗斯根据其筛选标准在一些大油田进行了比较广泛的矿场试验，取得了很好的效果。罗马尼亚的微生物驱油研究工作研究比较深入，它的筛选标准比较细致，也有很好的参考价值。

根据油藏微生物生存营养特征以及油藏环境条件对微生物生存代谢的影响和微生物驱油潜力的分析评估，参考了国内外的经验，选择具有较大驱油潜力的油藏需要考虑很多参数，通过对这些文献收集并整理，综合油藏地质、内源微生物驱油特点及反应动力学特征，筛选出8个主要指标（温度、原油黏度、渗透率、孔隙度、地层水矿化度、原油含蜡量、含水率、采出水中总菌浓）作为微生物驱油藏筛选评价指标参数（表7-2）。

表7-2 微生物驱油油藏筛选指标参数

指标	取值范围	最佳范围
地层温度，℃	20～80	30～60
原油黏度，mPa·s	10～500	30～150
绝对渗透率，D	≥0.05	≥0.15
孔隙度，%	12～25	17～25
地层水矿化度，g/L	≤300	≤100
原油含蜡量，%	≥4	≥7
含水率，%	40～95	60～85
采油液总菌浓，个/mL	≥100	≥1000

2. 油藏开发现状分析

水驱开发现状分析内容包括注入能力、产液能力、注采井网连通情况以及剩余油分布。单井或区块注采比、注入量、吸水强度、吸水指数、吸水能力、产液量和产液强度测试对注采井网完善、油水井配产配注、微生物和激活剂现场注入量和注入速度设计提供参考和理论依据。目标油藏注采井网连通状况为下一步示踪剂检测和堵水调剖配套工艺设计提供依据。剩余油分布规律研究分析剩余油分布的主控因素、不同油砂体分布特征，确定微生物驱剩余油富集区及挖潜有力区带。

3. 剩余油分布特征研究

油藏开发后期，地下剩余油分布零散，而剩余油的分布状况是一切开发调整的核心依据之一，它决定了今后开发方式的选择与开发调整的方向。因此，准确地进行剩余油分布规律的描述和预测，成为油田改善开发效果的首要任务。

数值模拟技术是在对不同储层、井网、注水方式等条件下，应用流体力学模拟油藏中流体的渗流特征，定量研究剩余油分布的主要手段，目前我国绝大多数油田均应用数值模拟方法进行剩余油分布的定量研究，模型本身比较完善，但在应用数值模拟方法时必须充分考虑油藏的非均质性，真正实现精细地质建模与油藏模拟模型之间一体化，提高数值模拟技术的精度。

4. 调整措施及配套工艺

配套工艺主要有堵水和调剖工艺。一方面，由于微生物驱选择是水驱后的油藏，因此存在大孔道易导致水窜；另一方面，由于微生物驱油体系的黏度与水相近，相比于原油更容易发生窜流。为了确保微生物驱油试验效果，需要保证微生物在油藏中的滞留时间，因此在注微生物前应根据示踪剂检测结果选择合适的调剖工艺技术对目标油藏进行调剖试验，改变水流方向，减低水线推进速度。在调剖剂选择之前需进行调剖剂与油藏配伍性试验，防止调剖剂与地层速敏和水敏反应导致渗透率下降。

5. 施工方案设计

微生物驱注入流程如图7-15所示，现场注入体系及工艺参数优化设计是现场实施方案编制中重要组成部分，为微生物驱油现场实施方案设计提供理论依据。

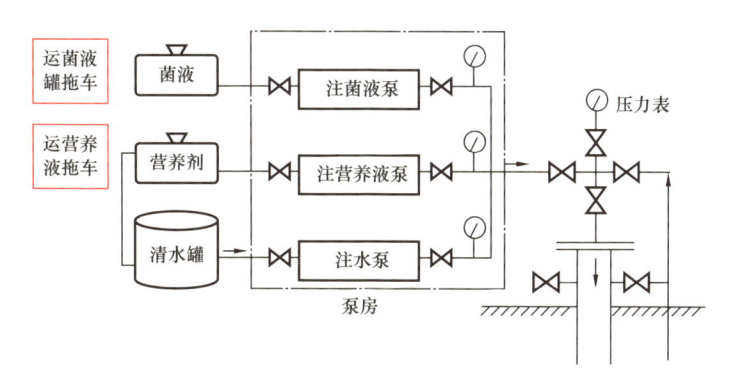

图7-15 微生物驱注入流程示意图

其中体系优化主要是通过实验室对微生物驱油剂基本性能评价和微生物驱油物理模拟实验评价结果来完成的。注入工艺优化主要包括微生物和（或）激活剂注入量、注入浓度、注入方式优化和配气量的大小选择，通过分析油藏开发动态，结合微生物驱油物理模拟实验结果以及数值模拟技术手段来优化出矿场试验使用的各项注入工艺参数，体系与工艺的优化一方面要求能够最大限度提高原油采收率，另一方面也要考虑成本与经济因素。微生物驱油剂的注入一般是在注水站完成的，如果注入井数量少，可以安排在井口注入。要在注入站或井口安排微生物菌液、营养剂、清水罐等液体储罐以及注入泵等。此外，如果要考虑从注入井补充空气，则要考虑在井口使用压风车或高压注气车或压缩机。

6. 监测与评价方案设计

为有效对微生物驱油的矿场试验效果进行评估和对后期方案进行优化调整，需及时对微生物驱油矿场试验前后的相关油、水井生产动态资料，油、气、水性质及微生物生化参数等指标进行系统跟踪和监测。

1）动态监测与评价

（1）生产动态指标监测与评价。油井增产和区块整体增产情况是评价现场应用效果的最主要指标，通过对微生物试验区及单井的生产动态进行监测，能够得到试验区自然递减率、阶段采出程度、含水上升率、增油量、提高采收率值，掌握油藏开发动态见效情况。

（2）生化指标监测与评价。随着微生物技术的发展，微生物见效特征逐渐受到重视，成为油藏环境下微生物生长代谢性能反映和进行工艺优化调整的依据。对实施微生物驱油工艺的油藏单元，通过产出液中总菌浓及主要采油功能菌（烃氧化菌、发酵菌、产甲烷菌）浓度、营养剂（氮、磷等）浓度、主要代谢产物（乙酸根离子、碳酸根离子、生物表面活性剂、脂肪酸）浓度等相关指标的监测，可以预测微生物驱油的见效特征。

（3）流体性质监测与评价。主要监测原油黏度、原油组分变化；油水乳化情况和乳化特征；产气量和气体组分变化。

（4）其他参数的监测与评价。注入井试验前后的吸液剖面监测和吸水指数监测，对生产井试验前后进行产液剖面监测；在单井分析中，可将产液量、含水率以及油水井生产工作制度参数进行监测，包括油井的示功图、工作电流、检泵周期以及注入井的注入压力、注入量等作为辅助评价参数。

2）经济效益评价

经济效益是判断或决定实施微生物驱油效果的关键依据，微生物驱油经济效益评价通常采用投入产出比表述。微生物驱油项目投入成本包括地面注入系统、驱油功能菌、激活剂、管理费、运行费和其他费用。项目产出效益根据考虑区块整体产量递减因素后区块的实际产油量和水驱预测产量之差作为增油量，再乘以项目结束时的原油市场价计算出项目总收益。对微生物驱油项目收益进行综合分析，并计算出微生物驱油投入产出比，根据投入产出比大小评价微生物驱油经济效益。

第六节 矿场实例

微生物采油的技术手段多样，可将营养物质注入油藏中，激活内源微生物发挥作用，也可将含有微生物的培养物和营养物质注入地层中发挥作用，或者是直接注入滤除菌体的微生物发酵产物。与其他三次采油技术相比，MEOR具有成本低、工艺简单、不伤害地层和不污染环境等优点，具有广阔的应用前景，受到了越来越多的青睐。近年来，中国石油在新疆、大庆、华北等油田开展了微生物驱油现场试验，取得了明显的降水增油效果。

一、新疆油田空气辅助微生物驱

1. 新疆六中区内源微生物驱现场试验

1）油藏特征与开发简况

新疆试验区是六中区克下组，属于低温普通稠油油藏，全区平均孔隙度20.5%，平均有效渗透率466mD。油藏温度20.6℃，原始地层油黏度80mPa·s，地层水水型为NaHCO$_3$，矿化度8742mg/L。

2009年在六中区克下组油藏东部选取4口注水井组（T6185井、T6186井、T6193井和T6194井）进行微生物激活矿场试验。试验区有油井9口、水井4口、中心受效井1口。试验区日产液82.6t；试验区日产油18.2t；综合含水78%；试验区注采井间连通率达80.9%，注采连通情况较好，为微生物驱试验的成功提供了有利的条件。

2）工艺方案

室内研究优化出了激活剂配方是由糖蜜与无机氮盐、磷盐组成的，辅助空气提高激活效果。在六中区克下组四注九采试验区实施了内源微生物激活矿场试验，采用目前该油田的注入水进行配液，注入激活配方体系浓度为2.52%，注入速度为20~30m^3/d，处理半径25m，总注入激活剂段塞为1.56×10^{4}m^3，空气6.24×10^{4}m^3（标准状态）。矿场试验实际注入微生物激活剂累计17880m^3（注入量为0.04PV），注入空气117260m^3，液气比1∶6.5。

3）实施效果

（1）试验区增油降水效果显著。六中区微生物先导试验区前期注入的4井组目前有7口井见效，油井见效率达78%。试验区生产曲线如图7-16所示。截至2013年10月底，递减增油7542t，阶段提高采收率5.1%，如图7-17所示。

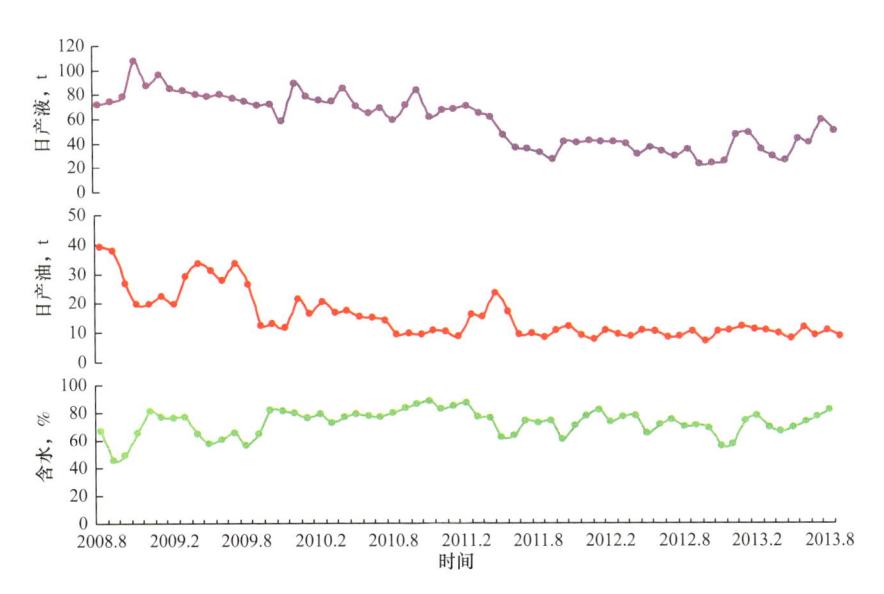

图7-16 六中区微生物驱试验区生产曲线

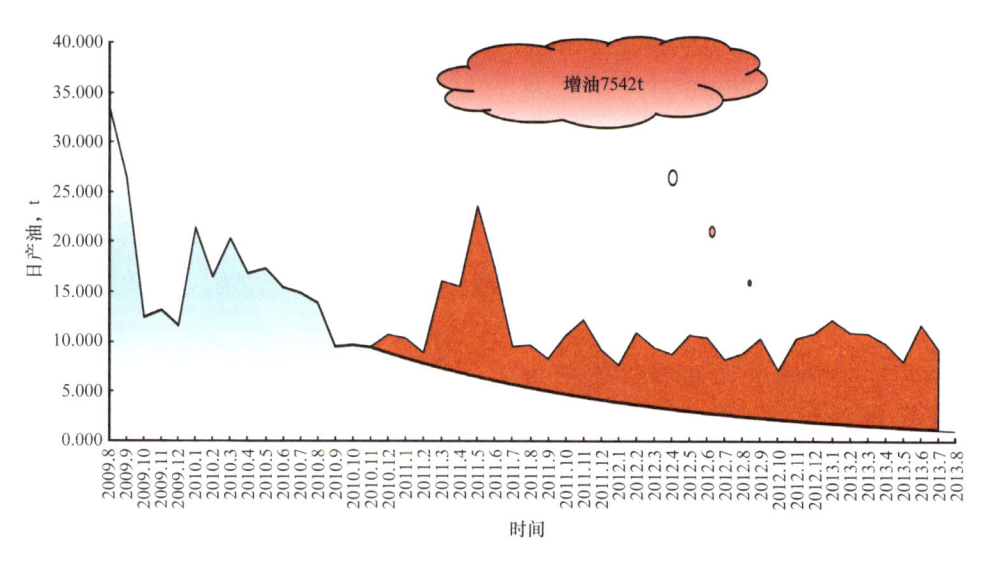

图 7-17　六中区微生物驱试验区增油示意图

（2）试验区内源微生物整体得到有效激活，群落结构发生变化。

如图 7-18 所示，措施后试验区内源微生物整体得到有效激活，总菌浓提高 2～3 个数量级，有益菌烃氧化菌和发酵菌提高了 2～4 个数量级，内源微生物激活前后群落变化情况如图 7-19 所示。比较图中结果可以看出，油井 T6190 产出液中微生物群落结构非常复杂，包括假单胞菌、动性球菌、芽孢杆菌等。注入营养剂后样品的微生物结构发生了明显的变化，集中表现在少数几类菌占据了总菌数的绝大部分，成为优势菌，其中假单胞菌和产碱杆菌成为油井 6190 产出液的主要微生物。

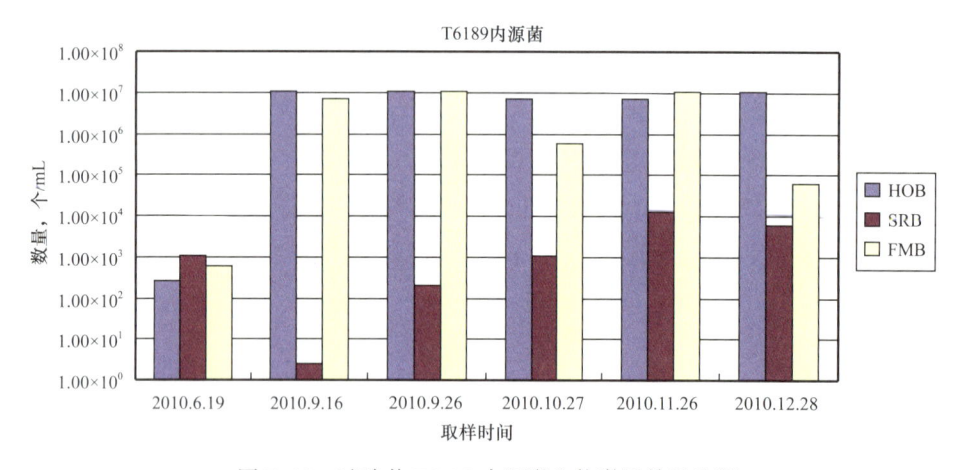

图 7-18　试验井 T6189 内源微生物激活前后监测

（3）采出的原油发生明显乳化。

图 7-20 为试验区中心井 T6190 产出液，有明显的乳化现象。室内测试的产出液样品中乳化油滴平均粒径为分别是 $1.9\mu m$ 和 $2.98\mu m$，乳化液稳定性好，说明油藏中的乳化功能菌可以被大量有效激活，使原油发生明显乳化，进而显著改善原油的流动性，初步验证了微生物乳化分散原油是驱油的一项主要机理。

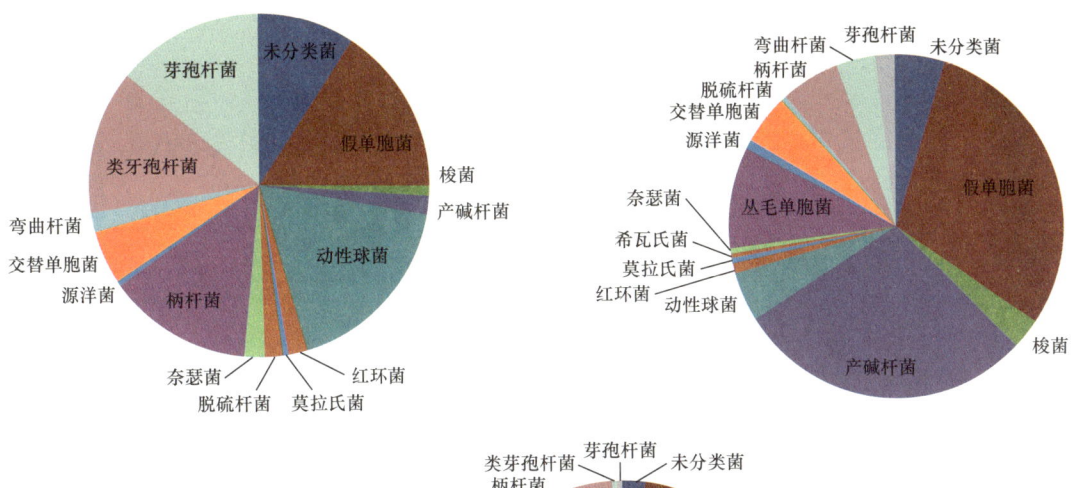

图 7-19　内源微生物激活前后群落变化

图 7-20　试验井产出液乳化现象

4）小结

新疆六中区内源微生物驱油矿场试验是第一个完全依靠自主研发技术完成的内源微生物驱油试验，从油藏微生物群落研究、激活体系、方案设计、施工工艺、监测评价等方面形成了较为系统的激活内源微生物驱油技术体系，现场驱油见效明显，对于内源微生物采油推广应用具有示范作用。但由于油藏非均质性引起的营养剂过早突破，营养剂未能充分利用，说明内源微生物驱油还有待于通过调整注入速度、优化激活体系、配套调剖技术等措施提高整体试验效果。

2. 新疆七中区内源微生物驱现场试验

1）油藏特征与开发简况

七中区克上组油藏试验区孔渗发育较好，平均孔隙度19.6%，平均有效渗透率193.0mD，油藏温度39℃，原始地层油黏度67.0mPa·s，地层水水型为$NaHCO_3$，矿化度15726mg/L。2014年选取4口注水井（TD72603井、TD72652井、T72653井、7291A井），对应油井11口，进行微生物驱油矿场试验。试验区综合含水率87.9%，二次开发前正常生产井只有3口，2010年开始投入二次开发，产液水平大幅上升，油水井对应关系较好。

2）方案设计及实施简况

试验区4口施工井，共计注入激活剂$16.00×10^4m^3$（折算孔隙体积0.2PV），注气量$128×10^4m^3$；注入速度$180m^3/d$；单井日注量$38.8m^3$（合计$155m^3$）；注入速度$1.0～2.3m^3/h$。

七中区现场试验于2014年1月7日开始全面注剂，截至2016年1月6日施工结束，完成方案设计量。试验区实际累计注剂$9.37×10^4m^3$，累计注气$68.7×10^4m^3$。

3）现场试验效果评价

（1）全区试验效果评价。

① 见效特征。试验3个月后开始见效，迄今11口油井全部见效，见效率100%。试验区日产液197t，日产油43t，综合含水78.3%，累计采出程度37.7%，总体见效趋势较好，如图7-21所示。

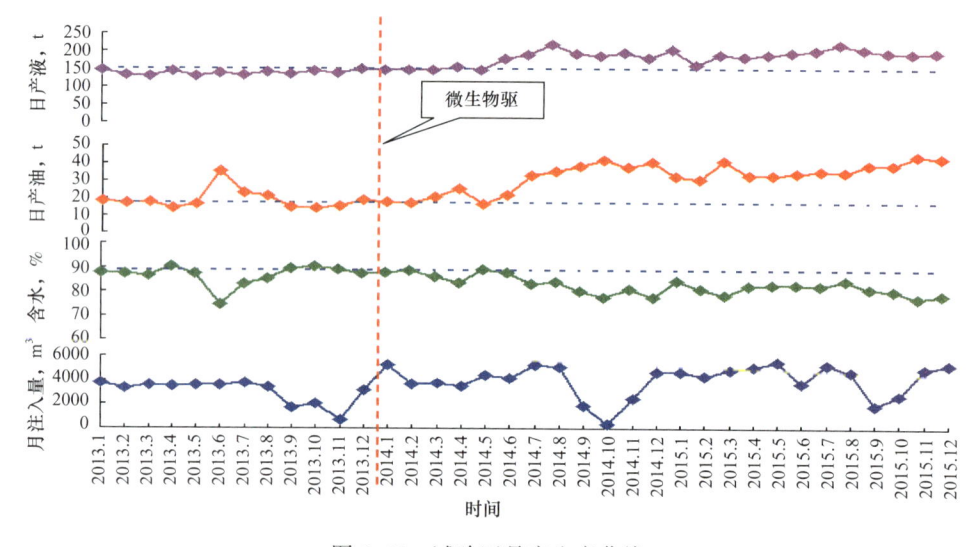

图7-21 试验区月度生产曲线

② 增油降水情况评价。试验区增油降水效果显著，截至2016年1月井口累计增油14216t，试验区产量递减明显减缓，考虑递减累计增油17375t，如图7-22所示。

③ 试验区水驱开发效果得到改善。如图7-23所示，试验区水驱特征曲线变缓，水驱开采形势变好，预计增加可采储量11.6万吨。

④ 生化指标显示地下微生物被有效激活跟踪监测显示：七中区产出水活菌总数上升2～3个数量级，上升明显，最高达到10^8个/mL以上，表明微生物被有效激活，如图7-24所示。产出水HOB菌数量上升2～3个数量级，最高达到10^7个/mL以上，如图7-25所示。

第七章 微生物提高采收率技术

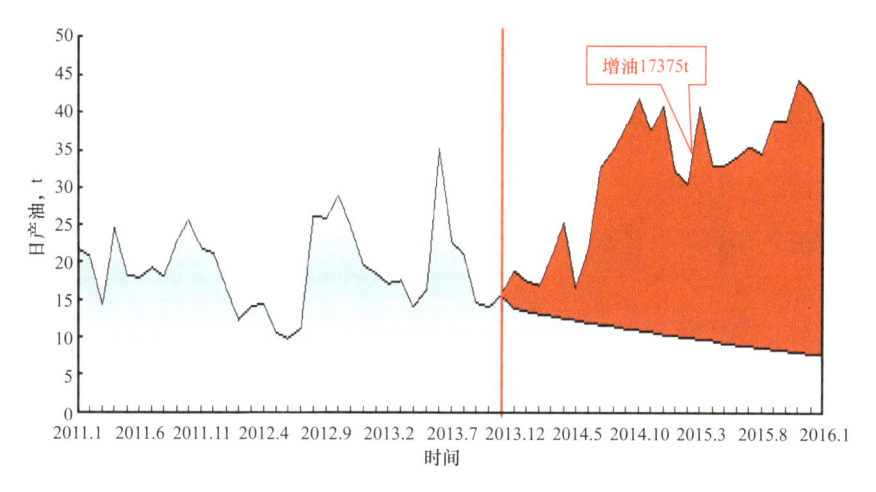

图 7-22 试验区递减增油曲线图

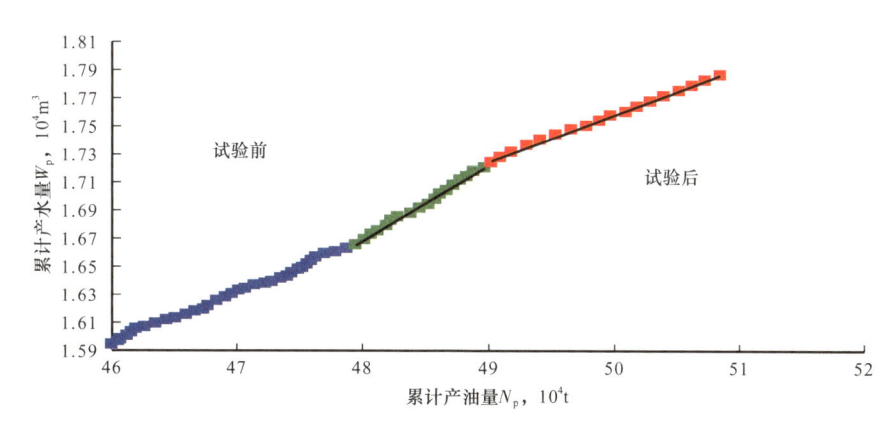

图 7-23 试验区水驱特征曲线

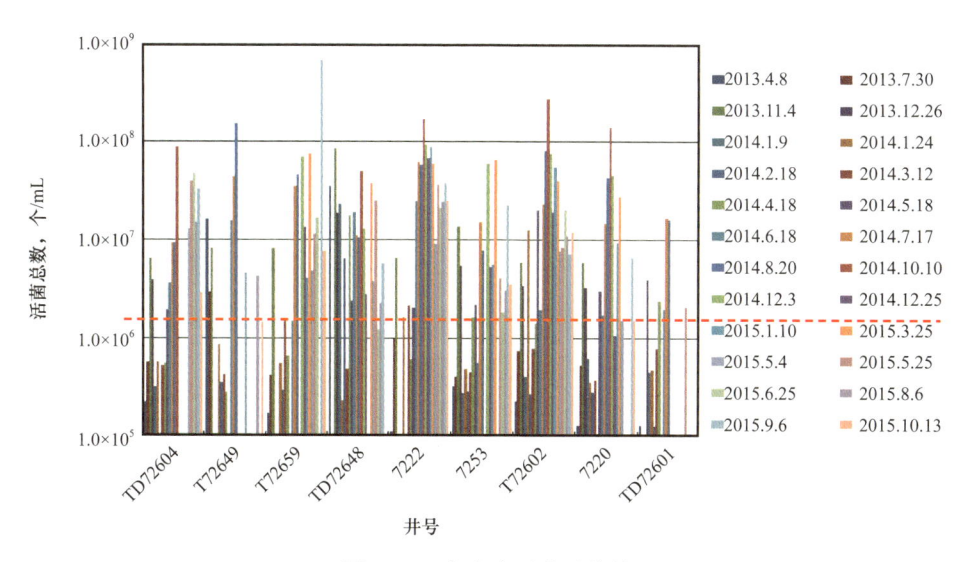

图 7-24 产出水活菌总数检测

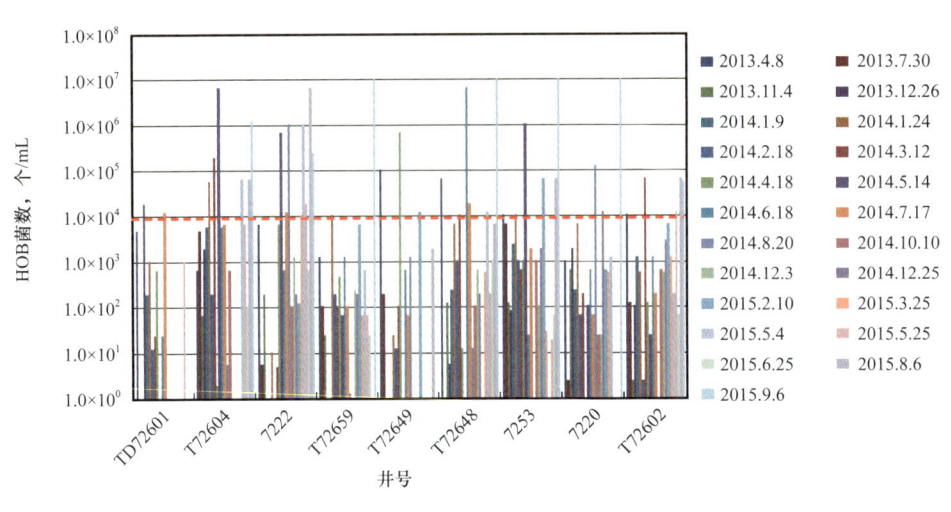

图 7-25 产出水 HOB 检测

（2）单井试验效果评价。

① 中心井见效特征。中心井 T72602 井增油效果明显，菌浓提高 100 倍，累计增油 1645t，如图 7-26 和图 7-27 所示。

② 典型井见效特征。典型井 T7222：阶段增油 1380t，日产油量增加 1 倍，含水下降 12.3%，菌浓增加 100 倍，如图 7-28 和图 7-29 所示。新疆七中区试验区增油降水效果明显，见效率高，11 口油井均见到不同程度的增油效果；微生物生长繁殖速度快，现场注入 0.005PV～0.01PV 情况下，产出液浓度能够增加 1000 倍，现场注入 3 个月后开始见到增油效果，第 7 个月开始明显见效。现场试验表明，完善的注采对应关系是实现微生物有效驱油的基础，封堵注水形成的大孔道可提升微生物驱油效率，油藏有益菌群的有效激活是内源微生物驱油效果的保障[30]。

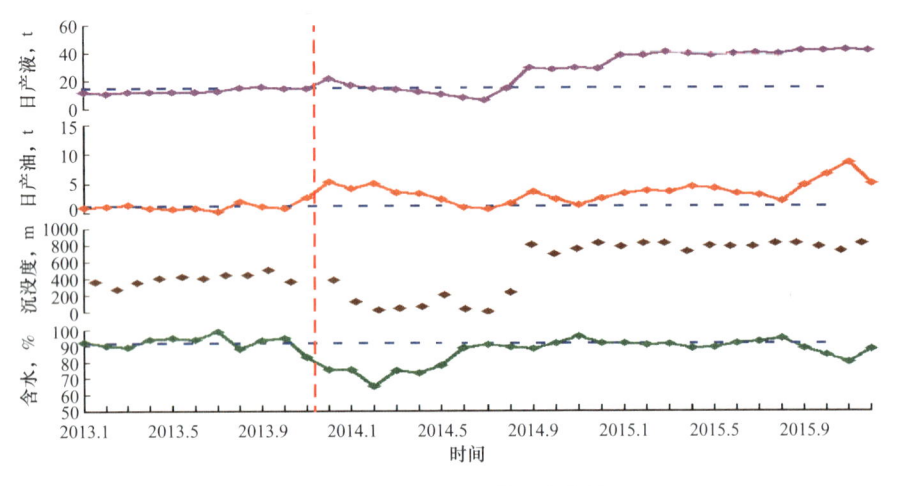

图 7-26 T72602 井生产曲线

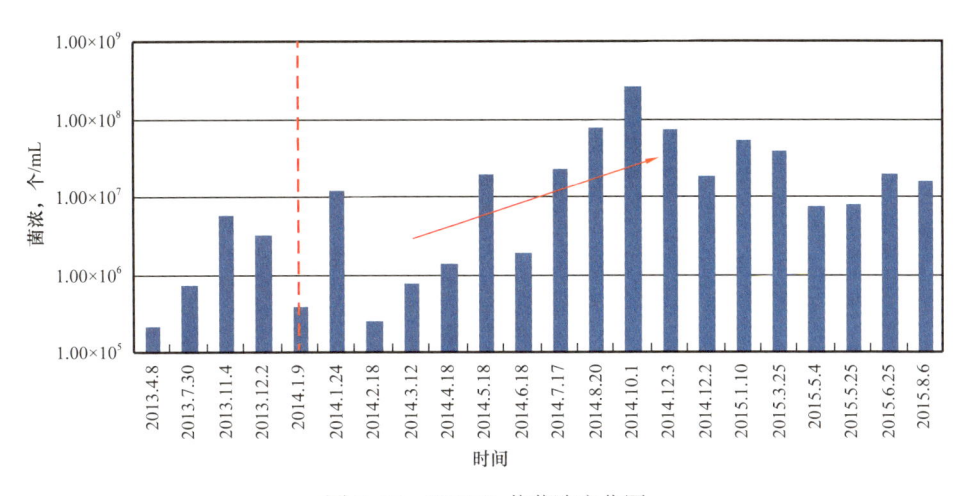

图 7-27 T72602 井菌浓变化图

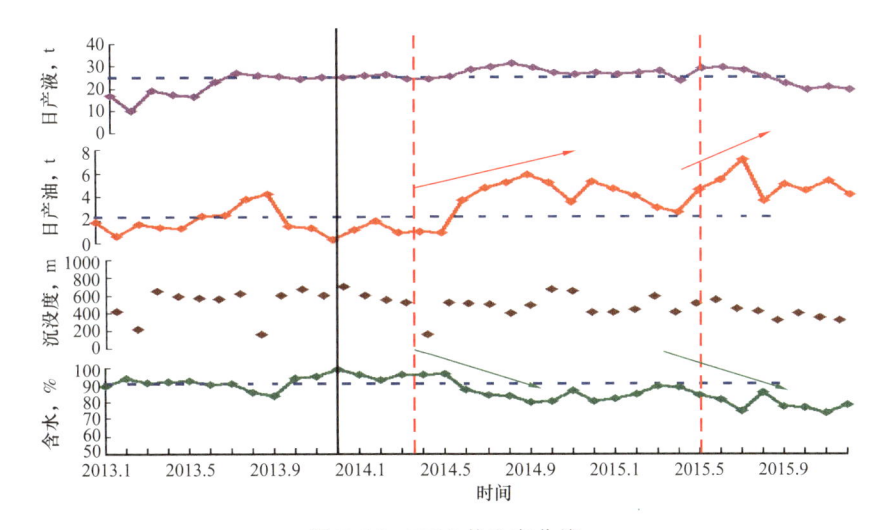

图 7-28 7222 井生产曲线

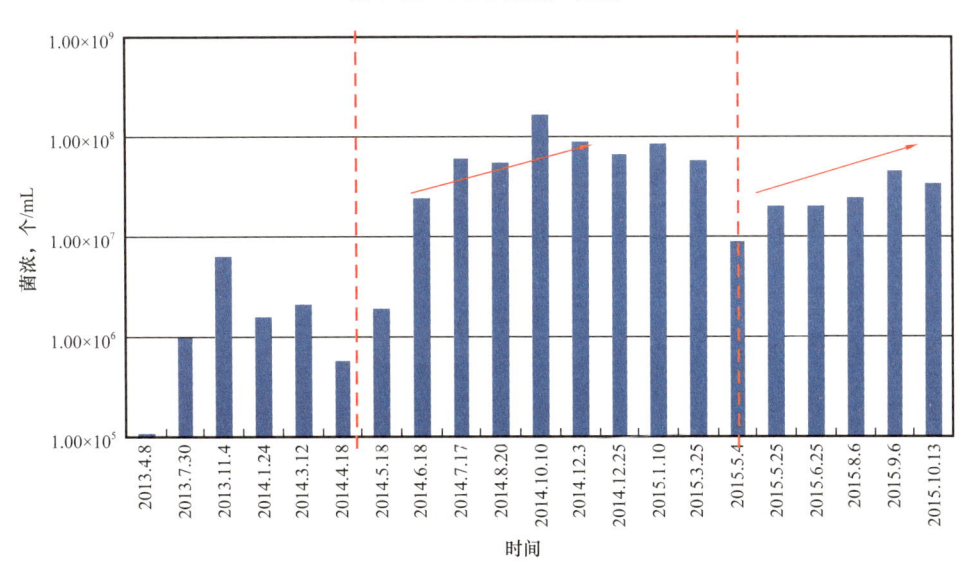

图 7-29 7222 井菌浓变化图

二、大庆油田聚合物驱后油藏微生物驱

聚合物驱油技术是一种重要的三采技术，针对高含水油藏使用高分子聚合物，通过增加驱替相的黏度，进而降低驱替相（水相）和被驱替相（油相）的流度比，从而增加波及体积进而提高原油采收率。从微观上讲，聚合物具有黏弹性，在流动过程中对油膜和油滴具有拉伸作用，增强了携带力从而提高了洗油效率。大庆油田自20世纪末开始，聚合物驱工业化推广应用取得了显著的经济效果，在水驱的基础上提高采收率10%以上，年产油量已突破千万吨。但目前已进入聚合物驱后期，驱油效果逐年下降，仍有大量原油滞留于地下，估计剩余储量超过50%，因此亟须新型的接替技术。微生物采油技术因其无污染、成本低和工艺简单的优势，成为最具发展前景的接替技术。

2011年开始在萨南南二区东部聚合物驱后典型油藏开展激活内源微生物驱油（1注4采）现场试验。通过向油藏中注入激活剂（玉米浆干粉、硝酸钠和磷酸氢二铵）有效激活了包括Pseudomonas（假单胞菌）、Thauera（陶厄氏菌）和Arcobacter（弓形杆菌）在内的大量采油有益菌，产生有机酸使pH值降低了1个单位，并且有明显的产气增压效果，试验区含水率下降2%，阶段累计增油3068.13t。

1）试验井组生产基本情况

试验区由1口注入井N2-2-P40井，4口采油井N2-D2-P40井、N2-2-P140井、N2-2-P141井和N2-D3-P40井构成一个1注4采井组，面积为0.12km²，地质储量15.9×10⁴t，孔隙体积27.26×10⁴m³，井距250m，平均砂岩厚度14.3m，平均有效厚度9.2m，平均有效渗透率414mD。4口采油井平均日产液105.5m³，平均日产油4.4t，含水率95.8%。

2）工艺方案

针对聚合物驱后油藏，激活内源微生物驱油所采用的激活剂由玉米浆干粉、硝酸钠和磷酸氢二铵构成，其中C：N：P为1.40：0.25：0.15。用注入水配制激活剂溶液，总浓度为1.80%。注入激活剂溶液总量为9000m³约0.03PV。注入的激活剂保护剂由前置、中间隔离和后置等小段塞组成，用于保护激活剂免于被地层水和注入水稀释。现场采取大小不同的段塞连续注入方式，在注入过程中要求激活剂段塞和保护剂段塞至少有一次的交替注入。激活剂的保护剂由浓度为6000mg/L的聚合物母液与干线注入水按1：2比例稀释后，注入驱油的目的油层中。

3）矿场实施效果

（1）生产动态变化。

试验区于2005年4月聚合物驱结束后，转为后续水驱，平均单井日产液105t，日产油4.0t，综合含水率96.4%。在后续水驱期间，受周期注水等相关调整措施影响，月产油量和月含水率波动较大，为客观准确评价此次试验效果，试验选取注激活剂前16个月的日产油量和含水率变化作为对照的空白基值，如图7-30所示。从图7-30中可以看到，空白对照期间的产油量具有明显的递减趋势。自2011年12月注激活剂后，试验区注采液量稳定，见效后含水率波动不明显，日产油量由试验前的20t降到15.48t，改为后续水驱后，日产油量明显回升，稳定在30t左右。其中N2-2-P141井和N2-D3-P40井日产量分别由5t和2.4t上升到15t和7.0t，N2-D2-P40井日产量由5t逐步上升到8t。试验区含水由高点值96.9%下降两个百分点，现已稳定在94%以上。到2013年1月止，试验区已阶段累计

产油9009.73t，扣除后续水驱的自然递减，以及机采井因设备故障影响的产量外，实际增油3068.13t，且仍在有效期内。

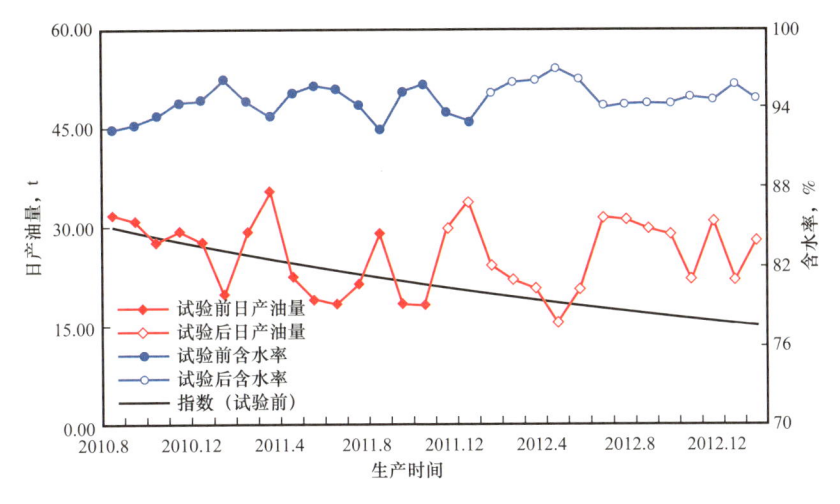

图7-30 注激活剂前后油井的生产动态变化

（2）油水物性参数变化。

为研究注入激活剂前后采出液中原油物性的变化特点，对试验区3口见效采油井N2-2-P141井、N2-D3-P40井和N2-D2-P40井的原油进行了对比分析，如图7-31所示。发现原油全烃组分参数$\Sigma nC_{21-}/nC_{21+}$值由1.23，1.44和1.61分别上升到1.76，1.79和1.78，经内源微生物作用后的原油由"重"变"轻"。监测的原油族组成变化趋势也相同，其中受效井N2-2-P141井、N2-D2-P40井和N2-D3-P40井的饱和烃含量增加，由53.52%~58.88%上升到54.29~61.79%，非烃含量由15.58%~19.49%下降到11.79%~16.67%，原油物性指标得到改善。而芳烃和沥青质含量略有增减，上述分析结果与早期的室内实验结果十分相符。由此不难看出，利用油藏内源微生物及其代谢产物产生的生物化学作用，改善了流体物性参数，并影响了渗流特征，提高原油采收率是这项技术的核心所在。

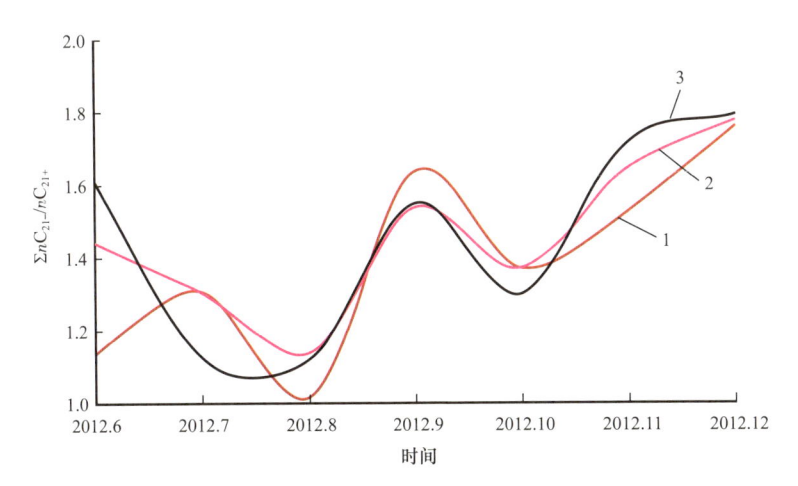

图7-31 注激活剂后原油全烃组分$\Sigma nC_{21-}/nC_{21+}$变化
1—N2-2-P141井；2—N2-D2-P40井；3—N2-D3-P40井

（3）油藏微生物群落结构变化。

完成采集油水样品多批次的T-RFLP检测，对比分析了注水井和采油井采出液注激活剂前后1年内的油藏微生物群落结构变化，监测结果发现采注入激活剂前后油井的细菌群落结构差异明显，其变化特点表现为：① 注水井中的细菌（27类）和古菌（17类）的丰度比4口采油井中的细菌（11～26类）和古菌（13～17类）丰度要多，多样性也高；② 注水井中优势菌属有烃氧化菌、硝酸盐还原菌、产表面活性剂菌、硫酸盐还原菌；③ 采油井激活后的优势菌群为假单胞菌、陶厄菌、不动杆菌，这些菌适合中低温环境生长，代谢产生表面活性物质，如糖脂、脂肽、磷脂等乳化原油，对改善原油流动性、提高驱油效率起到重要作用；④ 注水井和采油井中的古菌优势菌均为广古菌门的产甲烷古菌，产甲烷菌对内源微生物厌氧产气、增加油层驱动能量、扩大驱油波及体积发挥着重要作用。

4）试验认识

（1）聚合物驱后油层注入微生物有两个优点：一是微生物分解聚合物可有效清除聚合物堵塞；二是微生物注入后，由微生物生长和代谢产物驱油并释放残余油，达到提高采收率的目的。

（2）南二区矿场试验探索了利用内源微生物驱油技术的可行性，表明聚合物驱后油藏利用微生物驱仍能提高采收率，具有很大微生物驱油的应用潜力，为聚合物驱后油藏进一步提高采收率提供可借鉴的方法和途径。

（3）聚合物驱后利用微生物进一步提高采收率探索研究是当今石油开采的前沿技术，具有很高的技术难度，需要针对聚合物驱后油藏特点，进一步开展技术攻关研究，研发专门针对聚合物驱后油藏的微生物驱技术[31]。

三、华北油田地面地下一体化循环微生物驱

1. 油藏特征和开发简况

华北油田自1998年在间12断块进行微生物驱油以来，先后在河间东营、间12断块、哈22断块等不同温度、不同渗透率的5个油藏上进行了21个井组的微生物驱油技术应用。2005年在室内开展了微生物—凝胶调驱技术研究。2007年开始，先后在二连地区宝力格油区的巴19、巴48、巴51、巴38等4个断块实施了微生物—凝胶调驱矿场试验。

宝力格油田位于巴音都兰凹陷的南洼槽，目前已经开发巴19、巴38、巴48、巴51四个断块，含油面积20.8km^2，地质储量3497.6×10^{4}t，可采储量564.2×10^{4}t。截至2010年4月，共有油水井273口，其中，油井182口，开井169口，日产液2544t，日产油694t，累计采油175.4×10^{4}t，地质储量采出程度5.0%；注水井91口，开井78口，日注水2863m^3，累计注水455.7×10^{4}m^3，累计注采比1.09。

宝力格油田目前主力油层动用程度为60.3%～99.2%，水驱控制程度85.8%～100%。油井平均121天见效，见效后含水快速上升，导致产量递减快。如巴19井组，月含水上升速度为1.8%，平均月递减达到3.9%。原油黏度为43.6～432mPa·s，其中巴19、巴38断块原油黏度相对较低，巴48、巴51断块原油黏度较高，属普通稠油油藏。油藏注水开发效果差，主要受原油性质和储层非均质性的共同影响。

2. 工艺方案

在实验室按照微生物代谢产物降黏理论认识，分离筛选了对宝力格区块原油具有较强的乳化、降黏效果的系列菌种，进行了室内性能评价、配伍评价以及室内驱油物理模拟，形成了微生物驱油体系配方；通过室内优化研究，获取了适合试验区块的凝胶配方体系；提出了以微生物驱油为主，凝胶调驱为辅，采用注入微生物＋调剖剂＋微生物的三段式注入方式的微生物凝胶组合驱技术方案。

自 2007 年 7 月开始截至 2011 年 1 月，在巴 19 断块、巴 48 断块、巴 51 断块实施了三轮次全面微生物驱。注入菌液浓度 1%，注入营养液浓度 0.81%，并将微生物驱产出液回注至巴 38 断块。2010 年 7 月，在巴 48 断块开展了 1 个井组（巴 48-22 井）的内源菌激活先导试验，注入激活体系 1800m³；为了保证微生物在地层中的作用，同时对水窜比较严重的 8 个井组实施了凝胶调驱措施，对注水剖面进行调整，累计注入凝胶 28100m³。

3. 现场实施效果

巴 51 断块措施后，52 口油井中有 45 口见效，累计增产原油 2.20×10^4t。巴 19 断块措施后，67 口油井中有 55 口见效，累计增产原油 2.67×10^4t。巴 19 综合试验区开采曲线如图 7-32 所示。巴 19 断块采出含菌污水循环回注到巴 38 断块后，在没有其他措施前提下，累计增油 1.5×10^4t，有效改善了巴 38 断块的生产状况。措施后宝力格油田总体生产形势较明显改善，统计至 2011 年 4 月底，驻点法计算增油量，措施阶段累计增油 6.37×10^4t，有效改善了宝力格油田水驱开发效果；油田自然递减、综合递减明显减缓，分别由 2007 年的 17.1% 和 11.8% 下降到 2011 年的 6% 和 0.8%，含水上升率下降了 15%，有效改善了油田的开发效果。

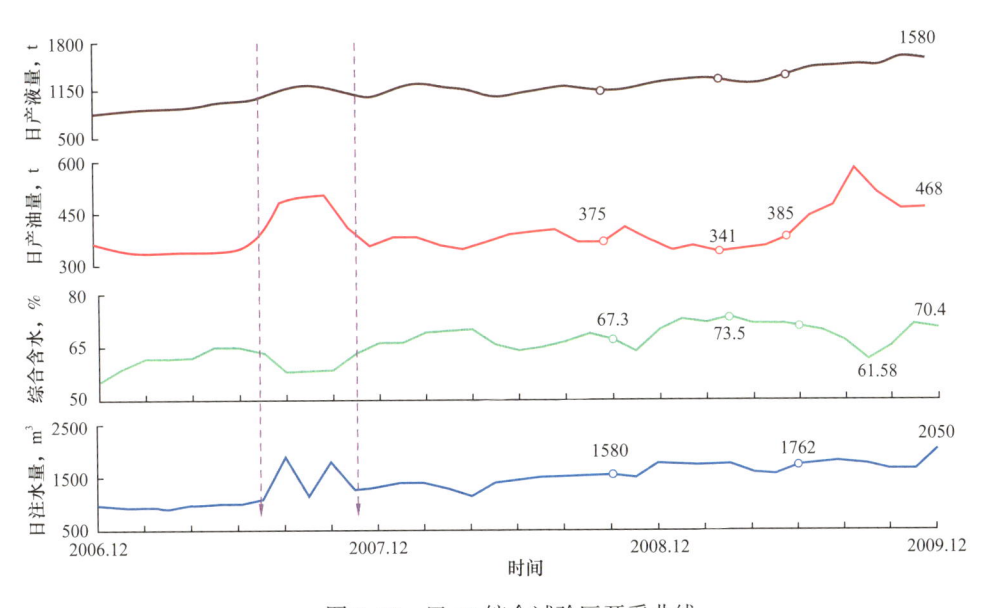

图 7-32　巴 19 综合试验区开采曲线

微生物全油田 187 口井产出液菌浓监测数据表明，4 个断块产出液菌浓由措施前的 10^4 个 /mL 达到 $10^5\sim10^6$ 个 /mL 以上（图 7-33），初步建立了宝力格油田地层微生物场。重点井监测数据表明，与措施前相比，断块原油平均降黏率达 36.1%，其中巴 51 断块 18

口油井的原油黏度下降51.3%（图7-34），表明原油流体性质得到改善，稠油难以驱动的开发难题得到一定程度缓解。结合各断块措施注入时间分析实验数据显示，产出液含菌数达到或接近10^6个/mL，周期为3~4个月；随着产出液含菌数增加，原油黏度逐步下降，3~4个月达到最大降幅；当采出液含菌数稳定在10^5个/mL以上时，原油黏度下降幅度保持稳定，微生物驱结束后，降黏效果可维持3~4个月。

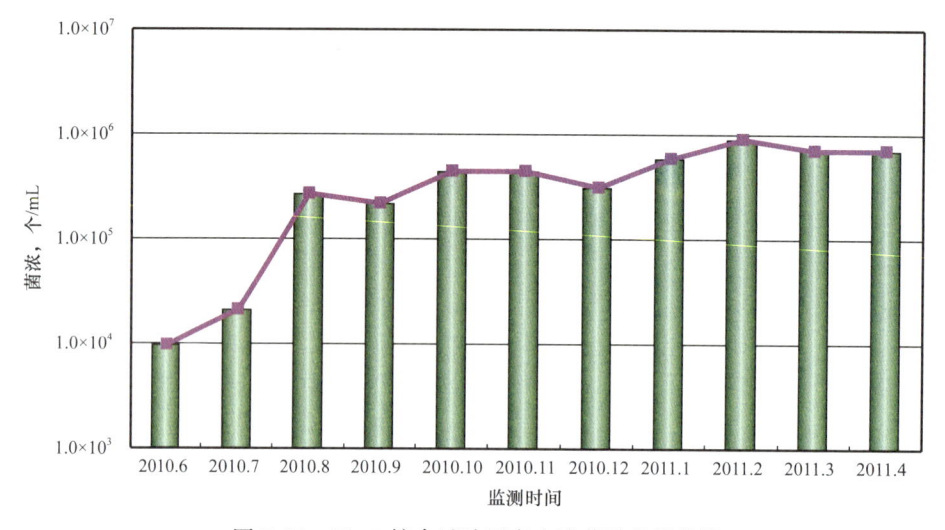

图7-33 巴19综合试验区产出液菌浓监测曲线

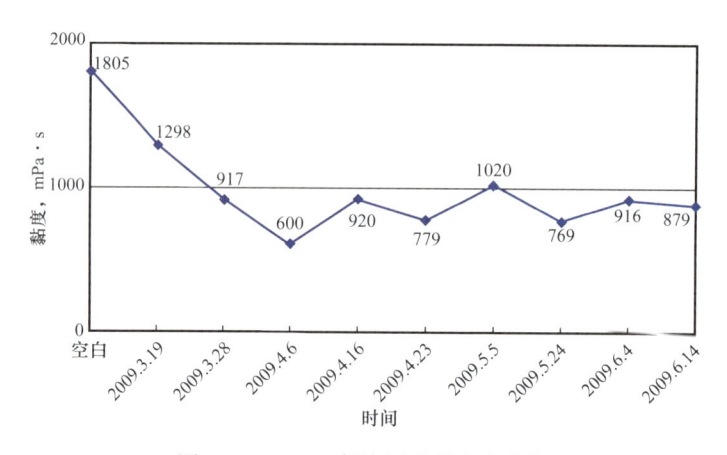

图7-34 巴51断块原油黏度变化曲线

通过外源微生物驱油、内源微生物激活、辅助化学调剖先导试验，建立微生物场，并配套形成微生物循环利用工艺，解决以巴19断块的高凝油和巴51断块的高黏油的开发矛盾，辅以凝胶调剖工艺封堵高渗水流通道，提高微生物在油层中的作用效果，形成调驱配套的微生物驱油技术，油田自然递减、综合递减明显减缓，有效改善了宝力格油田水驱开发效果，实现了宝力格油田$25×10^4$t规模产量3年基本保持稳定的目标。

4.试验认识

华北油田的微生物—化学凝胶联作调驱技术将化学调剖和微生物驱油两项技术的优势发挥出来，并配套形成工艺，解决以巴19断块的高凝油和巴51断块的高黏油的开发矛盾，辅以凝胶调剖工艺封堵高渗水流通道解决油层非均质性问题。建立的激活油藏内源微生物——含菌产出污水循环注入工艺，为循环利用营养剂和微生物，降低微生物驱油成本做出了有益的尝试[32]。

参 考 文 献

[1] 任厚毅，等. 微生物采油技术发展综述[J]. 科技前沿. 2008, 10: 36-38.

[2] 陈文新，等. 微生物采油技术及国外应用研究进展[J]. 西安石油大学学报：自然科学版, 2009, 24 (4): 58-61, 68.

[3] ZoBell C. (1946) Bacteriological Process for Treatment of Fuid-bearing Earth Formations: US Patent No.2413278 [P].

[4] 东长玉，韩卫东，王玉堂. 浅析微生物采油技术及发展趋势[J]. 中国石油和化工标准与质量, 2013 (13): 64.

[5] Ian M, et al. Biological Activity in the Deep Subsurface and the Origin of Heavy Oil [J]. 2003, Nature 243: 344-352.

[6] Wei X, et al. Methane Production Pathway in Biogas Reservoirs Viamolecular Biological Technique [J]. Petrol. Explor. Develop., 2012, 39 (4): 539-546.

[7] Beckmann J W. Action of Bacteria on Mineral Oil [J]. IndEng. Chem. News, 1926 (10): 3.

[8] 库兹涅佐夫，等. 地质微生物学导论[M]. 王修垣，译. 北京：科学出版社, 1966.

[9] 雷光伦. 微生物采油技术的研究与应用[J]. 石油学报, 2001, 22 (2): 56-61.

[10] 张继芬. 提高石油采收率基础北京[M]: 石油工业出版社, 1997: 170-188.

[11] 向廷生，冯庆贤，Nazina N T，等. 本源微生物驱油机理研究及现场应用[J]. 石油学报, 2004, 25 (6): 63-67.

[12] Ivanov M V. 俄罗斯利用微生物采油提高原油产量[C] // 国外微生物提高采收率技术论文选[M]. 赵国珍，译. 北京：石油工业出版社, 1996: 129-135.

[13] Youssef N, et al. In-situ Biosurfactant Production by Bacillus Strains Injected into a Limestone Petroleum Reservoir [J]. Appl. Environ. Microbiol, 2007, 73: 1239-1247.

[14] Van Hamme J D, et al. Recent Advances in Petroleum Microbiology [J]. Microbiol Mol. Biol. Rev., 2003, 67: 503-549.

[15] Zahner B, et al. MEOR Success in Southern California [R]. SPE 129742, 2010.

[16] 李永伏，袁朝晖. 大庆油田微生物驱油技术试验研究[J]. 国外油田工程, 2005, 21 (6): 40-41.

[17] 吴淑云. 萨中过渡带微生物应用效果[J]. 采油工程, 2004 (1).

[18] 石梅. 聚合物驱后利用微生物进一步提高采收率的可行性[J]. 大庆石油地质与开发, 2004 (2): 56-58.

[19] 佘跃惠，张学礼，张凡，等. 大港孔店油田水驱油藏微生物群落的分子分析[J]. 微生物学报, 2005 (3): 329-324.

[20] 赵玲侠，等. 聚驱后油藏内源微生物群落结构解析与分布特征研究[C] // 内源微生物采油技术论文集[M]. 北京：石油工业出版社, 2012.

[21] 孔祥平，包木太，马代鑫，等. 油田水中细菌群落分析[J]. 油田化学, 2003, 20 (4): 372-375.

[22] 宋智勇，郝滨，赵凤敏，等. 胜利油田水驱油藏内源微生物群落结构及分布规律[J]. 西安石油大学学报：自然科学版, 2013: 28 (4): 44-50.

[23] 向廷生，刘小波，张敏，等.大庆油田本源微生物分布与定向激活机制[J].中国科学D辑：地球科学，2008, 38（S2）：117-122.

[24] 张毅.采油工程技术新进展[M].北京：中国石化出版社，2005：175-176.

[25] 修建龙，董汉平，俞理，等.微生物提高采收率数值模拟研究现状[J].油气地质与采收率，2009，16（4）：86-89.

[26] 修建龙，俞理，郭英.本源微生物驱油渗流场——微生物场耦合数学模型[J].石油学报，2010.11，31（6）：989-992.

[27] 朱怀江，孙尚如，罗健辉，等.南阳油田驱油用聚合物的水动力学半径研究[J].石油钻采工艺，2005，27（6）：47-50.

[28] 张瑞玲.甲基叔丁基醚的生物降解机理与微生物在地下水中的迁移[D].天津：天津大学，2007.

[29] 汪卫东，刘茂诚，程海鹰，等.微生物堵调研究进展[J].油气地质与采收率，2007，14（1）：86-90.

[30] 王红波，等.克拉玛依油田克下组油藏内源微生物激活现场试验研究[C]//内源微生物采油技术论文集[M].北京：石油工业出版社，2012.

[31] 乐建君，刘芳，张继元，等.聚合物驱后油藏激活内源微生物驱油现场试验[J].石油学报，2014，35（1）：99-106.

[32] 张双艳，等.微生物采油技术在宝力格油田的应用[C]//内源微生物采油技术论文集[M].北京：石油工业出版社，2012.

第八章 展　　望

随着中国石油陆上主力油田开发相继进入高含水、特高含水期，三次采油提高采收率技术面临越来越广泛的需求。根据不同类型油藏的地质和开发特点，"十一五"和"十二五"期间开展了多层次的矿场试验，取得了一定的经验，也取得了明显的效果。形成了精细水驱挖潜、化学驱、稠油热采、注气等提高采收率主体技术，有力保障了中国石油的长期稳产。

一、精细水驱挖潜提高采收率技术

中国石油稀油油藏大部分采用水驱开发方式。中高渗透水驱油藏大部分已进入高/特高含水开发阶段，通过"十一五"和"十二五"的不断创新发展，形成了精细分层注水技术、"二三结合"技术和同井注采技术等特色技术。在特低（超低）渗透油藏开发过程中，逐步形成了水平井、分支井、储层压裂改造、缝洞储集体精细描述及缝网匹配注水等有效开采技术。

精细分层注水为我国油田最为基础、应用最为广泛的开发主体技术。精细分层注水的核心是将"精细"这一开发理念贯穿于油田开发的各环节，将地质油藏、钻井工程和采油工艺紧密结合。目前，精细分层注水主要面临以下挑战：一是高/特高含水阶段，层间、层内和平面三大非均质性加强导致的注入水低效无效循环严重问题；二是宏微观剩余油进一步分散，存在赋集状态识别难和非连续渗流问题；三是注采系统恶化导致的可采储量损失问题[1]。由于储层和流体（如高温高盐、裂缝发育、边底水强）等原因，目前仍有相当多的中高渗透油藏难以应用化学驱等接替技术，在尽快研发适应的三次采油技术同时，只能继续完善精细注水开采方式。需要进一步提高地质油藏的认识程度和表征精度，在精准把握剩余油赋集状态的基础上，发展低成本高精度定向井和层内调堵等挖潜技术，提高对零散剩余油和层内剩余油的动用程度，提升注水效率[2]；探索离子匹配水驱、渗流阻力可调的新型分散驱替体系等改善水驱技术，进一步扩大波及体积并在一定程度上提高洗油效率。将精细分层注水发展为精准定向注水和功能性水驱，预期可在目前基础上进一步提高水驱采收率5%以上，仍可带来可观的潜力。对于适合化学驱等技术的区块，适时转换开采方式大幅度提高采收率。

"二三结合"技术就是将水驱与三次采油的层系井网整体优化部署，在精细注水阶段，即应用后期三次采油的密井网充分挖潜水驱潜力，特别是薄差层潜力，适时转入三次采油提高采收率，追求水驱与三次采油衔接的最优化，总体经济效益最大化。"二三结合"精细水驱阶段预测可提高采收率3~5个百分点，化学驱阶段可提高采收率15~20个百分点，总体提高采收率18~25个百分点[3]。"二三结合"技术已在大庆、新疆等油田工业应用，效果显著。需要深入研究"二三结合"的转换时机、层系调整、布井方式等关键因素，优化实施方案，不断提高"二三结合"的整体效果和效益。"十二五"期间，大港、华北等断块油田普遍应用的二次开发技术，通过多学科集成化的精细油藏描述技术，不断加深和重构地下油藏认识体系。应用高分辨率三维地震资料、较高密度井网资料和动态监测资料，井震结合、动静结合，形成了分层次的精细油藏描述方法，并在小断层解释、单砂体刻画及内部构型和剩余油分布预测方面取得重要进展，为断块油田的精细挖潜提供了基础[4]。

同井注采技术是利用井下油—水分离设备对生产层的采出液进行油—水分离，含水率降低的采出液被举升至地面，分离出的水被回注到注入层，实现在同一井筒内采出与注入同步进行。该技术能够大幅降低举升能耗和污水处理成本，使特高含水油田具有开发价值，应用前景广阔[5]。其中，井下油水分离装置是同井注采技术的关键组成部分之一，主要有水力旋流分离和多杯等流重力沉降等方法。1998年在大庆油田北一区断东开展聚合物驱，2004年含水率达到98.2%，停止注聚合物并关井。试验油井初期含水降为77.2%，已见到增液、增油、降含水的初步效果。同井注采技术目前处于室内研发和矿场先导试验阶段，需要进一步优化井下油水分离技术，提升分离效果，降低系统成本和维护作业费用，延长装备使用寿命；集成回注监测技术，对于分离后的注水量和回注层位能够精确计量和监测；加强系统化研究，将地质、油藏、工程、管理紧密结合，特别是优化回注层位及形成注采回路系统方面，仍需进行深入研究和矿场试验，提高应用水平和开发效果。

近年来，以直井分层、水平井分段及体积压裂为代表的储层改造技术已广泛应用于低渗透油藏，其中水平井分段及体积压裂技术已成为超低渗透、致密油藏提高单井产量和采收率的主体技术。通过攻关和试验，已形成了水力喷砂、裸眼封隔器滑套、双封单卡、泵送桥塞、套管射孔管内封隔器等多项水平井分段压裂技术[6]。水平井体积压裂主要采用"套管完井+分段多簇射孔+可钻式桥塞+滑溜水"多段压裂方式，其中"分段多簇"射孔实施应力干扰是实现体积改造的技术关键。目前，水平井压裂技术在压裂优化设计、压裂液体系研发等方面也取得重要进展，实现了"千方砂、万方液"的大规模改造，已在长庆油田致密油藏建成百万吨产能，实现了有效开采。多段、多簇、大液量、大排量、大砂量、低成本的大规模改造技术是水平井压裂的主要发展方向，需要进一步学习、借鉴国外非常规油气开采经验，加强"地质—油藏—工程"多专业一体化集成，提升开发效果，强化工厂化作业管理，大幅度降低开发成本。

经过多学科联合攻关，发展了缝洞储集体地球物理描述、多尺度相控缝洞储集体建模、缝洞型油藏数值模拟等多项关键技术，集成形成了缝洞储集体识别、描述和油藏模拟技术[7]。以高精度地震处理为基础，综合应用测井评价和地震古地貌研究，提高了缝洞储集体的识别与流体判识的可靠性；采用分类分级建模的思路，将缝洞储集体划分为洞穴型、溶蚀孔洞型、裂缝型、基质岩块等类型，分别采用不同的建模方法，形成了缝洞型油藏三维地质建模技术，实现了由缝洞单元形态表征到缝洞单元充填描述；建立了缝洞型油藏等效连续介质和离散介质耦合的油藏渗流数学模型，形成了分区域分介质变重数值模拟技术。在缝洞储集体识别与描述技术取得进展的前提下，结合开发所获得的各类动静态资料，深化了碳酸盐岩油藏的渗流机理认识，对剩余油分布规律和后续挖潜措施有了更好的把握。

缝网匹配注水技术的关键是正确认识"缝"在油田开发中的作用，当基质孔渗条件可以有效驱油时，应尽可能减小高压注水和油井、水井改造规模，减少裂缝的产生，实现基质驱油。对于基质难以驱替的特低（超低）渗透油藏，积极利用裂缝的导流作用，合理储层改造,缝网立体匹配,多轮次及时加密并井网转向,有效扩大波及体积。同时,形成了富集区带优选、裂缝系统识别和预测、井网井距优化、多方式压裂、深穿透射孔、注入水精细过滤等配套技术。一大批特低(超低)渗透、裂缝性低渗透等原来认为难以开采的油田得到了有效开发。随着开发阶段的变化,缝网匹配的利用、复杂缝网的实现和转换将会贯穿于低渗透油田开发的全生命周期。需进一步完善地应力及裂缝展布的动态预测,在多方向动态裂缝的成因机理、动态裂缝对水驱波及体积的影响等方面有待深化研究;完善井网与裂缝的匹配模式研究,优化水动力系统为目的的注采井网调整和注水政策界限;加强地质、油藏、工程的一体化研究[8]。

二、化学驱提高采收率技术

中国石油大部分油藏为陆相沉积,具有储层非均质性强、流度比高及油藏温度低等特点,水驱采收率普遍在20%～45%,水驱后仍需要应用大幅度提高采收率技术[9]。"十一五"前的聚合物驱工业化推广应用取得了巨大的成功。经过"十一五"和"十二五"持续攻关和工业化推广,形成了聚合物驱技术、二元/三元复合驱技术、非均相复合驱技术和泡沫驱技术等大幅度提高采收率技术。

目前,我国聚合物驱年产油量超过1200×10^4t,形成了以大庆油田高浓度黏弹聚合物驱和二类油层聚合物驱、新疆油田砾岩聚合物驱为代表的较为成熟的工业配套技术。"十二五"后聚合物驱主要面临提高采收率幅度有限、聚合物用量过大、聚合物驱后含水上升和产量下降过快、聚合物驱后剩余油分布零散及有效接替技术缺乏等挑战,需要在功能性聚合物技术、聚合物驱优化设计技术和聚合物驱后进一步提高采收率技术方面加强攻关[10]。

以大庆油田为代表,通过多年的技术攻关和矿场试验,形成了三元复合驱(碱、表面活性剂、聚合物)提高采收率技术系列和标准规范体系,使我国成为世界上唯一实现三元复合驱工业化应用的国家。大庆油田三元复合驱于2014年进入工业化应用,2017年产油量超过400×10^4t,主要在长垣Ⅱ类油层实施,强碱和弱碱复合驱与水驱相比均提高采收率20%以上。

弱碱(Na_2CO_3等)复合驱相对强碱(NaOH)复合驱,由结垢和腐蚀引起的生产维护问题、由采出液乳化引起的处理问题等大幅减少,是目前和今后一段时期内更适宜大规模推广的三元复合驱主体技术。需要进一步优化主表面活性剂及生产工艺,扩大产品适应范围,提升产品稳定性;探索有机碱、复合碱等不同碱型,降低目前碱的不利影响;加强主段塞前的耐碱调剖研究,降低主段塞用量;优化体系配方、段塞组合和分阶段调控措施,提高矿场试验效果;完善注采和产出液处理工艺,降本增效;同时,需要加快三元复合驱后进一步提高采收率技术研究。

由于碱的加入带来了结垢、腐蚀、破乳等地面地下处理难题,近年来,随着以甜菜碱、阴—非离子型表面活性剂为代表的新型高效表面活性剂取得的突破性进展,表面活性剂—聚合物二元复合驱体系在无碱条件下仍能使油水界面张力达到超低并使油水体系产生适度乳化,促使二元复合驱技术取得了较快发展。目前,在辽河、新疆、大港、大庆、长庆等油田均开展了矿场试验。其中辽河油田和新疆油田二元复合驱试验预计提高采收率18%左右。二元复合驱不仅能够大幅度提高采收率,而且地面地下处理相对简易,是高

（特高）含水老油田提高采收率的主要攻关方向之一。

目前，二元复合驱主要问题是提高采收率幅度不如三元复合驱，碱的积极作用（降低界面张力、易于乳化、剥离油膜、降低吸附等）尚未被完全替代，进一步优化高效二元主剂仍是技术关键。此外，二元复合驱地面和注采配套技术有待完善，目前的工艺更类似一种简化的三元复合驱配套工艺，如能发展成为类似聚合物驱的配套工艺，则建设和操作成本较三元复合驱可减少 1/2 以上。

非均相复合驱是在二元或三元复合驱油体系的基础上，加入不同尺度的黏弹颗粒，形成非均相体系，该体系的连续相为"聚合物+表面活性剂"溶液，分散相为具有较高黏弹性的颗粒，与二元或三元复合驱相比，能够增加阻力系数，强化液流转向，扩大波及体积。目前，该技术主要是进一步研发性价比更好的微球颗粒体系，解决深部扩大波及体积的难题，有望在聚合物驱后油藏应用。

泡沫驱技术是以泡沫作为驱替介质的提高采收率方法。泡沫在解决单纯注气气窜或注水水窜、挖掘厚油层顶部水驱剩余油方面具有独特优势，是一种很有发展前途的大幅度提高采收率技术。通过攻关，研制了适用不同条件、不同发泡能力和稳定性的泡沫配方体系，建立了模拟油藏条件的泡沫评价方法；大庆北二东、大港港东、长庆五里湾、吉林大安大 20 区块等泡沫驱现场试验取得较好效果。目前，在泡沫驱配方优化和效果方面，室内评价和现场试验差异大，需要尽快完善泡沫驱的室内研究评价方法，深化泡沫驱油机理和泡沫在多孔介质中渗流规律的认识；紧紧围绕泡沫稳定性这一核心关键，攻关低成本、高效、廉价、稳定的泡沫体系，优化现场注入和调控等配套技术，开展规模化现场试验。

三、稠油热采提高采收率技术

中国陆上稠油资源较为丰富，预测资源量约 198×10^8t，主要分布在辽河、新疆、胜利、塔河、吐哈等油田，在渤海湾近海也发现了大量的稠油资源。"十一五"以来，老区整体进入蒸汽吞吐后期低效开发阶段，新区以超稠油、超深层和超薄层油藏为主，稠油转换开发方式的基础研究和试验力度加大，配套技术攻关取得显著进展，实现了由蒸汽吞吐向蒸汽驱、SAGD、火驱的技术发展，保障了普通稠油产量的快速增长和热采稠油产量基本稳定。

蒸汽吞吐在各类稠油油藏均得到工业应用，目前面临多轮次吞吐后操作成本逐年升高、油汽比逐渐降低的难题。对于一些难以转变开采方式的稠油油藏，重点是改善吞吐效果，研究运用水平井和 CO_2、N_2 等助剂辅助蒸汽吞吐有效降黏、增加地层能量和波及体积。对于适合转变方式的区块，尽快优选合适时机进行蒸汽驱、SAGD 或火驱技术的接替开发。

蒸汽驱已成为成熟配套的热采技术，在连通性较好的稠油油藏得到规模工业应用，成为蒸汽吞吐后提高采收率的有效方法。近年来提出将水平驱动力与垂向重力泄油相结合的热采理论与开发模式，形成了直井与水平井组合蒸汽驱和水平井组合蒸汽驱等新的蒸汽驱模式，并在不断的现场先导试验中取得显著效果，得到了一定规模的推广应用。同时，蒸汽驱热采工艺也取得了重大进展，集成了耐高温大排量举升、高温高压地面集输计量及余热回收系统，形成稠油热采配套技术体系。将蒸汽驱的注汽井的井底蒸汽干度提高了 20% 以上，将传统蒸汽驱开发深度界限由埋深 800m 加深到埋深 1400m，重力泄油由油藏埋深

600m加深到1000m以上，最终采收率也由蒸汽吞吐的20%～25%提高到50%以上。近年来，还发展了多介质蒸汽驱技术，研发了多达三种以上的多介质蒸汽驱驱油配方体系，在蒸汽驱中后期，根据油藏特点加入不同的多介质驱油体系，可显著提高蒸汽驱开发效果，预计可提高油汽比30%、采收率10%以上。如在蒸汽吞吐后期油藏直接转多介质蒸汽驱，预计可提高采收率30%以上。以驱替方式转变和层系井网调整为代表的水平井蒸汽驱技术和多介质蒸汽驱技术，在未来的一段时间内将会融合发展，成为可以采用蒸汽驱接替开发的区块主体开发技术，承担中国石油千万吨规划产能的主体部分。

SAGD是以高干度蒸汽作为热源，依靠沥青及凝析液的重力作用开采超稠油，它可以通过双水平井、直井与水平井组合等方式来实现，已成为超稠油开发的主体技术。目前基本掌握了超稠油SAGD开采机理和生产规律以及数值模拟等方案优化设计技术，结合储层精细构型，形成了SAGD动态跟踪与调控技术，发展了超浅层双水平井SAGD钻完井、高温大排量举升工艺、地面高效注汽、高温产液密闭处理、地面与地下一体化自动监测等配套技术。

SAGD目前面临着非均质强、蒸汽腔扩展不均等系列问题，下一步重点攻关多介质辅助SAGD及不同结构井SAGD技术，在SAGD生产过程中，非凝结气体、溶剂（化学剂）和蒸汽同时注入油层中，可加速降黏、加速蒸汽腔发育，提高采油速率，进一步改善SAGD开发效果，并可降低能耗、减少蒸汽用量，预计在常规SAGD基础上可提高油汽比30%、采收率15%以上。气体和溶剂辅助SAGD技术、加密井辅助SAGD技术，在SAGD开发的中后期，将得到大规模的采用，能够显著改善国内陆相储层非均质性对SAGD开发的不利影响，提高SAGD的最终开发效果，使SAGD在未来很长一段时间内，贡献产能保持在200×10^4t以上规模[11]。

火驱是一种重要的稠油热采方法。近年来，火驱技术从基础理论、室内模拟和矿场试验等方面都取得了显著的进展。新疆红浅1火驱试验是在蒸汽吞吐及蒸汽驱后、采出程度达到近30%的废弃油藏上实施的，截至2016年底已连续运行7年，在注蒸汽基础上又提高采出程度25.2%，年均采油速度达到3.6%，数值模拟预计最终采收率达到65.1%以上，最终相对蒸汽驱提高采收率30%以上。从试验效果看，火驱高温燃烧特征明显，产出原油明显改质，饱和烃质量分数增加了7%，胶质、沥青质质量分数下降了2.5%。火驱需要进一步完善配套技术，改善火驱高温注采工艺、管柱防腐工艺、火驱监测和前缘控制等关键技术，扩大试验及应用规模。预期火驱技术得到进一步发展，大量因为蒸汽吞吐和蒸汽驱经济效果差而废弃的老油田，采用火驱技术后能够重新焕发青春，取得经济有效产油量，并显著提高采收率到60%以上，未来中国石油火驱技术贡献的产能规模可达到100×10^4t以上[12, 13]。

除以上提高采收率主体技术向着更高效、更高经济性、更低排放的方向发展之外，以地下原位改质等为代表的新技术也表现出极大的发展潜力。地下原位改质降黏技术是通过地下还原/氧化/生物代谢反应将原油中影响黏度的大分子结构改质为小分子，实现原油地下不可逆降黏，大幅提高稠油流度、开采能效和最终采收率。目前，已提出包括"供氢催化改质""氧化催化改质""微生物改质"等多种技术路线。室内已研制出催化改质降黏剂样品，在250℃以上条件下可实现改质降黏，特稠油和超稠油降黏率达90%以上。需进一步降低改质门限温度，同时研究改质剂的分散注入技术，尽快从室内研究进入矿场试验。

四、注气提高采收率技术

注气（包括注 CO_2、N_2、天然气、空气、烟道气等）是低渗透油藏、特别是注水难以建立有效驱替系统的特低（超低）渗透油藏提高采收率的重要手段，具有广阔的应用前景。

在各种注气技术中，CO_2 驱油与埋存技术在提高采收率的同时实现温室气体减排，得到国际社会普遍关注。在 CO_2 驱油与埋存的油藏工程、注采工艺、地面工程等方面基本形成配套技术。吉林油田黑59、黑79和黑46以及胜利油田高89等区块的矿场试验或工业应用，提高采收率7%~17%。另外，在大庆、江苏、大港、吐哈、延长等油田也开展了 CO_2 驱、空气驱、天然气驱、氮气驱等试验并见到较好效果。

近年来，注气稳定重力驱已经由室内机理研究进入现场应用，塔里木油田东河塘、冀东油田柳北的矿场试验见到良好效果，初步掌握了气液界面控制等核心技术。由于陆相沉积的低渗透油藏裂缝发育、非均质性强、原油混相压力较高的特点，需要进一步加强扩大注气波及体积和改善混相条件技术研究，明确 CO_2 有效埋存条件，提升压缩机等关键设备能力，建立密闭回注系统，同时有效保障气源供给及提升油藏管理水平[14]。

截至"十二五"末，针对缝洞型碳酸盐岩油藏已开展注气稳定重力驱技术，提高采收率机理包括补充地层能量、重力分异作用、膨胀降黏等，在动用"阁楼油"方面取得良好效果。塔河油田为缝洞型碳酸盐岩油藏，油藏深度为5300~7000m。2012年开始注 N_2 替油，采用橇装、膜制氮气技术，制氮纯度达95%，采用气水混注方式控制注入压力，截至2016年，累计注气281井次，累计产油 28.9×10^4t [15]。

五、其他提高采收率技术

针对水驱难以动用的油藏，经过"十一五"和"十二五"持续技术攻关，形成了纳米智能化学驱油技术、黏弹表面活性剂驱、渗吸采油技术等提高采收率储备技术。

纳米智能化学驱技术的研发思路是赋予纳米驱油剂"尺寸足够小"，能够基本实现全油藏波及；"强憎水强亲油"，遇水排斥，遇油亲合，具有自驱动力，能够实现智能找油；"分散油聚并"，能够捕集分散油，形成油墙或富油带并被驱出等功能。通过研究，目前室内实现了部分设想，烷烃修饰后的纳米颗粒疏水性增强，受到油相的吸引，能自发地向油水界面扩散运移，且纳米颗粒在油水界面的吸附能够有效降低界面张力，提高水相对油相的携带能力。

纳米智能化学驱油技术有望成为提高采收率颠覆性战略接替技术，预期最终采收率可达80%以上。该技术广泛适用于各种类型油藏，具有广阔的应用前景，但最终实现技术设想的三个功能仍需做大量细致的基础研究和技术攻关试验。

近期针对特低（超低）渗透油藏，通过注入亲水改性纳米体系减弱水分子间相互作用力的方法，使普通水变成了更小的"小分子"水，降低了孔隙注入阻力，使原来注不进水的孔隙变得可以注入水，可大大增加特低/超低渗透油藏的水驱波及体积[16]。

黏弹表面活性剂驱油体系，是指通过表面活性剂改性，在不用（或少用）聚合物的条件下，在提高洗油效率的同时赋予体系一定的黏性特征。该类表面活性剂具备一定程度的自适应性，在裂缝或较大孔道中，由于浓度较高，单体分子自聚形成三维网状结构，呈现黏性和黏弹性特征；在基质中，由于表面活性剂分子尺寸远小于孔喉半径，易进入基质且不会发生孔喉"堵死"现象；此外，在近井地带由于剪切速率较大，三维网状结构破碎为单体分子，黏弹性下降，易注入。从机理上考虑，该技术有望发展成为一项适用于低渗透油藏的化学驱主体技术。目前室内研制出的黏弹表面活性剂体系，在浓度1000mg/L的条件下，黏度可达到20mPa·s以上，并具备剪切可逆性。由于低渗透油藏比表面大、吸附大的特点，需要进一步研制高效低吸附主剂，降低使用浓度和吸附损耗，加快先导试验。

渗吸采油技术指在微纳米多孔介质中利用毛细管力的作用吸入润湿相流体排驱非润湿相流体的过程。低渗透油藏储层致密、孔隙与喉道细小，毛细管作用突出，毛细管力相当于在中高渗透储层中的几十倍、几百甚至上千倍。对于水湿油藏或油藏中水湿部位，利用强毛细管力自吸排油是很有效的开采方法，如体积压裂、超前注水、周期注水、吞吐水驱等。但对于混合润湿中的油湿部位或油湿油藏，毛细管力作为阻力更是不可忽视的作用，生产中因此出现注水难、难以形成有效驱替压差、水驱采收率低等重大开发难题。近年来，围绕低渗透油藏非达西渗流理论、渗吸动力学模型、化学渗吸剂室内评价和优选方法、绿色高效渗吸剂研制与设计、低渗透裂缝性数值分析模型的建立及渗吸采油方案的编制等开展了大量的工作，取得了一些进展。未来需进一步加强渗吸作用微观驱油机理、油藏适应性及采油工艺对渗吸采油影响规律的研究，研发高效环保渗吸体系，与体积压裂等低渗透改造工艺技术联用，解决我国低渗透油藏大幅度提高采收率的重大需求。

参 考 文 献

[1] 袁士义，王强. 中国油田开发主体技术新进展与展望[J]. 石油勘探与开发，2018，45（4）：1-12.

[2] 何江川，廖广志，王正茂. 关于二次开发与三次采油关系的探讨[J]. 西南石油大学学报：自然科学版，2011，33（3）：96-100.

[3] 何江川，廖广志，王正茂. 油田开发战略与接替技术[J]. 石油学报，2012，33（3）：519-525.

[4] 邹拓，徐芳. 复杂断块油田开发后期精细地质建模技术对策[J]. 西南石油大学学报：自然科学版，2015，37（4）：35-40.

[5] 刘合，郝忠献，王连刚，等. 人工举升技术现状与发展趋势[J]. 石油学报，2015，36（11）：1441-1448.

[6] 杜金虎，刘合，马德胜，等. 试论中国陆相致密油有效开发技术[J]. 石油勘探与开发，2014，41（2）：198-205.

[7] 王友净，宋新民，田昌炳，等. 动态裂缝是特低渗透油藏注水开发中出现的新的开发地质属性[J]. 石油勘探与开发，2015，42（2）：222-228.

[8] 李阳，侯加根，李永强. 碳酸盐岩缝洞型储集体特征及分类分级地质建模[J]. 石油勘探与开发，2016，43（4）：600-606.

[9] 袁士义. 化学驱和微生物驱提高石油采收率的基础研究[M]. 北京：石油工业出版社，2010：1-12.

[10] 王凤兰，石成方，田晓东，等. 大庆油田"十一五"期间油田开发主要技术对策研究[J]. 大庆石油地质与开发，2007，26（4）：62-66.

[11] 廖广志，马德胜，王正茂，等. 油田开发重大试验实践与认识[M]. 北京：石油工业出版社，2018：328，581-600.

［12］王元基，何江川，廖广志，等．国内火驱技术发展历程与应用前景［J］．石油学报，2012，33（5）：909-914.

［13］关文龙，张霞林，席长丰，等．稠油老区直井火驱驱替特征与井网模式选择［J］．石油学报，2017，38（8）：935-946，972.

［14］袁士义．二氧化碳减排、储存和资源化利用的基础研究论文集［M］．北京：石油工业出版社，2014：1-7，319-332.

［15］计秉玉，王友启，聂俊，等．中国石化提高采收率技术研究进展与应用[J]．石油与天然气地质，2016，37（4）：572-576.

［16］罗健辉，王平美，彭宝亮，等．低渗透油田水驱扩大波及体积技术探讨[J]．油田化学，2017，34（4）：756-760.